工程设计与分析系列

ANSYS Workbench 17.0
有限元分析及仿真
（第2版）

谢龙汉 蔡思祺 编著

電子工業出版社
Publishing House of Electronics Industry
北京 • BEIJING

内 容 简 介

ANSYS Workbench 是 ANSYS 公司开发的协同仿真环境，ANSYS Workbench 17.0 提供了 ANSYS 系统求解器的强大交互功能，目前 ANSYS Workbench 已经在我国的汽车、航空航天、电子、通用机械、铁道等领域得到了广泛应用。

本书在第 1 版广泛应用的基础上，吸收众多读者宝贵建议，完善知识体系结构，丰富实例，优化内容，配以视频讲解，升级软件版本，进行全面改版。主要内容有 ANSYS Workbench 基础、几何建模、网格划分、线性静力学结构分析、结构非线性分析、模态分析、谐响应分析、随机振动分析、线性屈曲分析、瞬态动力学分析、工程热力学分析、优化设计。本书附赠全部案例的素材文件，并对每个案例配有视频讲解，以帮助读者学习。

本书适合理工科院校机械工程、土木工程、电子工程、能源动力、航空航天等相关专业的高年级本科生、研究生学习，也可作为相关工程技术人员从事工程研究的参考书。

图书在版编目（CIP）数据

ANSYS Workbench 17.0 有限元分析及仿真 / 谢龙汉,蔡思祺编著. —2 版. —北京：电子工业出版社，2017.7
（工程设计与分析系列）

ISBN 978-7-121-32126-9

Ⅰ. ①A… Ⅱ. ①谢… ②蔡… Ⅲ. ①有限元分析—应用软件 Ⅳ. ①O241.82

中国版本图书馆 CIP 数据核字（2017）第 161189 号

策划编辑：许存权
责任编辑：许存权　　特约编辑：谢忠玉 等
印　　刷：北京七彩京通数码快印有限公司
装　　订：北京七彩京通数码快印有限公司
出版发行：电子工业出版社
　　　　　北京市海淀区万寿路 173 信箱　邮编　100036
开　　本：787×1 092　1/16　印张：20.75　字数：532 千字
版　　次：2014 年 5 月第 1 版
　　　　　2017 年 7 月第 2 版
印　　次：2024 年 1 月第 8 次印刷
定　　价：59.00 元（含 DVD 光盘 1 张）

凡所购买电子工业出版社图书有缺损问题，请向购买书店调换。若书店售缺，请与本社发行部联系，联系及邮购电话：（010）88254888，88258888。

质量投诉请发邮件至 zlts@phei.com.cn，盗版侵权举报请发邮件至 dbqq@phei.com.cn。

本书咨询联系方式：（010）88254484，xucq@phei.com.cn。

前　　言

ANSYS Workbench 是美国 ANSYS 公司开发的用于求解实际问题的新一代产品。它不仅继承了原有 ANSYS 经典平台在有限元仿真分析中的基本功能，而且还融合了强大的几何建模功能和优化设计功能，构造出一个 CAD/CAE 协同环境，为技术人员解决产品设计研发工作中的问题。同时，ANSYS Workbench 也应用于航空航天、电子、通用机械、日用品等行业，它已经在我国的汽车、航空航天、电子、通用机械、铁道等领域得到了广泛应用。

ANSYS Workbench 是一个功能强大的协同仿真平台。它具有如下优点：具有所有主流 CAD 软件的接口，实现了包括参数在内的所有数据的传递；强大的全自动网格划分，ANSYS Workbench 根据所研究的不同物理学科，对网格划分算法的各种细节进行了设置，以确保每一种仿真分析都有合适的网格；强大的产品优化设计功能，使 ANSYS Workbench 在产品设计方面达到全新的高度。

全书共 12 章，具体内容如下。

第 1 章　ANSYS Workbench 基础。主要介绍 ANSYS Workbench 17.0 的基础知识，包括 ANSYS Workbench 的基本操作、操作界面、文件管理，以及帮助文档的使用。

第 2 章　几何建模。主要介绍 DesignModeler 的使用方法，其中包括草图绘制、3D 几何体建模、概念建模及导入 CAD 文件、CAD 文件修复、参数化建模等。

第 3 章　网格划分。主要介绍 ANSYS Workbench 17.0 的 Mesh 平台网格划分方法，包括全局网格控制和局部网格控制。

第 4 章　线性静力学结构分析。主要介绍在 Static Structural 平台上进行线性静力学结构分析的一些基础理论和操作方法，包括添加工程材料，线性静力学结构分析前处理、模型求解、结果及后处理。

第 5 章　结构非线性分析。首先介绍结构非线性的分类和基本概念，随后介绍在 Static Structural 平台上进行结构非线性分析的一些通用设置，并介绍接触、塑性变形、超弹性的相关知识。

第 6 章　模态分析。介绍模态分析基础知识，并给出模态分析流程和预应力模态分析方法。

第 7 章　谐响应分析。主要介绍谐响应分析的基础理论，包括谐响应运动方程、谐响应求解方法，以及在 ANSYS Workbench 17.0 中进行谐响应分析的基本流程。

第 8 章　随机振动分析。主要介绍随机振动分析的基础理论，以及随机振动分析的基本流程。

第 9 章　特征值屈曲分析。主要介绍特征值屈曲分析的基础理论，以及特征值屈曲分析的基本流程。

第 10 章　瞬态动力学分析。主要介绍瞬态动力学分析的基础理论，以及瞬态动力学分析的基本流程。

第 11 章　工程热力学分析。主要介绍工程热力学分析的基础知识，包括三种热传递方式及基本方程，之后介绍 ANSYS Workbench 17.0 中稳态热分析和瞬态热分析并给出热分析的基本流程。

第 12 章　Design Exploration 优化设计。主要介绍 Workbench 中优化设计的基础知识，包括响应曲面、目标驱动优化、参数相关性、六西格玛分析。

本书具有以下特点。

（1）在第 1 版广泛应用的基础上，吸收众多读者的宝贵建议，大幅完善图书内容。

（2）不论从整体构思上还是每章内容安排上，都是从基础到应用，从简单到复杂，有利于读者循序渐进地掌握相关知识。

（3）实例丰富，以实例为主线展开， 配以视频进行讲解，既生动形象又简洁明了。

（4）条理清晰，讲解详细，确保自学的读者能独立学习和应用软件。

本书主要由谢龙汉、蔡思祺编写，参与本书编写和光盘开发的还有林伟、魏艳光、林木议、王悦阳、林伟洁、林树财、郑晓、吴苗、李翔、朱小远、唐培培、耿煜、尚涛、邓奕、张桂东、鲁力等。由于编著者学识有限，加之时间仓促，在写作方式和内容上可能会有疏漏之处，欢迎广大读者批评指正，可以发送电子邮件至 tenlongbook@163.com 与编者联系。

编　者

目　　录

第 1 章　ANSYS Workbench 基础

ANSYS Workbench 17.0（简称 Workbench）是 ANSYS 公司最新推出的协同仿真环境。相比于经典的 ANSYS 仿真环境，Workbench 提供了更便利和友好的操作界面，并且易于学习。本章首先介绍 ANSYS Workbench 的基本知识，然后介绍 Workbench 的基本操作，再介绍 Workbench 操作界面以及文件管理，最后给出帮助文档的使用方法。

本章内容

- ANSYS Workbench 17.0 概述
- Workbench 基本操作
- Workbench 界面介绍
- Workbench 文件管理
- 帮助文档

1.1　ANSYS Workbench 概述

CAE（Computer Aided Engineering）是计算机辅助工程的英文缩写，指利用计算机辅助求解复杂工程和产品结构强度、刚度、屈曲稳定性、动力响应、热传导、三维多体接触、弹塑性等力学性能的分析计算以及结构性能的优化设计等问题的一种近似数值分析方法。工程领域常见的 CAE 技术种类包括有限元法（Finite Element Method，FEM），边界元法（Boundary Element Method，BEM），有限差分法（Finite Difference Mentod，FDM）。

ANSYS 软件是融合结构、流场、电场、磁场、声场分析于一体的大型通用有限元分析软件。由世界最大的有限元分析软件公司之一的美国 ANSYS 开发，它能与大多数主流 CAD 软件接口，实现数据的共享和交换，如 Creo、NASTRAN、AutoCAD、Pro/E、UG、Alogor 等，是现代产品设计中高级 CAE 工具之一。

ANSYS Workbench 是 ANSYS 公司开发的协同仿真环境。ANSYS Workbench 17.0 是 ANSYS 发布于 2016 年 1 月的版本，提供了与 ANSYS 系统求解器的强大交互功能的方法。ANSYS Workbench 提供了一个独特的 CAD 及设计过程的集成系统。

ANSYS Workbench 17.0 由如下多种应用模块组成。

- Mechanical：利用 ANSYS 的求解器进行结构和热分析，划分网格也包含在该应用中。
- Mechanical APDL：采用传统的用户界面对高级机械和多物理场进行分析。

- Fluid Flow（CFX）：采用 CFX 进行 CFD 分析。
- Geometry（DesignModeler）：创建几何模型和 CAD 几何模型的修改。
- Engineering Data：定义材料性能。
- Meshing Application：用于生成 CFD 和显示动态网格。
- Design Exploration：优化分析。
- Finite Element Modeler（FE Modeler）：对 NASTRAN 和 ABAQUS 的网格进行转化以进行 ANSYS 分析。
- BladeGen（Blade Geometry）：用于创建叶片几何模型。
- Explicit Dynamics：具有非线性动力学特色的模型用于显示动力学模拟。

ANSYS Workbench 17.0 环境支持两种类型的应用程序。

- 本地应用：目前的本地应用包括工程项目管理、工程数据和优化设计。
- 数据综合应用：目前的应用包括 Mechanical、Mechanical APDL、Fluent、CFX 等。

1.2 Workbench 基本操作

ANSYS Workbench 17.0 中的基本操作包括启动和退出、项目关联、复制与删除项目等，下面作具体介绍。

1.2.1 启动与退出

进入 ANSYS Workbench 17.0 环境有两种方法。

- 执行【开始】→【所有程序】→【ANSYS 17.0】→【Workbench 17.0】，如图 1-1 所示。

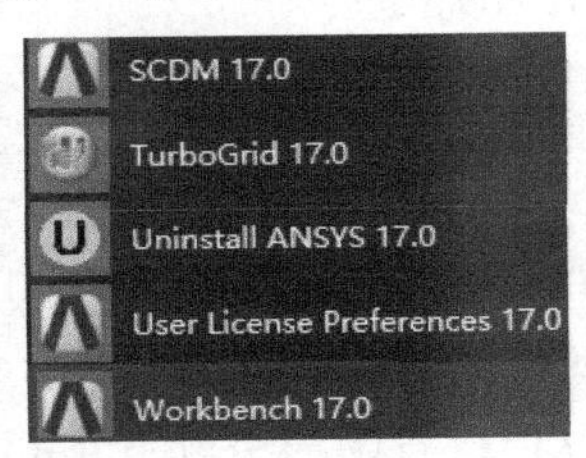

图 1-1　从开始菜单中启动

- 通过 CAD 软件启动，在安装 ANSYS Workbench 17.0 时可以选择嵌套 Workbench 到一些 CAD 软件中，通过这些嵌入的菜单可以进入 ANSYS Workbench。图 1-2 为通过 SolidWorks 进入 Workbench 的方法。关于这方面的内容读者可以参考第 2 章中 CAD 与 Workbench 连接的相关内容。

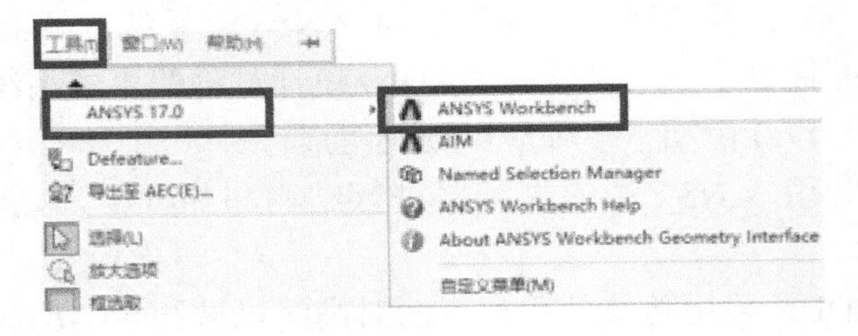

图 1-2　通过 Solidworks 启动

可以执行【Files】→【Exit】或直接单击界面右上角的关闭按钮退出 ANSYS Workbench。Workbench 界面显示如图 1-3 所示。1.3 节将详细介绍 Workbench 界面。

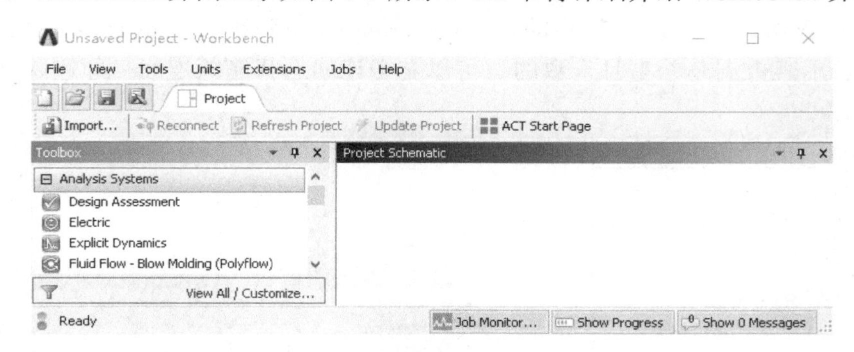

图 1-3　Workbench 界面

1.2.2　基本操作

（1）新建项目。

Workbench 主界面的 Toolbox 下有各种常见项目可以选择，双击或直接拖曳到 Project Schematic 即可创建一个项目。图 1-4 为新建特征值屈曲分析项目【Eigenvalue Buckling】。项目 A 的各个内容以单元格来定位，比如单元格 A2 为【Engineering Data】。

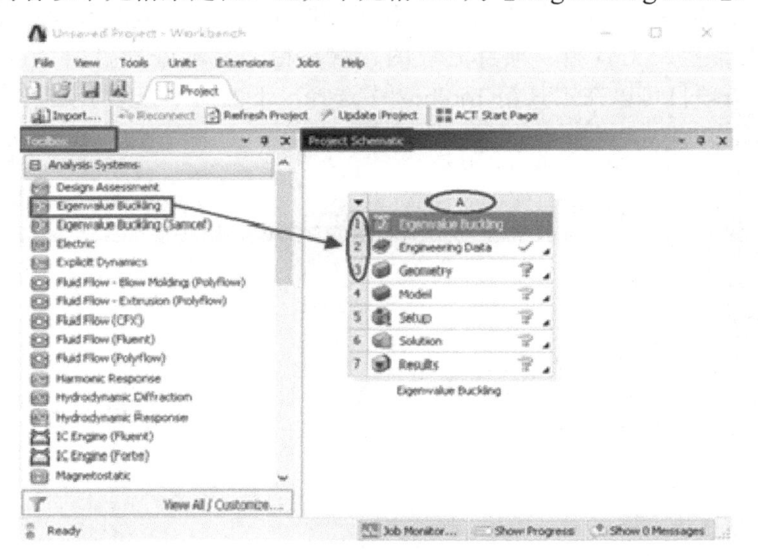

图 1-4　新建特征值屈曲分析

（2）项目的基本操作。

单击项目左上角的▼图标可以对项目进行复制（Duplicate）、替换（Replace With）、删除（Delete）、重命名（Rename）、查看属性（Properties）等，如图 1-5 所示。

（3）关联项目。

常常需要对一个模型做不同的分析，例如模态分析后做响应谱分析，这时候需要用到关联项目。首先将 Toolbox 下的 Modal（模态分析）拖曳到 Project Schematic 中，然后再次拖曳 Response Spectrum（响应谱）到 A6 单元格后释放，这样就建立起关联项目。其中的连线表示共享数据，如 A2 单元格的【Engineering Data】和 B2 单元格的【Engineering Data】相连表示其数据是共享且一致的。可以右击连线选择删除连线，即删除共享数据，如图 1-6 所示。

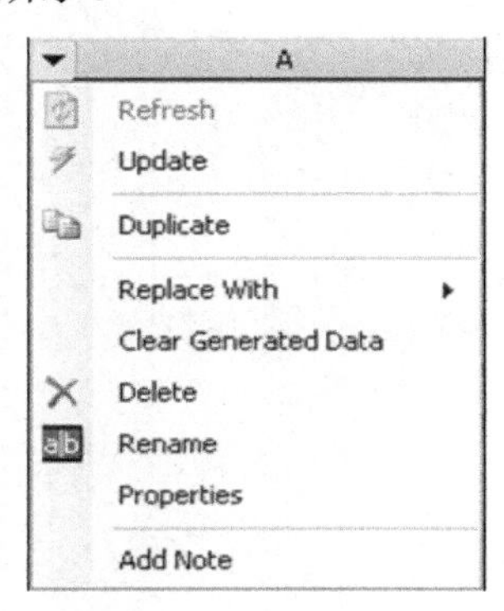

图 1-5　项目基本操作

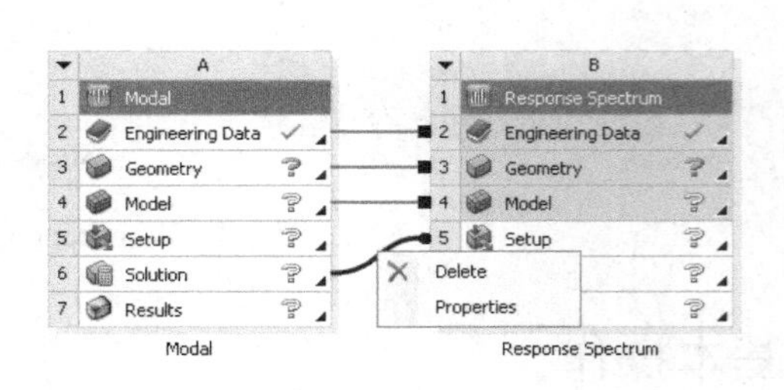

图 1-6　关联项目

1.3　操作界面

启动 ANSYS Workbench 17.0 后，界面显示如图 1-7 所示。Workbench 界面包含了标题栏、菜单栏、工具栏、工具箱、项目流程图、状态栏、显示进程、信息窗口等。ANSYS Workbench 的分析项目可以在工具箱 Toolbox 中选择，下面简单介绍工具箱的内容。

图 1-7　ANSYS Workbench 17.0 界面

工具箱 Toolbox 包括四部分：Analysis Systems、Component Systems、Custom Systems、Design Exploration，如图 1-8 所示。

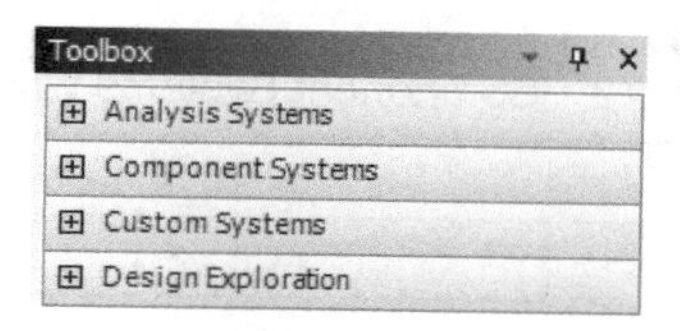

图 1-8　工具箱

（1）Analysis Systems。

在 Analysis Systems 中使用预先定义好的程序，具体项目如表 1.1 所示。

表 1.1　Analysis Systems 说明

Analysis Systems	分 析 类 型	描　述
Toolbox Analysis Systems Design Assessment	Design Assessment	设计评估
Eigenvalue Buckling	Eigenvalue Buckling	特征值屈曲分析
Electric	Electric	电场分析
Explicit Dynamics	Explicit Dynamics	显式动力学分析
Fluid Flow - Blow Molding (Polyflow)	Fluid Flow-Blow Molding（Polyflow）	吹塑成型分析
Fluid Flow - Extrusion (Polyflow)	Fluid Flow-Extrusion（Polyflow）	挤压成型分析
Fluid Flow (CFX)	Fluid Flow（CFX）	CFX 流体分析
Fluid Flow (Fluent)	Fluid Flow（Fluent）	Fluent 流体分析
Fluid Flow (Polyflow)	Fluid Flow（Polyflow）	Polyflow 流体分析
Harmonic Response	Harmonic Response	谐响应分析
Hydrodynamic Diffraction	Hydrodynamic Diffraction	水动力衍射分析
Hydrodynamic Response	Hydrodynamic Response	水动力响应
IC Engine (Fluent)	IC Engine	内燃机分析
Magnetostatic	Magnetostatic	静态磁场分析
Modal	Modal	模态分析
Modal (ABAQUS)	Modal（ABAQUS）	ABAQUS 模态分析
Modal (Samcef)	Modal（Samcef）	Samcef 模态分析
Random Vibration	Random Vibration	随机振动分析
Response Spectrum	Response Spectrum	响应谱分析
Rigid Dynamics	Rigid Dynamics	刚体动力学分析
Static Structural	Static Structural	结构静力学分析
Static Structural (ABAQUS)	Static Structural（ABAQUS）	ABAQUS 结构静力学分析
Static Structural (Samcef)	Static Structural（Samcef）	Samcef 结构静力学分析
Steady-State Thermal	Steady-State Thermal	稳态热分析
Thermal-Electric	Thermal-Electric	热电耦合分析
Throughflow	Throughflow	通流分析
Transient Structural	Transient Structural	瞬态动力学分析
Transient Thermal	Transient Thermal	瞬态热分析

（2）Component Systems。

Component Systems 包含建立、扩展分析系统的各种应用程序，具体项目如表 1.2 所示。

表 1.2　Component Systems 说明

Component Systems	分 析 类 型	描　　述
⊟ Component Systems ACP (Post) ACP (Pre) Autodyn BladeGen CFX Engineering Data Explicit Dynamics (LS-DYNA Export) External Data External Model Finite Element Modeler Fluent Fluent (with Fluent Meshing) Geometry ICEM CFD Icepak Mechanical APDL Mechanical Model Mesh Microsoft Office Excel Polyflow Polyflow - Blow Molding Polyflow - Extrusion Results System Coupling Turbo Setup TurboGrid Vista AFD Vista CCD Vista CCD (with CCM) Vista CPD Vista RTD Vista TF	ACP（Post）	ANSYS 复合材料后处理
	ACP（Pre）	ANSYS 复合材料前处理
	Autodyn	非线性显式动力学分析
	BladeGen	涡轮机械叶片设计
	CFX	CFX 高端流体分析
	Engineering Data	工程数据
	Explicit Dynamics（LS-DYNA Export）	LS-DYNA 显示动力学分析
	External Connection	外部连接
	External Data	外部数据
	Finite Element Modeler	FEM 有限元模型
	Fluent	Fluent 流体分析
	Fluent（with TGrid meshing）	TGrid 网格 Fluent 分析
	Geometry	几何模型
	ICEM CFD	ICEM CFD 网格划分
	Icepak	电子产品热分析
	Mechanical APDL	ANSYS 经典分析平台
	Mechanical Model	结构分析
	Mesh	网格划分
	Microsoft Office Excel	Excel
	Polyflow	Polyflow 流体分析
	Polyflow-Blow Molding	Polyflow 吹塑成型分析
	Polyflow-Extrusion	Polyflow 挤压成型分析
	Results	结果后处理
	System Coupling	系统耦合分析
	Turbo Setup	涡轮设置
	TurboGrid	涡轮网格生成
	Vista AFD	轴流风扇初始设计
	Vista CCD	离心压缩机初始设计
	Vista CCD（with CCM）	径流透平设计（CCM）
	Vista CPD	离心泵初始设计
	Vista RTD	向心涡轮机初始设计
	Vista TF	旋转机械快速直流分析

（3）Custom Systems。

Custom Systems 是应用于耦合（FSI，热应力等）分析的预先定义好的模板，用户也可以创建自己的预定义系统，具体项目如表 1.3 所示。

表 1.3　Custom Systems 说明

Custom Systems	分析类型	描　述
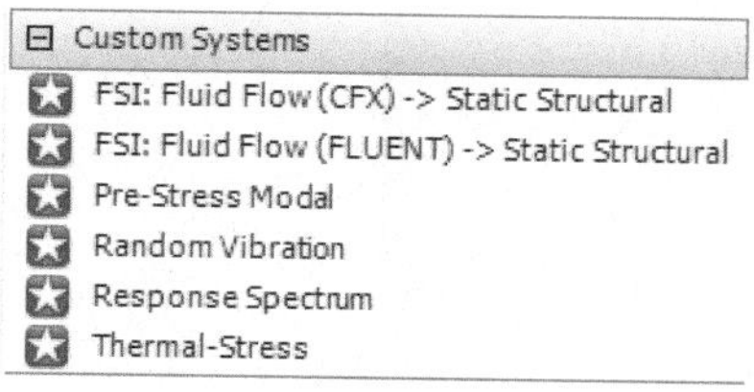 Custom Systems	FSI：Fluid Flow（CFX）->Static Structural	流固耦合：CFX 流体分析与结构静力耦合
FSI: Fluid Flow (CFX) -> Static Structural	FSI：Fluid Flow（Fluent）->Static Structural	流固耦合：Fluent 流体分析与结构静力耦合
FSI: Fluid Flow (FLUENT) -> Static Structural	Pre-Stress Modal	预应力模态分析
Pre-Stress Modal	Random Vibration	随机振动分析
Random Vibration	Response Spectrum	响应谱分析
Response Spectrum Thermal-Stress	Thermal-Stress	热应力分析

（4）Design Exploration。

Design Exploration 包含参数管理和优化工具，具体分析程序如表 1.4 所示。

表 1.4　Design Exploration 说明

Design Exploration	分析类型	描　述
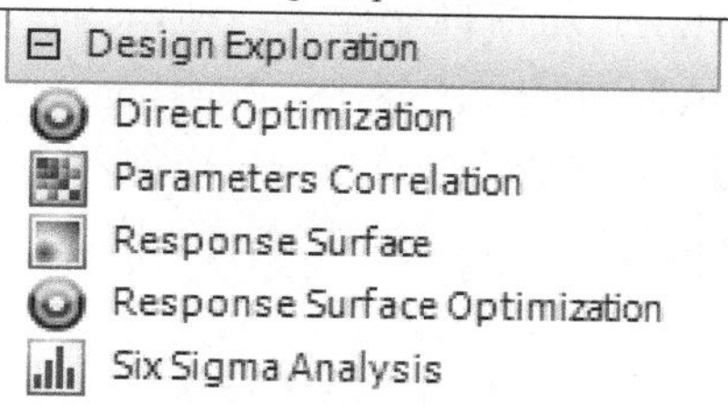 Design Exploration Direct Optimization	Direct Optimization	直接优化
Parameters Correlation	Parameters Correlation	参数相关性
Response Surface	Response Surface	响应曲面
Response Surface Optimization	Response Surface Optimization	响应曲面优化
Six Sigma Analysis	Six Sigma Analysis	六西格玛分析

工具箱 Toolbox 包含了常规分析所需要的各种分析程序，但是 ANSYS Workbench 也提供了一些测试版（Beta）分析程序，例如形状优化（Shape Optimization），如图 1-9 所示。默认情况下这些测试版分析程序并不会在工具箱中显示。执行菜单【Tools】→【Options】，打开【Options】选项后在【Appearance】中选中【Beta Options】，如图 1-10 所示可以在工具箱中显示测试版分析程序。

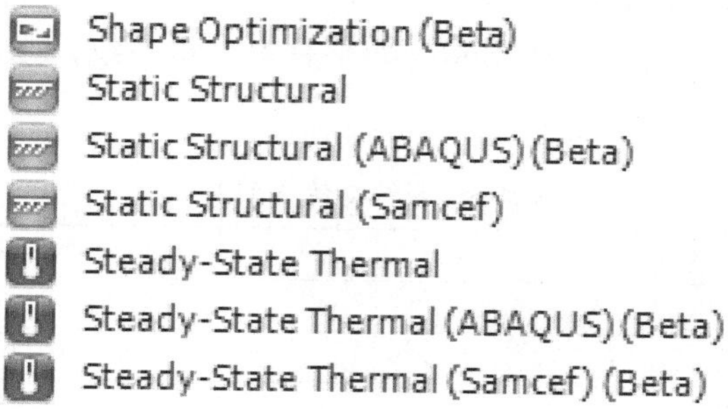

Shape Optimization (Beta)
Static Structural
Static Structural (ABAQUS) (Beta)
Static Structural (Samcef)
Steady-State Thermal
Steady-State Thermal (ABAQUS) (Beta)
Steady-State Thermal (Samcef) (Beta)

图 1-9　测试版分析程序

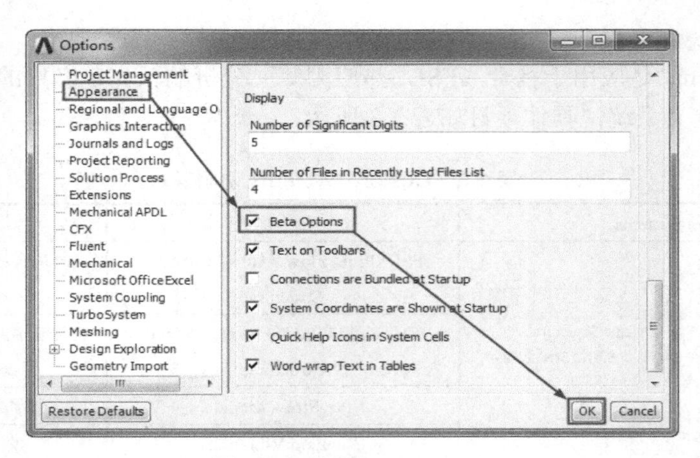

图 1-10　设置 Beta Options

1.4　Workbench 文件管理

1.4.1　项目文件管理

当保存一个项目时，Workbench 会创建项目文件（.wbpj）和项目文件夹，使用用户指定的文件名，如【Crane_Hook.wbpj】和【Crane_Hook_files】。其中 ANSYS Workbench 文件夹包含 3 个主要子目录【dp0】、【dpall】和【user_files】。ANSYS Workbench 可能不会识别出用户对系统文件的直接修改，因此建议用户不要手动修改项目目录的内容或结构。

（1）子目录 dp0。

ANSYS Workbench 指定当前项目为设计点 0 并创建子目录【dp0】。该文件目录是设计点文件目录，包括特定分析的所有参数状态。dp0 中包括了 SYS 文件夹和 global 文件夹。SYS 文件夹中包含了项目中每个应用程序，如 Fluent、Mechanical。SYS 文件夹中包含了应用程序的特定文件和文件夹，如模型路径、工程数据、源数据等。SYS 文件夹中每个系统类型命名如表 1.5 所示。

global 文件夹下的文件用于项目的所有系统并且可以被多个系统共享。global 文件夹下包括所有数据库文件及其关联文件。

在一个单独的分析中，只有一个 dp0，如果是多分析系统，则将包含 dp*n*，*n* 可以是 1、2 等。

表 1.5　系统文件夹列表

系 统 类 型	文件夹名称
AUTODYN	ATD
BladeGen	BG
Design Exploration	DX
Engineering Data	ENGD
FE Modeler	FEM

续表

系 统 类 型	文件夹名称
Fluid Flow（FLUENT）	FFF（对分析系统），FLU（对组件系统）
Fluid Flow（CFX）	CFX
Geometry	Geom
Mesh	SYS/MECH
Mechanical	SYS/MECH
Mechanical APDL	APDL
TurboGrid	TS
Vista TF	VTF
Icepak	IPK

（2）子目录 dpall。

ANSYS Workbench 允许用户创建多个设计点并对输入和输出参数做对比学习。为了分析多个设计点，用户必须首先创建当前项目的输入参数，所以并不是所有的项目都有子目录 dpall。子目录 dpall 中保存着设计点的输入/输出信息。

（3）子目录 user_files。

user_files 包含和项目相关的输入文件和用户宏文件。

在 Workbench 中执行【View】→【Files】，弹出并显示一个包含文件明细与路径的文件预览窗口，如图 1-11 所示。

Files

	A	B	C	D	E	F
1	Name	C...	Size	Type	Date Modified	Location
2	Geom.agdb	A2,B3	2 MB	Geometry File	2017/3/2 16:39:44	dp0\Geom\DM
3	material.engd	B2	21 KB	Engineering Data File	2017/3/2 16:40:53	dp0\SYS\ENGD
4	SYS.mechdb	B4	6 MB	Mechanical Database F	2017/3/2 16:36:48	dp0\global\MECH
5	beam_transient.wbpj		140 KB	Workbench Project File	2017/3/2 16:36:49	C:\Users\Administrator\Desktop\
6	EngineeringData.xml	B2	20 KB	Engineering Data File	2017/3/2 16:36:48	dp0\SYS\ENGD

图 1-11　文件预览

1.4.2　ANSYS Workbench 文件格式

Workbench 中不同的分析程序有不同的文件格式，ANSYS Workbench 的分析程序将创建如下类型的数据库文件。

- ANSYS Workbench 项目数据库文件=.wbpj
- Mechanical APDL=.db
- CFX=.cfx,.dat,.mdef,.mres
- DesignModeler=.agdb
- CFX-Mesh=.cmdb
- Mechanical=.mechdb
- Meshing=.cmdb
- Engineering Data=.eddb

- FE Modeler=.fedb
- Mesh Morpher=.rsx
- ANSYS AUTODYN=.ad
- DesignXplorer=.dxdb
- BaldeGen=.bgd

1.5 帮助文档

ANSYS Workbench 的内容十分丰富，通过一本书很难将这些内容完整介绍，而且在运行仿真时也会遇到各种错误，这时候使用系统自带的帮助文档是用户一个非常好的选择。帮助文档的内容既介绍基础理论，也给出了一些操作的案例，因此用户要善于使用帮助文档。启动帮助文档有两种方法，一是执行【开始】→【所有程序】→【ANSYS17.0】→【Help】→【ANSYS Workbench Help】；二是直接在 Workbench 主界面中执行【Help】→【ANSYS Workbench Help】如图 1-12 所示。

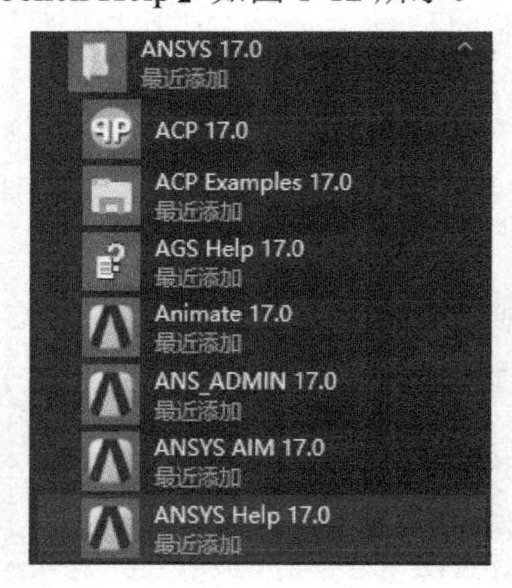

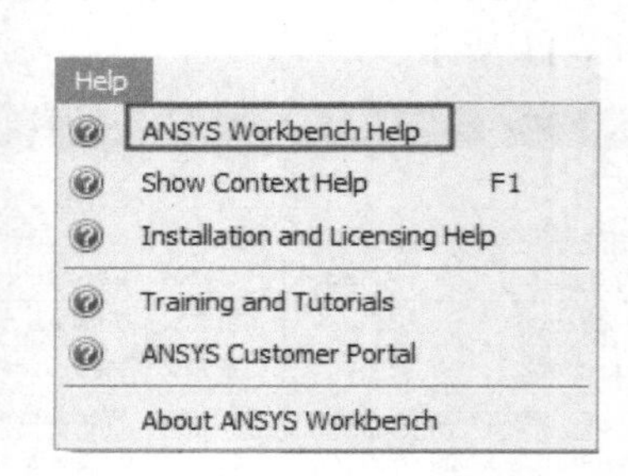

图 1-12　启动帮助文档

启动帮助文档后，帮助文档界面如图 1-13 所示。使用帮助文档的一个重要技巧是快速定位，方法是在空白栏中输入关键字后单击🔍。

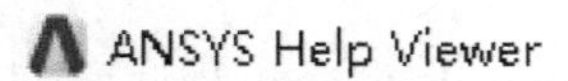

图 1-13　帮助文档界面

学会使用帮助文档在学习 ANSYS Workbench 中非常关键，常规问题都可以在帮助文档中找到答案。需要提醒读者的是，ANSYS Workbench 帮助文档中专门有一章介绍如何使用，特别是其中的 2.Searching 专题中介绍的几种方法，可以帮助快速定位到读者所关心的主题，如图 1-14 所示，建议仔细阅读该章节。

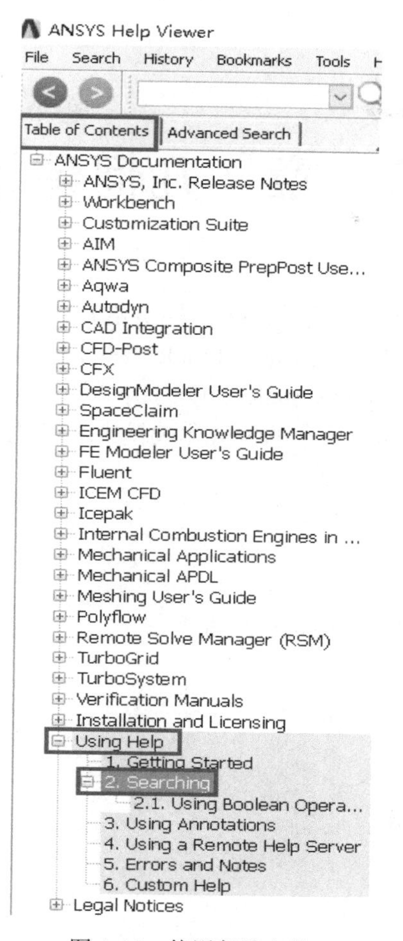

图 1-14 使用帮助文档

1.6 本章小结

本章主要介绍 ANSYS Workbench 17.0 的基础知识，包括 Workbench 的基本操作、操作界面、文件管理以及帮助文档的使用。本章作为 ANSYS Workbench 17.0 学习的第一章，通过该章节的学习，读者应该对 ANSYS Workbench 17.0 有基本了解。

第2章　几何建模

几何建模是进行有限元分析的基础，建模的质量影响之后的网格划分甚至计算结果。ANSYS Workbench 17.0 下可通过 DesignModeler 进行建模，也可将外部 CAD 文件导入 DesignModeler 中进行修复。DesignModeler 中除了可以进行常规的草图绘制和 3D 建模，也可以进行概念建模。DesignModeler 下的参数化建模大大简化了工作量，可以对特定系列的模型进行高效建模而省去大量重复操作。

本章内容

- DesignModeler（DM）几何建模环境介绍
- DM 与 CAD 连接
- DM 草图绘制
- DM 三维几何体建模
- DM 概念建模
- DM 中 CAD 文件修复
- DM 参数化建模

2.1　几何建模基础

DesignModeler（DM）是 ANSYS Workbench 17.0 自带的几何建模平台。DesignModeler 是基于特征的参数化建模平台，用户可以在这个平台上高效地进行二维（2D）草图绘制和三维（3D）实体建模。当然，也可以在自己熟悉的 CAD 环境中先建立好模型，然后导入 DesignModeler 中。

DesignModeler 与常规的一些 CAD 软件有很多相似之处，读者如果有在其他平台上建模经验则会比较容易上手，但是也应该注意到 DesignModeler 与其他 CAD 软件的一些不同之处。针对仿真上的需求，DesignModeler 提供了很多几何修剪功能，如修补（Repair）、包围操作（Enclosure）、填充操作（Fill）、合并（Merge）等。

2.1.1　几何建模环境

要进入 DesignModeler 界面，需先在 Workbench 的【Toolbox】目录下【Component Systems】中双击选中【Geometry】，然后在【Project Schematic】窗口里选中 A2 单元格【Geometry】并右击选择【New Geometry...】，或者直接双击 A2 单元格，即可进入 DesignModeler 建模平台。具体操作见图 2-1。

视频教学

进入 DesignModeler 平台后，首先在【Units】菜单配置单位，如图 2-2 所示。此处我们选择【Millimeter】，其中【Large Model Support】表示允许创建边界在 1000m^3 以内的模型，不过该选项只在选择【Meter】或【Foot】时才能勾选【On】。如果模型尺寸较大，那么需要勾选该选项。

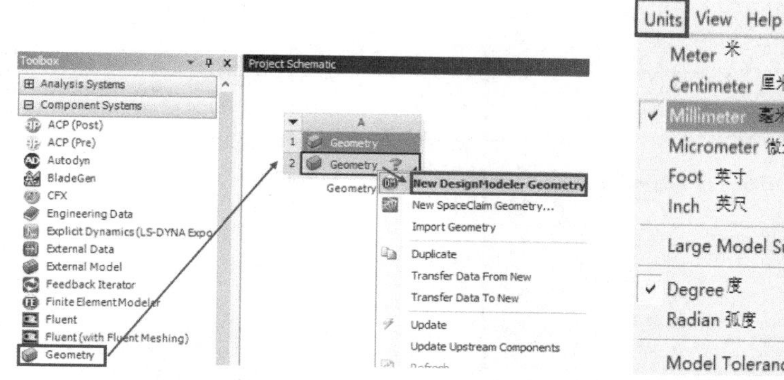

图 2-1　新建 Geometry　　　　图 2-2　单位配置菜单

配置好单位后，DesignModeler 显示主界面，如图 2-3 所示。可以看到 DesignModeler 同其他建模软件类似，可以分为标题栏、菜单栏、工具栏、命令栏、树形窗、视图窗、模式标签、详细列表窗口、状态栏等。下面就各个栏目中的内容做相关介绍。

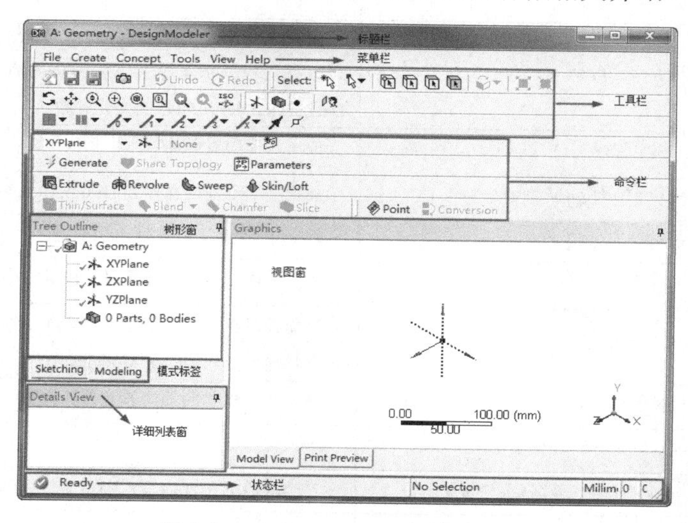

图 2-3　DesignModeler 主界面

（1）菜单栏。

- File 菜单用于基本的文件操作，该菜单各项目如图 2-4 所示，其各项目描述见表 2.1。
- Create 菜单包含各种 3D 创建命令以及模型修改工具，具体介绍见 2.3 节。
- Concept 菜单用于概念建模，包含创建线体和面体的各种命令，具体介绍见 2.4 节。
- Tools 菜单用于自定义编程，全局建模和参数管理等，如图 2-5 所示。

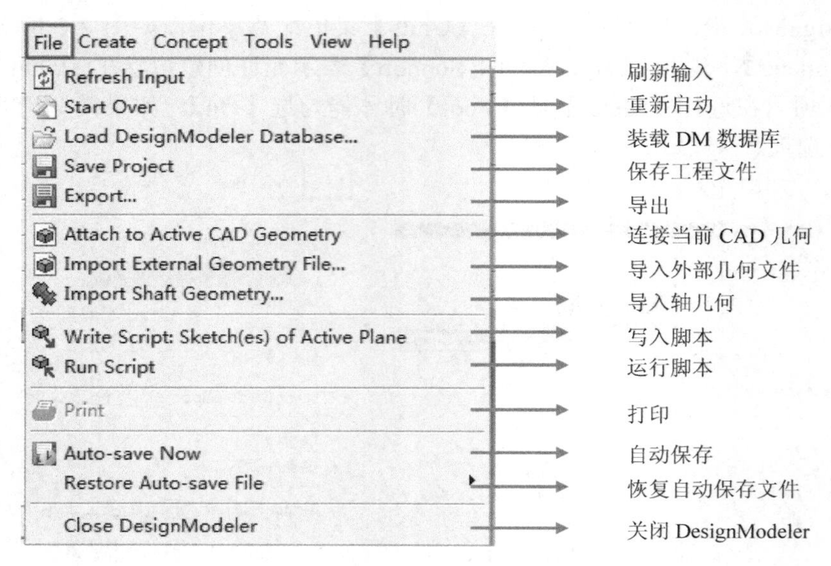

图 2-4　File 菜单

表 2.1　File 菜单说明

项　　目	描　　述
Refresh Input	该命令可以使 DesignModeler 刷新上游输入数据。上游数据可以是工程分析流程图表之间传递的数据，也可以是尚未被 DesignModeler 编辑过的变化参数
Start Over	使用该选项可以建立一个新模型
Load DesignModeler Database...	加载一个不同的文件到 DesignModeler
Save Project	以.wbpj 保存工程文件，快捷键：Ctrl-S
Export...	可以以读者需要的格式保存模型，如.agdb
Attach to Active CAD Geometry	当前计算机上如果运行有 CAD 几何文件，那么可以通过该选项将模型导入 DesignModeler 中
Import External Geometry File...	搜索特定格式的几何体文件并打开
Import Shaft Geometry...	导入轴几何
Write Script: Sketch(es) of Active Plane	在当前激活平面内写入脚本文件以形成草图
Run Script	运行写入的脚本文件
Print	在图形窗口处于 Print Preview 时才可以打印
Auto-save Now	自动保存形成备份文件
Restore Auto-save File	从【Auto-save Now】形成的备份文件中恢复几何文件
Close DesignModeler	关闭 DesignModeler

图 2-5　Tools 菜单

- View 菜单包含一系列的显示控制，不同的显示设置可以影响模型在 DesignModeler 中的显示，比如设置边、面的颜色，是否显示线框（Wireframe）等。执行【View】→【Windows】→【Reset Layout】可以还原初始设置，【View】菜单具体命令如图 2-6 所示。

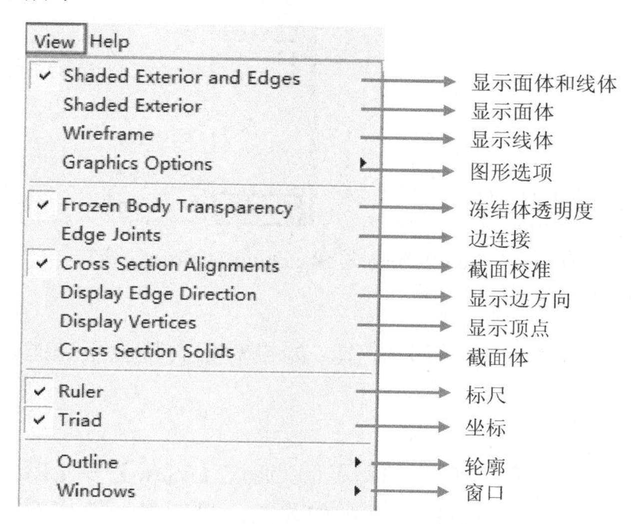

图 2-6　View 菜单

- Help 菜单包括 ANSYS DesignModeler 帮助文档、安装和许可证帮助文档以及相关帮助文档。DesignModeler 中常规的命令介绍以及相关的帮助信息均可在【ANSYS DesignModeler Help】中查找到，只要在空白栏中输入关键字后单击🔍即可，如图 2-7 所示。

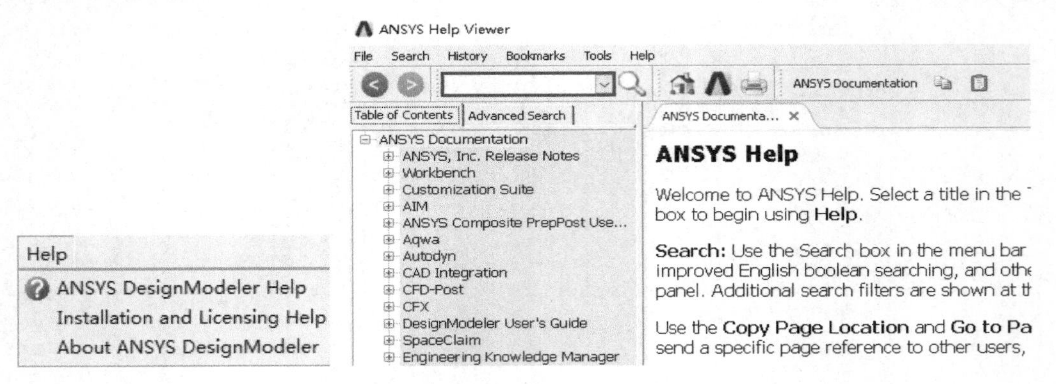

图 2-7　Help 菜单及 Help 文档

（2）树形窗 Tree Outline 和草图工具箱 Sketching Toolboxes。

在默认情况下，DesignModeler 是在 Modeling 模式，即模式标签显示为【Modeling】，此时显示的是【Tree Outline】窗口，在该窗口下可以看到目前已有的特征。将模式标签切换至【Sketching】可以进入【Sketching Toolboxes】，如图 2-8 所示。【Sketching Toolboxes】中可以对草图进行各种编辑，包括绘制、修改、尺寸约束等。

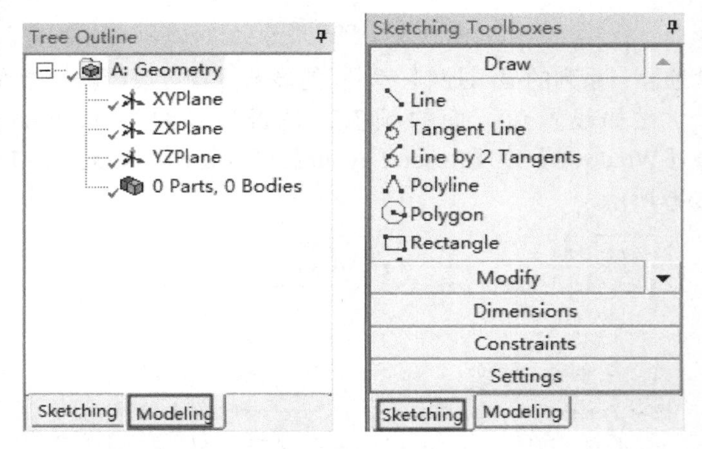

图 2-8　Tree Outline 与 Sketching Toolboxes 窗口

（3）状态栏。

在创建特征时，状态栏会提示相关操作。如果对相关特征不熟悉，那么通过状态栏提示可以指导操作。

（4）视图窗 Graphics 栏。

视图窗显示如图 2-9 所示，其中的标尺可以通过【View】→【Ruler】来显示与关闭，坐标轴可以通过【View】→【Triad】来显示与关闭。只有将标签切换至【Print Preview】，才可以打印图形。

（5）工具栏和命令栏。

由于工具栏和命令栏都可以在菜单栏中找到相应的命令，因此此处不单独介绍。工具栏和命令栏的显示与关闭可以在【Tools】→【Options】中进行设置。

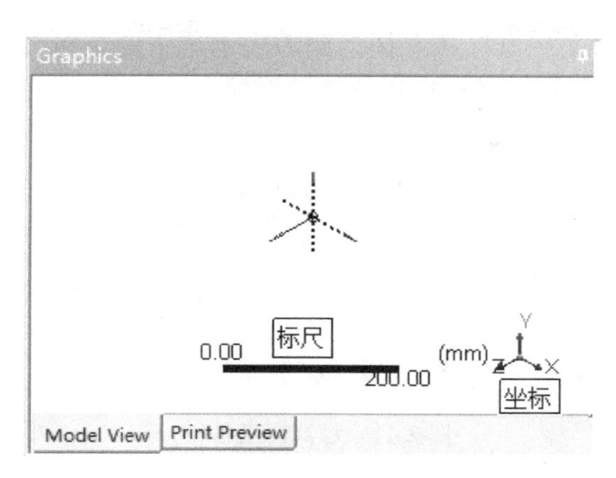

图 2-9　Graphics 窗口

2.1.2　几何建模基本操作

几何建模基本操作包括鼠标的应用、图形的选取与控制等，熟悉这些基本操作对提高建模效率十分有用。

（1）DesignModeler 鼠标操作。

表 2.2 总结了常见的鼠标操作方式，其中鼠标中键表示将滚轮按下。从表可以看出，要执行这些功能，可以从工具栏中选择相应的命令（图 2-10）；也可以使用鼠标配合其他控制键来进行。熟悉鼠标的使用能节省时间、简化操作步骤、提高效率。

表 2.2　DesignModeler 中鼠标操作方式

功　　能	鼠标操作
旋转	鼠标中键
平移	Ctrl+鼠标中键
缩放	鼠标滚轮
框选缩放	鼠标右键
选择几何体	鼠标左键
快捷菜单	鼠标右键
添加或减少对象	Ctrl+鼠标左键

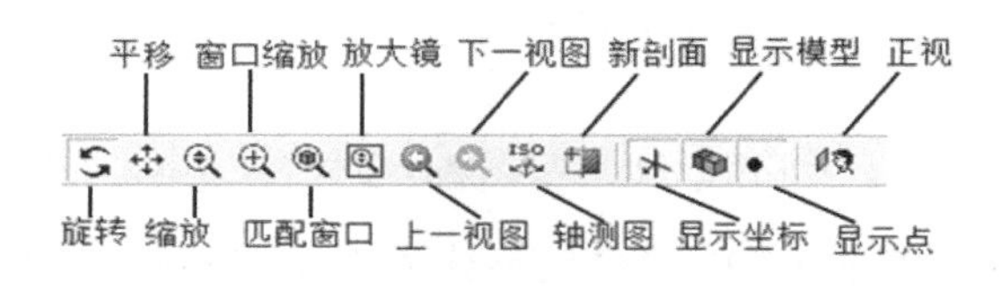

图 2-10　图形显示控制工具栏

（2）过滤器。

建模过程中经常会涉及选择对象包括选择点、线、面、体。图 2-11 是过滤器工具栏。熟悉过滤器工具栏各个命令的含义，对具体操作具有很大帮助。其中对于 Box Select，不同的鼠标操作具有不同的含义：鼠标从左拖动到右表示选中完全包含在选择框中的对象；鼠标从右拖动到左表示选中包含或经过选择框中的对象。

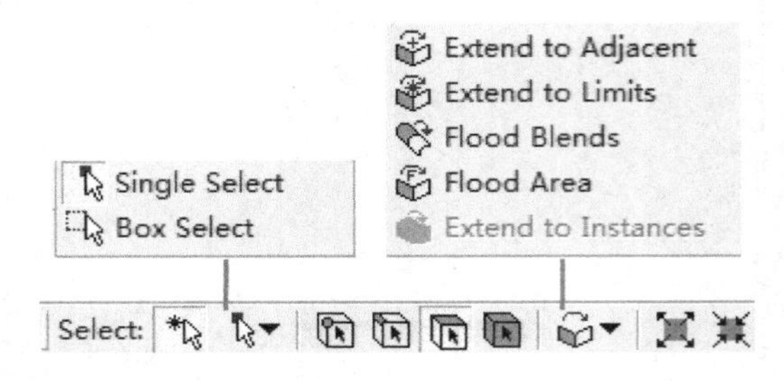

图 2-11　过滤器工具栏

2.1.3　CAD 与 Workbench 连接

虽然可以在 DesignModeler 中建立模型，但有时候在其他 CAD 平台上创建模型可能更方便，因此这里就涉及 CAD 与 Workbench 之间的数据交换与共享。

CAD 可以通过单向连接、双向连接实现与 Workbench 17.0 的数据共享。

（1）单向连接。

可以在 Workbench 主界面中执行【File】→【Import...】导入外部 CAD 文件，也可以单击工具栏中的【Import...】图标或者在【Project Schematic】中右击【Geometry】选择【Import Geometry】，具体方法如图 2-12 所示。

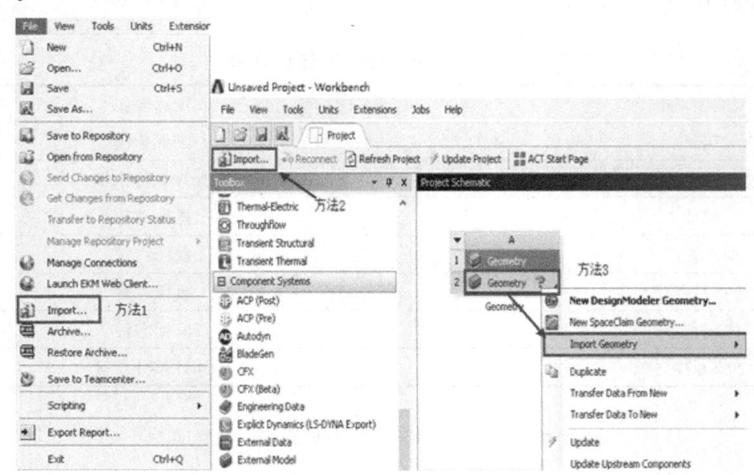

图 2-12　导入 CAD 模型

支持以上三种方法导入外部 CAD 文件的格式为 SolidWorks、NX、AutoCAD、Catia、Inventor、DesignModeler 等，具体格式见图 2-13。

如果要在 DesignModeler 模型中追加导入 CAD 模型，可以在 DM 中执行【File】→【Attach to Active CAD Geometry】；【File】→【Import External Geometry File...】，或者执行【File】→【Import Shaft Geometry...】；具体操作如图 2-14 所示。

ACIS (*.sat;*.sab)
ANSYS Neutral File (*.anf)
AutoCAD (*.dwg;*.dxf)
BladeGen (*.bgd)
Catia [V4] (*.model;*.exp;*.session;*.dlv)
Catia [V5] (*.CATPart;*.CATProduct)
Creo Elements/Direct Modeling (*.pkg;*.bdl;*.ses;*.sda;*.sdp;*.sdac;*.sdpc)
Creo Parametric (*.prt*;*.asm*)
DesignModeler (*.agdb)
FE Modeler (*.fedb)
GAMBIT (*.dbs)
IGES (*.iges;*.igs)
Inventor (*.ipt;*.iam)
JTOpen (*.jt)
Monte Carlo N-Particle (*.mcnp)
NX (*.prt)
Parasolid (*.x_t;*.xmt_txt;*.x_b;*.xmt_bin)
Solid Edge (*.par;*.asm;*.psm;*.pwd)
SolidWorks (*.SLDPRT;*.SLDASM)
SpaceClaim (*.scdoc)
STEP (*.stp;*.step)
All Geometry Files (*.sat;*.sab;*.anf;*.dwg;*.dxf;*.bgd;*.agdb;*.model;*.exp;*.se
All Files (*.*)

图 2-13 单向导入 CAD 文件类型

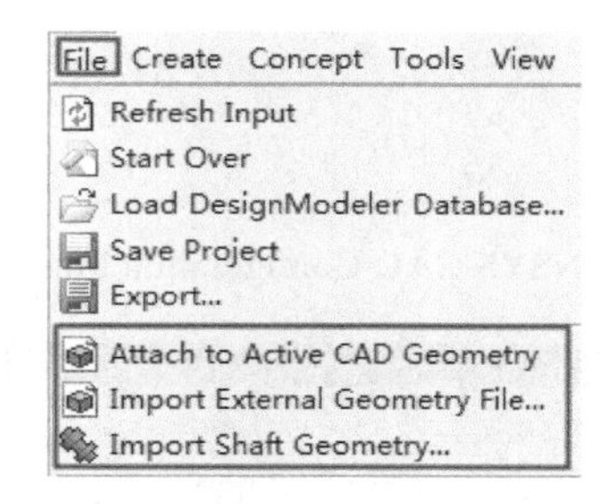

图 2-14 DM 模型中追加导入 CAD 模型

- 【Attach to Active CAD Geometry】可以追加导入计算机中正在运行的 CAD 模型。
- 【Import External Geometry File…】可以追加导入外部几何文件。这些几何文件包括 ACIS（.sab 和.sat）、CATIA V5（.CATPart,.CATProduct）、IGES（.igs,.iges）、Parasolid（.x_t,.xmt_txt,.x_b,.xmt_bin）等。注意通过此方法不能导入 SolidWorks、AutoCAD 等常规文件。
- 【Import Shaft Geometry…】可以追加导入格式为.txt 的轴几何文件。

（2）双向连接。

可以从 CAD 软件下启动 Workbench，这样如果 CAD 模型发生改变，只要进行刷新，Workbench 中的数据也会同步发生变化；同样 Workbench 中数据发生变化，刷新后 CAD 模型也会有相应的变化。

ANSYS Workbench 17.0 与 CAD 软件集成需先进行相关设置，下面以 SolidWorks 为例说明集成与使用方法。

① 在 Windows 系统下执行【开始】→【所有程序】→【ANSYS 17.0】→【Utilities】→【CADConfiguration Manager 17.0】。

② 在弹出的设置界面中选中【AutoCAD】→【Workbench and ANSYS Geometry Interfaces】、【SolidWorks】→【Workbench Associative Interface】然后单击 Next，如图 2-15 所示。

③ 在 CAD Configuration 选项卡中选择【Configure Selected CAD Interfaces】，系统运行一段时间后提示配置成功，最后单击 Exit，如图 2-16 所示。

④ 启动 SolidWorks 软件，此时会在菜单栏出现【ANSYS 17.0】，即可以从此处将模型导入 ANSYS Workbench 中，实现模型的双向连接，如图 2-17 所示。

其他 CAD、CAE 软件的集成方法与以上操作步骤类似，这里不再赘述。

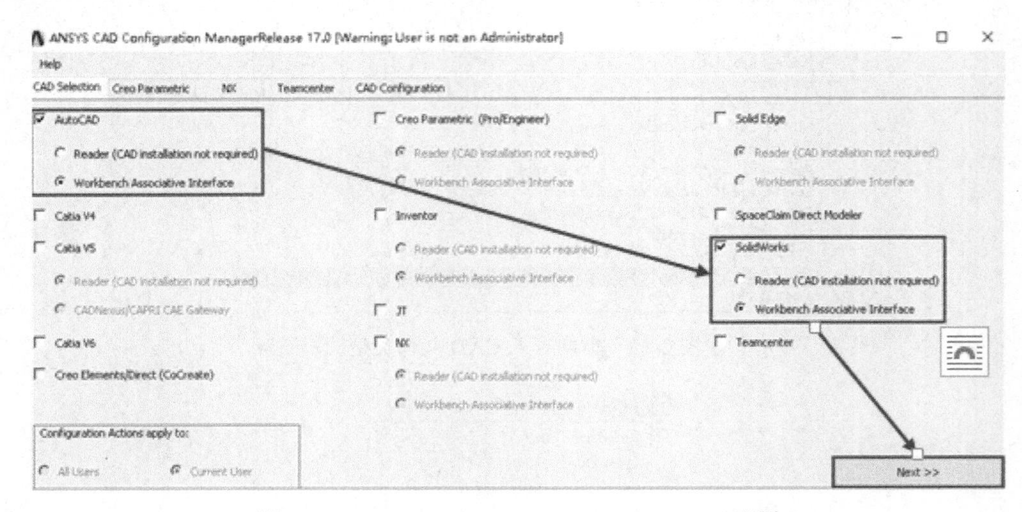

图 2-15　ANSYS CAD Configuration Manager 配置

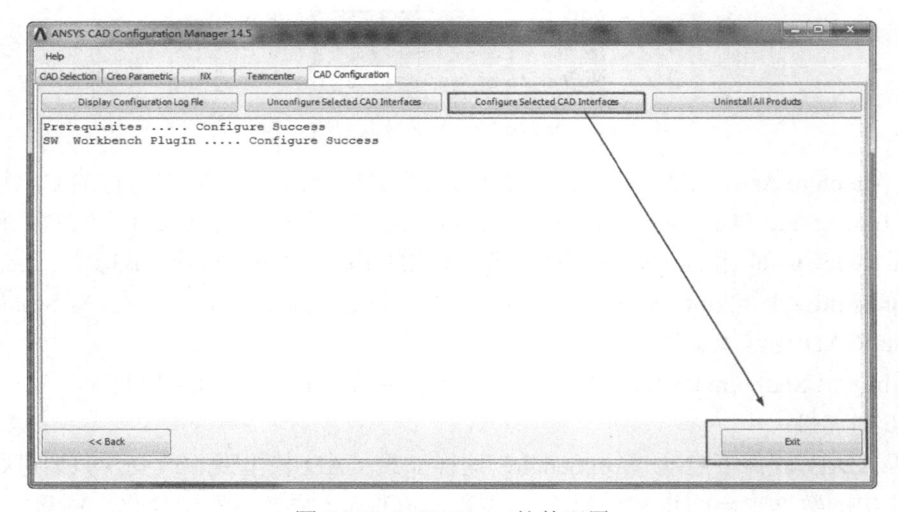

图 2-16　SolidWorks 软件配置

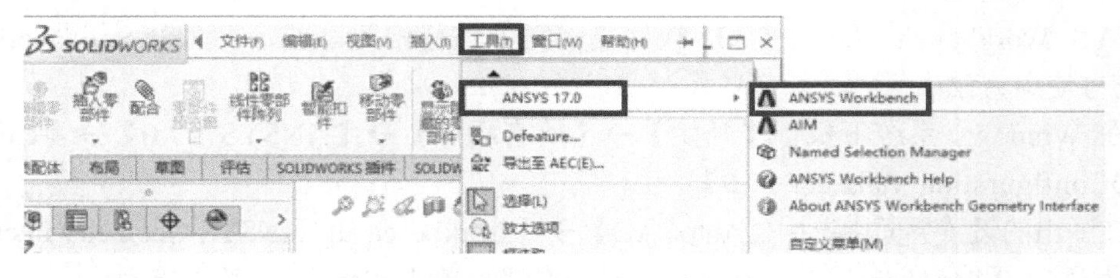

图 2-17　ANSYS 17.0 导入 SolidWorks 中

视频教学

2.2 草图绘制

DesignModeler 几何体主要包括以下四个方面：草图模式、3D 几何体、几何体输入、概念建模。草图模式下创建的二维几何体为 3D 建模和概念建模做准备。

2.2.1 创建新平面

在默认情况下，DM 的视图窗会显示有三个默认的正交平面（XY，ZX，YZ），可以在树形窗下选择这三个平面。除了默认的三个正交平面外，执行【Create】→【New Plane】或者单击工具栏的 可以创建新平面，在【Details View】中显示需要进行的相关设置，如图 2-18 所示。

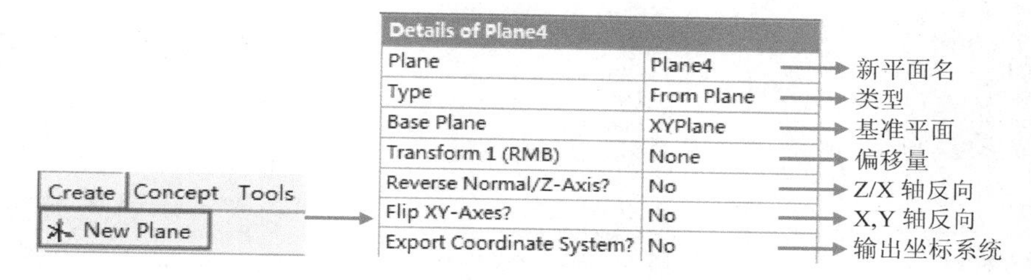

图 2-18 创建新平面

其中 Type 类型提供了 7 种创建平面的方法，总结如下。

- From Plane：基于已有的平面创建新平面。
- From Face：基于体的表面创建新平面。
- From Centroid：基于体的形心创建平面。
- From Point and Edge：基于一个点和一条线创建新平面。
- From Point and Normal：基于一个点和一个指定的法线方向创建新平面。
- From Three Points：基于三个点创建新平面。
- From Coordinates：基于原点和法线方向点的坐标创建新平面。

创建完平面后，可以单击工具栏的 来正视该平面，并单击 来创建一个草图，此时在【Tree Outline】的新建平面下出现草图样式，如图 2-19 所示。

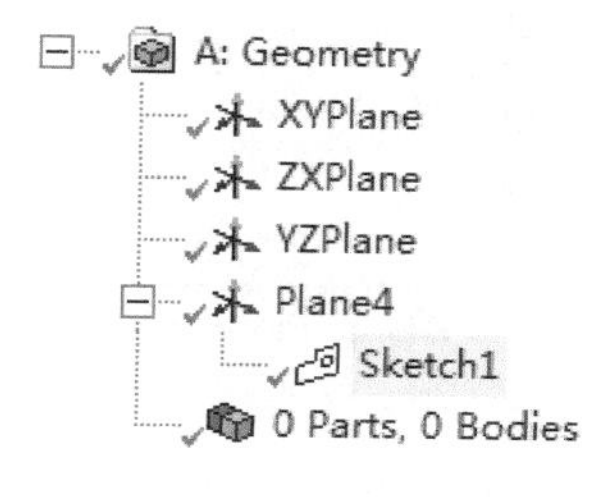

图 2-19 创建草图

2.2.2 草图绘制

将模式标签切换至【Sketching】，在【Draw】栏中有绘制草图的各种命令，在【Modify】里可以对草图进行各种编辑，如倒角、裁剪等；在【Dimensions】里可以对草图进行标注；在【Constraints】中可以对草图进行约束；在【Settings】中可以设置栅格的显示与栅格距离等。从图 2-20、图 2-21、图 2-22 可以看出，DesignModeler 中的草图绘制与常规 CAD 草图绘制并无太大差别，此处不一一介绍每条命令，读者可通过本章之后的例题来熟悉这些操作。在绘制的过程中，可以通过工具栏的 Undo Redo 来撤销和重做。

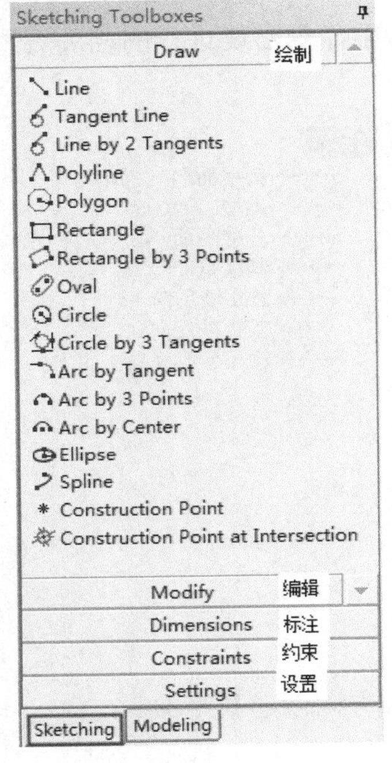

图 2-20 草图绘制

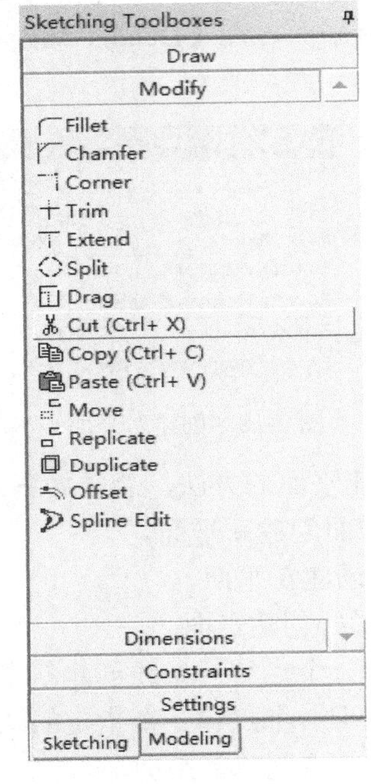

图 2-21 草图编辑

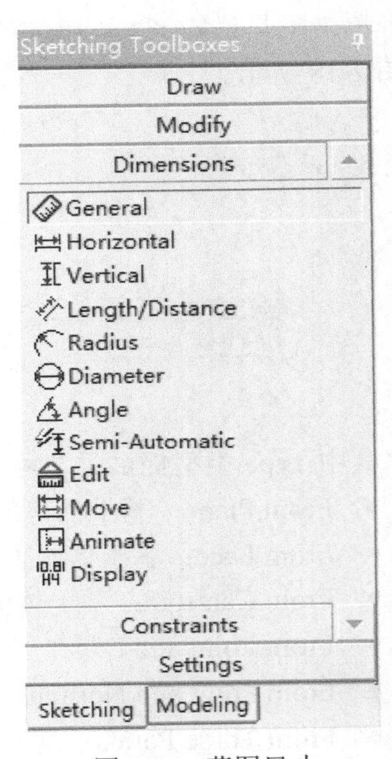

图 2-22 草图尺寸

可以在一个平面内绘制多个草图，草图之间是相互独立的，这为之后的三维实体建模提供了方便，图 2-23 显示了在 XYPlane 中的两个草图。

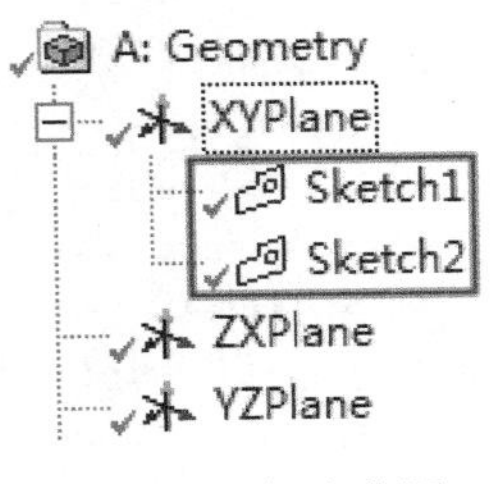

图 2-23 创建草图

在默认情况下，草图绘制是 Auto Constraints 自动约束状态，图 2-24 中的四种鼠标字符提示需要读者知道。

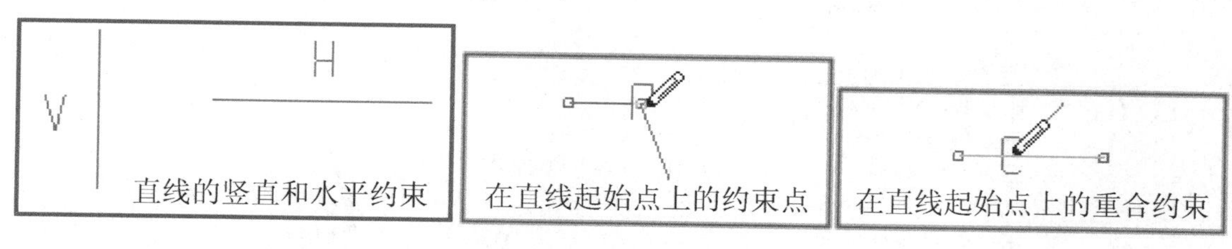

图 2-24　鼠标字符提示

2.2.3　草图援引

有时在新平面创建的草图需要与之前的某个草图一致，这时候可以使用草图援引，将源草图复制并加入新平面中。复制到新平面的草图与源草图保持一致，并随源草图的变化而同步更新。

在【Tree Outline】上选择新平面并右击选择【Insert Sketch Instance】，在【Details View】里选择源草图并设置草图援引的偏移、旋转或缩放量，最后单击【Generate】，如图 2-25 所示。

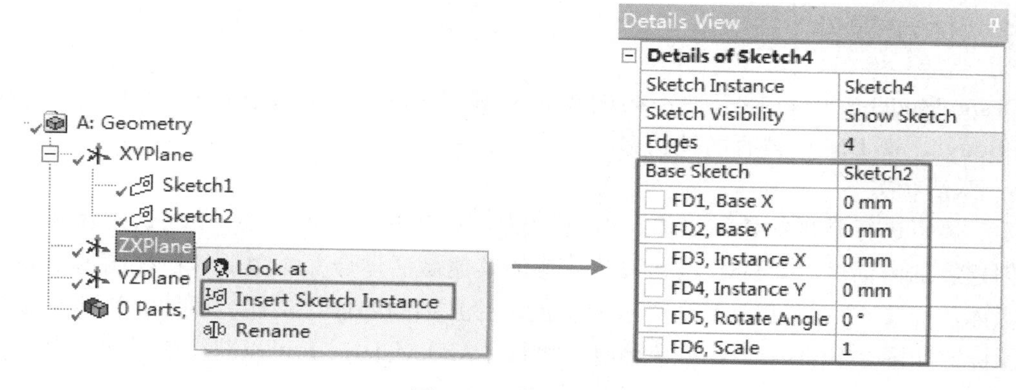

图 2-25　草图援引

创建草图援引需要注意以下几点。

- 草图援引不能通过草图操作进行移动、编辑和删除。
- 草图援引不能作为基准草图被其他草图援引。
- 草图援引可以像正常草图一样用于生成其他特征。

2.2.4　草图投影

可以将 3D 几何体投影到工作平面上创建一个新的草图。在【Tree Outline】上选择投影平面并右击选择 Insert/Sketch Projection，在【Details View】里选择需要投影的对象，可以是点、线、面，然后单击【Generate】，如图 2-26 所示。同草图援引一样，草图投影也随输入的几何体的改变而改变。

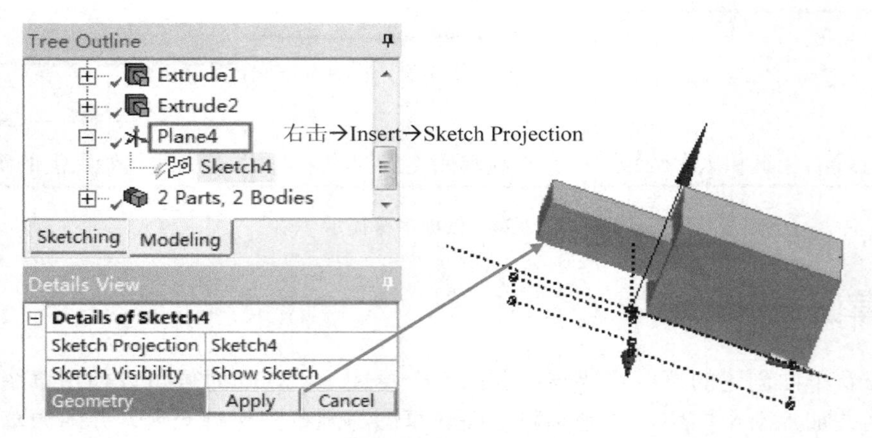

图 2-26　草图投影

2.3　3D 几何体建模

2.3.1　体和零件

DesignModeler 中包括三种不同的体：实体（Solid）、面体（Surface Body）、线体（Line Body），在 DM 中体有两种状态。

- 激活状态

激活体可进行常规的建模操作，但不能被切片（Slice）。在 DM 中默认创建的是激活体。创建新的激活体时，DM 默认与其接触的其他激活体合并。激活体在视图窗中显示为不透明体，在【Tree Outline】中显示为蓝色，并且不同的体（实体、面体、线体）显示不同的图标，如图 2-27 所示。在创建体时，执行【Add Material】可以获得激活体，也可以执行【Tools】→【Unfreeze】将冻结体转化成激活体。

- 冻结状态

建模中的操作除了切片外均不能用于冻结体。冻结体为仿真装配建模提供不同的选择方式。冻结体在视图窗显示为透明体；在【Tree Outline】显示为较淡的颜色。创建体时，执行【Add Frozen】可以获得冻结体；也可以执行【Tools】→【Freeze】将激活体转化为冻结体。

在 DesignModeler 中体还有可能处于抑制状态：体抑制。在【Tree Outline】中对目标体右键选择【Suppress】就可以对体进行抑制，选择【Unsuppress】可以取消抑制。抑制体在树形窗中显示有“×”，如图 2-28 所示。抑制体不在视图窗中显示。抑制体不能送到 Workbench 模块中用于网格划分与分析，也不能导出为 Parasolid（.x_t）或 ANSYS Neutral（.anf）文件格式。

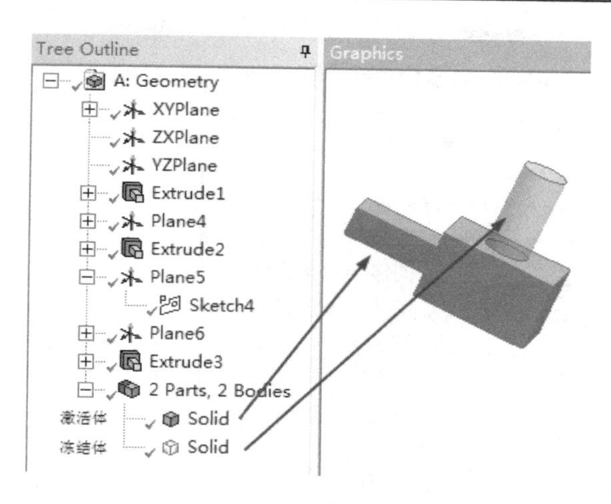

图 2-27　激活体与冻结体

DesignModeler 中的零件有单体零件和多体零件之分。DesignModeler 默认将每个体自动加入一个零件中形成单体零件。如果不希望创建的每个体加入一个零件中，可以先创建冻结体，然后再选择需要的目标体执行【Tools】→【Form New Part】形成多体零件，如图 2-29 所示。在划分网格时，单体零件完全作为一个实体划分；多体零件是按每一个实体进行独立划分，因此多体零件的节点不能共享，对应节点也不能排成一条直线。

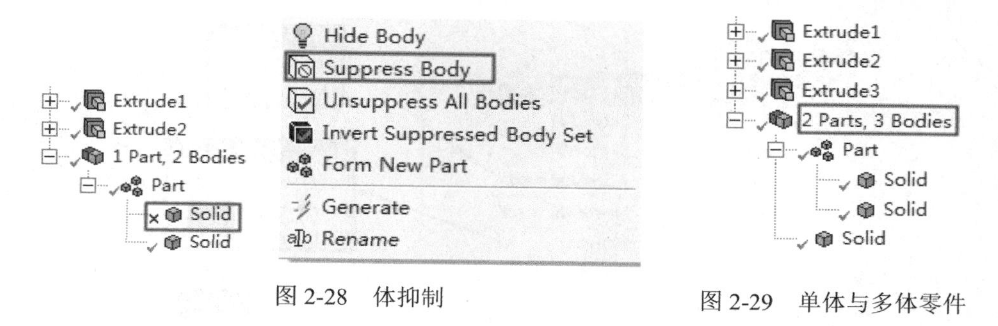

图 2-28　体抑制

图 2-29　单体与多体零件

2.3.2　3D 建模基本操作

DesignModeler 中 3D 建模的相关命令在 Create 菜单中，如图 2-30 所示。可以看到这些建模命令与其他 CAD 三维建模命令类似，这里并不一一介绍，只对其中的创建拉伸（Extrude）特征进行介绍，其余操作类似。

拉伸【Extrude】特征是 3D 实体建模中最常用的命令，当执行该命令后，在【Details View】下会出现【Extrude】需要设置的相关项，如图 2-31 所示，各选项介绍如下。

① 【Extrude】：设置本次拉伸的名字，可修改。图 2-31 中显示的名字为 Extrude1。

② 【Geometry】：定义 Extrude 的基准对象，可以是草图、平面或者相关组合。图 2-31 中选择的基准是 Sketch1。

③ 【Operation】：定义 Extrude 的操作。Operation 下有 5 个选项，分别为【Add Frozen】、【Add Material】、【Cut Material】、【Imprint Faces】、【Slice Material】。

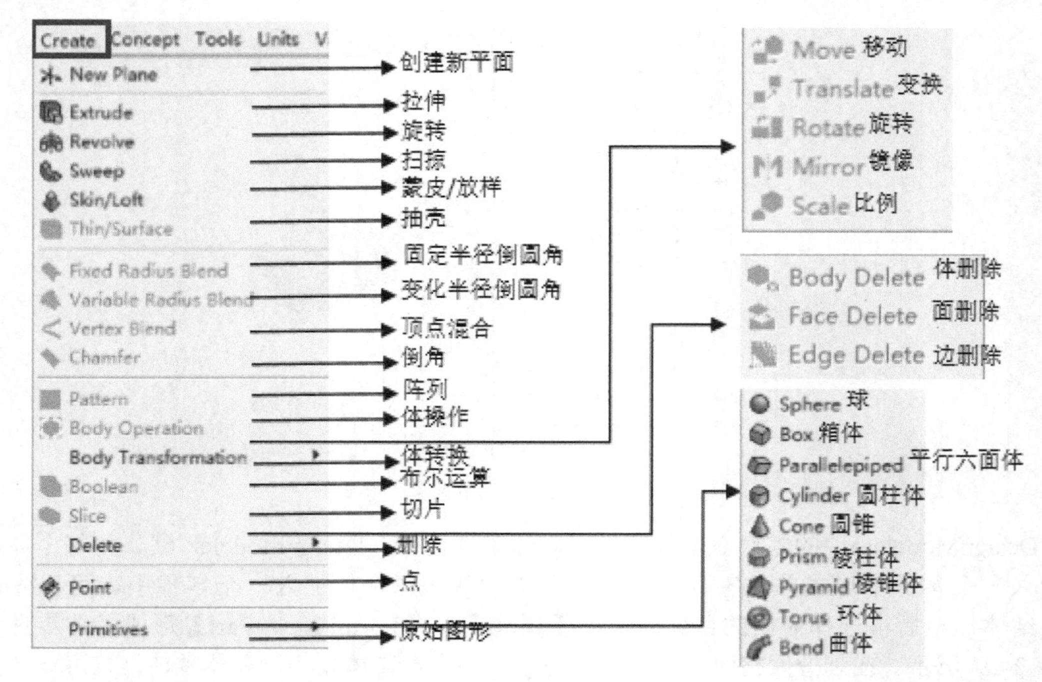

图 2-30　3D 建模命令

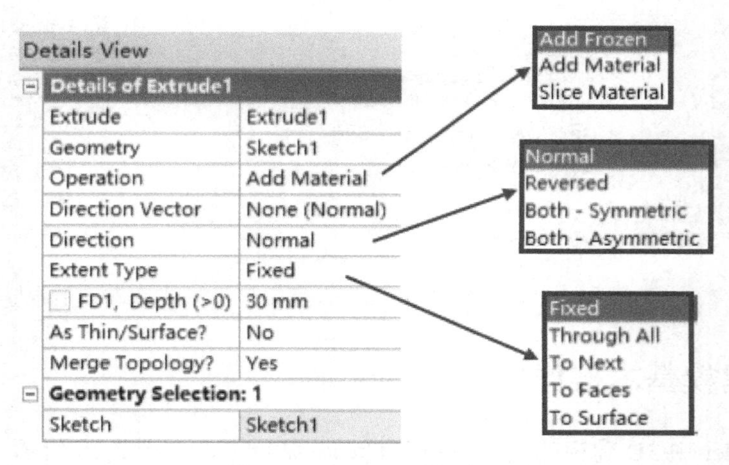

图 2-31　Extrude 明细窗口

- 【Add Frozen】表示添加冻结体。在 DesignModeler 中，创建的特征默认会自动与原来的激活体合并起来成为一个整体。如果不希望如此，可以选择该选项，这样生成的新特征就不会被合并到原模型中。在视图窗中，冻结体以透明的形式显示。
- 【Add Material】表示添加材料。通过该方式生成的实体会与原模型合并成一个整体。
- 【Cut Material】表示去除材料，可以从激活体上切除材料。
- 【Imprint Faces】表示添加表面印记。印记面操作将连续面进行分割，这使得在任意位置加入有限元边界条件变得非常方便。

- 【Slice Material】表示切片。所有体必须被冻结才能使用该操作。对冻结体切片，将在切片区域留下新的冻结体。更丰富的切片操作可以执行【Create】→【Slice】。

④ 【Direction】表示拉伸方向。拉伸方向包括法向（Normal）、反向（Reversed）、双边对称（Both-Symmetric）、双边不对称（Both-Asymmetric）。

⑤ 【Extent Type】表示延伸类型。延伸类型包括通过贯穿（Through All）、至下一个（To Next）、至面（To Faces）、至表面（To Surface）。

⑥ 【FD1，Depth】表示拉伸距离。

⑦ 【As Thin/Surface?】表示薄壁/面体。将薄壁厚度设置为零可以创建一个面体，这种方法适合创建壳模型（Shell）。

⑧ 【Merge Topology?】表示合并拓扑结构。选择 Yes，可以优化特征体的拓扑结构；否则，保留特征体的拓扑结构。从网格划分角度而言，如果对小面感兴趣，可以将该选项设置成 No；如果不关心小面，设置成 Yes。

2.4 概念建模

概念建模（Concept）主要用于创建和修改线体或面体，并最终将这些体变成有限元中的梁单元（Beam）或壳单元（Shell）。虽然可以通过与 CAD 软件互动将模型导入 DesignModeler 中，但是像有限元中的梁单元（线体）不能直接由 CAD 软件导入，需要在 DesignModeler 中创建。

2.4.1 概念建模基本操作

可以通过以下两种方式进行概念建模：

- 用绘图工具箱中的特征创建线体或面体，用来设计草图或生成 3D 模型。
- 用导入外部几何体文件特征。

在 DesignModeler 中有专门用于概念建模的菜单，如图 2-32 所示。通过 Concept 菜单可以创建线体和面体；也可以直接创建常规的横截面。此处不一一介绍各个命令，只以创建 3D 曲线（3D Curve）为例说明操作方法。

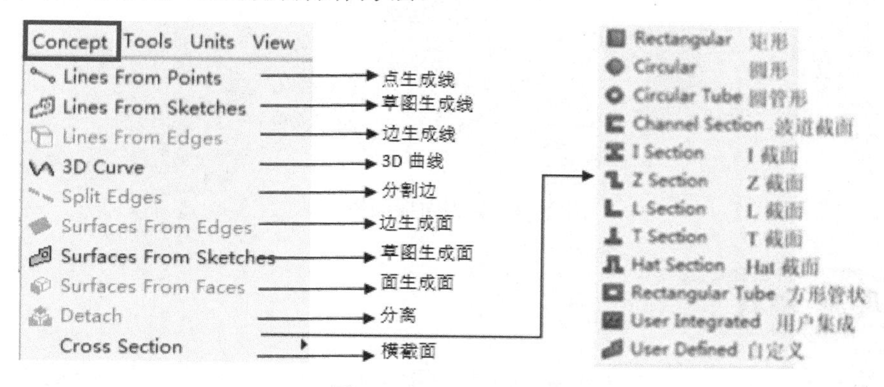

图 2-32 Concept 菜单

3D 曲线特征允许通过选择 DesignModeler 中存在的点或外部坐标点文件导入来创建 3D 曲线。通过点来创建，可以是草图点或 3D 顶点。通过外部 txt 文件可以导入相关坐标点信息到 DM 中。执行【Concept】→【3D Curve】，其【Details View】显示如图 2-33 所示。在【Coordinates File】中选择外部 txt 文件，然后单击【Generate】即可生成 3D 曲线。txt 文件的坐标格式是组号、顺序号、X Y Z 坐标。对于封闭曲线，最后一组数据以 0 结束。

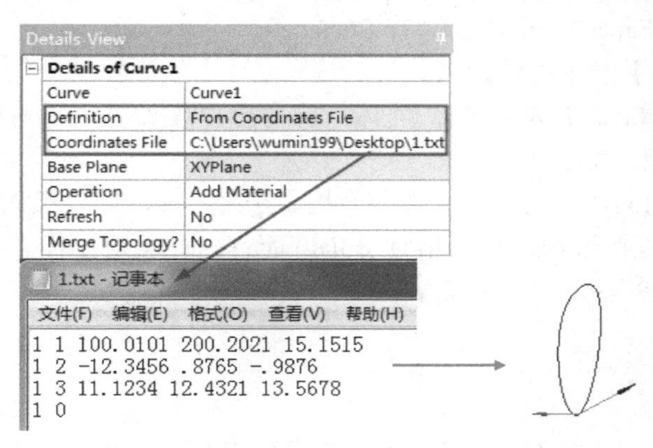

图 2-33 Details View 显示

2.4.2 概念建模实例

本例通过创建一个用于加固面板的梁来说明在 DesignModeler 平台进行概念建模的操作方法。

1. 实例概述

如图 2-34 所示为创建的用于加固面板的梁模型，该模型包含线体和面体，可以用于后续的仿真。

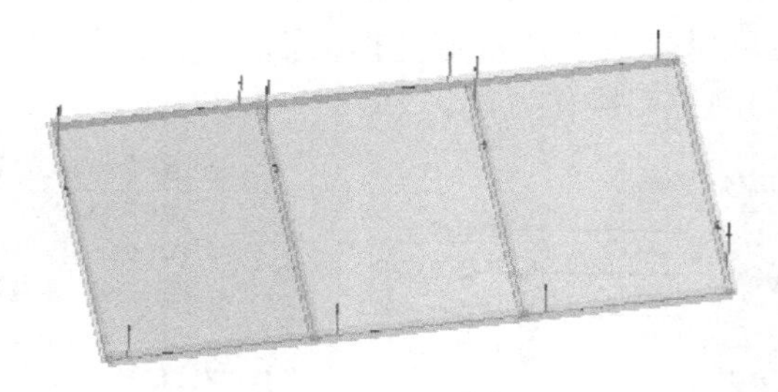

图 2-34 加固面板梁模型

ANSYS Workbench 不能识别从其他 CAD 文档导入的线体，因此需要在 DesignModeler 中创建梁模型。要创建图 2-34 所示的梁模型，首先可以在 DM 中绘制出梁的草图模型并创建线体，然后赋予线体矩形截面，最后依次选择 4 条边创建 3 个不同的面体。此处，梁作为一个整体，需要修改成单体零件，这样之后的网格划分才连续。

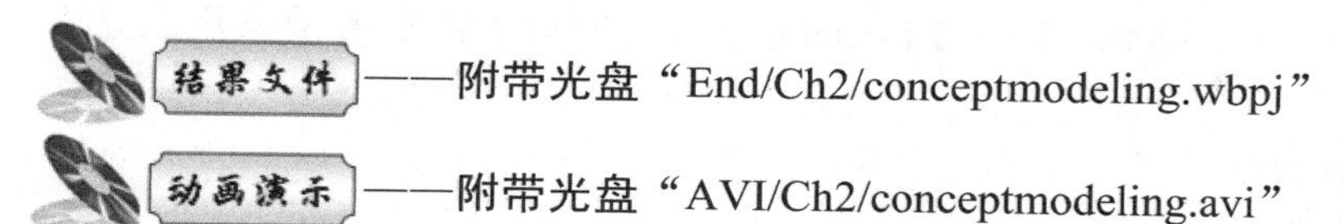

结果文件——附带光盘“End/Ch2/conceptmodeling.wbpj”

动画演示——附带光盘“AVI/Ch2/conceptmodeling.avi”

2．操作步骤

（1）新建【Geometry】并打开【DesignModeler】。

打开 Workbench，执行【Workbench】→【Component Systems】→【Geometry】。然后在【Project Schematic】中双击 A2【Geometry】打开【DesignModeler】，如图 2-35 所示，在【Units】单位配置菜单中选择【Millimeter】后单击【OK】按钮。

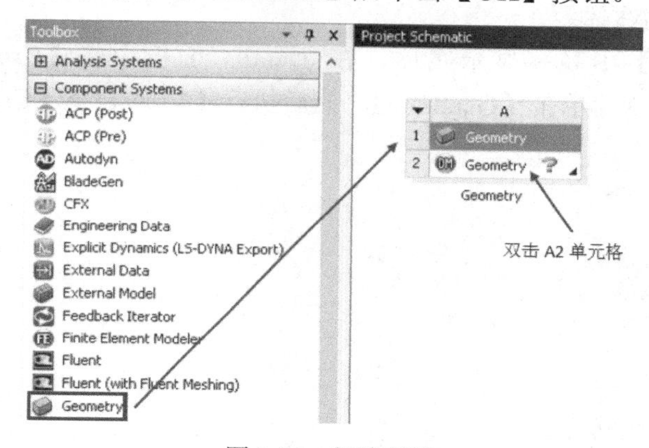

图 2-35　新建项目

（2）创建草图并标注。

在【Tree Outline】中选择【XYPlane】，单击【New Sketch】后单击【Look At Face/Plane/Sketch】创建如图 2-36 所示的草图并标注。

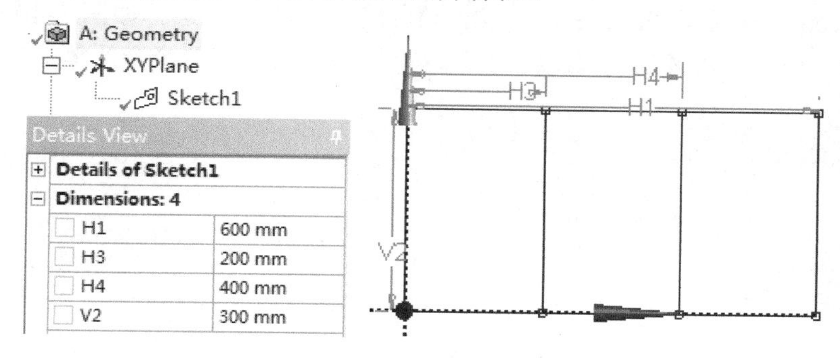

图 2-36　创建草图

（3）创建线体。

执行【Concept】→【Lines From Sketches】，在 Details 面板中选择【1Sketch】作为【Base Objects】，然后单击【Generate】，如图 2-37 所示。

（4）创建矩形截面。

执行【Concept】→【Cross Section】→【Rectangular】，创建的矩形截面采用默认参数，如图 2-38 所示。

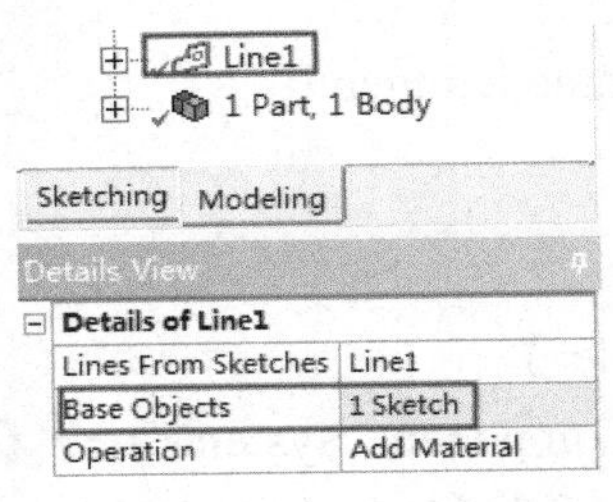

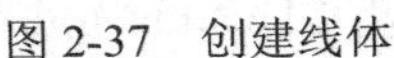

图 2-37 创建线体

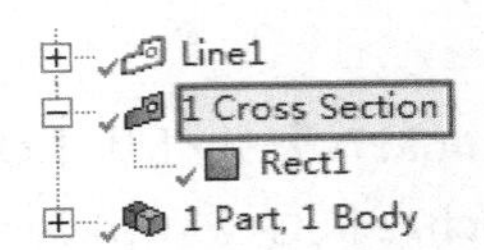

图 2-38 创建矩形截面

（5）创建带截面的线体。

在【Tree Outline】中高亮显示线体，在 Details 面板中将【Cross Section】选择为【Rect1】，如图 2-39 所示后单击【Generate】，最后执行【View】→【Cross Section Solid】。

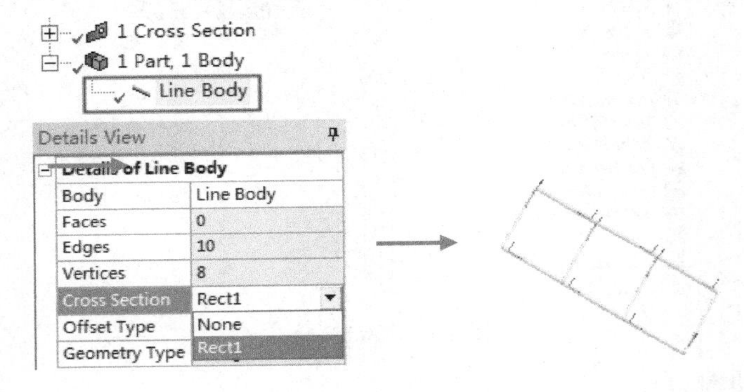

图 2-39 创建面体

（6）创建面体。

执行【Concept】→【Surfaces From Edges】，然后按住 Ctrl 选择如图 2-40 所示的四条边，单击 Apply，最后单击【Generate】。重复以上步骤，再创建两个表面体。

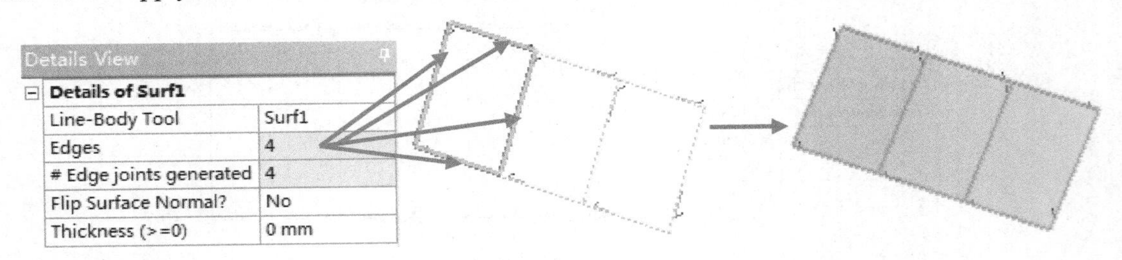

图 2-40 创建带截面线体

（7）创建多体零件。

设定过滤器为“体”，在视图窗中右击选择 Select All 后再次右键选择 Form New Part，如图 2-41 所示。之所以将所有的体放到单个零件中，是为了保证划分网格时每一个边界能与其相邻部分生成连续的网格。

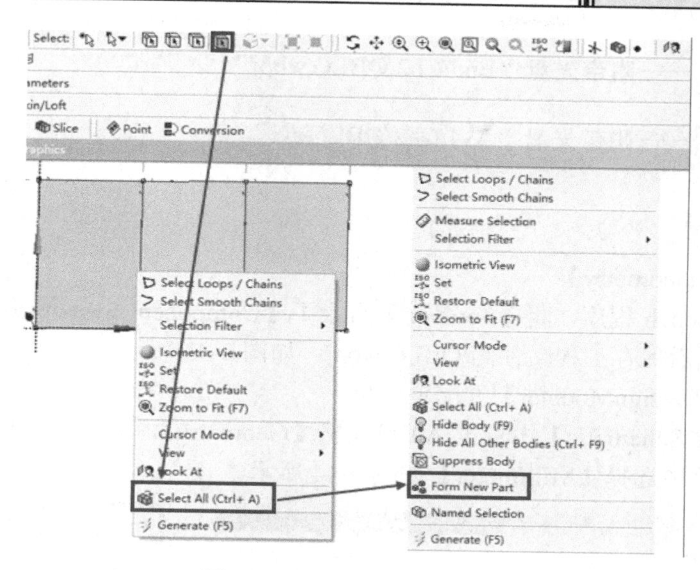

图 2-41　创建多体零件

（8）执行【File】→【Save Project】，以 conceptmodeling 为名保存项目。

2.5　实例 1：曲柄连杆

本例中，我们将通过创建曲柄连杆来学习在 DesignModeler 中进行 3D 建模的相关操作。

1．实例概述

曲柄连杆是动力传动系统中一个重要的部件，该模型为之后的仿真做准备，最终效果图如图 2-42 所示。

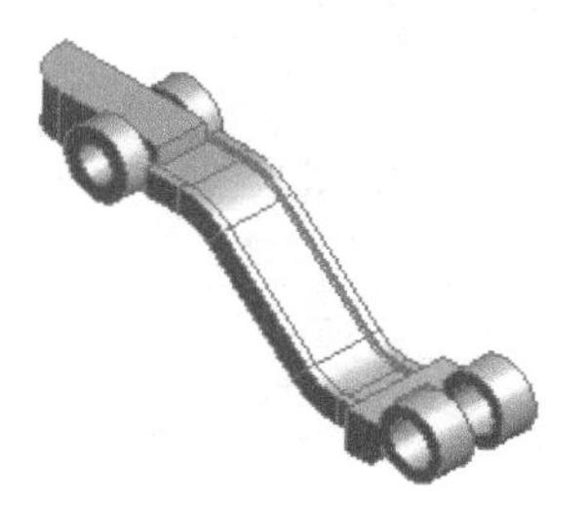

图 2-42　曲柄连杆

图 2-42 中曲柄连杆涉及对称但不是完整对称，因此，不可以只绘制一半再镜像。图中圆弧板过渡部分可以通过先定义横截面再指定扫掠路径获得。其余部分用拉伸、倒圆角命令可以获得。建模过程中注意每个步骤的正确性并随时保存。

视频教学

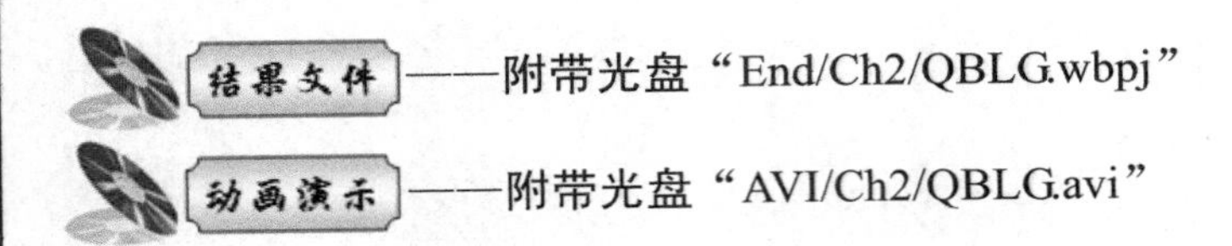

结果文件——附带光盘“End/Ch2/QBLG.wbpj”

动画演示——附带光盘“AVI/Ch2/QBLG.avi”

2．操作步骤

（1）新建【Geometry】。

打开 Workbench 程序，将【Toolbox】目录下【Component Systems】中的【Geometry】拖入项目流程图后保存工程文件为 QBLG.wbpj，如图 2-43 所示。

（2）进入【DesignModeler】并配置单位。

在【Project Schematic】中双击 A2 单元格【Geometry】，进入 DesignModeler 平台后，在【Units】菜单中选择【Millimeter】如图 2-44 所示。

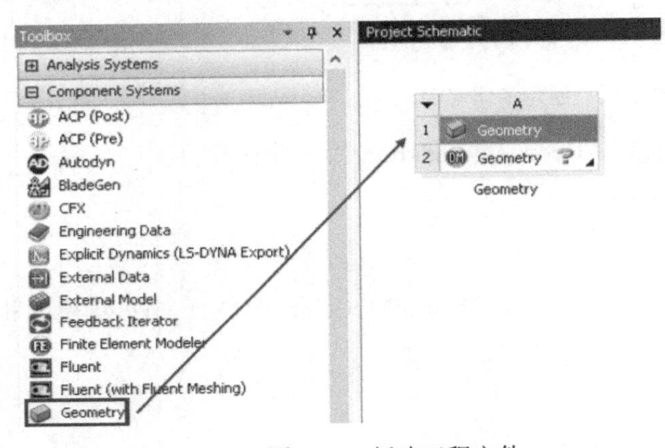

图 2-43　新建工程文件

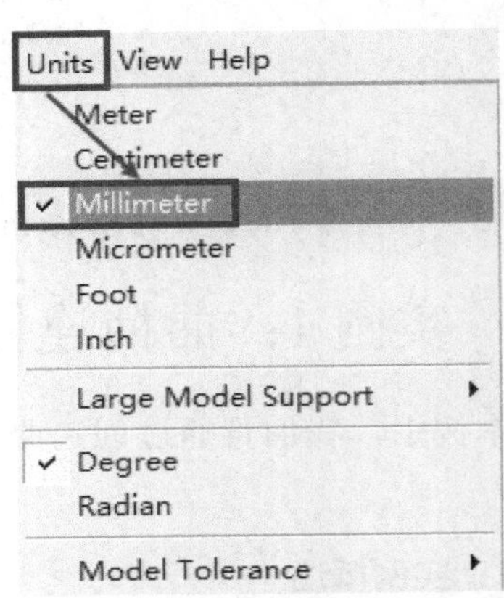

图 2-44　单位配置菜单

（3）创建草图。

选中树形窗的 XYPlane，单击【New Sketch】后选择【Look At Face/Plane/Sketch】，创建草图 1，如图 2-45 所示。

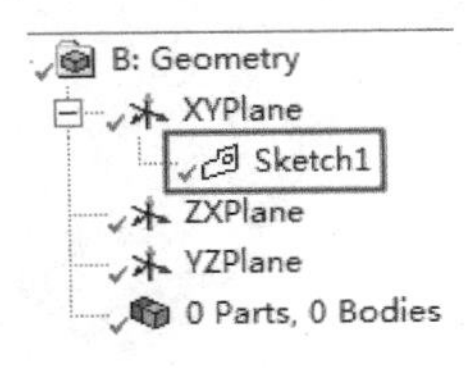

图 2-45　创建草图 1

（4）绘制草图。

将模式标签切换至草图【Sketching】，使用【Line】、【Circle】、【Arc by 3 Points】绘制如图 2-46 所示的草图。从图中可以看到草图比较粗糙，后续将通过裁剪和标注进行约束。

（5）裁剪草图。

切换至【Modify】，使用【Trim】进行裁剪，如图 2-47 所示。

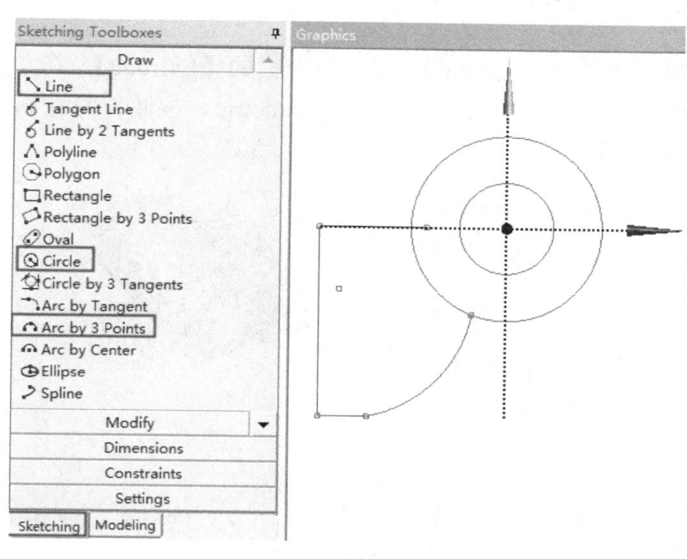

图 2-46　绘制草图 1

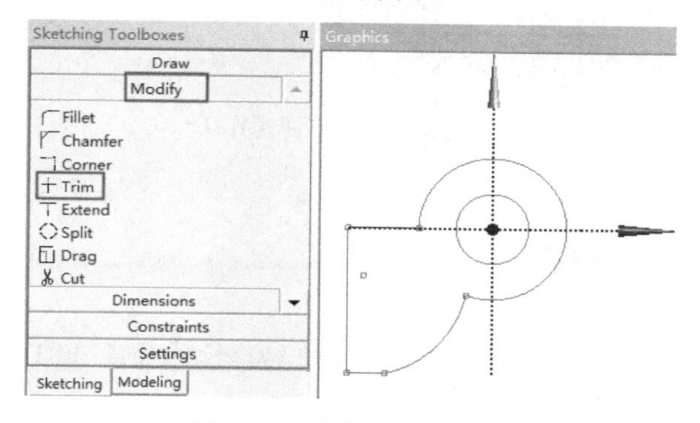

图 2-47　裁剪草图 1

（6）尺寸标注。

切换至【Dimensions】，使用【General】进行标注，最后单击命令栏的【Generate】，如图 2-48 所示。

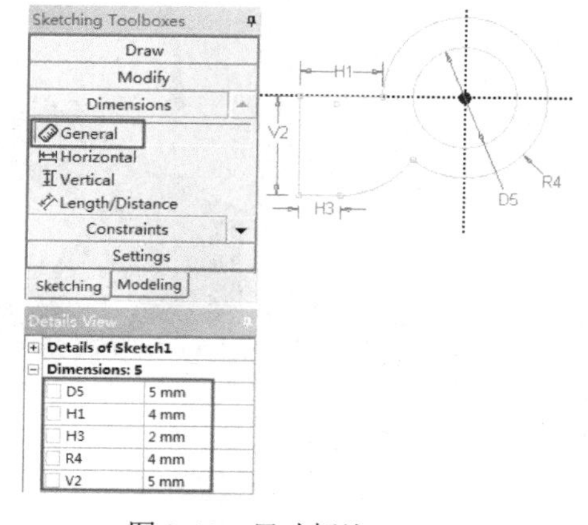

图 2-48　尺寸标注 1

（7）拉伸操作。

将模式标签切换至建模【Modeling】，单击命令栏的【Extrude】，在 Details 面板中设置【Geometry】为 Sketch 1、【Direction】为 Both-Symmetric、拉伸长度为 6mm，如图 2-49 所示，最后单击【Generate】。

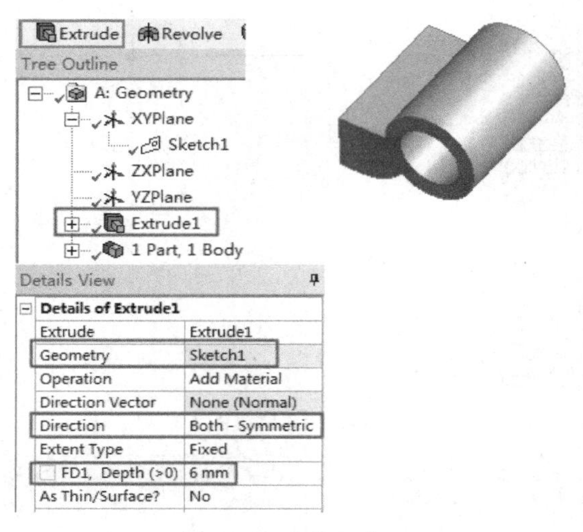

图 2-49　拉伸操作 1

应用・技巧

Extrude 中双向拉伸【Both-Symmetric】的拉伸长度 FD1 指的是单边长度，因此实际拉伸长度为 FD1 的两倍。

（8）创建新面。

执行【Create】→【New Plane】，在 Details 面板中设置【Type】为 From Face，【Base Face】为图 2-50 所示的面，然后单击工具栏的【Generate】。

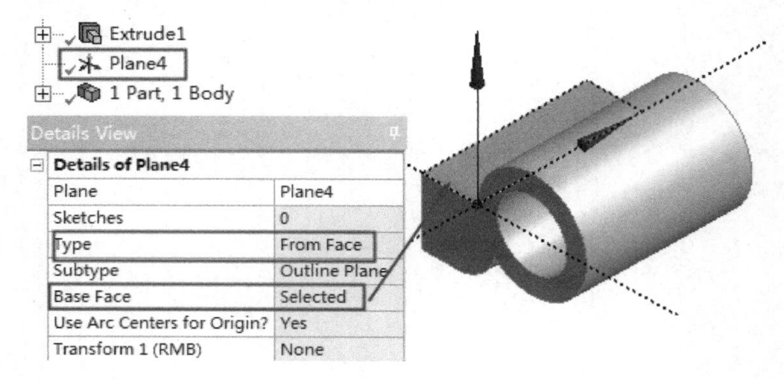

图 2-50　创建新面 1

（9）创建草图。

选中树形窗的 Plane4，单击 【New Sketch】后选择 【Look At Face/Plane/Sketch】，创建草图 2 如图 2-51 所示。

（10）绘制草图。

将模式标签切换至草图【Sketching】，绘制矩形并标注，如图 2-52 所示。

Extrude1
Plane4
Sketch2
1 Part, 1 Body

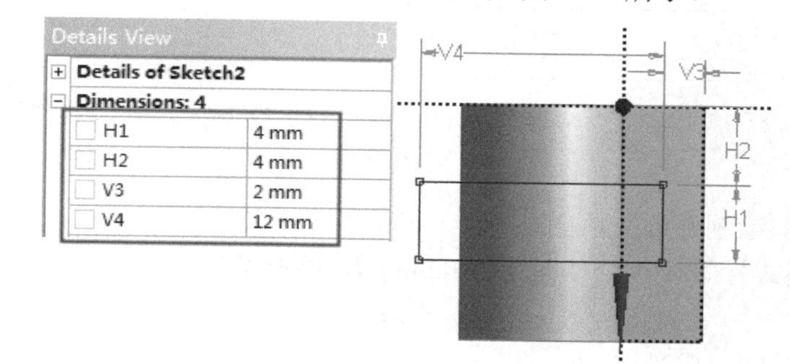

Details View

Details of Sketch2	
Dimensions: 4	
H1	4 mm
H2	4 mm
V3	2 mm
V4	12 mm

图 2-51　创建草图 2　　　图 2-52　绘制草图 2

（11）切除材料。

将模式标签切换至【Modeling】后单击【Extrude】，在 Details 面板中设置【Geometry】为 Sketch 2、【Operation】为 Cut Material、【Direction】为 Both-Symmetric、【Extent Type】为 Through All，如图 2-53 所示，最后单击【Generate】。

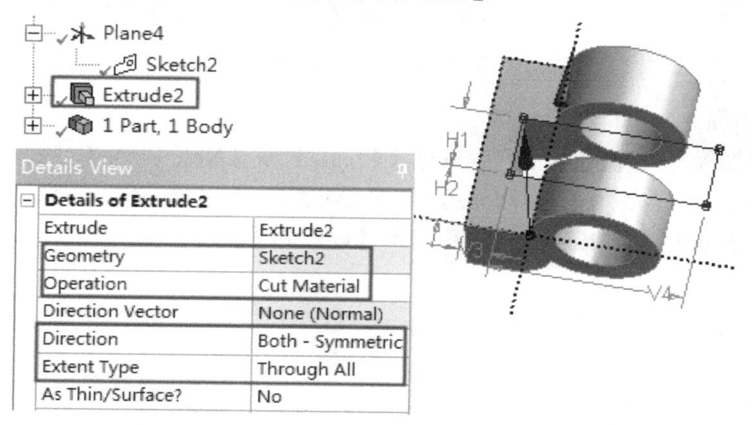

Details View

Details of Extrude2	
Extrude	Extrude2
Geometry	Sketch2
Operation	Cut Material
Direction Vector	None (Normal)
Direction	Both - Symmetric
Extent Type	Through All
As Thin/Surface?	No

图 2-53　切除材料 1

（12）创建新面。

执行【Create】→【New Plane】，在 Details 面板中设置【Type】为 From Face，【Base Face】为图 2-54 所示的面，然后单击工具栏的【Generate】。

（13）创建草图。

选中树形窗的 Plane5，单击 【New Sketch】后选择 【Look At Face/Plane/Sketch】，创建草图 3，如图 2-55 所示。

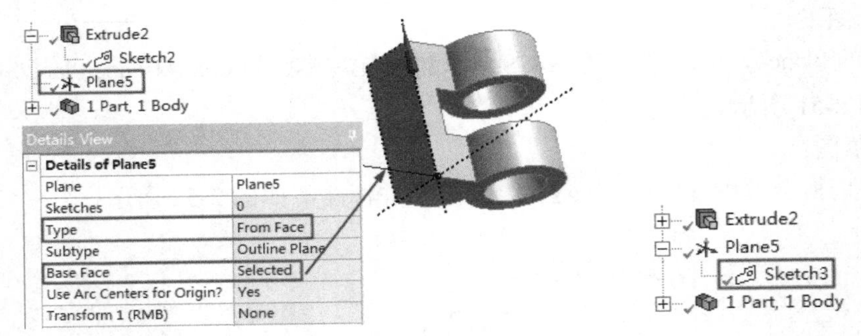

图 2-54　创建新面 2　　　图 2-55　创建草图 3

（14）绘制并标注草图。

将模式标签切换至草图【Sketching】，绘制草图并按图 2-56 所示标注。

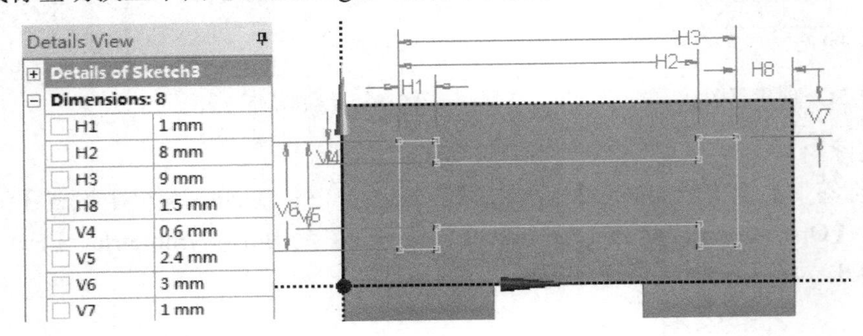

图 2-56　绘制草图 3

（15）创建新面。

将模式标签切换至【Modeling】后执行【Create】→【New Plane】，在 Details 面板中设置【Type】为 From Face、【Base Face】为图 2-57 所示的面、【Transform1（RMB）】为 Offset Z、【FD1,Value1】为-1.5mm、最后单击【Generate】。

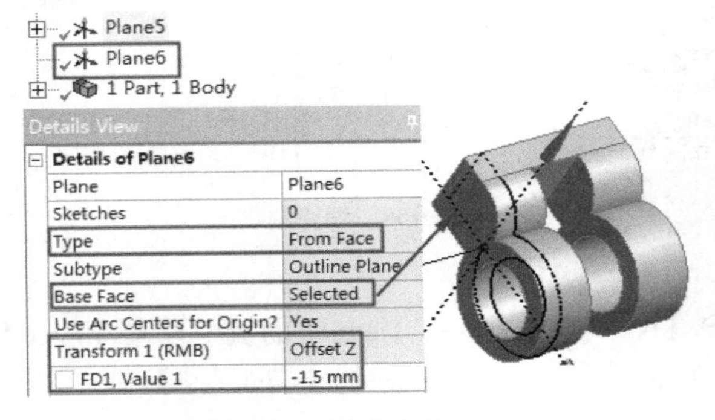

图 2-57　创建新面 3

（16）创建草图。

选中树形窗的 Plane6，单击 【New Sketch】后选择 【Look At Face/Plane/Sketch】，创建草图，如图 2-58 所示。

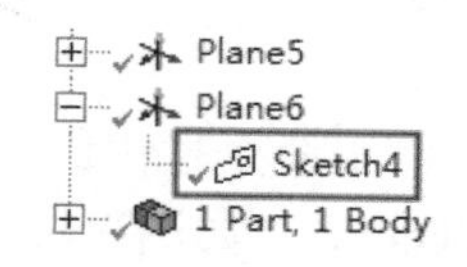

图 2-58 创建草图 4

（17）绘制草图。

将模式标签切换至草图【Sketching】，使用【Line】、【Arc by 3 Points】绘制如图 2-59 所示的草图。从图中可以看到草图比较粗糙，后续将通过裁剪和标注进行约束。

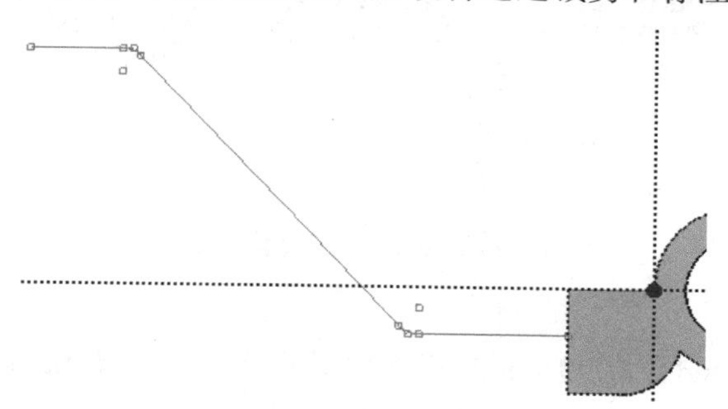

图 2-59 绘制草图 4

（18）裁剪草图。

切换至【Modify】，使用【Trim】进行裁剪，如图 2-60 所示。

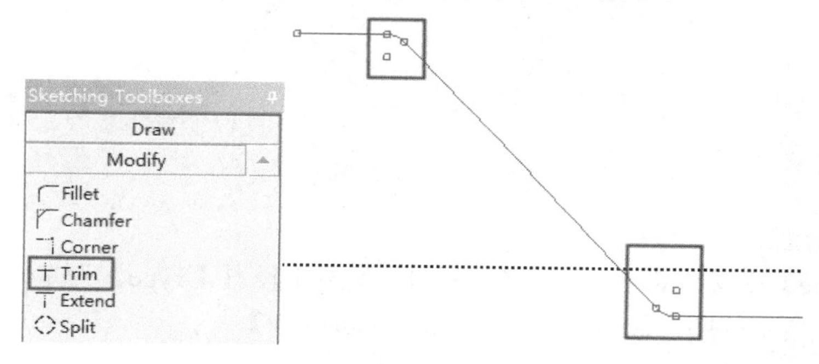

图 2-60 草图裁剪 2

（19）尺寸标注。

切换至【Dimensions】，按图 2-61 对草图进行标注，最后单击命令栏的【Generate】。

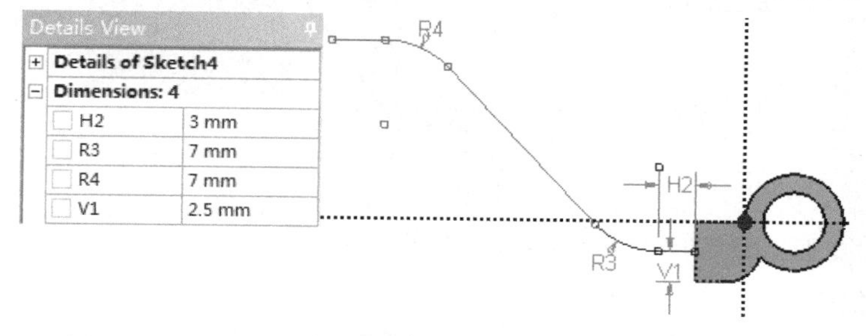

图 2-61 尺寸标注 2

（20）扫掠操作。

将模式标签切换至【Modeling】，单击命令栏中的扫掠【Sweep】，在 Details 面板中设置【Profile】为 Sketch3、【Path】为 Sketch4，如图 2-62 所示，最后单击【Generate】。

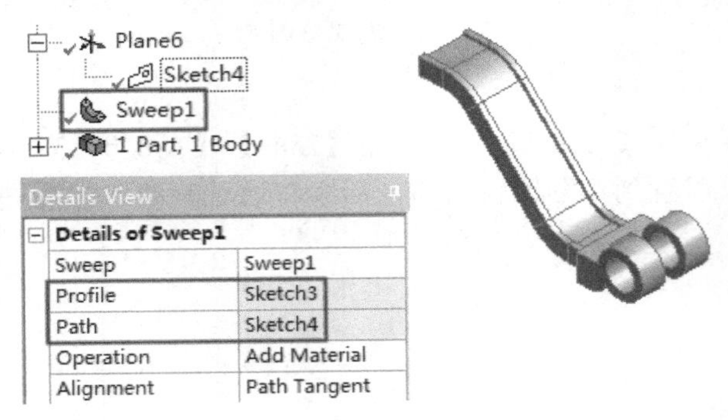

图 2-62　扫掠设置

（21）倒圆角。

单击命令栏的【Blend】，在 Details 面板中设置圆角半径【Radius】为 0.3mm、倒圆角的对象为图 2-63 所示的 20 条边，最后单击【Generate】。

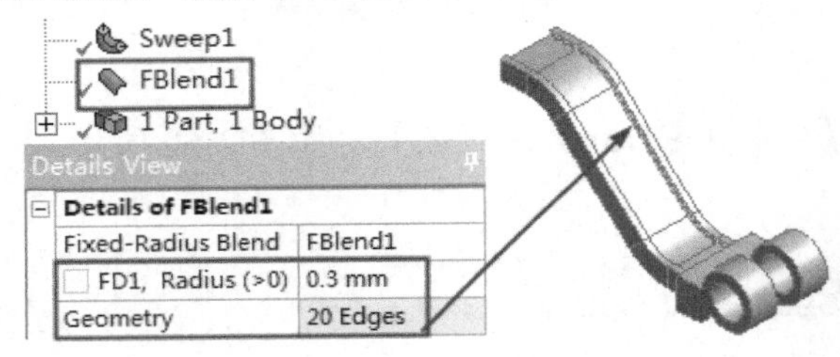

图 2-63　倒圆角设置 1

（22）创建新面。

执行【Create】→【New Plane】，在 Details 面板中设置【Type】为 From Face、【Base Face】为图 2-64 所示的面，最后单击工具栏的【Generate】。

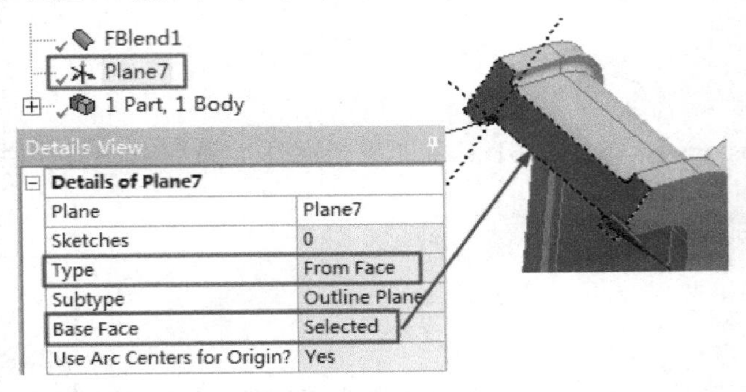

图 2-64　创建新面 4

（23）创建草图。

选中树形窗的 Plane7，单击 【New Sketch】后选择 【Look At Face/Plane/Sketch】，创建草图 5 如图 2-65 所示。

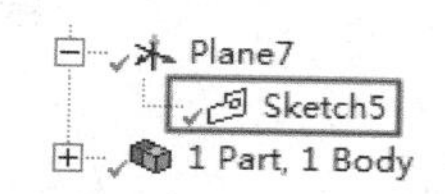

图 2-65　创建草图 5

（24）绘制并标注草图。

将模式标签切换至草图【Sketching】，绘制草图并按图 2-66 所示标注。

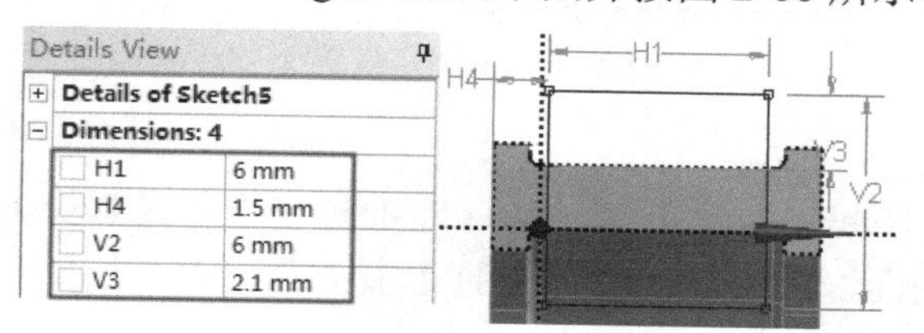

图 2-66　绘制草图 5

（25）拉伸操作。

将模式标签切换至建模【Modeling】，单击命令栏的【Extrude】，在 Details 面板中设置【Geometry】为 Sketch 5、拉伸长度为 18mm，如图 2-67 所示。

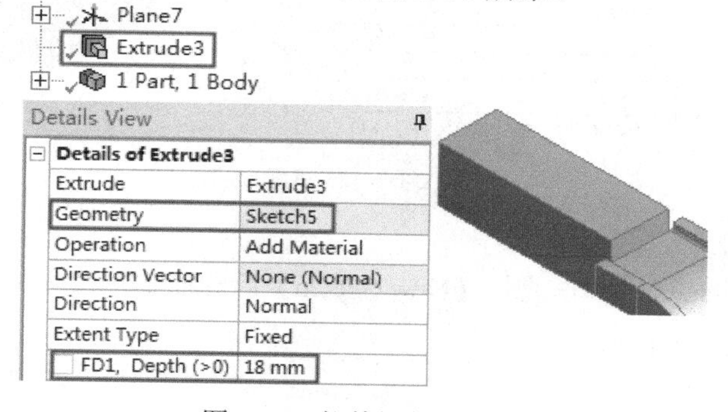

图 2-67　拉伸操作 2

应用 • 技巧

DesignModeler 在生成实体时没有撤销按钮，如果有参数需要修改，请先在树形窗选中某个特征，再在【Details View】中进行修改。可以通过【File】→【Auto-save Now】进行备份，通过【File】→【Restore Auto-save File】进行恢复。

（26）倒圆角。

单击命令栏的【Blend】，在 Details 面板中设置【Radius】为 5mm、倒圆角的对象为图 2-68 所示的边，最后单击【Generate】。

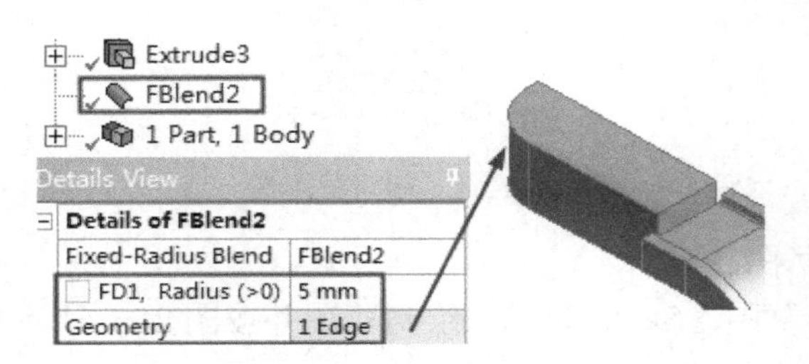

图 2-68　倒圆角设置 2

（27）创建新面。

执行【Create】→【New Plane】，在 Details 面板中设置【Type】为 From Face、【Base Face】为图 2-69 所示的面，最后单击工具栏的【Generate】。

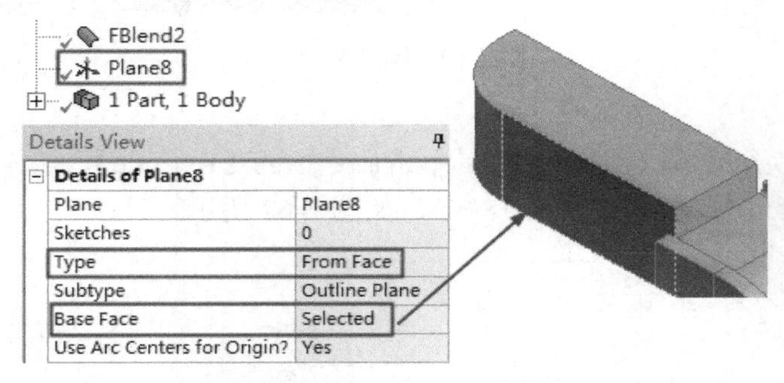

图 2-69　创建新面 5

（28）创建草图。

选中树形窗的 Plane8，单击 【New Sketch】后选择 【Look At Face/Plane/Sketch】，创建草图 6，如图 2-70 所示。

图 2-70　创建草图 6

（29）绘制并标注草图。

将模式标签切换至草图【Sketching】，绘制草图并按图 2-71 所示标注。

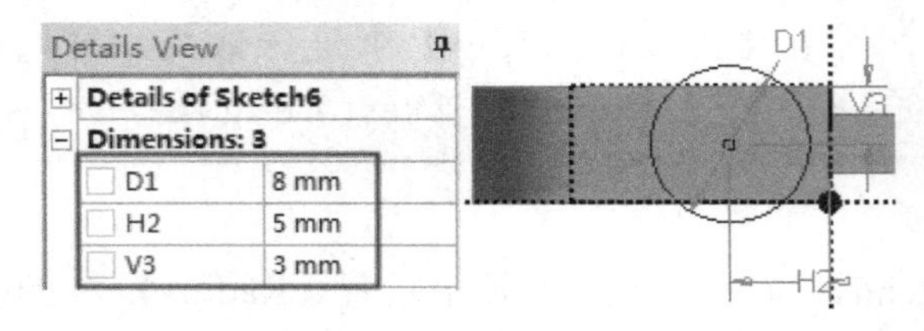

图 2-71　绘制草图 6

（30）拉伸操作。

将模式标签切换至建模【Modeling】，单击命令栏的【Extrude】，在 Details 面板中设置【Geometry】为 Sketch 6、拉伸长度为 3mm，如图 2-72 所示。

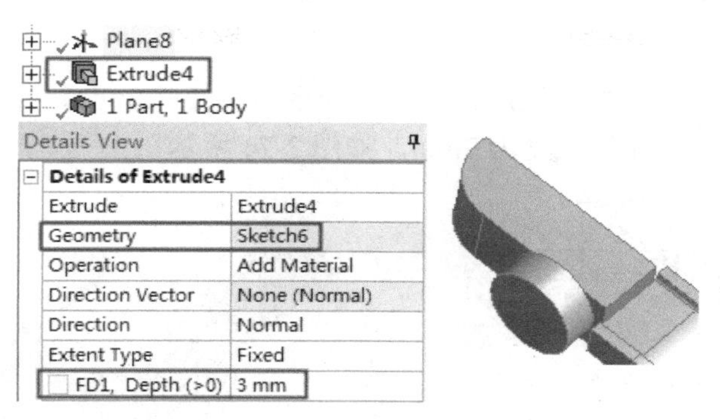

图 2-72　拉伸操作 3

（31）创建新面。

执行【Create】→【New Plane】，在 Details 面板中设置【Type】为 From Face、【Base Face】为图 2-73 所示的面，然后单击工具栏的【Generate】。

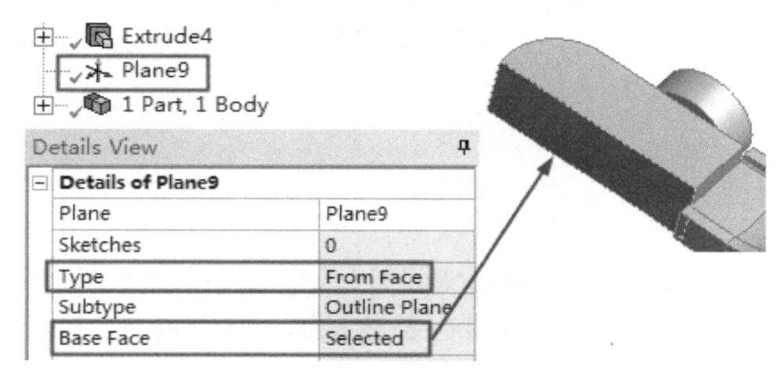

图 2-73　创建新面 6

（32）创建草图。

选中树形窗的 Plane9，单击 【New Sketch】后选择 【Look At Face/Plane/Sketch】，创建草图，如图 2-74 所示。

图 2-74　创建草图 7

（33）绘制并标注草图。

将模式标签切换至草图【Sketching】，绘制草图并按图 2-75 所示标注。

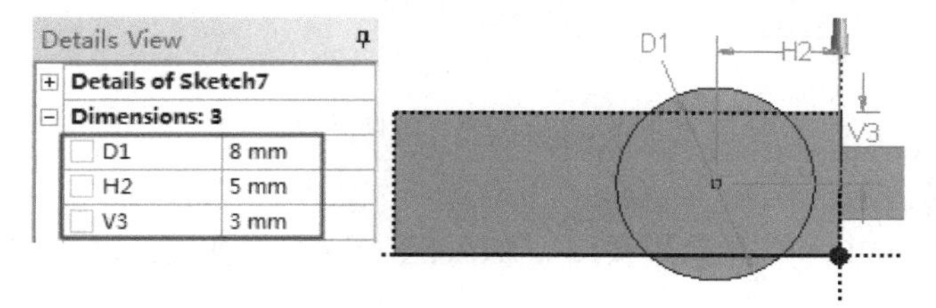

图 2-75　绘制草图 7

（34）拉伸操作。

将模式标签切换至建模【Modeling】，单击命令栏的【Extrude】，在 Details 面板中设置【Geometry】为 Sketch 7、拉伸长度为 3mm，如图 2-76 所示。

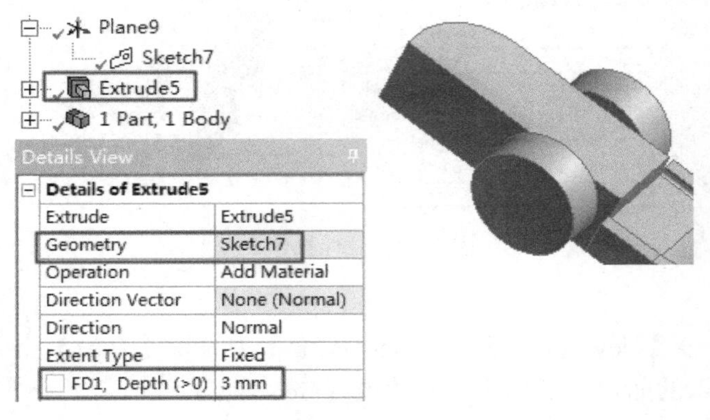

图 2-76　拉伸操作 4

应用·技巧

之所以不用镜像，是因为在 DesignModeler 中创建完一个激活体后，会自动与其接触的其他激活体合并，因此只能进行整体镜像。除非将想要的体设置成冻结状态，否则得不到想要的结果。

（35）创建新面。

执行【Create】→【New Plane】，在 Details 面板中设置【Type】为 From Face、【Base Face】为图 2-77 所示的面，然后单击工具栏的【Generate】。

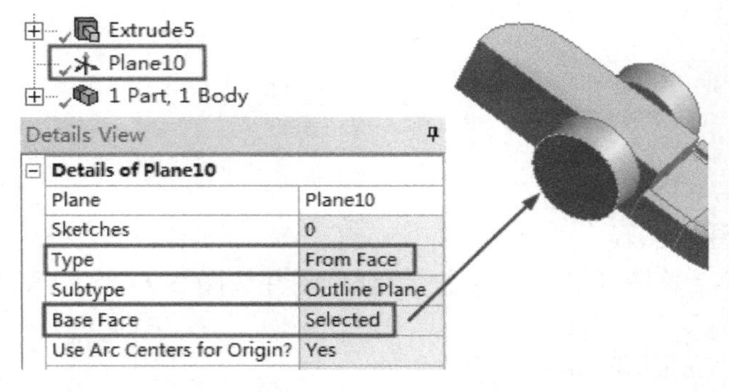

图 2-77　创建新面 7

（36）创建草图。

选中树形窗的 Plane10，单击 【New Sketch】后选择 【Look At Face/Plane/Sketch】，创建草图，如图 2-78 所示。

（37）绘制并标注草图。

将模式标签切换至草图【Sketching】，绘制草图并按图 2-79 所示标注。

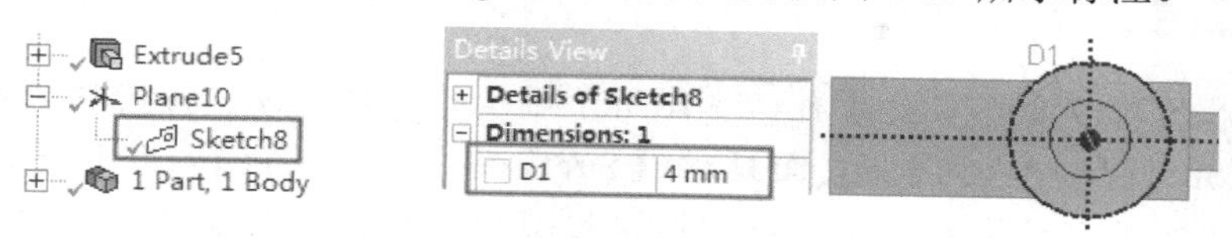

图 2-78　创建草图 8　　　　图 2-79　绘制草图 8

（38）切除材料。

将模式标签切换至【Modeling】后单击【Extrude】，在 Details 面板中设置【Geometry】为 Sketch 8、【Operation】为 Cut Material、【Extent Type】为 Through All，如图 2-80 所示，最后单击【Generate】。

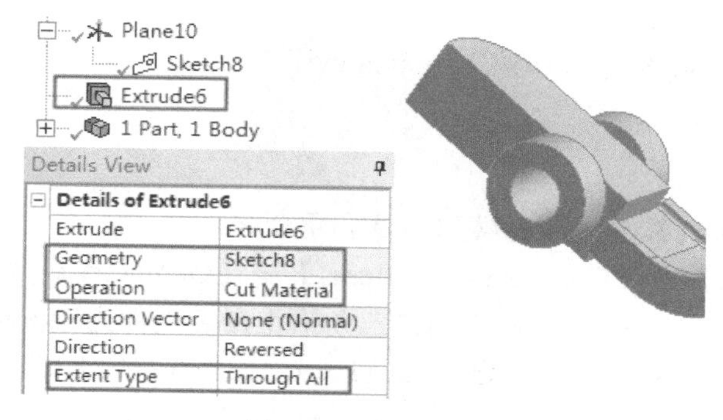

图 2-80　切除材料

（39）退出 DesignModeler，保存项目关闭程序。

2.6　实例 2：CAD 文件修复

在本例中，我们将通过对导入的 CAD 文件进行修复来学习在 DesignModeler 中进行修复的相关操作。

1. 实例概述

在本例中，我们对导入的有缺陷的面体模型进行修复并生成实体。图 2-81 左部分为导入的缺陷面体，右部分为修复过后生成的实体。

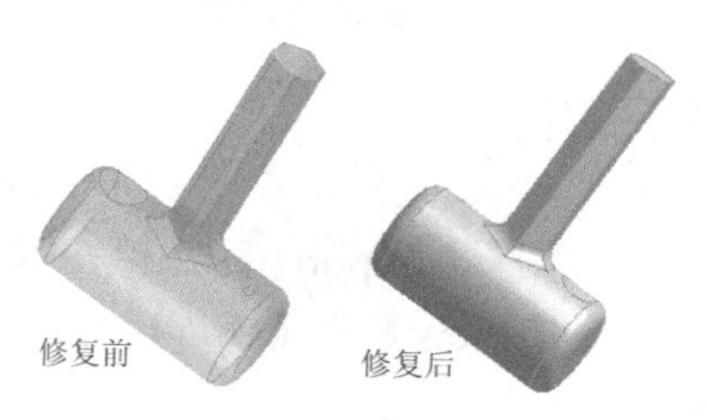

图 2-81　CAD 文件修复

从外部导入的缺陷面体需要修补，才能用于后续的网格划分。修补的种类有很多种，如表面补片【Surface Patch】、表面延伸【Surface Extension】、合并【Merge】、连接【Connect】等。选用哪种修补方法，应该根据模型的实际特点来决定。本例中对其中一个缺陷先进行表面延伸，再进行表面补片，这样做的目的是可以获得较好的曲率。模型根据要求需要转换成 3D 实体，因此要用到体操作【Body Operation】。

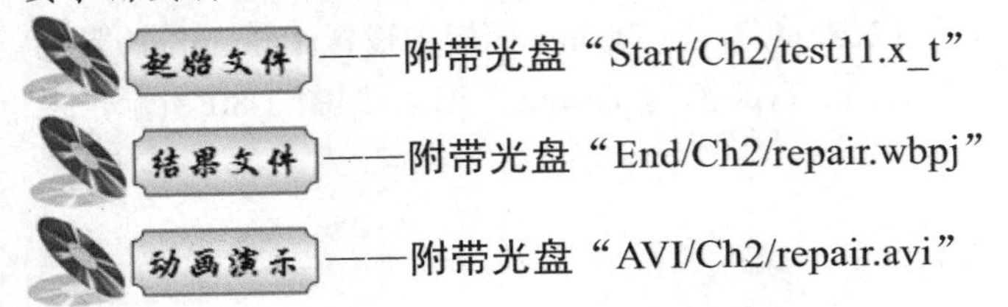
起始文件——附带光盘“Start/Ch2/test11.x_t”

结果文件——附带光盘“End/Ch2/repair.wbpj”

动画演示——附带光盘“AVI/Ch2/repair.avi”

2. 操作步骤

（1）新建【Geometry】，并导入目标 CAD 和重命名。

执行【Workbench】→【Component Systems】→【Geometry】，添加项目 A，然后在【Project Schematic】中单击 A 项目左上角的三角形重命名文件为 repair，同时右击 A2 单元格，在【Import Geometry】中选择并导入 test11.x_t，操作见图 2-82。

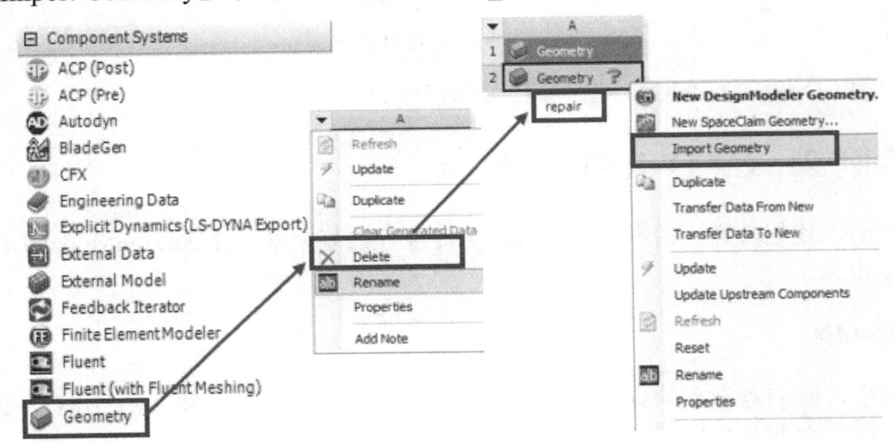

图 2-82　新建 Geometry

（2）生成并显示导入的 CAD 文件。

双击【Project Schematic】中的 A2 单元格，在 DM 模块界面中的【Units】菜单里选择【Millimeter】。在 DM 的树形窗中选择【Import1】并单击【Generate】。执行【View】→【Wireframe】显示线框架，同时执行【View】→【Graphics Options】→【Edge Coloring】→【By Connection】显示边。具体操作见图 2-83。

该模型作为一个面体，从图 2-83 右下图的红线可以看出，该模型有 3 个区域缺少面，我们要做的就是将这些面进行修复并生成可以划分网格的 3D 实体。

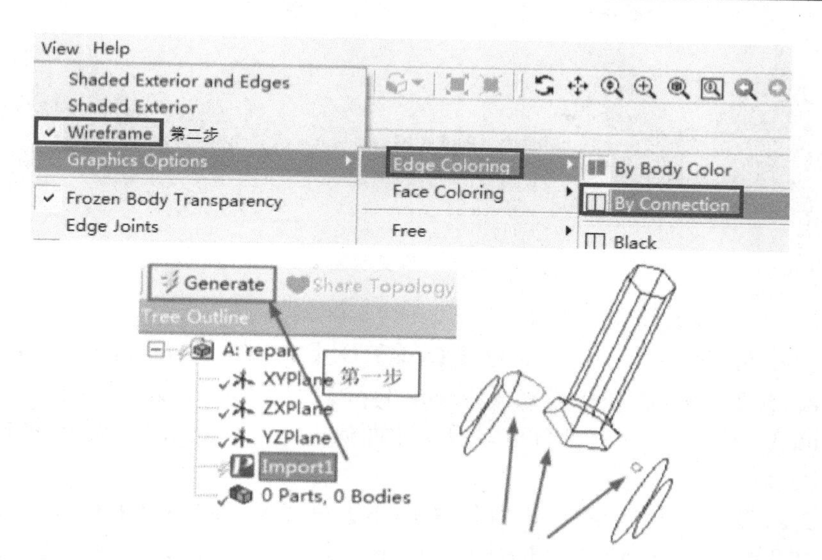

图 2-83　生成并显示导入的 CAD 文件

（3）对第一个缺陷进行表面修补。

首先执行【View】→【Shaded Exterior and Edges】和【View】→【Graphics Options】→【Edge Coloring】→【By Body Color】，将显示切换回正常情况。

选择如图 2-84 所示的六条边，并执行【Tools】→【Surface Patch】，再单击 Details 面板中的 Apply，最后单击【Generate】。

图 2-84 右边是修复完毕后的模型，可以看出：在缺陷处生成了一个光滑的表面。

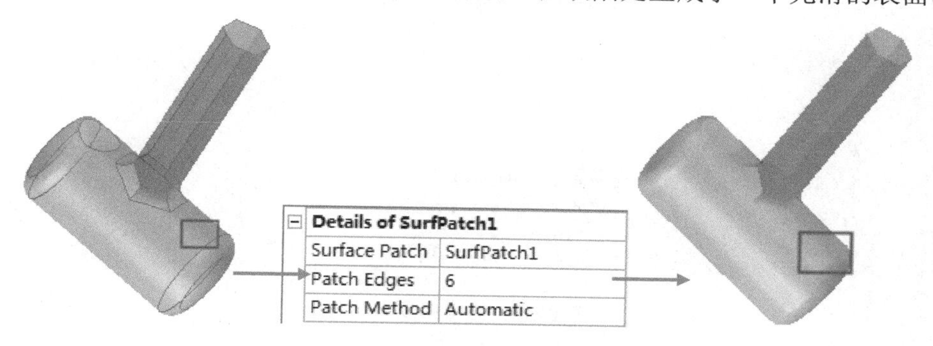

图 2-84　修复缺陷 1

（4）对第二个缺陷进行表面修补。

选择如图 2-85 左部分所示的四条边，执行【Tools】→【Surface Patch】后单击 Details 面板中的 Apply，最后单击【Generate】。

图 2-85 右部分是修复完毕后的模型，可以看出：在缺陷处生成了一个光滑的表面。此时如果选择【Wireframe】来显示，那么被修复过的表面的边不再显示为红色。

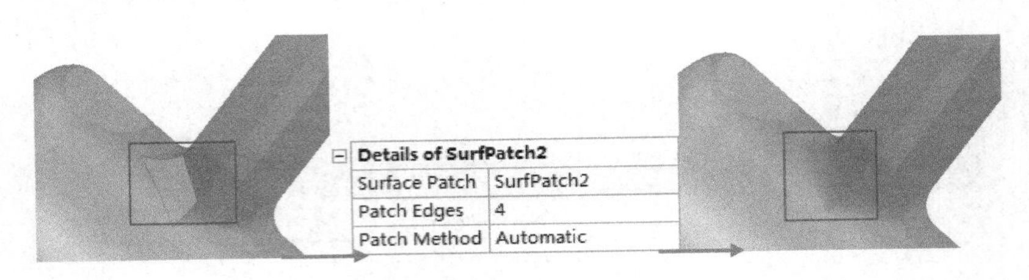

图 2-85　修复缺陷 2

（5）对第三个缺陷进行表面修补。

选择图 2-86 左部分所示的边，执行【Tools】→【Surface Extension】并单击 Details 面板中的 Apply。在 Details 面板中设置【Extent Type】为【Natural】、延伸距离为 50mm，并单击【Generate】。从图 2-86 右部分可以看出曲面缺失部分被复原，而且延伸曲面在该面的自然边处停止。

选择图 2-87 左部分所示的边，执行【Tools】→【Surface Patch】并单击 Apply。在 Details 面板中设置【Patch Method】为【Automatic】，然后单击【Generate】。从图 2-87 右部分可以看出在缺陷处生成了光滑的曲面，同时该曲面的曲率符合圆柱的曲率。

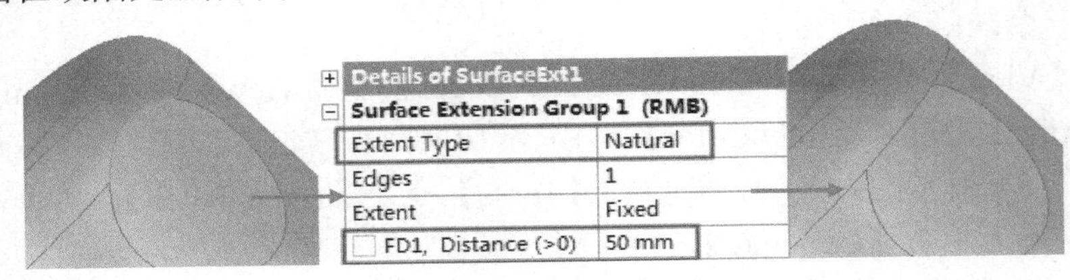

图 2-86　延伸修复缺陷

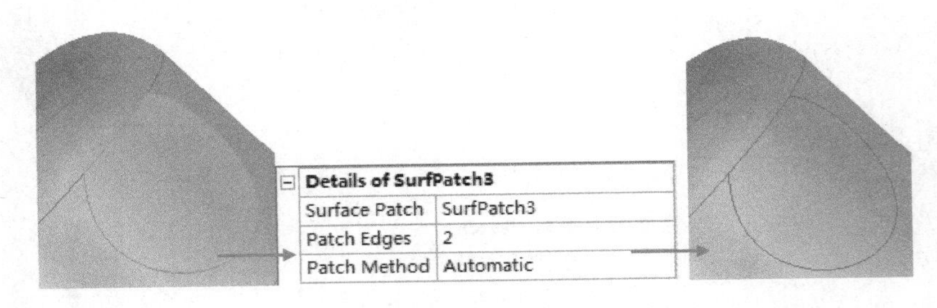

图 2-87　补片修复缺陷

应用・技巧

在对第三个缺陷进行修复时，我们采用了先 Surface Extension 后 Surface Patch 的方法，这样修复出来的面曲率比较符合圆柱曲率。如果只是用 Surface Patch 进行修复，会有断片，这时需根据实际情况进行取舍。

（6）将面体转化成 3D 实体。

执行【Create】→【Body Operation】，选择修复过后的整个面体，然后在 Details 面板中单击 Apply 并设置【Type】为【Sew】、【Create Solids?】为【Yes】，如图 2-88 左部分所示，最后单击【Generate】。从图 2-88 右部分可以看出曲面生成了实体，只是目前实体处于冻结状态。

执行【Tools】→【Unfreeze】，然后选择创建的冻结体并单击 Details 面板中的 Apply，如图 2-89 所示，最后单击【Generate】，该步骤可以激活冻结体。

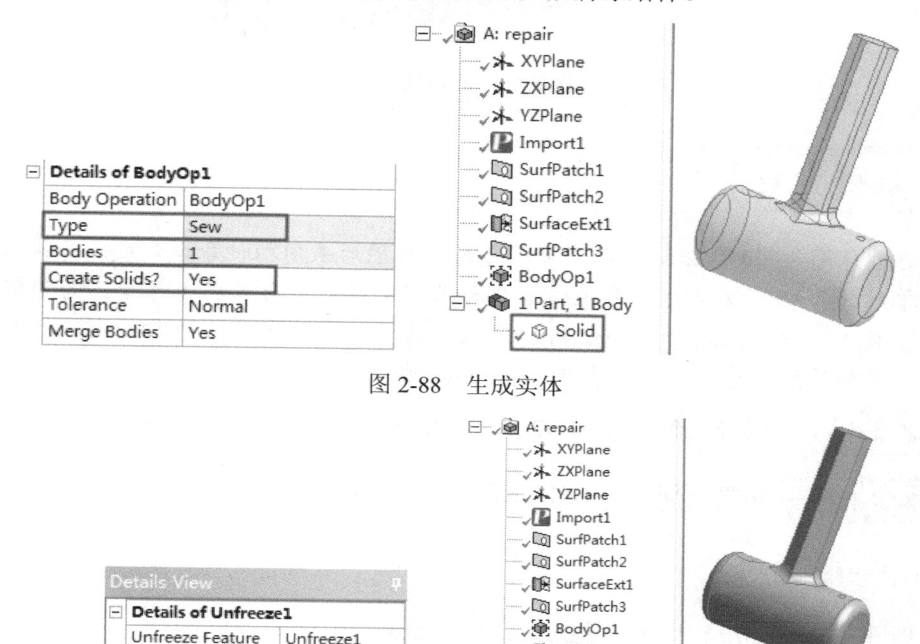

图 2-88　生成实体

图 2-89　生成激活体

（7）执行【File】→【Save Project】保存项目文件后退出程序。

2.7　实例 3：带参数化底板模型

本例中通过创建一个带参数化的底板模型来学习在 DesignModeler 中进行参数化建模的相关操作。

1．实例概述

在本例中，我们将创建一个如图 2-90 所示的底板实体模型，并将该模型参数化，使得模型相关尺寸可以按照一定的关系自动调节更新。模型参数化可以产生一系列尺寸，简化了建模工作量。

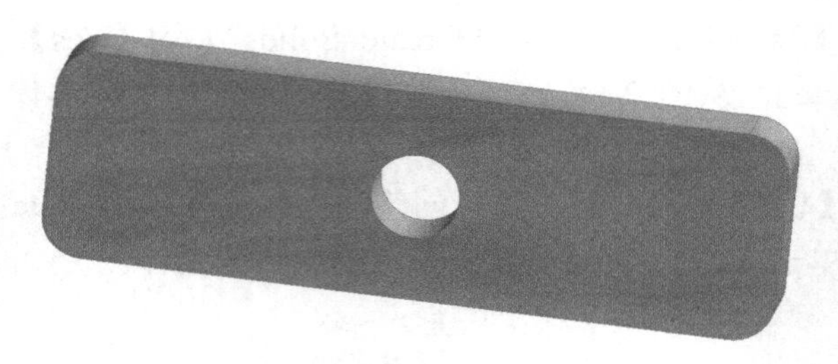

图 2-90　底板模型

要创建图 2-90 所示的模型，可以先绘制草图后采用拉伸命令完成。如果只是建立一个单独的模型，这样的应用显得十分有限，也增加了后续的工作量。为了能将某个零件参数化，以便应用于同一规格的产品，需要对规定的尺寸进行约束，施加特定的关系。添加关系式时，需要注意 DesignModeler 中特殊的格式要求。

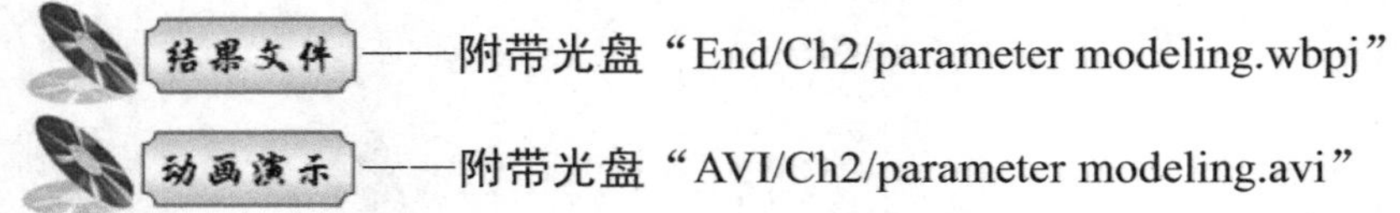

结果文件——附带光盘“End/Ch2/parameter modeling.wbpj”

动画演示——附带光盘“AVI/Ch2/parameter modeling.avi”

2．操作步骤

（1）新建【Geometry】并打开【DesignModeler】。

打开 Workbench，执行【Workbench】→【Component Systems】→【Geometry】。然后在【Project Schematic】中双击 A2【Geometry】打开【DesignModeler】，在【Units】单位配置菜单中选择【Millimeter】后单击【OK】，操作见图 2-91。

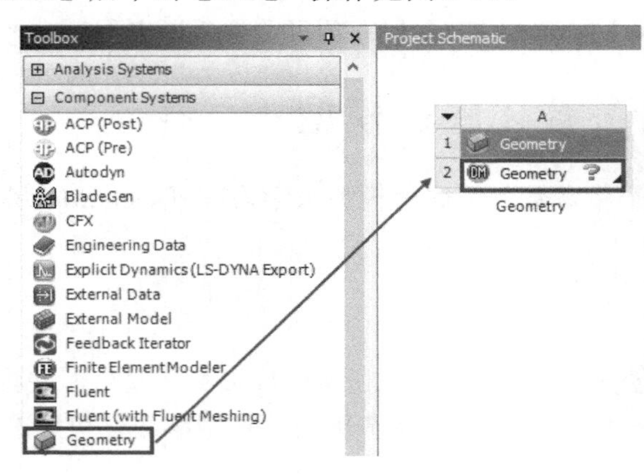

图 2-91　新建 Geometry

（2）创建草图并标注。

在【Tree Outline】中选择【XYPlane】，单击【New Sketch】后单击【Look At Face/Plane/Sketch】创建如图 2-92 所示的草图并标注。此处在绘制带倒圆角的矩形时，勾选了 auto-Fillet Rectangle auto-Fillet:☑，这样绘制的四个圆角是一样大小的。当然也可以先绘制不带圆角的矩形，然后再绘制倒圆角并施加约束。

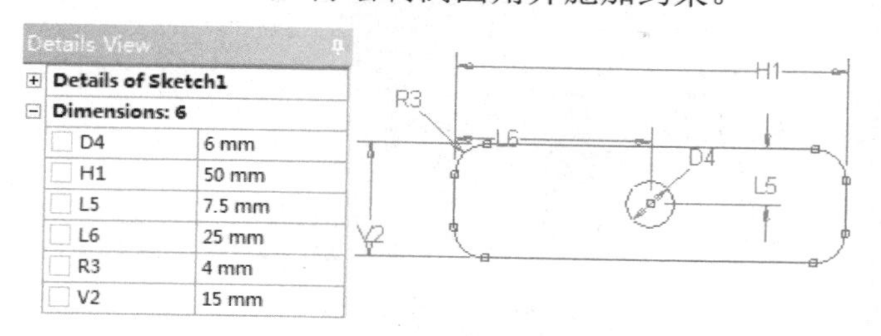

图 2-92　创建草图并标注

（3）创建设计参数。

单击每个尺寸前面的□，在弹出的对话框中设置参数名后，单击 OK 按钮，这样我们就创建了一个设计参数，此处采用默认参数名。注意此时在参数前出现了一个 D，代表 Design。设计参数允许参数数据交换，使 DM 模型更加灵活，同时设计参数可以传递到 Mechanical 中。同理对其余几个参数创建设计参数，同样采用默认参数名，具体操作见图 2-93。

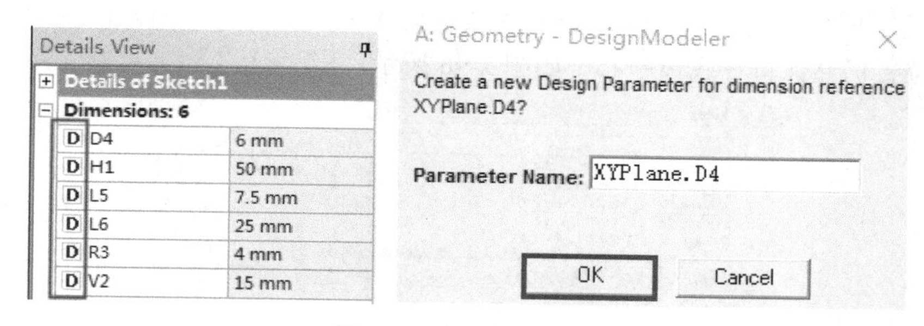

图 2-93　创建设计尺寸

（4）创建 3D 实体。

单击【Extrude】，在 Details 面板中设置【Geometry】为 Sketch1、拉伸长度选择 5mm，如图 2-94 所示，最后单击【Generate】。

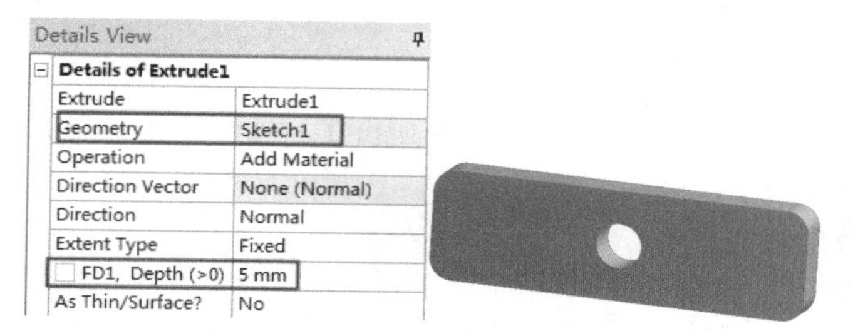

图 2-94　创建拉伸

（5）参数管理。

执行【Tools】→【Parameters】或直接单击工具栏中的 Parameters 。在界面下方出现的【Parameter Editor】中依次选择【Design Parameters】和【Parameter/Dimension

Assignments】标签，观察各个变量，如图 2-95 所示。

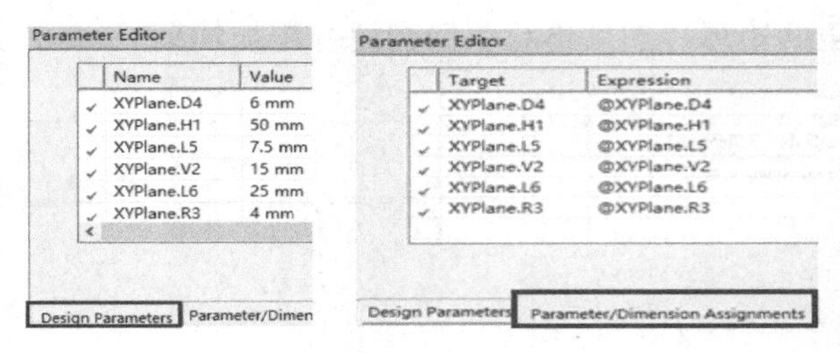

图 2-95　参数管理器

在【Parameter/Dimension Assignments】标签中，令：

XYPlane.D4 = @XYPlane.D4

XYPlane.H1 = @XYPlane.H1

XYPlane.L5 = @XYPlane.V2/2

XYPlane.V2 = @XYPlane.V2

XYPlane.L6 = @XYPlane.H1/2

XYPlane.R3 =（@XYPlane.H1-@XYPlane.V2）/（0.8*@XYPlane.V2）

其含义是矩形倒圆角的半径随着矩形的长宽按式子给定变化，同时保持中心圆孔大小不变，圆形位置仍然保持在底板中心，如图 2-96 所示。

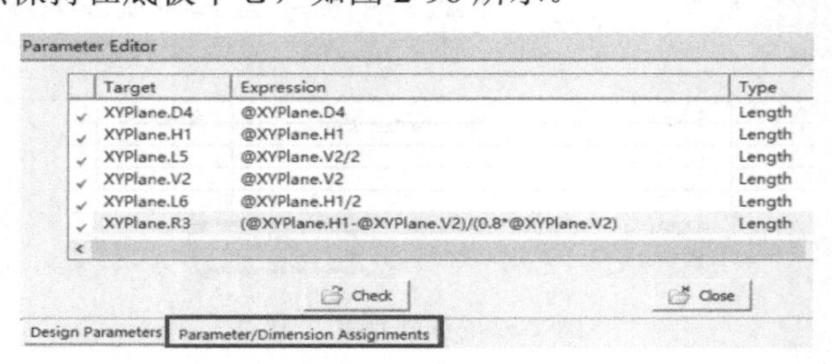

图 2-96　创建参数等式

应用·技巧

【Design/Dimension Assignments】中列出了一系列“左边=右边”的等式。等式右边是一个包含+，-，*，/的表达式，包括设计参数（前带有@）和特征尺寸、常数或辅助变量。

单击【Parameter Editor】的【Check】标签，可以在【Demensions】内观察经过重新运算后各个设计参数的值，如图 2-97 所示。

单击【Generate】，同时将【Parameter Editor】切换至【Design Parameters】，从图 2-98 可以看出各个参数发生了变化，实体也随之发生变化。

在【Design Parameters】中将 XYPlane.H1 修改为 40，然后单击【Generate】，可以看到实体按照等式规则发生了相应的变化，如图 2-99 所示。

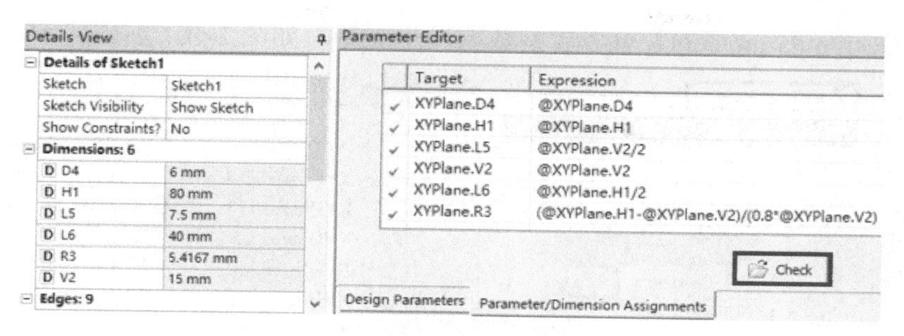

图 2-97　生成新参数

图 2-98　生成新模型 1

图 2-99　生成新模型 2

（6）项目管理界面中的参数管理。

在 Workbench 主界面中观察可以发现 A3 中的【Parameters】出现了【Parameter Set】如图 2-100 所示。双击【Parameter Set】，在【Outline:No data】中将 P2 修改成 50，然后单击【Project】，如图 2-100 所示。

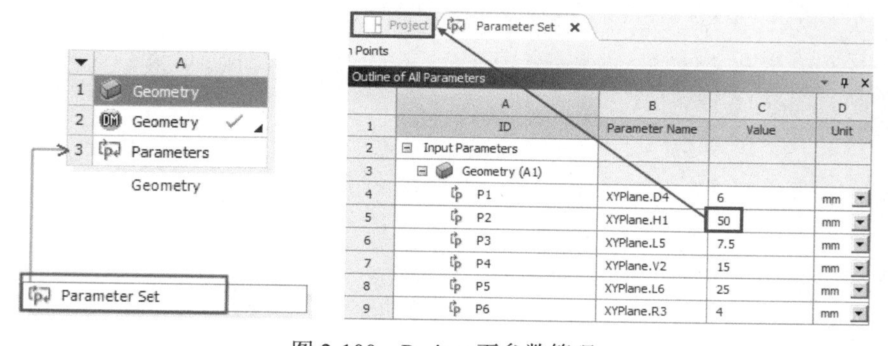

图 2-100　Project 下参数管理

在【Project Schematic】中观察可以看到 A2 右边出现了刷新图标，单击【Refresh Project】即可完成数据的更新，如图 2-101 所示。切换至 DesignModeler，在【Parameter

Editor】的【Design Parameters】可以看到数据发生更新，如图 2-101 右图所示。

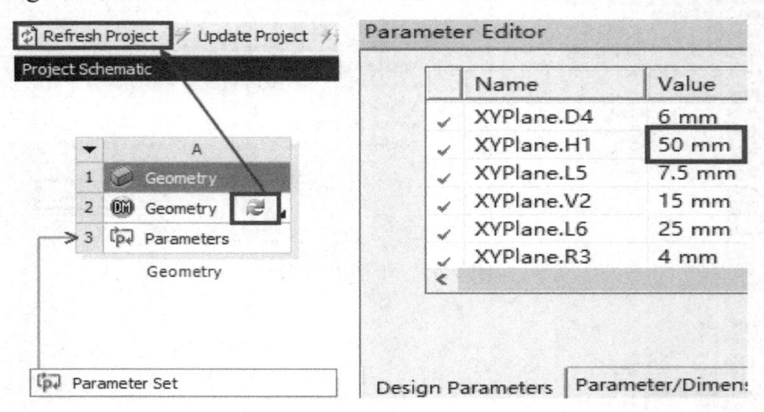

图 2-101　Project 下参数刷新

（7）保存文件，关闭项目。

2.8　本章小结

本章主要讲述 DesignModeler 的使用方法，其中包括草图绘制、3D 几何体建模、概念建模以及导入 CAD 文件、CAD 文件修复、参数化建模等。本章最后给出了 3 个建模实例，读者通过这些例子，可快速学习 DesignModeler 的相关操作。DM 平台的建模为接下来的网格划分做准备。

第 3 章　网格划分

网格划分是建立有限元模型的一个重要环节，建立正确合理的网格模型对计算结果的精度和计算规模影响很大，因此建立网格时需要选择合适的划分方法。ANSYS Workbench 平台下的 Mesh 是通用的网格划分工具，针对不同的物理场和具体的几何结构有不同的划分方法，并且可以进行 2D 和 3D 网格划分。ICEM CFD 是 ANSYS 下的高级网格划分工具，可以满足复杂分析的网格划分需求。

本章内容

- ANSYS Workbench 网格划分介绍
- Mesh 平台全局网格控制
- Mesh 平台局部网格控制
- ICEM CFD 网格划分
- Mesh 平台 2D、3D 网格划分

3.1　ANSYS Workbench 网格划分概述

划分网格的目的是将求解域分解成数量合适的离散单元，以便得到较为精确的结果。ANSYS Workbench 17.0 中提供了包括 Mesh、ICEM CFD、TurboGrid 等划分工具，同时取消了对 CFX-Mesh 的支持。ANSYS Workbench 中的网格划分工具可以应用在各种类型的分析中，包括 FEA（结构）仿真和 CFD（流体）分析。本章主要介绍 Mesh 平台下的网格划分，在 3.4 节会简要介绍 ICEM CFD 的网格划分。

网格划分中每一个小的结构称为单元，确定单元形状、单元之间相互联结的点称为节点。3D 网格划分中的基本形状有如下几种：

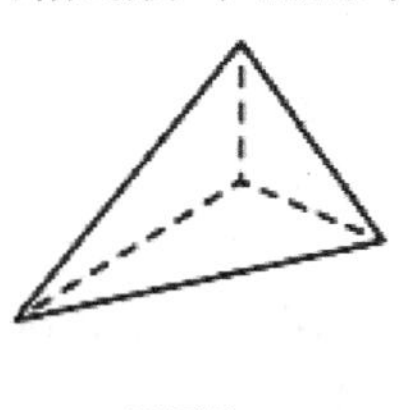

四面体
（非结构化网格）

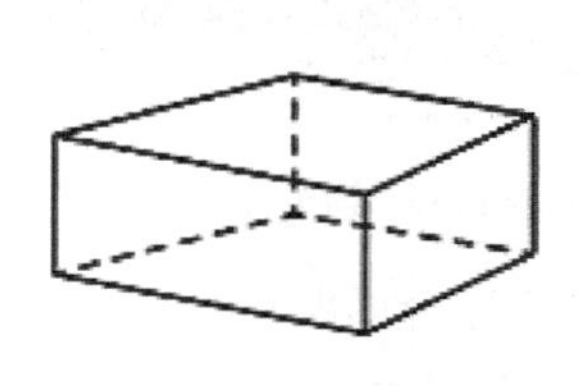

六面体
（通常为结构化网格）

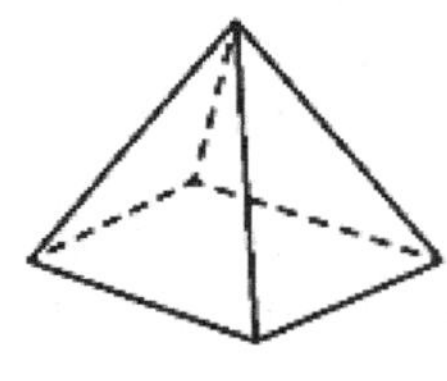

棱锥
（四面体和六面体的过渡）

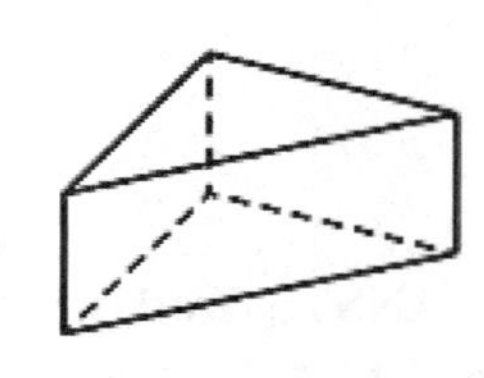

棱柱
（四面体拉伸时形成）

图 3-1　3D 网格模型

视频教学

在 Workbench 主界面中将【Component】下的【Mesh】拖放到【Project Schematic】，可以新建一个项目如图 3-2 所示。要进入网格划分平台，需先新建几何体或导入外部几何文件。

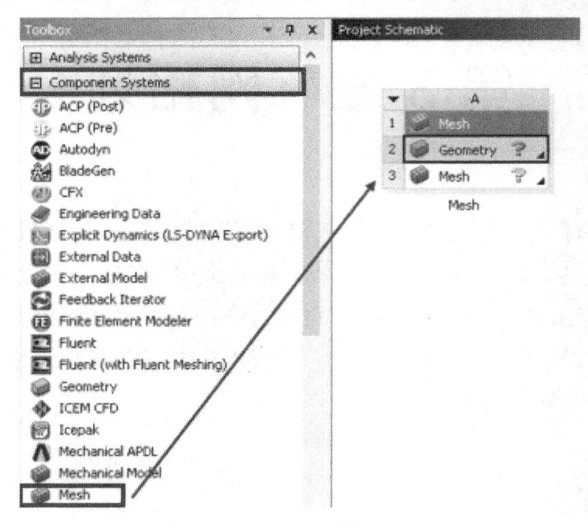

图 3-2　3D 网格模型

图 3-3 中项目 A 已经导入了几何文件，双击 A3 单元格可以进入 Mesh 网格划分平台。从图 3-3 中可以看到，该界面与 DesignModeler 界面类似，此处并不对界面做详细介绍。

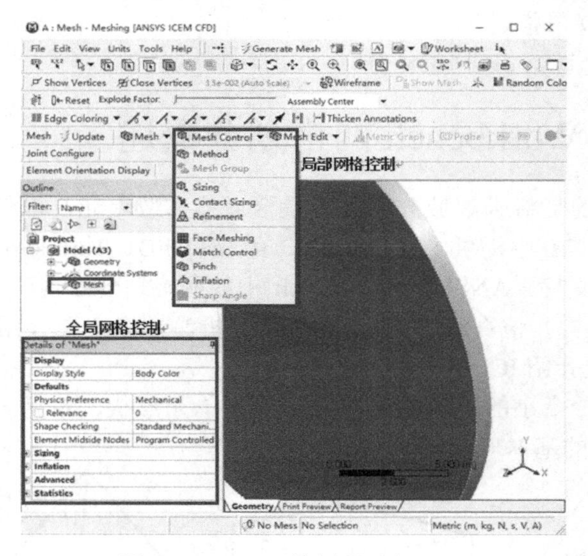

图 3-3　Mesh 网格划分平台

ANSYS Workbench 17.0 网格控制主要分为全局网格控制【Global Mesh Controls】和局部网格控制【Local Mesh Controls】。选中图 3-3【Outline】下的【Mesh】，可以看到【Details of “Mesh”】下有一系列选项，这些选项涉及全局网格控制。单击工具栏中的 Mesh Control ▼ 三角形图标或者直接右击【Outline】下的【Mesh】选择 Insert（图中未展示）可以查看局部网格控制。3.2 和 3.3 节将重点介绍全局与局部网格控制。在【Mesh】平台下执行【File】→

【Export】可以导出网格文件，扩展名根据不同的用途有.meshdat、.msh、.prj、.tgf 等。

3.2 Mesh 平台全局网格控制

选择【Tree Outline】下的【Mesh】可以在 Details 面板查看全局网格控制相关选项如图 3-4 所示。全局网格控制包括 Display（显示项）、Defaults（缺省项）、Sizing（整体单元尺寸）、Inflation（膨胀层）、Assembly Meshing（装配网格划分）、Advanced（高级选项）、Statistics（统计项）。下面分小节对这些内容作介绍。

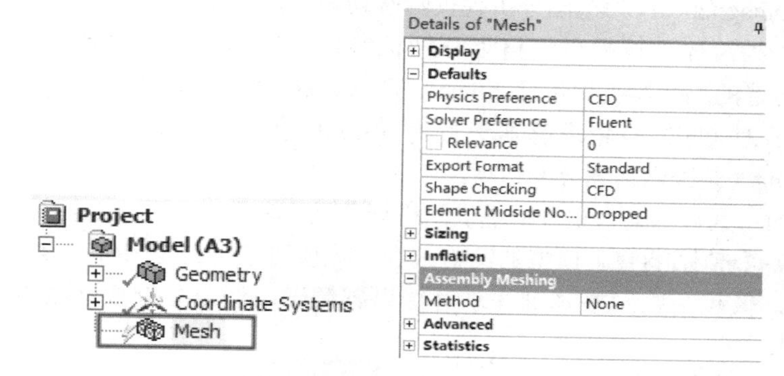

图 3-4　全局网格控制

3.2.1 显示设置

通过选择【Display Style】可以指定显示形式，一共有七个选项，如图 3-5 所示，显示形式分别为 Body Color（体色）、Element Quality（单元品质）、Aspect Ratio（长短边比）、Jacobian Ratio（雅克比比率）、Warping Factor（翘曲系数）、Parallel Deviation（平行偏差）、Maximum Corner Angle（最大角点角度）、Skewness（偏斜度）和 Orthogonal Quality（正交品质）。

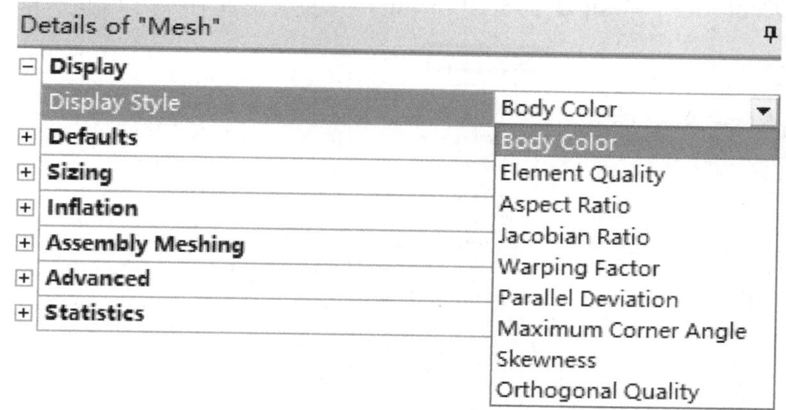

图 3-5　Display 选项

3.2.2 默认项设置

通过选择【Physics Preference】可以指定网格划分的物理场。每个物理场都默认了一些网格划分参数，这些参数体现在全局网格控制的 Sizing、Inflation 等各个选项中。【Physics Preference】提供了以下五种物理场。

- Mechanical：为结构分析提供网格划分默认参数。
- Noonlinear Mechanical：为非线性结构分析提供网格划分默认参数
- Electromagnetics：为电磁分析提供网格划分默认参数。
- CFD：为流体分析提供网格划分默认参数。当选择该选项时，会要求选择求解器类型。可选的求解器类型包括 Fluent、CFX、POLYFLOW 如图 3-6 右图所示。注意只有物理场为 CFD 且将求解器设置为 Fluent 或 POLYFLOW 时，才会出现 Assembly Meshing（装配网格划分）选项。
- Explicit：为显示动力学分析提供网格划分默认参数。

【Relevance】值影响整个模型的网格细度。该值可选范围是-100～100，默认值为 0。Relevance 值越高则网格越细，求解结果越精确，但是会导致网格数量的增加，消耗更多的运行资源。

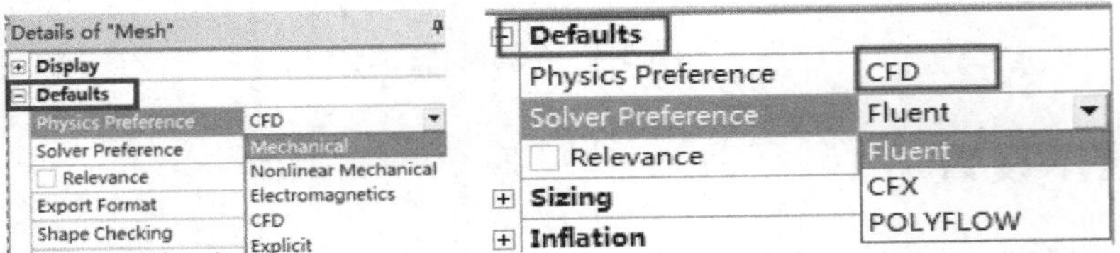

图 3-6 Defaults 选项

3.2.3 整体单元尺寸

展开【Details of “Mesh”】面板中 Sizing 项可以查看整体单元尺寸设置如图 3-7 所示。

Sizing	
Size Function	Adaptive
Relevance Center	Fine
Element Size	Default
Initial Size Seed	Active Assembly
Smoothing	Medium
Transition	Fast
Span Angle Center	Coarse
Automatic Mesh Based Defeaturing	On
Defeaturing Tolerance	Default
Minimum Edge Length	77.480 m

图 3-7 Sizing 选项

（1）Size Function（网格划分功能）。

网格划分功能可以提供对网格的更强大控制。该选项提供有 Adaptive（适应）、Proximity and Curvature（邻近和曲率）、Curvature（曲率）、Proximity（邻近）、Uniform（一致）等 5 个选择如图 3-8 所示。

Size Function	Adaptive
Relevance Center	Adaptive
Element Size	Proximity and Curvature
Initial Size Seed	Curvature
Smoothing	Proximity
	Uniform

图 3-8　Size Function 选项

Curvature（曲率）网格控制可以检测边和面上的曲率并计算单元尺寸以保证单元尺寸不超过设置的最大尺寸和法线角（Curvature Normal Angle）。选择该选项时，面板下会出现一些子选项如图 3-9 所示。

Sizing

Size Function	Curvature
Relevance Center	Fine
Initial Size Seed	Active Assembly
Smoothing	Medium
Transition	Fast
Span Angle Center	Coarse
Curvature Normal Angle	Default (70.3950 °)
Min Size	Default (5.0938e-003 m)
Max Face Size	Default (0.509380 m)
Max Tet Size	Default (1.01880 m)
Growth Rate	1.20

图 3-9　Curvature 高级网格划分

- 【Curvature Normal Angle】表示单元边跨度允许的最大法向角。
- 【Min Size】表示 Curvature 网格控制所能返回的最小网格尺寸。实际得到的网格尺寸可能会因为局部网格控制或几何异常而小于该值。
- 【Max Face Size】表示 Curvature 网格控制所能返回的最大面尺寸。实际得到的网格面尺寸可能会因为硬边尺寸（hard edge sizes）或浮动点算法而大于该值。
- 【Max Size】表示 Curvature 网格控制所能返回的最大网格尺寸。
- 【Growth Rate】表示单元层边长度的增长率。

Proximity（邻近）、Proximity and Curvature（邻近和曲率）、Uniform（一致）的相关选项同 Curvature 类似，这里不再赘述。

（2）Relevance Center（相关中心）。

Relevance Center 下有 3 个选项如图 3-10 所示，分别为 Coarse、Medium、Fine 三种类型。该选项在不同的物理场下会有不同的默认值。

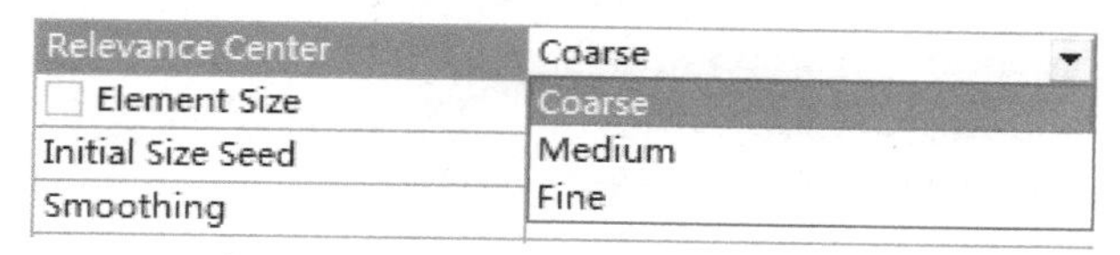

图 3-10　Relevance Center 选项

图 3-10 是同一模型在不同 Relevance Center 和 Relevance 下的网格密度。从图 3-11 可以

看出 Relevance 的值越接近 100 则网格密度越大，在同一 Relevance 值下网格密度最大的是 Fine，其次是 Medium，最后是 Coarse。读者应当根据分析的需求选择不同的类型。

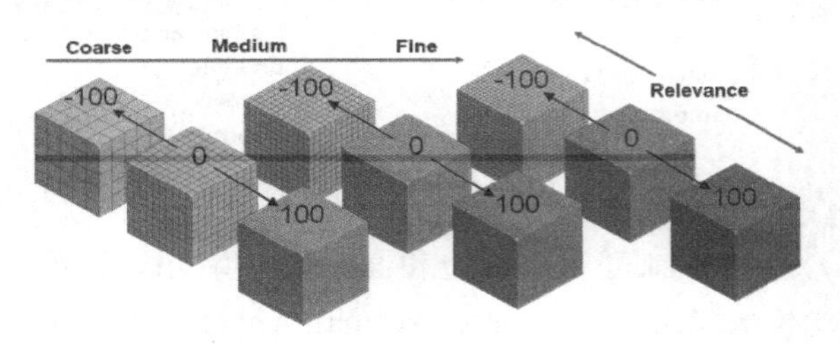

图 3-11　不同 Relevance Center 和 Relevance 值下的网格密度

（3）Element Size（单元尺寸）。

Element Size 可以指定整个模型的网格尺寸。该值对边、面、体网格划分均有效。只有在 Size Function（网格划分功能）选择 Adaptive 时，该选项才会出现。

（4）Initial Size Seed（初始化尺寸种子）。

Initial Size Seed 允许用户控制每个零件网格尺寸的初始化种子。该值有两个选项如图 3-12 所示。Active Assembly 将初始化种子建立在激活体上（Active or Unsuppressd）；Full Assembly 将初始化种子建立在所有零件上。

Initial Size Seed	Active Assembly
Smoothing	Active Assembly
Transition	Full Assembly

图 3-12　Initial Size Seed 选项

（5）Smoothing（平滑度）。

Smoothing 试图通过移动节点的位置来提高单元质量，其有三个选项如图 3-13 所示。Low、Medium、High 控制着平滑度迭代数以及网格启动平滑阈值。

Smoothing	Medium
Transition	Low
Span Angle Center	Medium
Automatic Mesh Based Defeaturing	High

图 3-13　Smoothing 选项

（6）Transition（过渡）。

Transition 影响邻近单元划分速度，其有 2 个选项如图 3-14 所示。选择 Fast 会导致较多的突变过渡，而选择 Slow 可以获得较平滑的过渡。

Transition	Fast
Span Angle Center	Fast
Automatic Mesh Based Defeaturing	Slow

图 3-14　Transition 选项

（7）Span Angle Center（跨度角中心）。

Span Angle Center 设置网格细化（Refinement）时的曲率值，其有 3 个选项如图 3-15 所

示。网格划分会分解弯曲区域以使单独单元跨过该角度。跨越角度 Coarse 为 91°～60°，Medium 为 75°～24°，Fine 为 36°～12°。

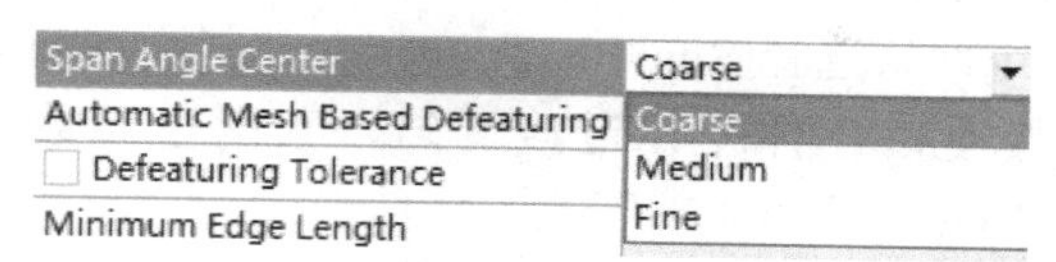

图 3-15　Span Angle Center 选项

（8）Automatic Mesh Based Defeaturing（基于损伤的自动网格划分）。

该值默认为 On，表示当特征小于或等于 Defeaturing Tolerance 值时会被自动移除。

（9）Defeaturing Tolerance（损伤容差）。

可以在此处设定损伤容差，当 Advanced Size Function=on 时该值会根据现有模型是层模型（sheet model）或体模型（solid model）而有不同默认值。

（10）Minimum Edge Length（最小边长度）。

Minimum Edge Length 以只读模式显示模型中最小的边长度。

3.2.4　膨胀层设置

展开【Details of “Mesh”】面板中 Inflation 项可以查看膨胀层设置如图 3-16 所示。膨胀层设置对提高 CFD 边界层、电磁气隙分辨率，解决结构应力集中有帮助。

Inflation	
Use Automatic Inflation	None
Inflation Option	Smooth Transition
Transition Ratio	0.272
Maximum Layers	5
Growth Rate	1.2
Inflation Algorithm	Pre
View Advanced Options	No

图 3-16　Inflation 选项

（1）Use Automatic Inflation（使用自动膨胀）。

Use Automatic Inflation 选项决定膨胀边界层是根据程序控制或命名面来选择的。该值有三个选项如图 3-17 所示，分别为 None（无）、Program Controlled（程序控制）、All Faces in Chosen Named Selection（命名面）。Use Automatic Inflation 只对 3D 模型有效，如果要对壳模型（hell）进行 2D 膨胀，需要在局部网格控制中进行膨胀设置。

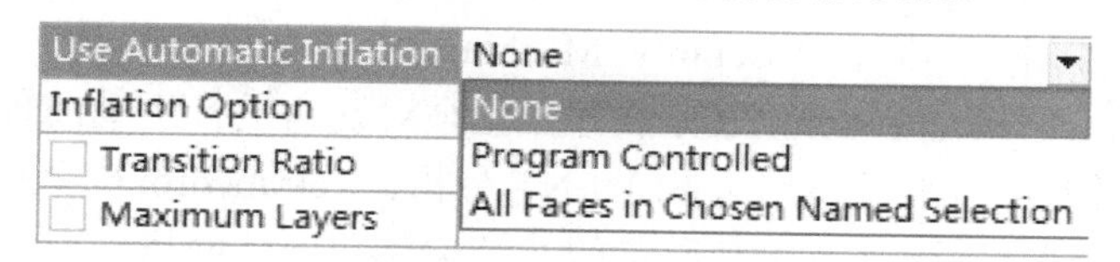

图 3-17　Use Automatic Inflation 选项

（2）Inflation Option（膨胀选项）。

Inflation Option 可以决定膨胀层的高度，其有 5 个选项如图 3-18 所示，分别为 Total

Thickness（总厚度）、First Layer Thickness（第一层厚度）、Smooth Transition（平滑过渡）、First Aspect Ratio（最初长短边比）、Last Aspect Ratio（最终长短边比）。不同的膨胀选项会有不同的参数来衡量。系统默认选择 Smooth Transition，其通过使用局部四面体单元尺寸来计算局部初始高度和总厚度以便体变化过渡均匀，其衡量参数分为 Transition Ration、Maximum layers、Growth Rate 如图 3-17 所示。

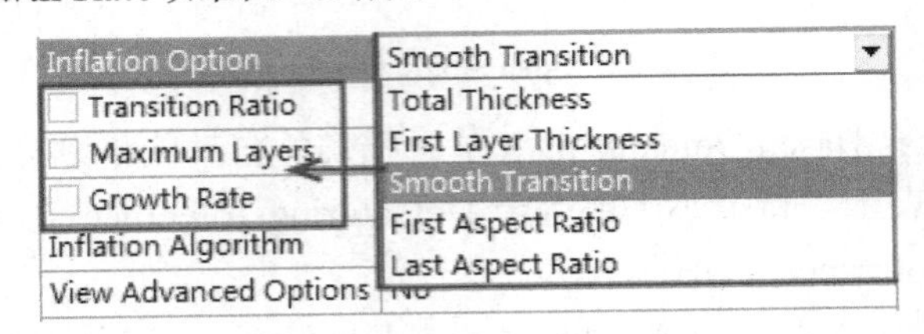

图 3-18　Inflation Option 选项

（3）Inflation Algorithm（膨胀算法）。

Inflation Algorithm 可以设置 Pre 或 Post 算法如图 3-19 所示，这两种算法在选定的网格划分方法中是独立的。如果选择 Pre 算法，则首先进行面网格划分然后进行体网格划分，该算法是默认算法。Post 算法是在四面体网格划分完成后进行的，该算法的一个优势是随着膨胀选项（Inflation Option）的改变可以不必每次都进行四面体网格划分。

（4）View Advanced Options（显示高级选项）。

当 View Advance Options 设置为 Yes 时，打开膨胀设置高级选项如图 3-20 所示。

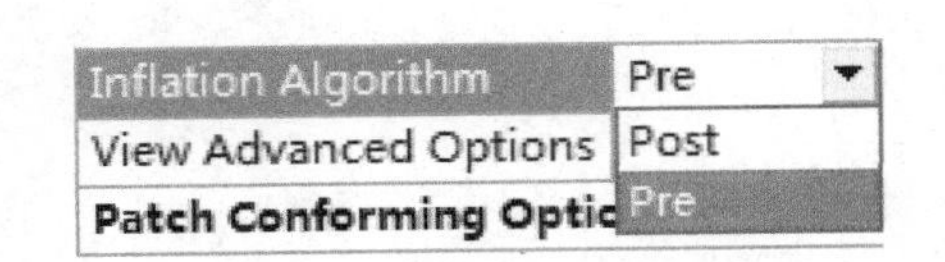

图 3-19　InflationAlgorithm 选项

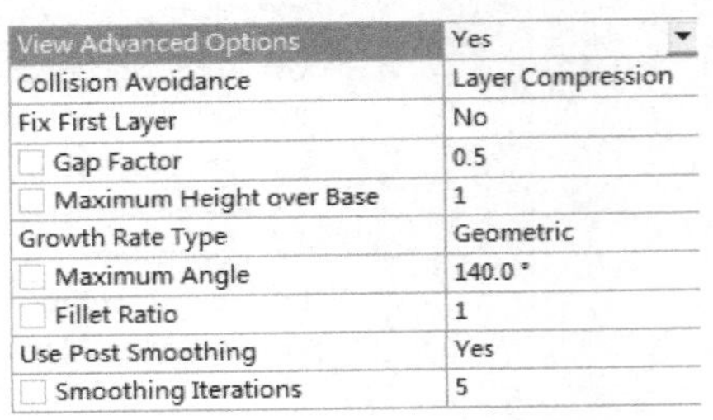

图 3-20　View Advanced Options 选项

3.2.5　装配网格划分

只有将物理场设置为 CFD 且求解器是 Fluent 或 POLYFLOW 时，才有装配体网格划分选项出现，其中 Method 提供了 None（无）、Cutcell、Tetrahedrons 三种方法如图 3-21 所示。与零件、体网格划分不同，Assembly Meshing 将整个模型作为一个整体进行网格划分。Cutcell 使用 Patch independent 划分法并且无须对几何进行手动清理或分解，因此减少了网格划分的转换周期，该法主要用于 FLUENT 分析。Tetrahedrons 首先对模型采用 Cutcell 划分然后再采用其他划分手段来获取高质量的非结构化四面体网格。

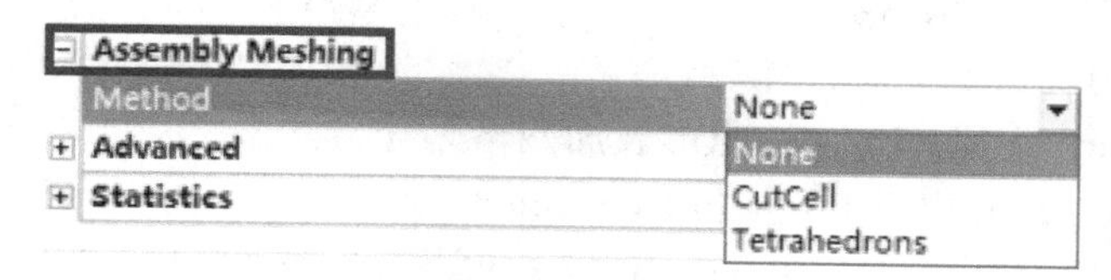

图 3-21 Assembly Meshing 选项

3.2.6 高级选项

当 Assembly Meshing=None 时，Advanced 选项设置如图 3-22 中所示。

Advanced	
Number of CPUs for Parallel Part Meshing	Program Controlled
Straight Sided Elements	
Number of Retries	0
Extra Retries For Assembly	No
Rigid Body Behavior	Dimensionally Reduced
Mesh Morphing	Disabled
Triangle Surface Mesher	Program Controlled
Topology Checking	Yes
Pinch Tolerance	Default (2.9114e-002 m)
Generate Pinch on Refresh	No

图 3-22 Advanced 选项

（1）Number of CPUs for Parallel Part Meshing（处理并行部分网格划分的 CPU 数量）。

设置用于处理并行部分网格划分处理器数量，可以在 0 和 256 之间指定一个显式值，其中默认值为 0。并行部分啮合目前只能在 64 位窗口。参阅平行部分啮合最佳实践的更多细节。Shape Checking（形状检测）。

（2）Straight Sided Elements（直边单元）。

当模型存在 3D 实体或包含 enclosure 特征时才显示，电磁仿真分析时必须将该值设定为 Yes。

（3）Number of Retries（重试次数）。

Number of Retries 可以指定由于网格质量差而进行重新划分次数。为了得到较好的网格质量，每次重新划分时都会对网格进行细化。重试次数越多，单元数量就越多，因此用户需要根据需求来确定重试次数。

（4）Extra Retries For Assembly（装配体重试次数）。

对装配体进行网格划分时，该选项可以指定是否允许由于网格质量低而重新进行网格划分。默认允许装配体网格重新划分，重试次数由 Number of Retries 确定。同样单元数量会由于重试次数的增加而增加。

（5）Rigid Body Behavior（刚体特征）。

Rigid Body Behavior 选项可以规定是否对刚体进行完整的网格划分而不仅仅是面接触网格划分。除物理场是 Explicit 外，其余情况该选项都默认为 Dimensionally Reduced（仅生成面接触网格）。

（6）Mesh Morphing（网格变形）。

通过选择 Enable 或 Disable 可以设置是否允许网格变形。如果选择 Enable 则需要手动重新生成网格，否则网格变形不会体现。

（7）Triangle Surface Mesher（三角形表面网格划分方法）。

Triangle Surface Mesh 提供 Program Controlled、Advancing Front 两种划分方法如图 3-23 所示。通常情况下 Advancing Front 可以提供较光滑的尺寸变换以及较好的偏斜（Skewness）和正交质量（Orthogonal Quality）。

Triangle Surface Mesher	Program Controlled
Topology Checking	Program Controlled
Pinch Tolerance	Advancing Front

图 3-23 Triangle Surface Mesher 选项

（8）Topology Checking（拓扑检查）。

拓扑检查选项确定生成器执行补丁独立分区网格的拓扑检查。默认设置是没有的，在这种情况下，网格化跳拓扑检查除了必须保护拓扑的印记。您将需要独立验证的拓扑结构和边界条件被适当地应用到网格。如果设置为“是”，网格化的执行所有的拓扑检查。默认的设置也可以被覆盖使用控制面板选项，补丁独立拓扑检查。

（9）Pinch Tolerance（收缩容差）。

Pinch 特征允许用户为了获得高质量网格移除那些小特征（比如小边或狭长区域）。Pinch Tolerance 指定用户在使用自动收缩控制（automatic pinch）时的控制值。注意 Pinch Tolerance 的值需小于收缩控制区域的网格尺寸值，否则可能会导致网格划分失败。

（10）Generate Pinch on Refresh（刷新收缩）。

将该值设定为 Yes 时，如果几何发生改变则会删除之前的收缩控制并重新生成新的收缩控制。

3.2.7 统计项

Statistics 选项显示如图 3-24 所示。可以通过 Nodes 查看当前网格模型的节点数，通过 Elements 可以查看当前单元数。其中 Mesh Metric 提供了衡量网格质量的各种分析工具。

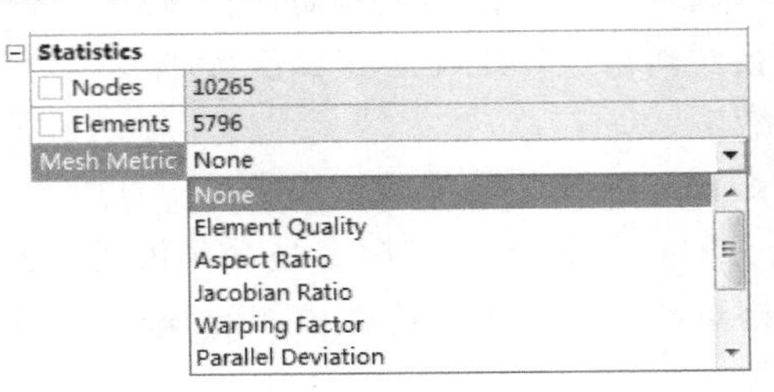

图 3-24 Statistics 选项

下面对 Mesh Metric 中各种网格质量评估指标进行介绍。

（1）Element Quality（单元品质）。

该指标是基于给定单元的体与边长比值计算的，1 表示立方体或正方形，0 则表示负体积或 0 体积。选择 Element Quality 时，Details 面板会出现 Min（最小值）、Max（最大值）、Average（均值）、Standard Deviation（标准差）如图 3-25 所示。

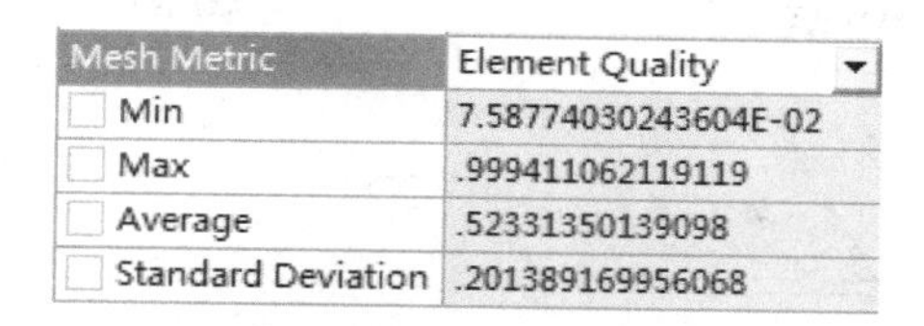

Mesh Metric	Element Quality
Min	7.58774030243604E-02
Max	.999411062119119
Average	.52331350139098
Standard Deviation	.201389169956068

图 3-25　Mesh Metric 选项

【Mesh Metrics】窗口中显示的网格质量棒图如图 3-26 所示，其中横坐标表示单元品质，纵坐标为单元数量。单击 Controls 可以设置对该棒图的显示控制，如图 3-27 所示。

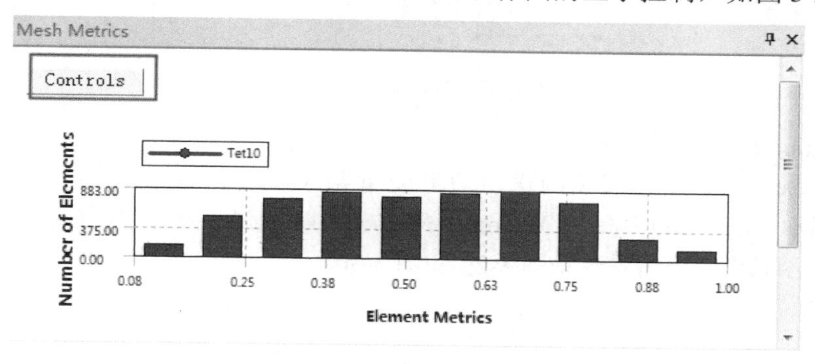

图 3-26　Mesh Metrics 图

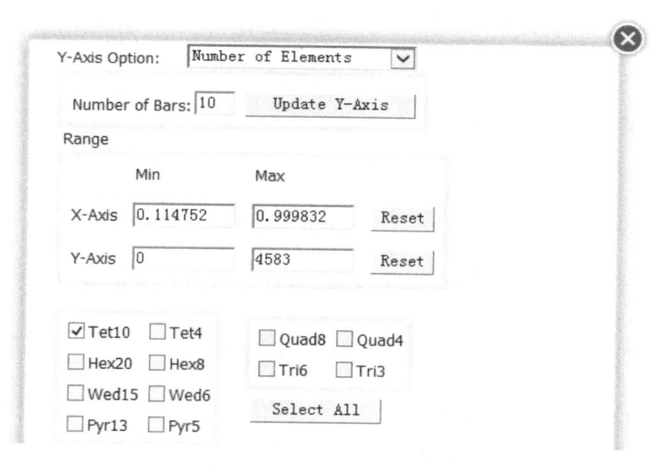

图 3-27　Controls 选项

（2）Aspect Ratio（长短边比）。

对于三角形，Aspect Ratio 是三角形长边与短边比的开三次方值；对四边形，Aspect Ratio 是长边与短边比值。如果该值为 1 表示正三角形或正方形，是理想状态。

（3）Jacobian Ratio（雅克比比率）。

Jacobian Ratio 可以计算除线性（无中节点）或具有完全对中节点的三角形、四面体单元之外的所有单元。Jacobian Ratio 的值越大表示单元空间与真实空间之间的映射失真度越大。各形状的雅克比比率见图 3-28。

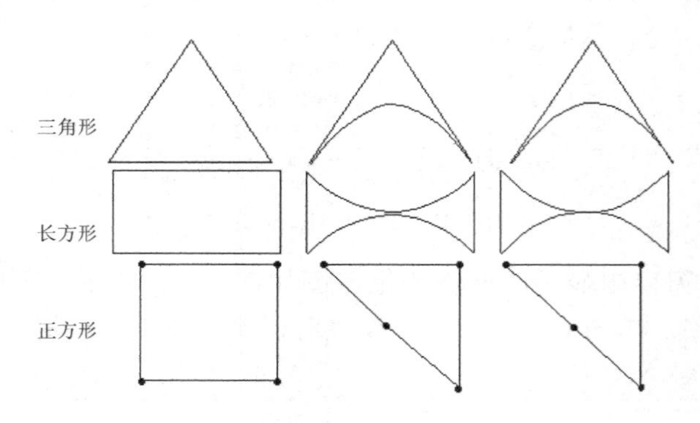

图 3-28　各形状雅克比比率

（4）Warping Factor（翘曲系数）。

Warping Factor 可以计算和测试四边形壳单元（shell）、块（brick）的四边形面、楔（wedge）、棱锥（Pyramid）。高的 Warping Factor 表明基础单元方程不能很好运算或可能导致网格缺陷。各形状的翘曲系数见图 3-29 和图 3-30。

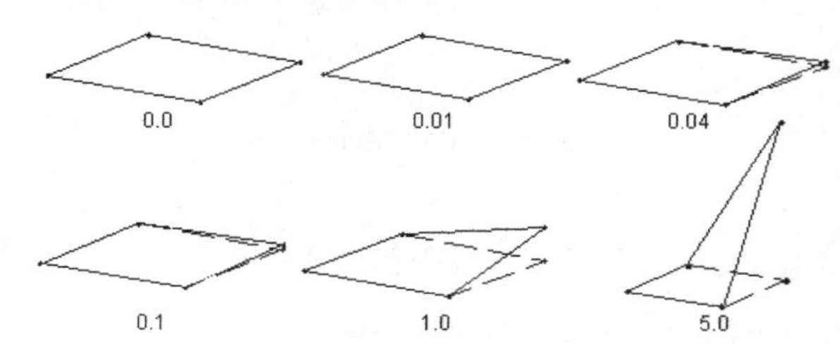

图 3-29　四边形壳单元翘曲系数

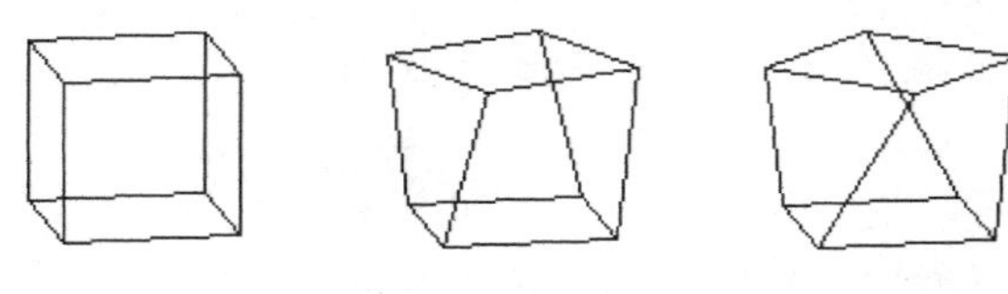

图 3-30　块翘曲系数

（5）Parallel Deviation（平行偏差）。

对一个理想的平面长方形，其 Parallel Deviation 是 0。图 3-31 显示不同平行偏差值下的四边形形状。

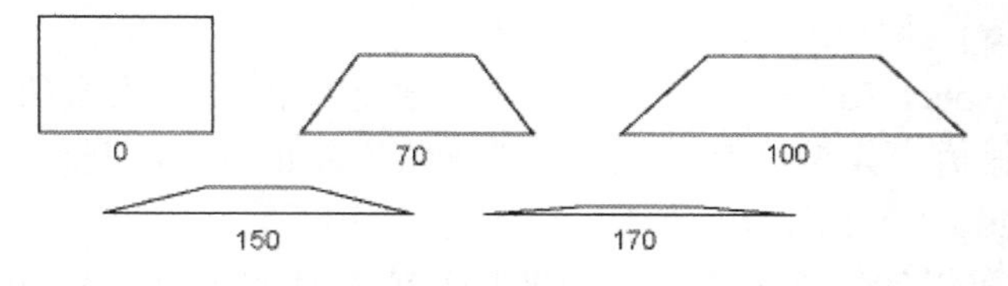

图 3-31　四边形平行偏差

（6）Maximum Corner Angle（最大角点角度）。

Maximum Corner Angle 可以计算和测试除 Emag 和 FLOTRAN 之外的其余单元。四边

形的最大角点角度如图 3-32 所示。

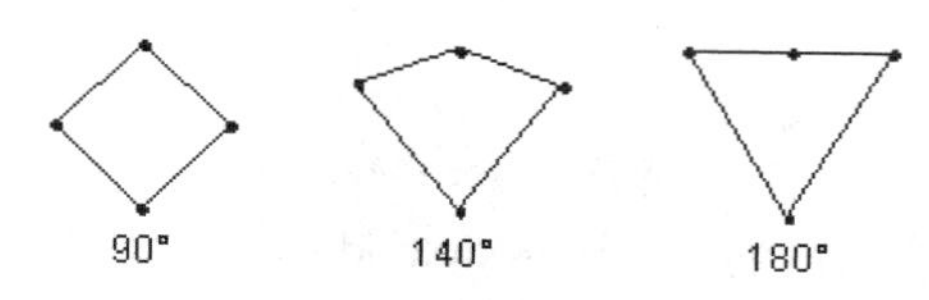

图 3-32 四边形角点角度

（7）Skewness（偏斜度）。

Skewness 是检测网格质量最常用的指标之一。该值显示一个面或单元与理想情况的接近程度。1 表示退化情况，0 表示理想情况。表 3.1 显示倾斜度值与单元质量对应关系。

表 3.1 倾斜度值与单元质量

偏斜度	单元质量
1	退化
0.9—1	坏
0.75—0.9	差
0.5—0.75	一般
0.25—0.5	好
0—0.25	优秀
0	理想

（8）Orthogonal Quality（正交品质）。

单元品质变化范围为 0～1，其中 1 表示品质最差，0 最好。

3.3 Mesh 平台局部网格控制

如图 3-33 所示在 Mesh 平台下右击【Outline】中的【Mesh】并选择 Insert 或者单击工具栏中的 Mesh Control ▼ 三角形图标可以进行网格局部控制。局部网格控制包括 Method（方法）、Mesh Group（网格组）、Sizing（单元大小）、Contact Sizing（接触尺寸）、Refinement（单元细化）、Face Meshing（面网格划分）、Match Control（匹配控制）、Pinch（收缩）、Inflation（膨胀）、Sharp Angle（尖角）。

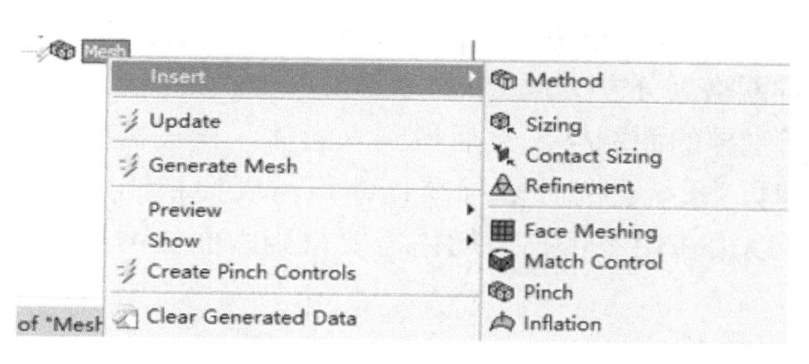

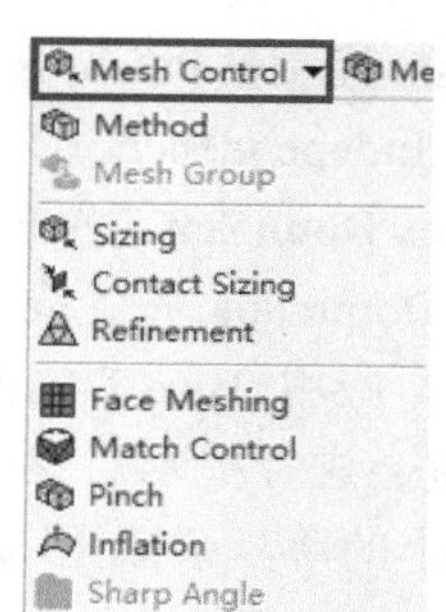

图 3-33 局部网格控制

3.3.1 网格划分方法

右击【Outline】下的【Mesh】并选择 Insert/Method 或直接选择工具栏【Mesh Control】下的【Method】就新建了一个网格划分方法（Method），此时在 Details 显示如图 3-34 所示。

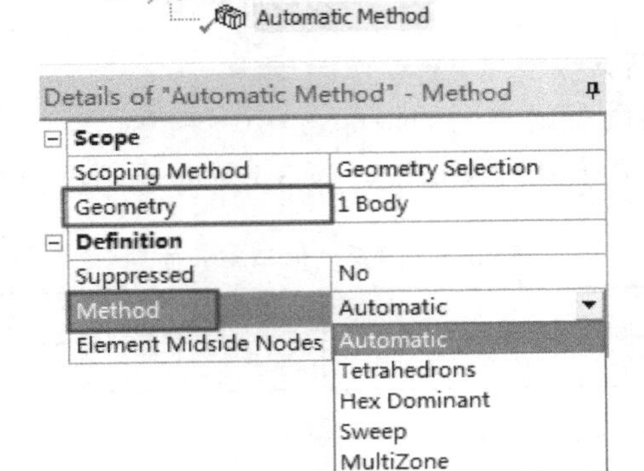

图 3-34　网格划分方法

选择网格划分方法之前需要指定几何体（Geometry）。对 3D 几何体网格划分有 Automatic（自动网格划分）、Tetrahedrons（四面体网格划分）、Hex Dominant（六面体主导网格划分方法）、Sweep（扫掠网格划分）、Multizone（多区域网格划分）这 5 种方法；对面体有 Quadrilateral Dominant（四边形主导网格划分）、Triangles（三角形网格划分）、MultiZone Quad/Tri（多区域四边形/三角形网格划分）这 3 种方法。

- Automatic（自动网格划分）

对 3D 网格进行划分，系统默认选择 Automatic。采用自动网格划分，会对体进行扫掠划分（Sweep），不能进行扫掠网格划分的会采用四面体网格划分下的 Patch Conforming 进行网格划分。

- Tetrahedrons（四面体网格划分）

采用该方法可以生成四面体网格，其中又分为 Patch Conforming（协调片）和 Patch Independence（独立片）两种算法。Patch Conforming 考虑所有小容差的点、边、面（Patches）并对其进行网格划分。Patch Conforming 支持 3D 膨胀且内置 Growth 和 Smoothness 控制。Patch Independence 不考虑没有载荷，边界条件或其他作用的点、边、面。Patch Independence 适用于粗糙网格或生成更均匀尺寸的网格，其同样支持膨胀应用。

- Hex Dominant（六面体主导网格划分方法）

Hex Dominant 先生成四边形主导的面网格，然后得到六面体，再按需要填充棱锥和四面体单元。应用 Hex Dominant 时，系统会先计算标准化体积与表面积比，如果该值小于 2，则系统会进行提示。该方法可以用在用不可扫掠的体需要得到六面体网格中，对体积与表面积比小的薄复杂体无用。

- Sweep（扫掠网格划分）

采用 Sweep 要求体必须是可扫掠的。如图 3-35 所示使用扫掠划分网格时可手动或自动设定 Source/Target。通常是单个源面对应单个目标面。薄壁模型自动网格划分会有多个面，且厚度方向可划分为多个单元。右击【Outline】下的【Mesh】并选择 Show/Sweepable Bodies 会显示可扫掠体。

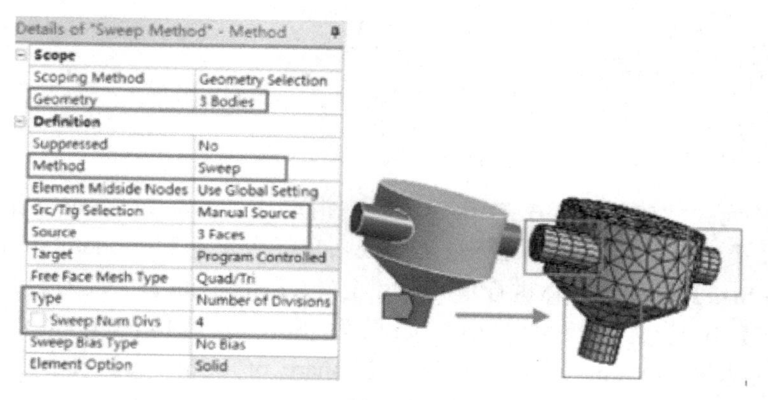

图 3-35　Sweep 网格划分

- MultiZone（多区域网格划分）

MultiZone 网格划分方法自动将几何体划分为映射区（可扫掠区）和自由区。映射区采用纯六面体网格划分；自由区可采用指定划分法进行划分。

以下是对面体（Surface Body）进行网格划分时的三种方法。

- Quadrilateral Dominant（四边形主导网格划分）

选择 Quadrilateral Dominant 划分方法后，面体会进行自由四边形划分。该方法是面网格划分时默认选项。

- Triangles（三角形网格划分）

选择该方法会创建三角形网格。

- MultiZone Quad/Tri（多区域四边形/三角形网格划分）

选择该方法会在指定面体上生成四边形/三角形组合网格形状。MultiZone Quad/Tri 是一种 Patch Independent 方法。

3.3.2　网格组

只有在全局控制中使用装配网格划分算法（Assembly Meshing）才允许使用网格划分组（Mesh Group）。右击【Outline】下的【Mesh】并选择 Insert/ Mesh Group 或直接选择工具栏【Mesh Control】下的【Mesh Group】可以新建网格组。网格组用于在装配网格划分时需要将体归为一组的情况，可以统一那些具有相同特性并且没有间隙的体。

3.3.3　局部单元尺寸

右击【Outline】下的【Mesh】并选择【Insert/Sizing】或直接选择工具栏【Mesh

Control】下的【Sizing】可以新建局部单元尺寸控制，此时在 Details 显示如图 3-36 所示。

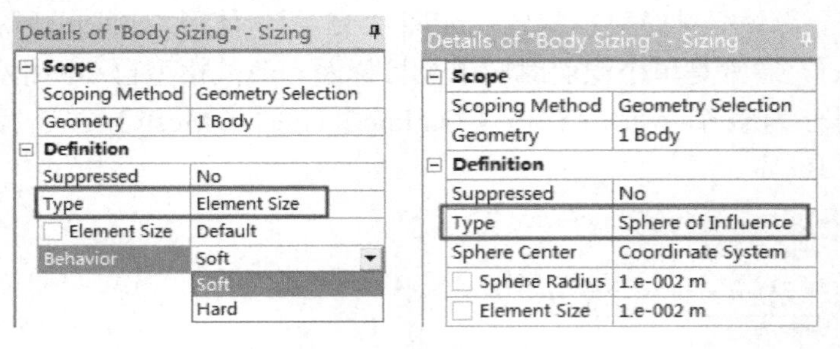

图 3-36　局部单元尺寸

执行局部单元尺寸控制需要在 Details 面板中指定几何对象【Geometry】，几何体对线、面、体均有效。【Type】类型分为 Element Size（单元大小）和 Sphere of Influence（球影响）。【Element Size】对指定的体进行单元尺寸定义。【Behavior】如果为 Hard 表示严格执行【Element Size】中定义的尺寸大小；如果为 Soft 则具体的单元尺寸会因为曲率（Curvature）、邻近（Proximity）等有所变动。【Sphere of Influence】表示对球体范围内进行局部单元尺寸控制，需要指定球中心（Sphere Center）、球半径（Sphere Radius）、球体内单元尺寸（Element Size）。

3.3.4　接触尺寸控制

右击【Outline】下的【Mesh】并选择 Insert/Contact Sizing 或直接选择工具栏【Mesh Control】下的【Contact Sizing】可以新建接触尺寸控制，此时在 Details 显示如图 3-37 所示。其中【Type】有【Element Size】和【Relevance】两种接触尺寸控制方式。【Element Size】通过指定单元尺寸；【Relevance】通过指定相关性来控制接触尺寸大小。

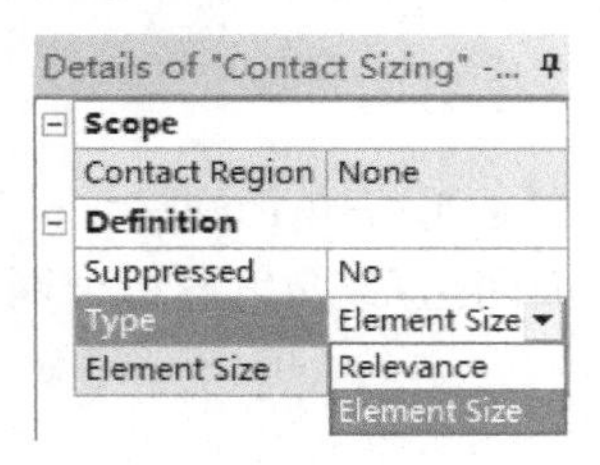

图 3-37　接触尺寸控制

3.3.5　单元细化

右击【Outline】下的【Mesh】并选择 Insert/Refinement 或直接选择工具栏【Mesh Control】下的【Refinement】可以新建单元细化控制，此时在 Details 显示如图 3-38 所示。单元细化对顶点、边、面有效，对 MultiZone、Patch Independent Tetra、MultiZone Quad/Tri 无效。【Refinement】只能填 1、2 或 3，其中 1 表示最小级细化，3 为最大级细化。当在同一几何体上施加自动膨胀或局部膨胀时，单元细化控制被抑制。

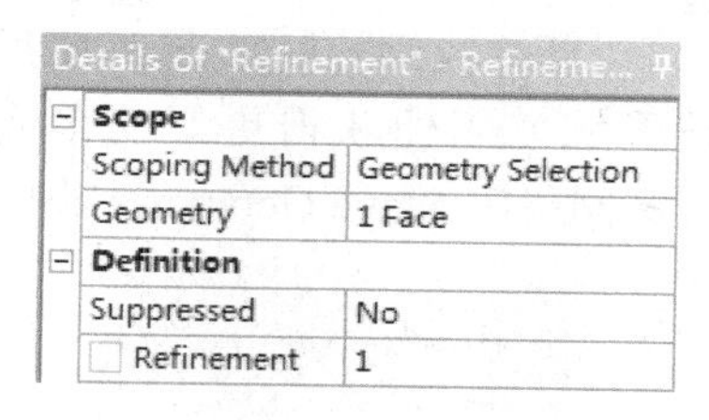

图 3-38　单元细化控制

3.3.6　面网格划分

右击【Outline】下的【Mesh】并选择 Insert/ Face Meshing 或直接选择工具栏【Mesh Control】下的【Face Meshing】可以新建映射面网格划分控制，此时在 Details 显示如图 3-39 所示。映射面通过扫掠可以生成纯六面体网格。映射面网格划分控制通过指定径向网格划分数在选定的面上创建映射网格。右击【Outline】下的【Mesh】并选择 Show/Mappable Faces 可以显示可映射面，这有助于用户在合适的面上创建该控制。

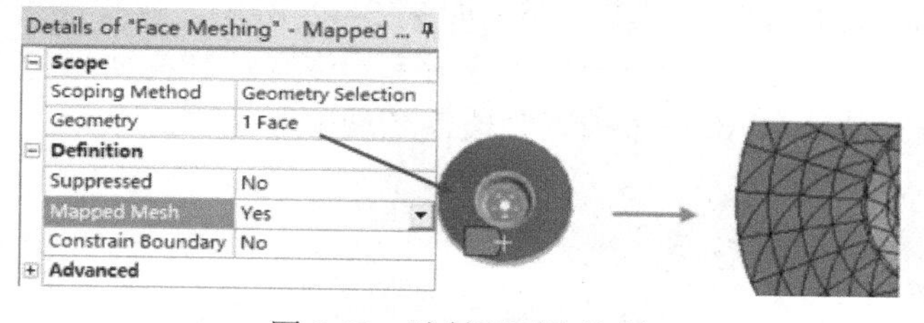

图 3-39　映射面网格控制

3.3.7　匹配控制

右击【Outline】下的【Mesh】并选择 Insert/Match Control 或直接选择工具栏【Mesh Control】下的【Match Control】可以新建匹配控制，此时在 Details 显示如图 3-40 所示。匹配控制经常用于旋转机械中。选择的两个面或边需要有一致的几何特性或拓扑结构。【Transformation】有 Cyclic（循环）和 arbitrary（任意）。

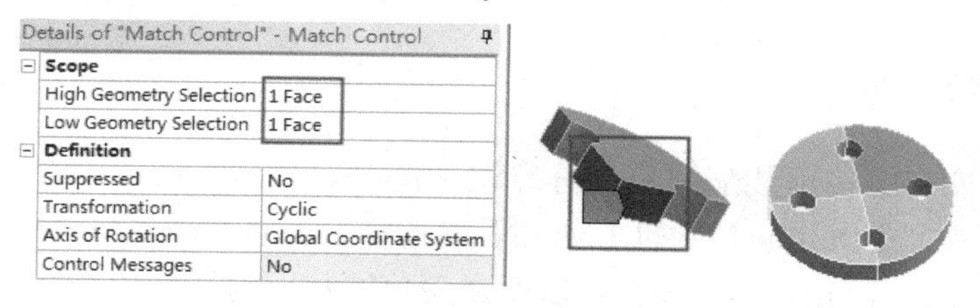

图 3-40　匹配控制

3.3.8　收缩控制

右击【Outline】下的【Mesh】并选择 Insert/Pinch Control 或直接选择工具栏【Mesh

Control】下的【Pinch Control】可以新建收缩控制如图 3-41 所示。收缩控制允许在网格划分时移除小特征（如短边或狭长区域）以便获得更好的单元。收缩控制需要指定 Master Geometry 和 Slave Geometry，生成网格时 Slave Geometry 将收缩到 Master Geometry 中。

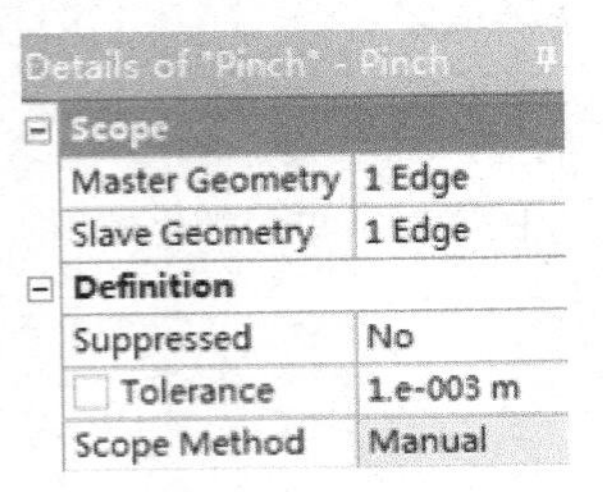

图 3-41 收缩控制

3.3.9 膨胀控制

右击【Outline】下的【Mesh】并选择 Insert/Inflation 或直接选择工具栏【Mesh Control】下的【Inflation】可以新建膨胀控制如图 3-42 所示。膨胀控制可以提高 CFD 边界层分辨率、电磁气隙分辨率或结构应力集中分辨率。膨胀控制需要指定边界，必须为每个选定的几何体分配膨胀边界。局部膨胀控制会覆盖全局膨胀控制。

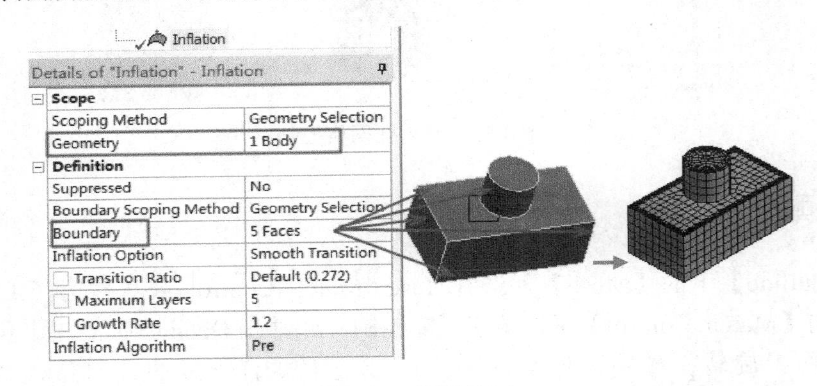

图 3-42 膨胀控制

3.3.10 尖角控制

只有在全局控制中使用装配网格划分算法（Assembly Meshing）才允许使用尖角控制（Sharp Angle）。右击【Outline】下的【Mesh】并选择 Insert/ Sharp Angle 或直接选择工具栏【Mesh Control】下的【Sharp Angle】可以新建尖角控制。为了保证在装配网格划分时可以选中需要的特征，用户可以使用尖角控制。为了方便选择特征，用户也可以使用尖角控制即使在 Details 中选取的面并不形成尖角。

3.4 ICEM CFD 平台网格划分简介

ANSYS ICEM CFD 作为一款强大的前后处理软件，它可以提供几何输入编辑，网格生成，网格优化来满足复杂分析需求。由于在生成网格时可以良好保持与几何体的相关性，ANSYS ICEM CFD 特别适合工程应用场合，比如计算流体动力与结构分析。

ANSYS ICEM CFD 网格划分模型为以下几种。

- Tetra 四面体

ANSYS ICEM CFD 四面体网格划分先作用于面，然后使用八叉树法对体填充四面体单元。功能强大的平滑算法可以保证单元质量，Delaunay 算法可以对存在的面创建四边形网格。

- Hexa 六面体

六面体网格划分工具是一个半自动化模块，能够快速生成多块结构、非结构六面体网格。随着几何体的创建和调整，块（Block）可以作出相应调整。这些块可以作为相似几何体的模板且具有完全参数化能力。ICEM CFD 可以生成如内部或外部 O 型网格的复杂拓扑结构。

- Prism 棱柱体

与纯四面体网格相比，在更小的分析模型中，棱柱网格可以获得更好的求解收敛性和分析结果。

- Hybrid Meshes 混合网格

ICEM CFD 可以在公用面处合并四面体与六面体网格从而生成棱锥（pyramid）型网格。ICEM CFD 也可以生成六面体核心网格，从而减小单元数量，加快计算结果并获得更好的收敛性。

- Shell Meshing 壳网格

ICEM CFD 可以快速生成面网格（3D 或 2D）。网格类型包括 All Tri、Quad W/one Tri、Quad Dominant 或 All Quad。

ICEM CFD 文件主要包括.tin（几何体文件）、.prj（工程设置文件）、.uns（包含非结构化网格）、.blk（包含结构拓扑）、.fbc（包含边界条件）、.par（包含模型参数和单元类型）、.atr（包含属性、局部参数、单元类型）等。

3.4.1 ICEM CFD 界面

执行【开始】→【所有程序】→【ANSYS 17.0】→【Meshing】→【ICEM CFD】可以进入软件界面。由于 ICEM CFD 也是 Workbench 下的一个模块，所以在 Workbench 主界面中将【Component】下的【ICEM CFD】拖放到【Project Schematic】也可以新建一个项目如图 3-45 所示。双击图 3-45 中的 A2 单元格可以进入 ICEM CFD 平台如图 3-43 所示。

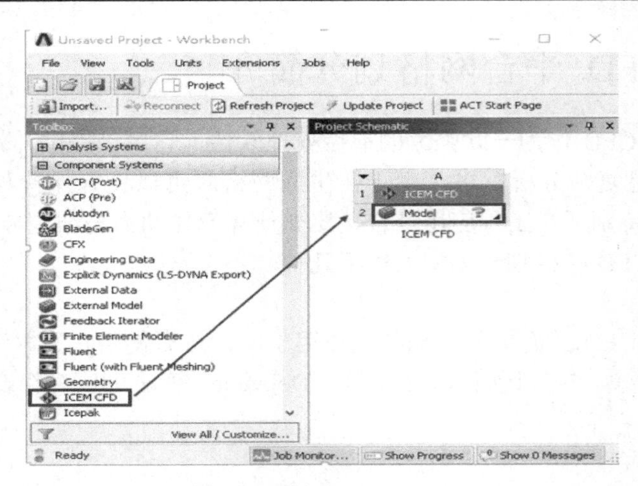

图 3-43　新建 ICEM CFD

从图 3-44 可以看到该界面也包含菜单栏、工具栏、树形窗口、视图窗口等。3.4.2 节将用一个实例介绍该软件的使用。

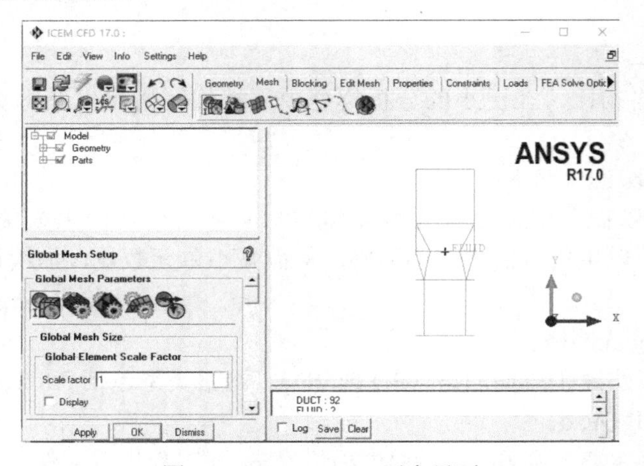

图 3-44　ICEM CFD 平台界面

3.4.2　ICEM CFD 网格划分实例

本例通过对暖通交换管进行网格划分来学习在 ICEM CFD 上进行网格划分的方法。

1．实例概述

暖通方形—圆形交换管是暖通系统中经常遇到的结构，图 3-45 是在 ICEM CFD 平台进行网格划分后的模型图。

图 3-45　肘管网格模型

在本例中，我们将采用 ICEM CFD 的 MultiZone 网格划分法自动生成暖通交换管的混合网格模型。MultiZone 首先生成提取自几何拓扑的面块（surface blocking），然后拉伸/扫掠这些面块到整个体从而创建高质量的边界单元区域（OGrid）。因此首先将设置全局和零件网格参数，然后创建面块，再将面块转化成 3D 块，即可完成网格划分。

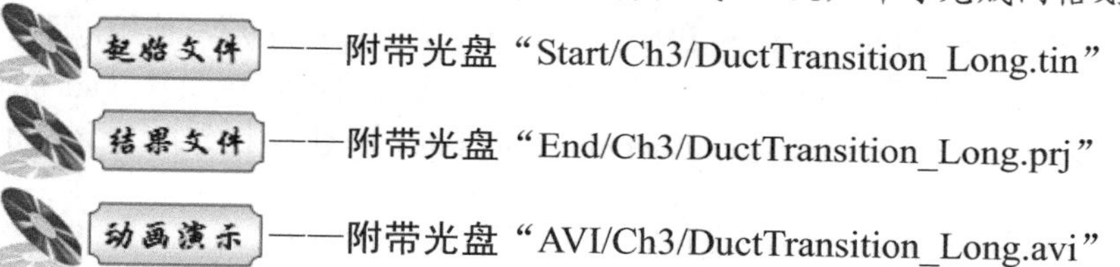

——附带光盘“Start/Ch3/DuctTransition_Long.tin”

——附带光盘“End/Ch3/DuctTransition_Long.prj”

——附带光盘“AVI/Ch3/DuctTransition_Long.avi”

2．操作步骤

（1）进入 ICEM CFD 并导入几何体文件。

执行【开始】→【所有程序】→【ANSYS 17.0】→【Meshing】→【ICEM CFD】进入软件界面。如图 3-46 所示在 ICEM CFD 中执行【File】→【Geometry】→【Open Geometry】打开 DuctTransition_Long.tin，在弹出的【Create new project】对话框中选择 Yes。注意几何文件路径不要有中文出现。

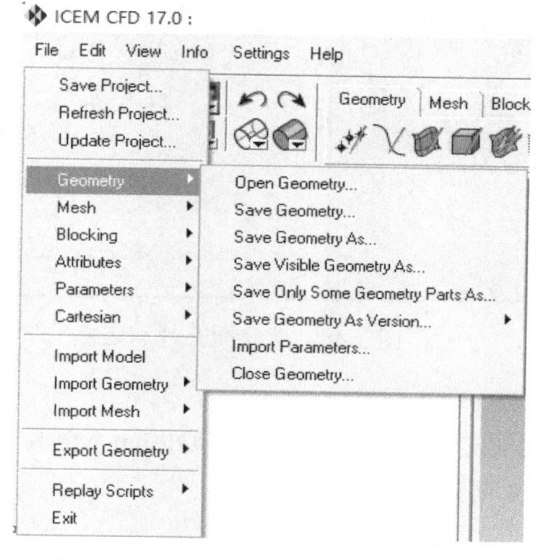

图 3-46　导入外部几何体文件

（2）显示面。

展开树形窗中【Model】下的【Geometry】勾选【Surfaces】如图 3-47 所示。

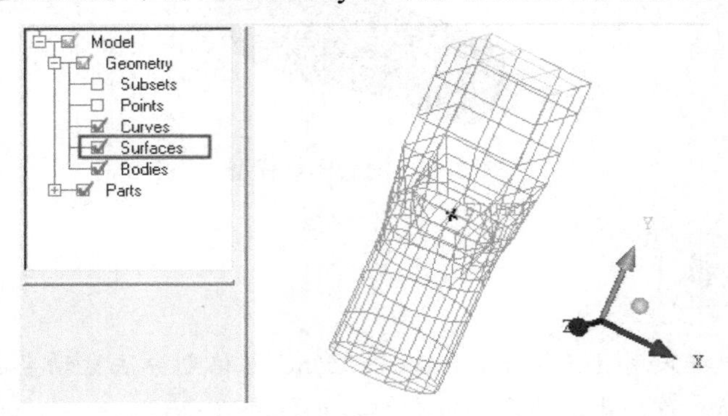

图 3-47　HVAC 过渡进气道图

（3）建立面补片和连接。

执行【Geometry】→【Repair Geometry】→【Build Diagnostic Topology】，使用默认的 Tolerance 值（0.003）单击 Apply 如图 3-48 所示。图中红色粗线表明已经在面片（surface Patch）之间建立连接（connectivity）。创建面块（surface blocking）时建立相邻面片之间的连接非常重要。

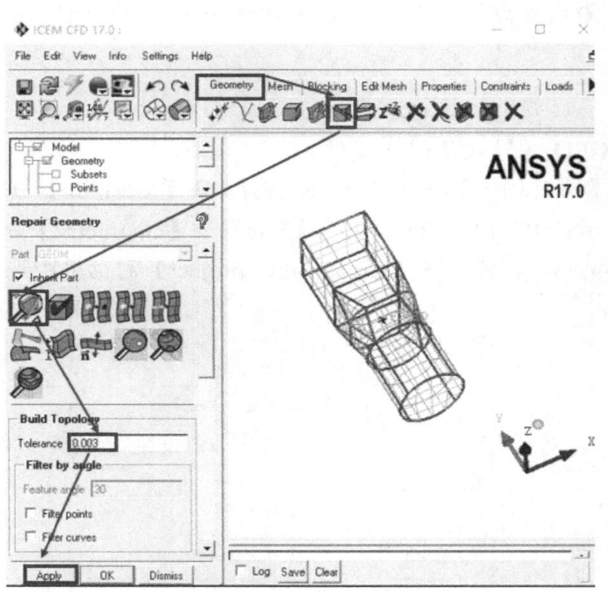

图 3-48　建立面补片和连接

（4）设置全局网格参数。

执行【Mesh】→【Global Mesh Setup】→【Global Mesh Size】，设定 Max element 值为 0.8 后单击 Apply 如图 3-49 所示。

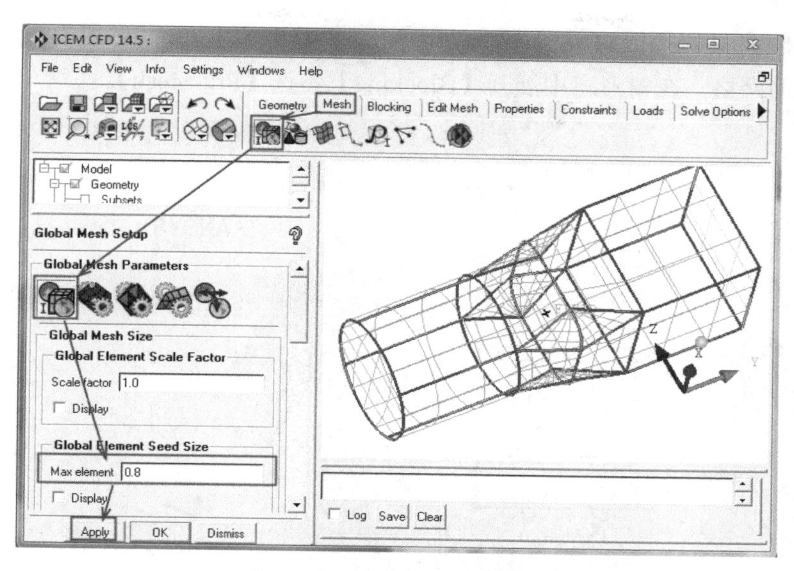

图 3-49　设置全局网格参数

（5）设置零件网格参数。

执行【Mesh】→【Part Mesh Setup】，在弹出的对话框中按图 3-50 进行设置，单击 Apply 然后单击 Dismiss。对话框中的 4 个 part（CIRCLE、DUCT、FLUID、SQUARE）可以在树形窗 Parts 中找到。

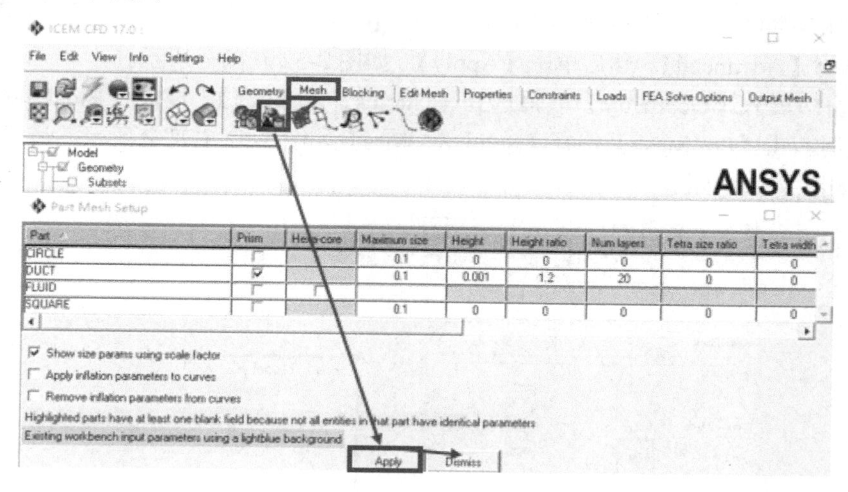

图 3-50　设置零件网格参数

（6）创建自动面块。

执行【Blocking】→【Create Block】→【Initialize Block】。在【Initialize】的【Type】栏中选择 2D Surface Blocking；在【Surface Blocking】的【Method】栏中选择 Mostly mapped，【Free Face Mesh Type】栏中选择 Quad Dominant；在【Merge blocks across curves】的【Method】栏中选择 None，单击 Apply 如图 3-51 所示。

在图 3-51 中我们并没有设置 Surfaces ，表示对所有的面进行网格划分。为了显示面网格，在树形窗中展开【Blocking】勾选【Pre-Mesh】。

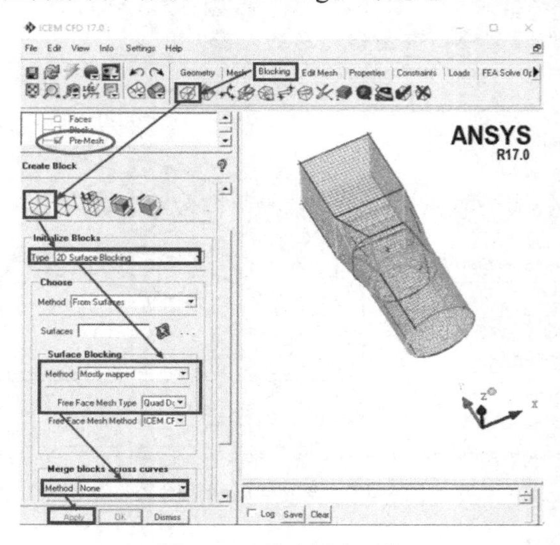

图 3-51　自动创建面块

（7）将面块转化成 3D 块。

执行【Blocking】→【Create Block】→【2D to 3D】。在【Method】栏选择【MultiZone Fill】，勾选【Create Ogrid around faces】，单击 选择【DUCT】，在【Fill Type】下的【Method】选择【Advanced】，然后单击【Apply】，如图 3-52 左部分所示。

在树形窗中展开【Geometry】取消选择【Curves、Surfaces】，展开【Blocking】取消选择【Edges】，同时右击【Pre-Mesh】选择【Solid & Wire】如图 3-52 右部分所示。最后在视图窗显示网格模型如图 3-53 所示。

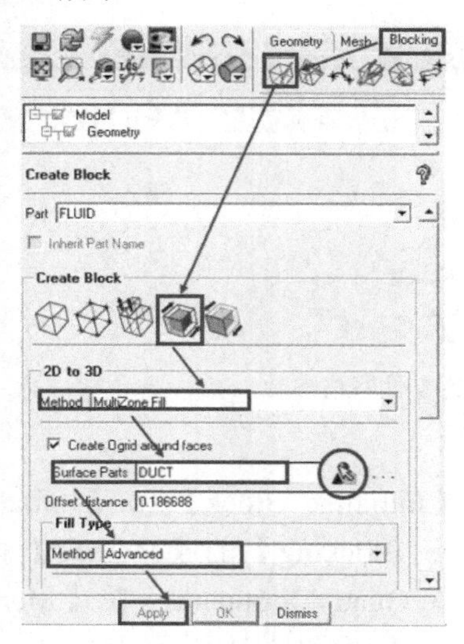

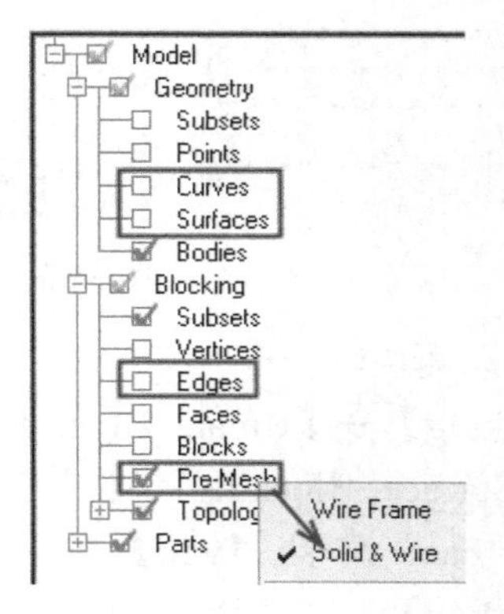

图 3-52　3D 块设定

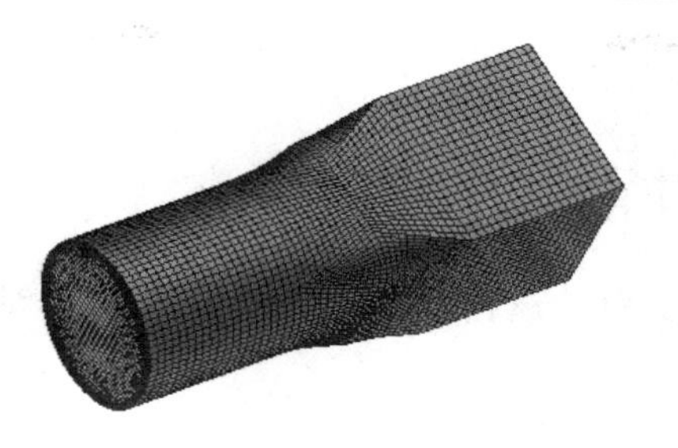

图 3-53　网格模型

（8）显示内部网格结构。

右击树形窗下的【Pre-Mesh】选择【Cut Plane】后取消选择【Pre-Mesh】，然后在【Cut Plane Pre-Mesh】下的【Method】选择【Middle Z Plane】后单击【Apply】并执行【View】→【Front】如图 3-54 所示。从图 3-55 左部分可以看出两端区域自动生成了六面体网格，中间区域生成了非结构化的四面体网格。同样的方法，将【Cut Plane Pre-Mesh】下的【Method】选择【Middle Y Plane】后单击【Apply】并执行【View】→【Top】可以查看网格模型如图 3-55 右部分所示。从图 3-55 右部分可以看到由于创建了 Ogrid 块，在面附近的边界层形成了结构化六面体网格。

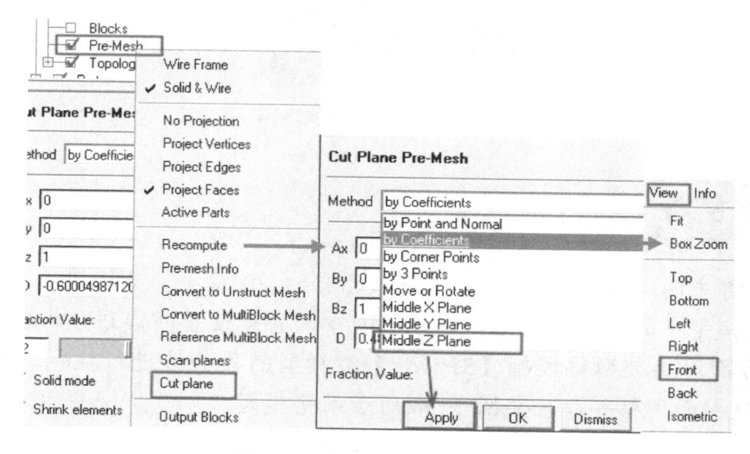

图 3-54　设定显示内部网格

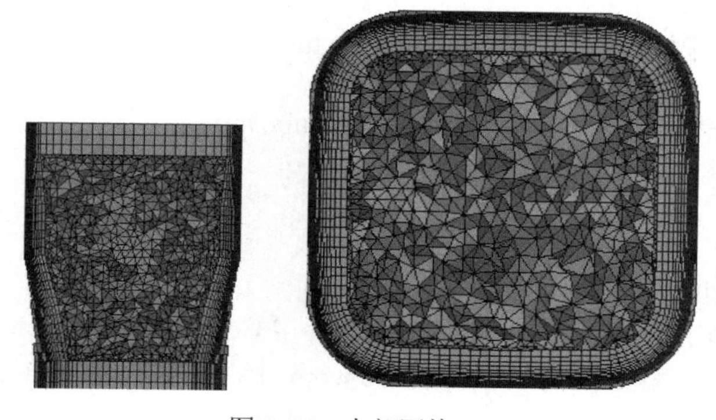

图 3-55　内部网格

（9）保存项目，退出程序。

3.5 实例1：2D肘管网格划分

在本例中，我们将通过对肘管进行网格划分来学习在 Mesh 平台下进行 2D 网格划分的方法。

1. 实例概述

肘管结构通常用在动力设备中表示 2D 管系统。肘管混合区域附近的温度场和流场是 CFD 分析者所关心的。图 3-56 是经过网格划分后的模型图。

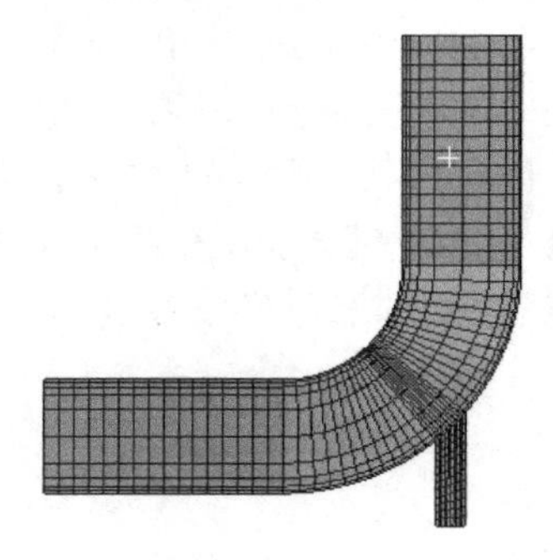

图 3-56　肘管网格模型

在本例中，首先向 DesignModeler 中导入已有的 2D 模型。为了用于后面的 2D 网格划分，需要先抑制模型中的 line body。在 Mesh 中，首先设置网格划分物理环境并进行自动网格划分。之后使用局部网格控制【Sizing】对模型的各条边进行控制，然后采用【Face Meshing】设置映射面网格可以生成图 3-58 所示网格模型。

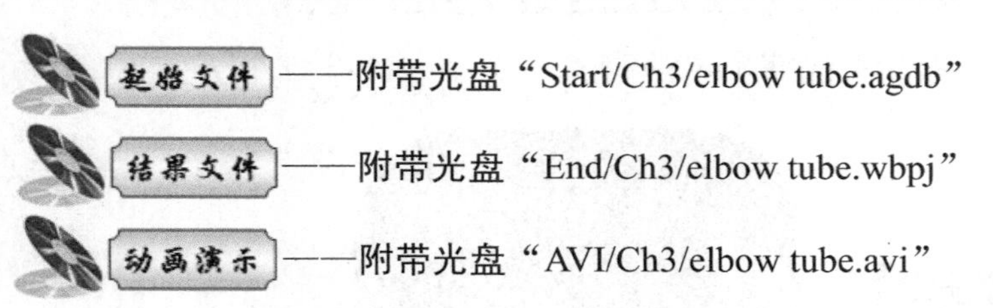
起始文件——附带光盘“Start/Ch3/elbow tube.agdb”
结果文件——附带光盘“End/Ch3/elbow tube.wbpj”
动画演示——附带光盘“AVI/Ch3/elbow tube.avi”

2. 操作步骤

（1）新建【Mesh】，并导入外部几何文件。

打开 Workbench 程序，将【Toolbox】目录下【Component Systems】中的【Mesh】拖入项目流程图，保存工程文件为 elbow tube.wbpj 后，右击 A2【Geometry】选择 Import Geometry/Browse 导入 elbow tube.agdb 如图 3-57 所示。

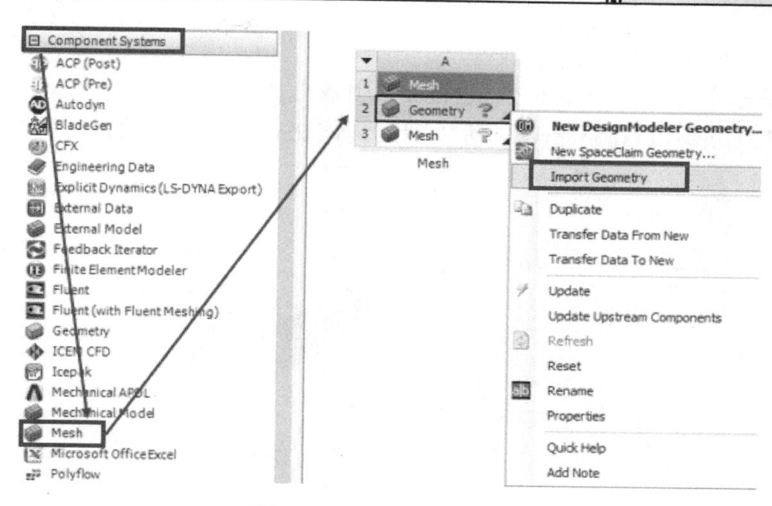

图 3-57 新建 Mesh

（2）进入 DesignModeler 显示 2D 模型。

双击 A2 单元格，进入 DesignModeler，单击命令栏中的【Generate】后，如图 3-58 所示。

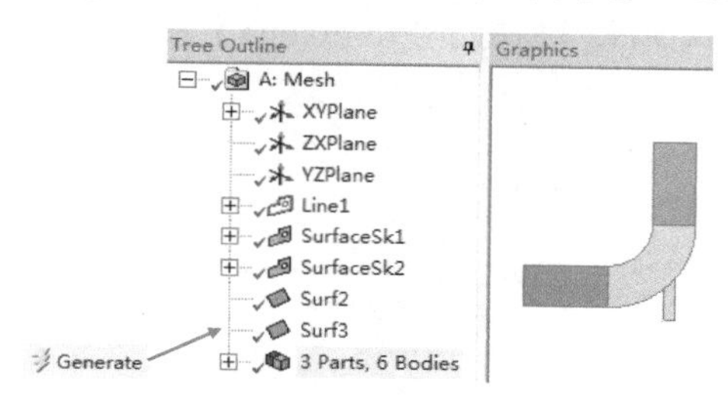

图 3-58 导入几何体文件

（3）抑制线体。

在【Tree Outline】中展开【3 Parts,6Bodies】，分别对两个 Line Body 右击并选择【Suppress Body】。两个线体被抑制后在文字前有“×”标记，显示如图 3-59 右部分所示。最后关闭 DesignModeler。

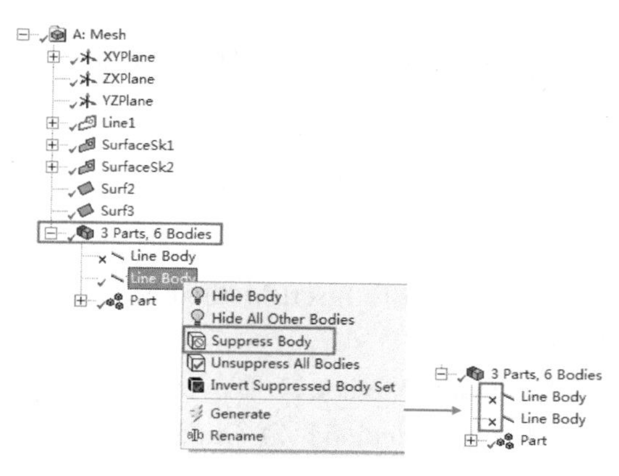

图 3-59 抑制线体

（4）进入 Mesh 观察模型。

在项目流程图界面【Project Schematic】中双击 A3 单元格，进入 Mesh 网格划分平台。在【Outline】下展开【Geometry】，可以观察到该 Part 下有 4 个面体，如图 3-60 所示。

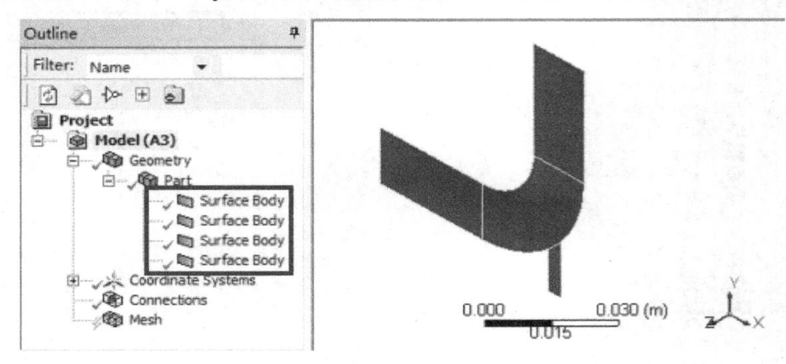

图 3-60　Mesh 平台下几何体

（5）设置物理场和求解器。

在【Outline】下选中【Mesh】，由于该模型是用于流体分析，因此在 Details 面板中将【Physics Preference】设置为 CFD，【Solver Preference】设置为【Fluent】，如图 3-61 所示。

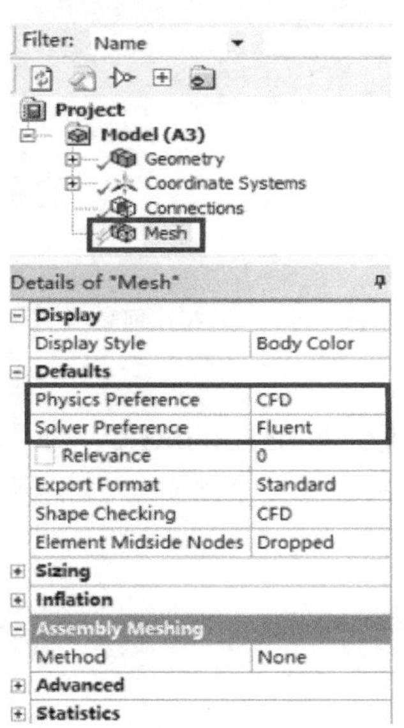

图 3-61　物理场和求解器设置

（6）添加【Method】。

右击【Outline】中的【Mesh】并选择 Insert/Method 如图 3-62 所示。

（7）Quad Dominant 网格划分。

在【Outline】中选择【Automatic Method】，在 Details 面板中选择图 3-63 右部分所示的四个面作为【Geometry】，同时设置【Method】为 Quadrilateral Dominant，这样可以对该 2D 模型进行初步的网格划分。右击【Mesh】选择【Generate Mesh】，或者单击 Generate Mesh 可

以观察网格划分结果如图 3-64 所示。显然，这样的网格模型并不能满足分析需求，还需要后续进一步细化。

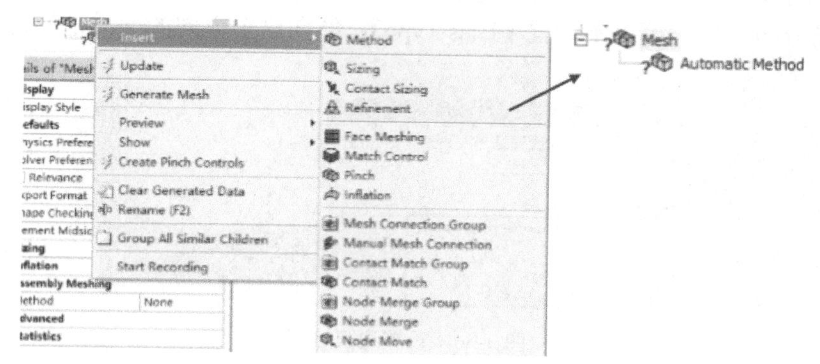

图 3-62　添加 Method

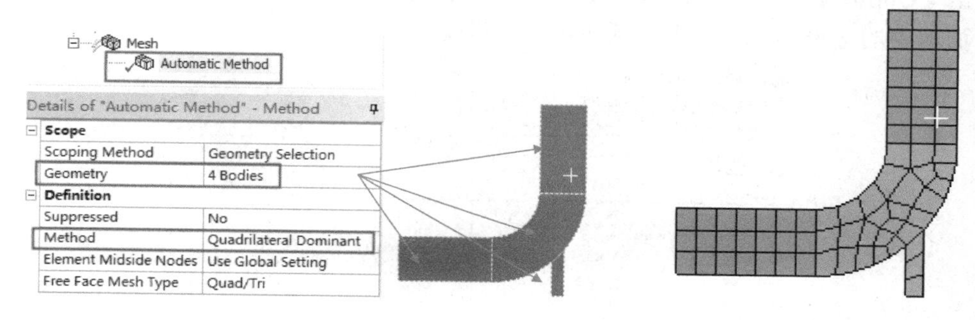

图 3-63　网格划分　　图 3-64　Quad Dominant 网格划分模型

（8）边尺寸设置 1。

右击【Outline】中的【Mesh】并选择【Insert/Sizing】。选择边过滤器，在 Details 面板中按住 Ctrl 键选择如图 3-65 右部分所示的四条边后单击【Apply】。设置【Type】为【Number of Divisions】并将【Number of Divisions】设为 10，【Behavior】设为 Hard，【Bias Type】按图所示选择，并设置【Bias Factor】为 10。【Bias Type】是根据模型的实际特点进行选择的。

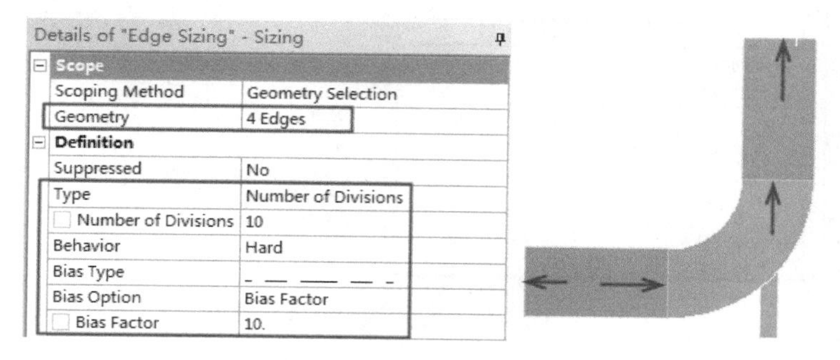

图 3-65　设置边尺寸 1

（9）边尺寸设置 2。

右击【Outline】中的【Mesh】并选择【Insert/Sizing】，选择如图 3-66 所示的 4 条边并单击 Details 面板中的【Apply】，其余选项按图中给出设置。由于肘管在平直部分的截面处流场和温度场分布均匀，可以不设置【Bias Type】，即在这个方向的网格是均匀分布的。

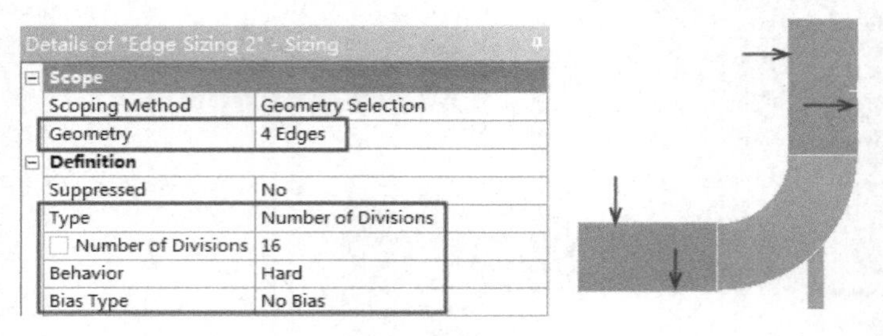

图 3-66　设置边尺寸 2

（10）边尺寸设置 3。

右击【Outline】中的【Mesh】并选择【Insert/Sizing】，选择如图 3-67 所示的边并单击 Details 面板中的【Apply】，其余选项按图给出设置。

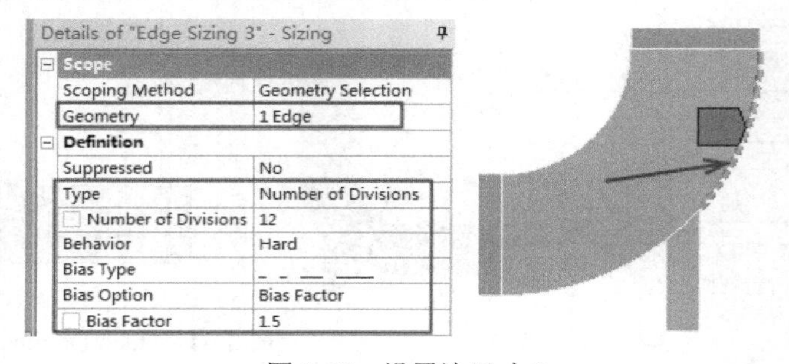

图 3-67　设置边尺寸 3

（11）边尺寸设置 4。

右击【Outline】中的【Mesh】并选择【Insert/Sizing】，选择如图 3-68 所示的边并单击 Details 面板中的【Apply】，其余选项按图给出设置。

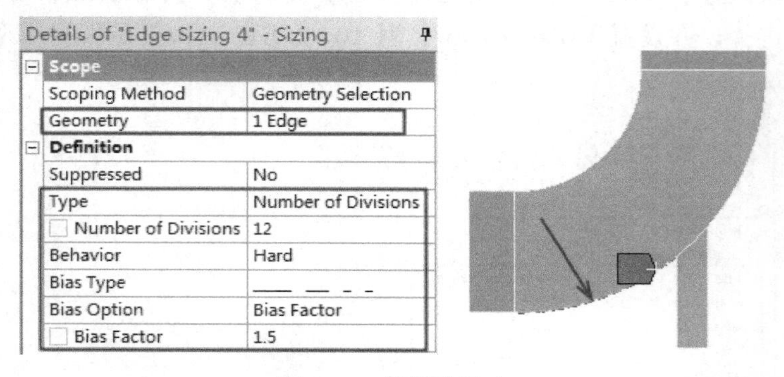

图 3-68　设置边尺寸 4

（12）边尺寸设置 5。

右击【Outline】中的【Mesh】并选择【Insert/Sizing】，选择如图 3-69 所示的边，并单

击 Details 面板中的【Apply】，其余选项按图给出设置。

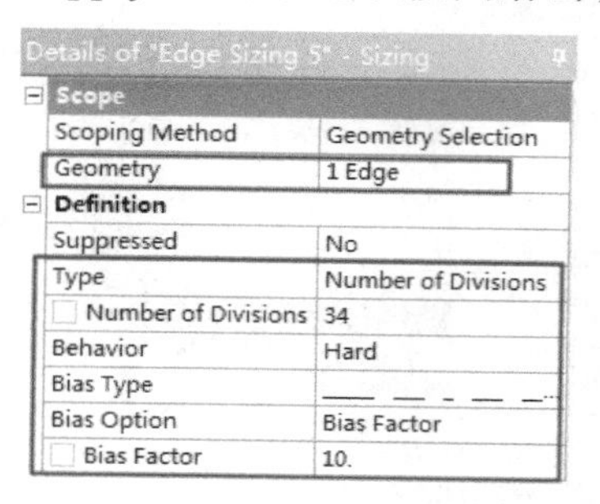

Details of "Edge Sizing 5" - Sizing

Scope	
Scoping Method	Geometry Selection
Geometry	1 Edge
Definition	
Suppressed	No
Type	Number of Divisions
Number of Divisions	34
Behavior	Hard
Bias Type	___ __ _ __ _
Bias Option	Bias Factor
Bias Factor	10.

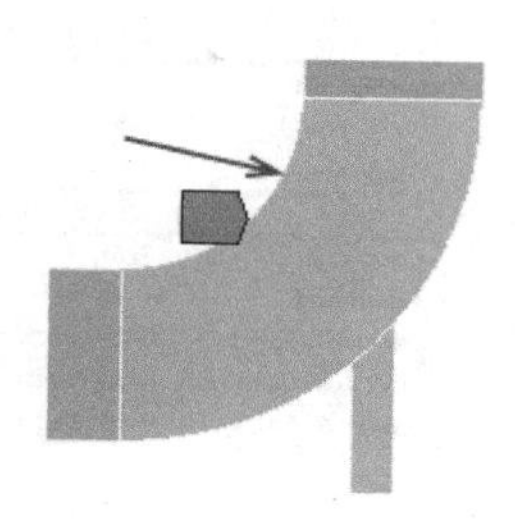

图 3-69　设置边尺寸 5

（13）边尺寸设置 6。

右击【Outline】中的【Mesh】并选择【Insert/Sizing】，选择如图 3-70 所示的边，并单击 Details 面板中的【Apply】，其余选项按图给出设置。

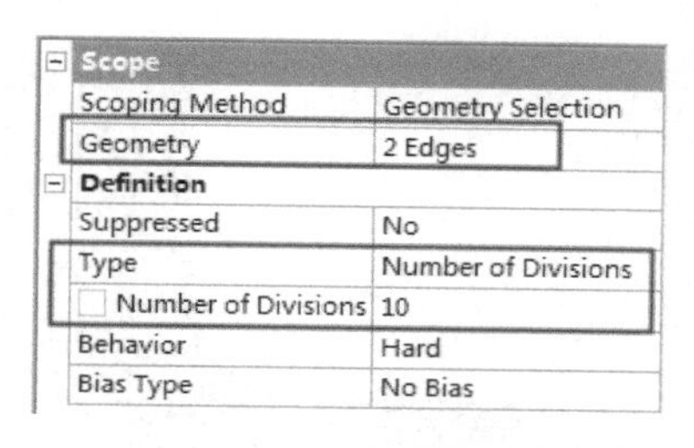

Scope	
Scoping Method	Geometry Selection
Geometry	2 Edges
Definition	
Suppressed	No
Type	Number of Divisions
Number of Divisions	10
Behavior	Hard
Bias Type	No Bias

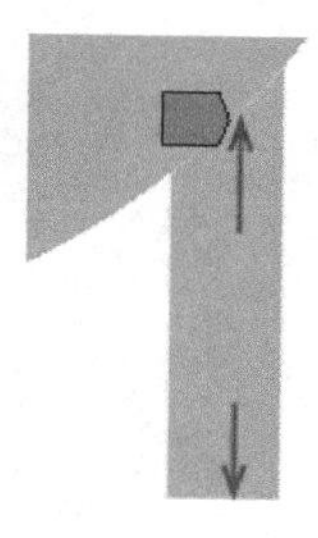

图 3-70　设置边尺寸 6

（14）边尺寸设置 7。

右击【Outline】中的【Mesh】并选择【Insert/Sizing】，选择如图 3-71 所示的边，并单击 Details 面板中的【Apply】，其余选项按图给出设置。

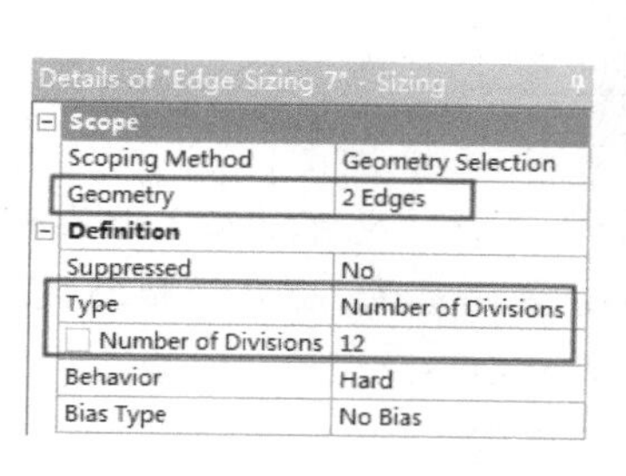

Details of "Edge Sizing 7" - Sizing

Scope	
Scoping Method	Geometry Selection
Geometry	2 Edges
Definition	
Suppressed	No
Type	Number of Divisions
Number of Divisions	12
Behavior	Hard
Bias Type	No Bias

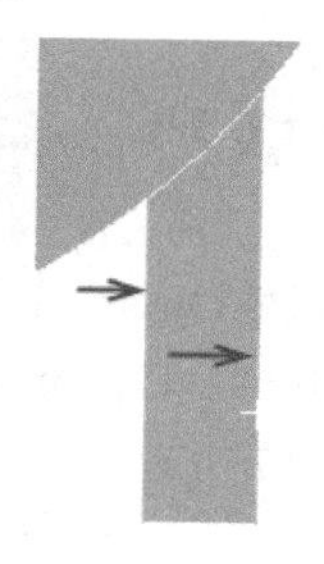

图 3-71　设置边尺寸 7

（15）映射面划分。

右击【Outline】中的【Mesh】并选择【Insert/Face Meshing】，选择如图 3-72 所示的 4 个面，并单击 Details 面板中的【Apply】，其余选项按图给出设置。

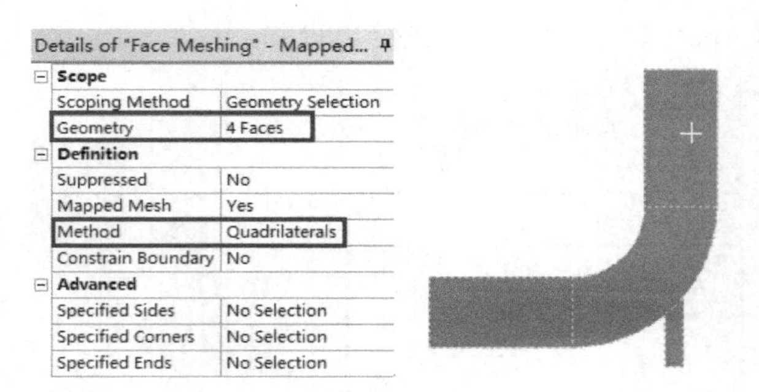

图 3-72　映射面划分

（16）生成网格模型。

右击【Outline】中的【Mesh】，并选择【Generate Mesh】，或直接单击 Generate Mesh 生成网格模型，如图 3-73 所示。

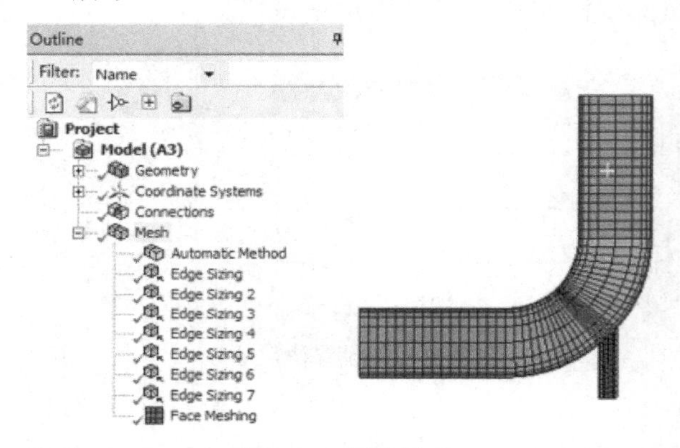

图 3-73　网格模型

应用·技巧

网格划分不只可以在 Mesh 平台下进行，也可以在更专业的网格划分平台下处理。该例在 ICEM CFD 平台下的划分方法参见 ANSYS 帮助文档《Documentation For ANSYS ICEM CFD 17.0》中的 Tutorials。

（17）退出 Mesh，保存项目并退出程序。

3.6　实例 2：3D 曲轴网格划分

在本例中，将通过对曲轴进行网格划分来学习在 Mesh 平台下进行 3D 网格划分的方法。

1. 实例概述

曲轴是发动机中重要的部件，其中插销、飞轮倒角、圆柱面部分是我们经常关注的区域。划分网格后的曲轴模型如图 3-74 所示。

图 3-74　曲轴网格模型

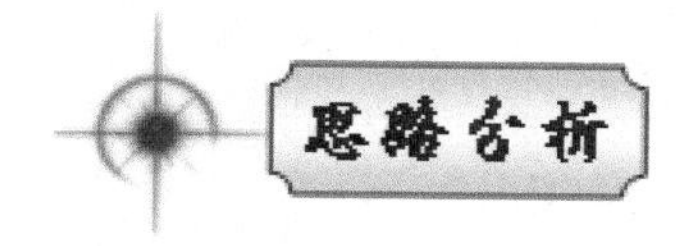

对于一个 3D 模型，一般情况下我们是先进行全局网格控制，然后对关心的区域进行局部网格控制和网格细化。本例中首先设置物理环境和 Relevance 进行初步的网格划分，然后对插销部分指定单元大小并对飞轮倒角进行网格细化，圆柱面部分设置映射面。通过对模型不同区域添加不同的网格控制，可以获得我们需要的网格模型。

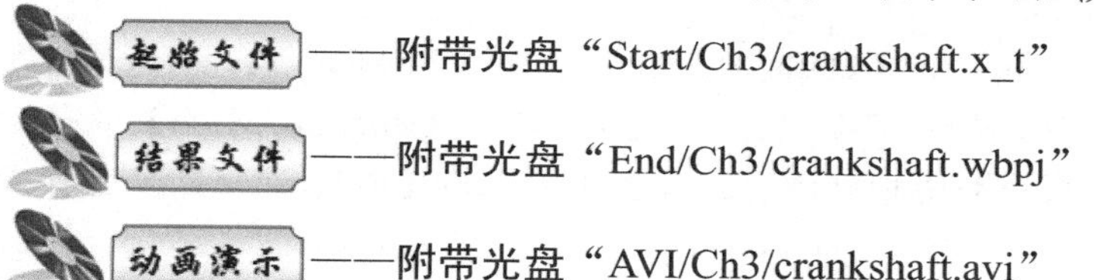

起始文件——附带光盘“Start/Ch3/crankshaft.x_t”

结果文件——附带光盘“End/Ch3/crankshaft.wbpj”

动画演示——附带光盘“AVI/Ch3/crankshaft.avi”

2. 操作步骤

（1）新建【Mesh】，并导入外部几何文件。

打开 Workbench 程序，将【Toolbox】目录下【Component Systems】中的【Mesh】拖入项目流程图，保存工程文件为 crankshaft.wbpj 后单击项目 A 左上角的三角形重命名项目为 crankshaft。右击 A2【Geometry】选择 Import Geometry/Browse 导入 crankshaft.x_t，如图 3-75 所示。

（2）进入 Mesh 平台并配置单位。

双击 A3 单元格进入 Mesh 平台，执行【Units】→【Metric（mm, Kg, N, s, mV, mA）】，如图 3-76 所示。

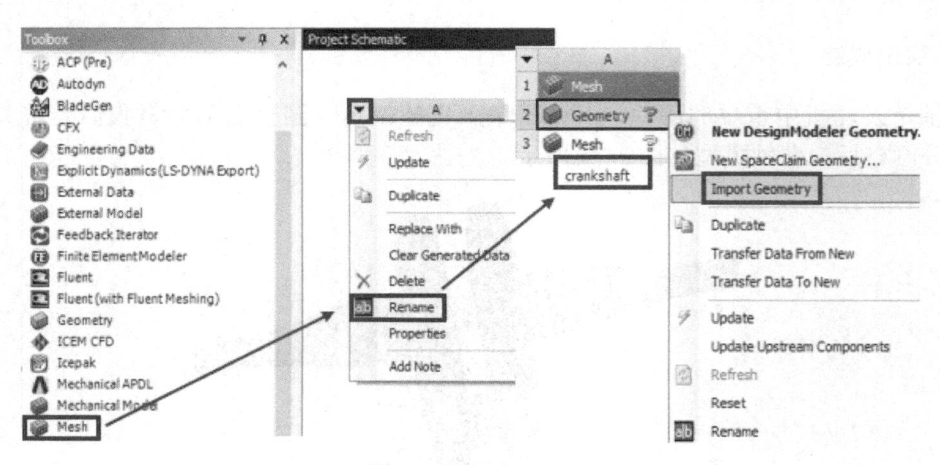

图 3-75　新建 Mesh

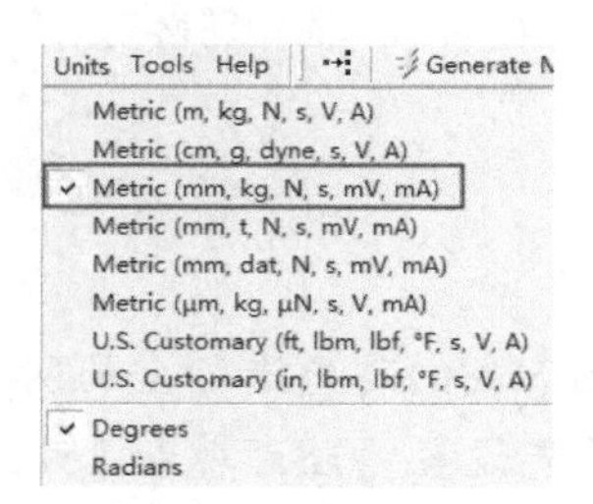

图 3-76　配置单位

（3）设置物理环境和 Relevance。

选中【Outline】中的【Mesh】，在 Details 面板中设置【Physics Preference】为 Mechanical 并令【Relevance】为 50，如图 3-77 所示。之后单击【Generate Mesh】或右击【Mesh】选择【Generate Mesh】，查看网格划分情况。读者也可以将【Relevance】设定成其他数值，并对比网格疏密情况。

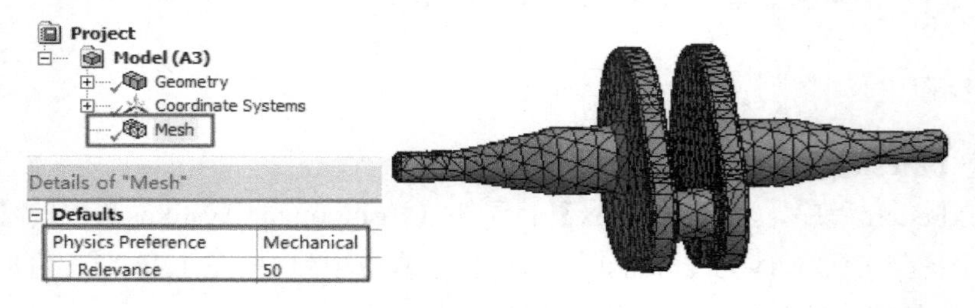

图 3-77　设置物理环境

（4）插销网格局部控制。

首先通过图形界面右下角的全局坐标将视图调整为如图 3-78 所示，然后通过鼠标的放大、缩小、平移操作并配合标尺可以初步测出插销间距为 10mm。

右击【Outline】下的【Mesh】并选择【Insert/Sizing】。在 Details 面板中选中【Geometry】，然后选择面过滤器，并按住 Ctrl 键，选择如图 3-79 所示的 3 个面后，再选择【Apply】，并设置【Element Size】为 1mm。

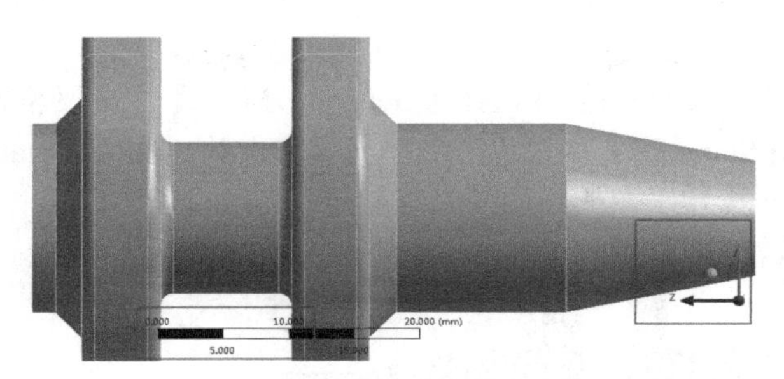

图 3-78　测量插销间距

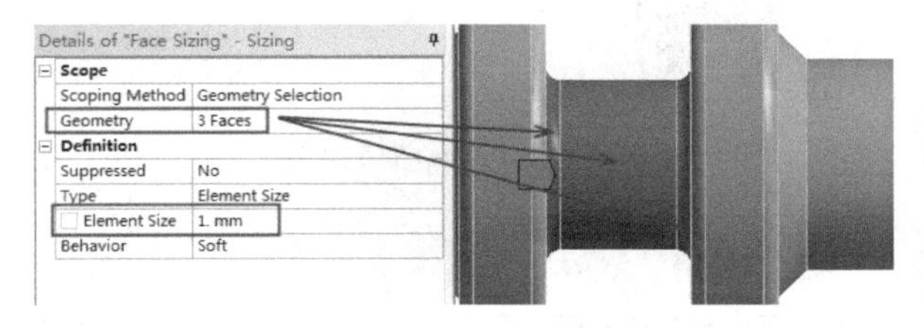

图 3-79　插销单元设置

（5）飞轮倒角网格细化。

右击【Outline】下的【Mesh】并选择【Insert/Refinement】。在 Details 面板中选中【Geometry】，按住 Ctrl 选择如图 3-80 所示的 2 个面后选择【Apply】并设置【Refinement】为 1。

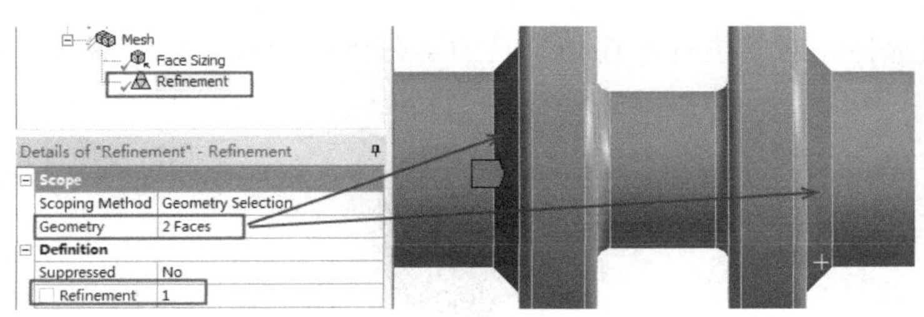

图 3-80　飞轮倒角网格细化

（6）圆柱面部分映射网格设置。

右击【Outline】下的【Mesh】，并选择【Insert/Face Meshing】。在 Details 面板中选中【Geometry】，按住 Ctrl 选择如图 3-81 所示的 2 个面后选择【Apply】。

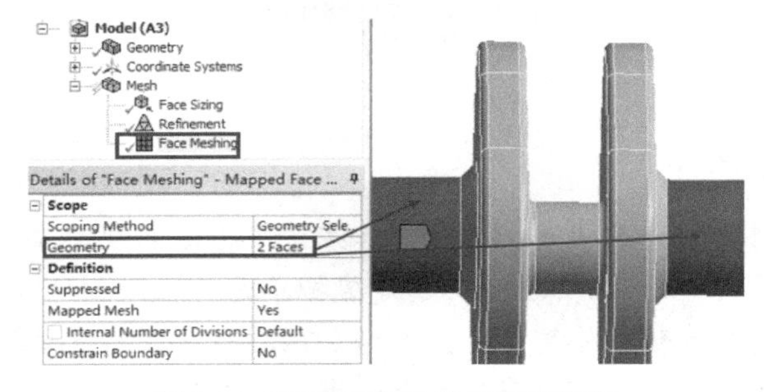

图 3-81　圆柱面部分映射网络设置

（7）生成网格模型。

右击【Outline】下的【Mesh】并选择【Generate Mesh】生成网格模型如图 3-82 所示。从 Details 面板下的【Statistics】中可以查看单元和节点数。注意【Statistics】中显示的节点和单元数会因为机器与操作平台的不同而略有差异。

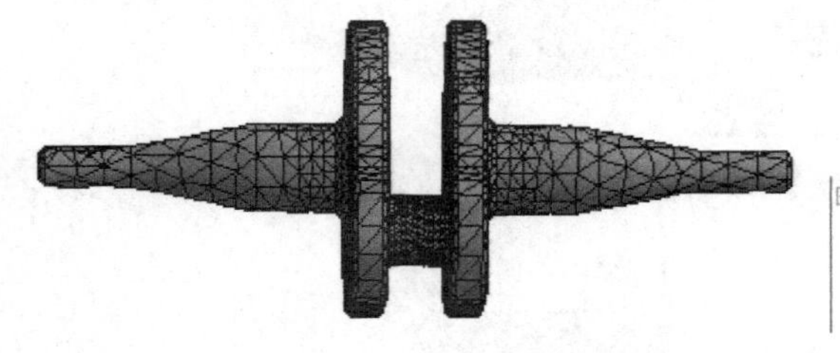

Statistics	
Nodes	29172
Elements	18142
Mesh Metric	None

图 3-82　生成网格模型

（8）退出 Mesh，保存项目并退出程序。

3.7　实例 3：活塞网格划分

本例通过对导入的外部活塞几何文件进行网格划分来展示多种网格划分方法。读者若有操作上的疑问，可以参考附带光盘中的教学视频。

1. 实例概述

活塞是常用部件，对其进行网格划分是力学分析中经常遇到的情况。本例对活塞进行网格划分后的模型如图 3-83 所示。

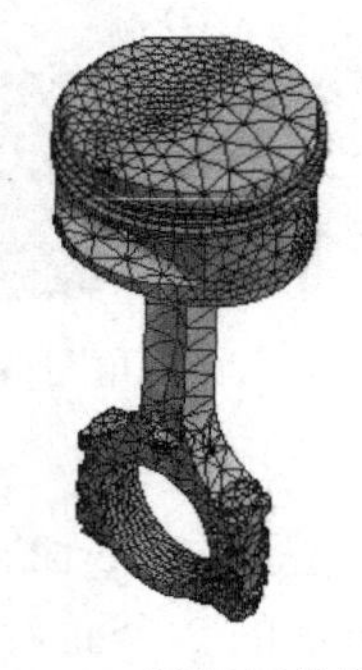

图 3-83　活塞网格模型

对活塞部件进行网格划分是项复杂工作。活塞中有很多的缺陷在网格划分时是可以不考虑的，因此案例中会对这些缺片（Patch）创建虚拟单元（Virtual Cell）。同样活塞的某些地方存在狭长区域，这会导致网格质量变差并增加网格数量，对这些区域本案例会进行收缩控制（Pinch）。对于圆柱面我们可以采用映射面网格划分得到较为一致的网格。对于螺栓部分采用多区域划分网格（Multizone）。

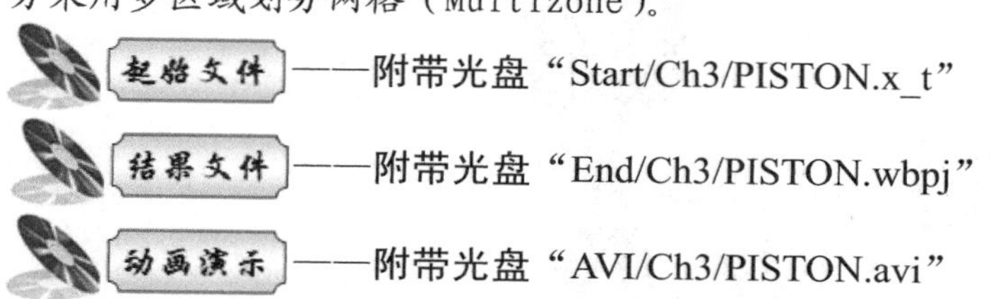

起始文件——附带光盘“Start/Ch3/PISTON.x_t”

结果文件——附带光盘“End/Ch3/PISTON.wbpj”

动画演示——附带光盘“AVI/Ch3/PISTON.avi”

2．操作步骤

（1）新建【Mesh】，并导入外部几何文件。

打开 Workbench 程序，将【Toolbox】目录下【Component Systems】中的【Mesh】拖入项目流程图，保存工程文件为 PISTON.wbpj 后单击项目 A 左上角的三角形重命名项目为 PISTON。右击 A2【Geometry】选择【Import Geometry/Browse】导入 PISTON.x_t 如图 3-84 所示。

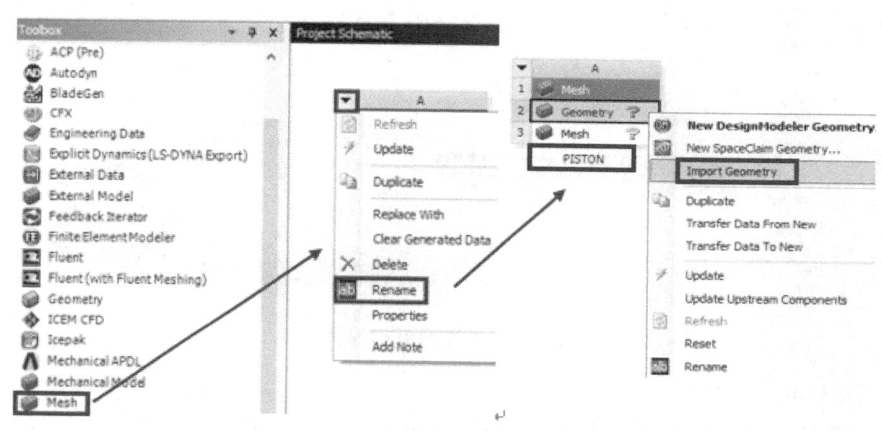

图 3-84 新建 Mesh

（2）进入 Mesh 平台并配置单位。

双击 A3 单元格进入 Mesh 平台，执行【Units】→【Metric（m, Kg, N, s, V, A)】，如图 3-85 所示。

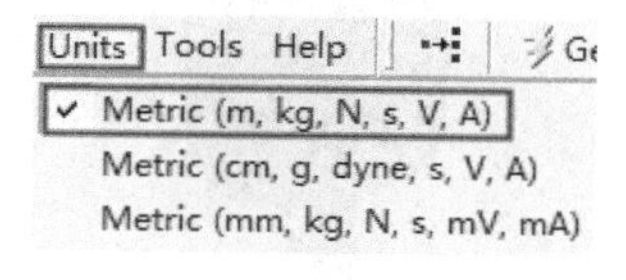

图 3-85 配置单位

（3）施加自动网格划分。

右击【Outline】下【Mesh】，选择【Generate Mesh】进行默认网格划分。划分网格后，模型显示如图 3-86 所示。

在 Mesh 平台下，默认网格划分方式是自动网格划分。自动网格划分方式对可扫掠区域采取扫掠法网格划分方式，不可扫掠区域采取 Patch Conforming 网格划分方式。

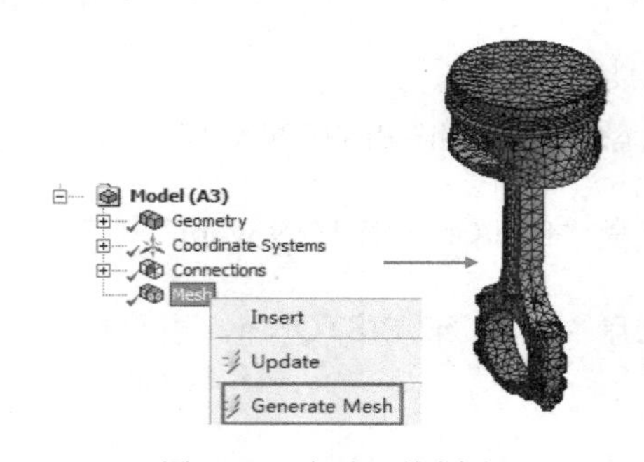

图 3-86　自动网格划分

（4）显示可扫掠体。

在进行局部网格控制之前，可以先查看可扫掠体。右击【Outline】下的【Mesh】并选择【Show/Sweepable Bodies】，在视图窗口可以看到，可扫掠体已经高亮显示。在视图窗口空白区域右键选择【Hide All Other Bodies】可以隐藏其他部件如图 3-87 所示。可以看出这些部件采用了扫掠法划分网格。

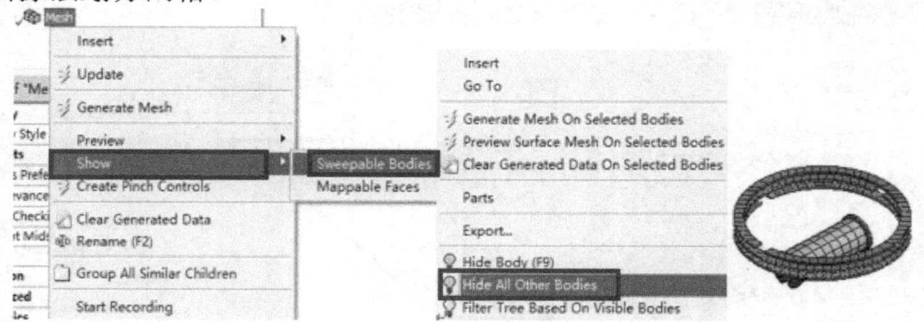

图 3-87　显示可扫掠体

（5）显示不可扫掠体。

在视图窗口空白处右键选择【Show All Bodies】显示全部零件。再次右击【Outline】下的【Mesh】并选择【Show/Sweepable Bodies】，然后在视图窗口空白处右键选择【Hide Bodies】，可以看到可扫掠体已经被隐藏如图 3-88 所示。从图可以看出这些不可扫掠体采用了 Tetrahedrons 中的 Patch Conforming 进行网格划分。

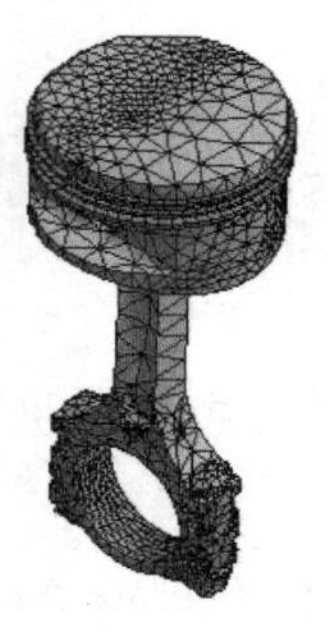

图 3-88　显示不可扫掠体

（6）手动创建虚拟单元。

当采用了 Patch Conforming 法划分网格时，曲面片（surface patch）也进行了相应的划分。但是有时候这些小特征并不影响整体仿真结果，因此，可以将这些小特征合并简化模型，减小单元密度。此处创建虚拟单元正是基于这样的目的进行的。

将视图调整到如图 3-89 左部分所示位置，右击【Outline】下的【Model（A3）】选择【Insert/Virtual Topology】或者直接单击工具栏中的 Virtual Topology，然后选择图 3-89 中间部分所示的 5 个面，最后单击工具栏中的 Merge Cells，这样就创建了虚拟单元。重新单击 Generate Mesh 可以发现该部位网格已经被简化。此处只是展示手动虚拟单元的创建方法，后面采用自动创建虚拟单元方法，因此右击【Outline】下的【Virtual Topology】选择【Delete All Virtual Entities】删除刚刚创建的虚拟拓扑。

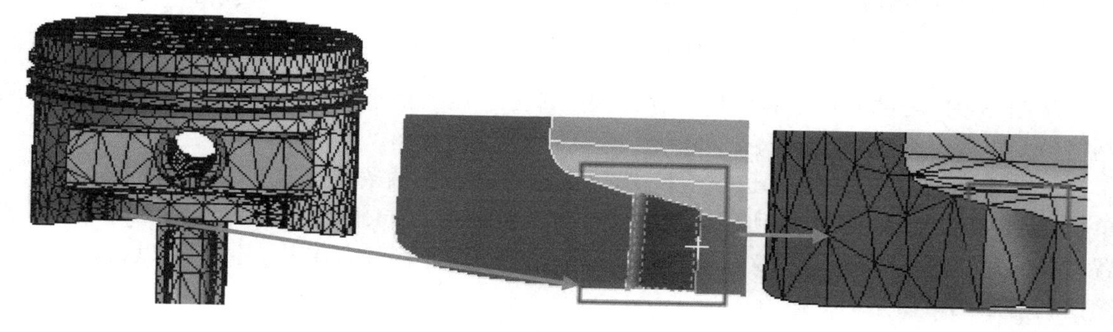

图 3-89　手动创建虚拟单元

（7）自动创建虚拟单元。

右击【Outline】下的【Virtual Topology】选择【Generate Virtual Cells】就可以自动创建虚拟单元。单击 Generate Mesh 可以观察在新的网格模型中原来的曲面片区域网格已经发生改变，具体如图 3-90 所示。

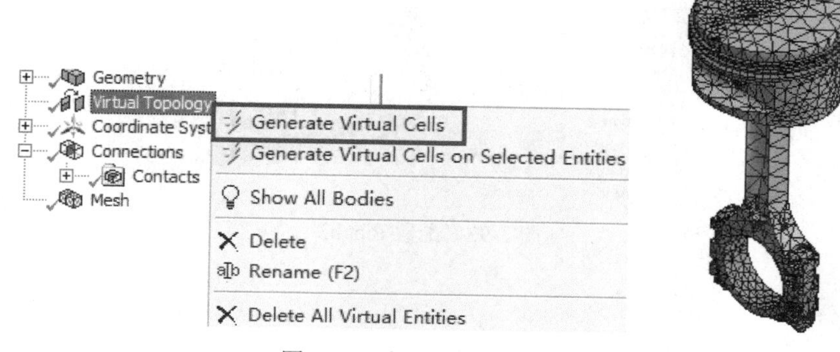

图 3-90　自动创建虚拟单元

（8）收缩控制。

收缩控制（Pinch）作为虚拟拓扑（Virtual topology）之外的另一个选择，可以移除模型的细小部分进而得到较好的网格质量。

设定过滤器为体选择，选择活塞的上部分并右击鼠标选择【Hide All Other Bodies】。调整视图至 3-91 右边所示。

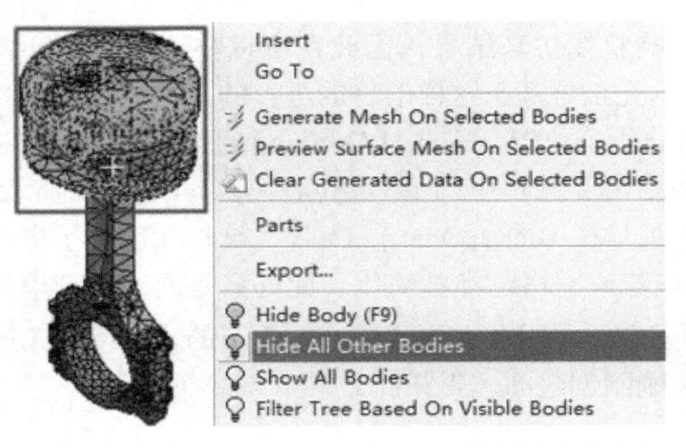

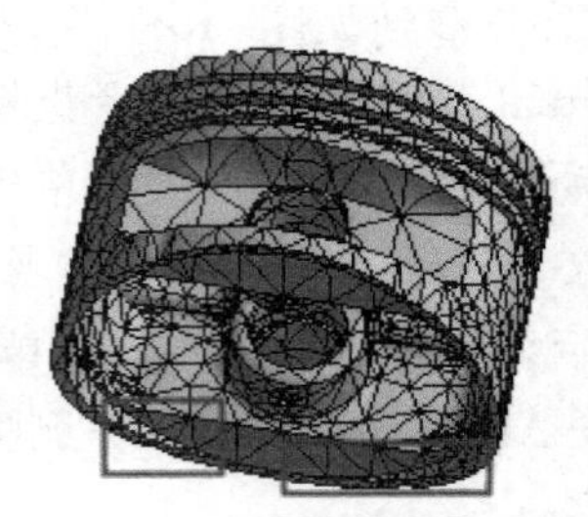

图 3-91 选择活塞的上部分

从图 3-91 右部分可以看到模型存在狭小部分，这些狭小部分会增加网格数量并且导致网格质量下降。

右键【Mesh】选择【Insert/Pinch】，选择图 3-92 所示的两条边作为【Master Geometry】并单击【Apply】，选择图 3-93 所示的两条边作为【Slave Geometry】并单击【Apply】，同时设置 Tolerance 为 0.001m。注意在输入 Tolerance 的值时不用输入单位。读者可以自己对比收缩控制前后网格质量。

图 3-92 配置 Pinch1

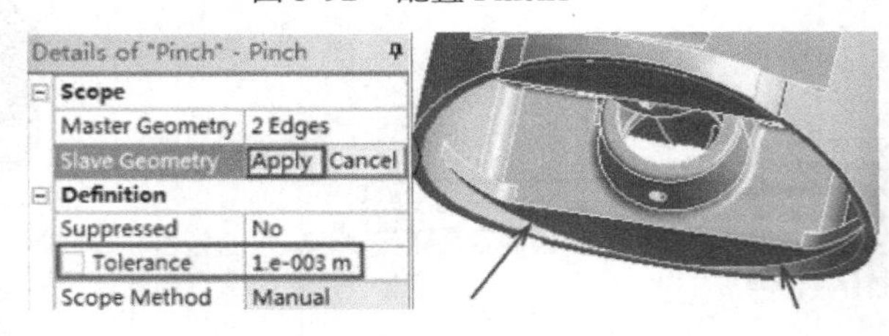

图 3-93 配置 Pinch2

应用·技巧

Pinch 网格划分中 Master Geometry 是指几何轮廓不变的体（线体、面体、实体），Slave Geometry 是指几何体中为了划分需要去适应 Master Geometry 的体。Master Geometry 和 Slave Geometry 都需要读者根据需要指定。

（9）映射面网格控制。

映射面网格可以在指定面上产生映射网格。在图形窗口中右击选择【Show All Bodies】显示所有体。然后设定体过滤器并选择如图 3-94 所示活塞的下部分，并右击选择【Hide All Other Bodies】。调整视图到合适角度如图 3-94 右部分所示。

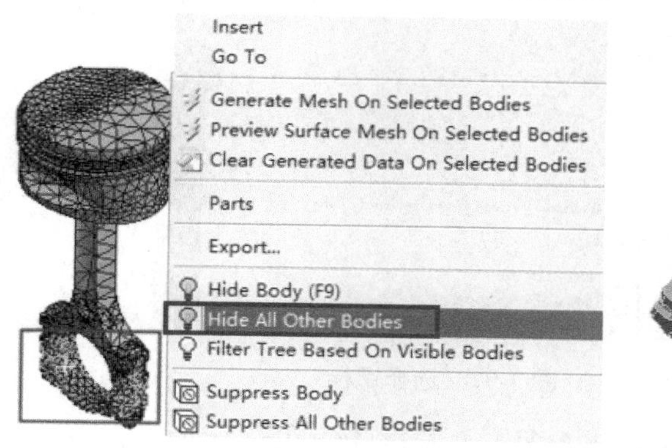

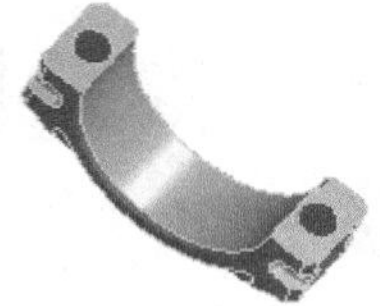

图 3-94　选择活塞下部分

右击【Outline】下的【Mesh】选择【Insert/Face Meshing】，选择如图 3-95 所示的面作为【Geometry】。再次右击【Outline】下的【Mesh】选择【Insert/Face Meshing】创建第 2 个映射面，并选择图 3-96 所示的面作为【Geometry】。创建完毕后，可以通过单击 Generate Mesh 来查看新网格模型。

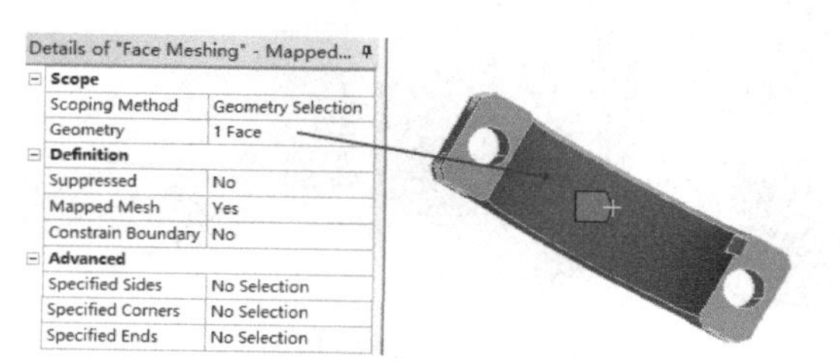

图 3-95　创建映射面网格 1

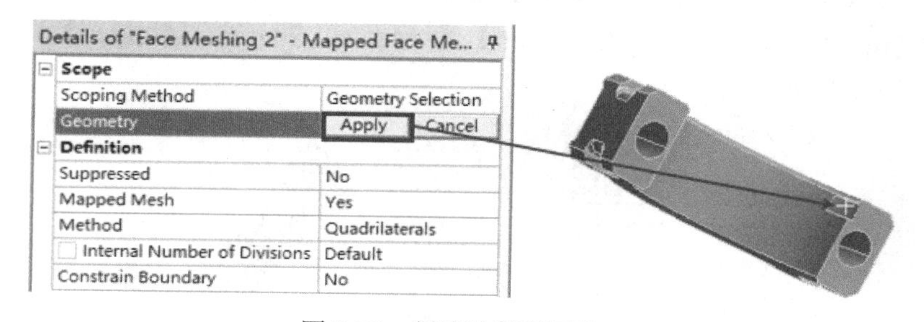

图 3-96　创建映射面网格 2

（10）多区域网格控制。

在本例的上述操作中已经采用了自动创建虚拟单元，而要对螺栓进行多区域网格划分要新建特定的虚拟单元，因此，这里对螺栓的多区域网格划分仅是展示这个功能，并不代表真实划分方法。

右击【Outline】下的【Virtual Topology】，选择【Delete All Virtual Entities】删除虚拟单元。

在图形窗口中右击选择【Show All Bodies】显示所有体。然后设定体过滤器并选择如图 3-97 所示螺栓，并右击选择【Hide All Other Bodies】。调整视图到合适角度如图 3-97 右部分所示。

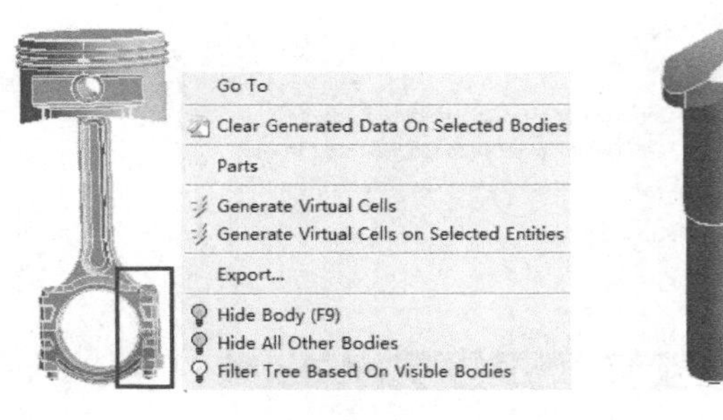

图 3-97　选择螺栓

选择如图 3-100 左部分所示的 3 个面，并右击【Outline】下的【Virtual Topology】选择【Insert/Virtual Cell】创建虚拟单元。同理选择图 3-100 中间部分所示的 5 个面并右击【Outline】下的【Virtual Topology】选择【Insert/Virtual Cell】，再次选择图 3-98 右边部分所示的 3 个面并右击【Outline】下的【Virtual Topology】，选择【Insert/Virtual Cell】创建虚拟单元。

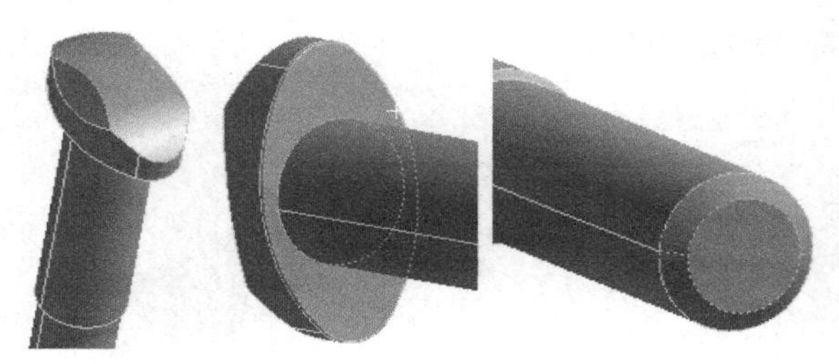

图 3-98　创建虚拟单元

右击【Outline】下的【Mesh】选择【Insert/Method】，选择螺栓为【Geometry】，设置【Method】为 MultiZone，【Src/Trg Selection】为 Manual Source，【Source】为上述创建的三个虚拟单元，如图 3-99 所示。

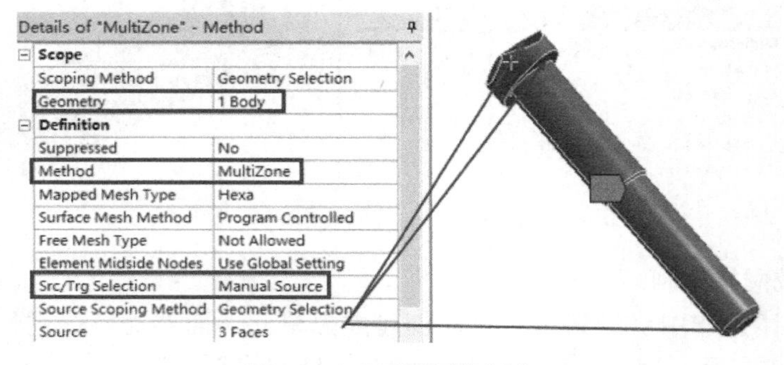

图 3-99　多区域网格划分

右击【Outline】下的【Mesh】选择【Insert/Sizing】，选择螺栓为【Geometry】，设置【Element Size】为 0.001m，单击 Generate Mesh 可以观察经过尺寸设定后的网格模型如图 3-100。使用 可以观察螺栓剖面网格情况如图 3-100 右部分所示。

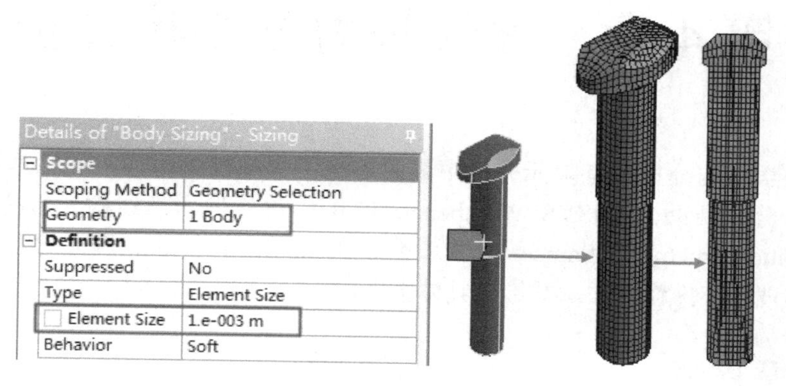

图 3-100　尺寸设置

（11）退出 Mesh，保存项目并退出程序。

3.8　本章小结

本章介绍了 ANSYS Workbench 下 Mesh 平台网格划分方法，包括全局网格控制和局部网格控制，通过三个案例介绍 Mesh 平台下 2D 和 3D 网格划分的操作方法。本章同时介绍了 ICEM CFD 高级网格划分工具，并给出了一个操作案例。通过本章的学习，读者应该熟悉常规的网格划分方法，并通过加强练习积累网格划分经验。

第 4 章　线性静力学结构分析

线性静力学结构分析是有限元分析中最简单也是最基础的内容，熟悉本章的内容对于后续的学习十分有帮助。ANSYS Workbench 17.0 中进行静力学结构分析的平台有 Static Structural、Static Structural（Samcef）。本章介绍在 Static Structural 平台进行线性静力学结构分析的基本理论及操作方法，并给出具体案例。

本章内容

- 静力学结构分析力学基础
- Static Structural 平台定义工程材料
- 线性静力学结构分析前处理
- 线性静力学结构分析模型求解
- 线性静力学结构分析结果及后处理

4.1　线性静力学结构分析力学基础

由经典力学理论可知物体的动力学方程式为：

$$[\boldsymbol{M}]\{\ddot{x}\}+[\boldsymbol{C}]\{\dot{x}\}+[\boldsymbol{K}]\{x\}=\{\boldsymbol{F}(t)\}$$

其中$[\boldsymbol{M}]$是质量矩阵；$[\boldsymbol{C}]$是阻尼矩阵；$[\boldsymbol{K}]$是刚度矩阵；$\{\boldsymbol{F}(t)\}$是力矢量；$\{x\}$是位移矢量；$\{\dot{x}\}$是速度矢量；$\{\ddot{x}\}$是加速度矢量。一般情况下$[\boldsymbol{M}]$、$[\boldsymbol{C}]$、$[\boldsymbol{K}]$可以不是常量矩阵。对于线性静力学结构分析，上式可以简化为：

$$[\boldsymbol{K}]\{x\}=\{\boldsymbol{F}\}$$

注意此时$[\boldsymbol{K}]$是一个常量矩阵。假设材料具有线弹性行为，使用小变形理论，且可能包含一些非线性边界条件。$\{\boldsymbol{F}\}$是静态加载在模型上，其不考虑随时间变化的力且不包含诸如质量、阻尼等的惯性影响。

4.2　Workbench 线性静力学结构分析概述

ANSYS Workbench 17.0 中进行静力学结构分析的项目流程图，如图 4-1 所示。其中项目 A 为利用 ANSYS 软件自带求解器进行静力学结构分析流程卡；项目 B 为利用 Samcef 软件求解器进行静力学结构分析流程卡。本章我们以项目 A 为例说明 ANSYS Workbench17.0 下的线性静力学结构分析操作方法。

视频教学

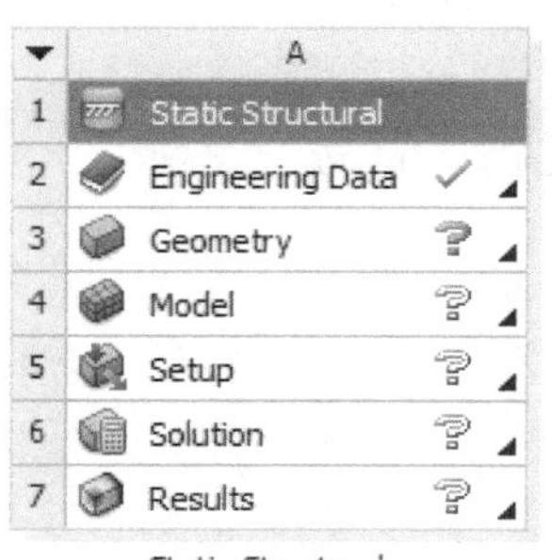

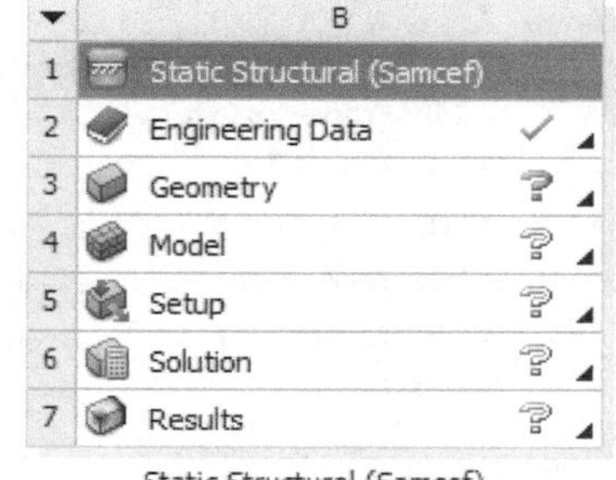

图 4-1 静力学结构分析流程卡

静力学结构分析可以确定由不包含惯性和阻尼效应的载荷施加在结构或元件上引起的位移、应力、应变和力（力矩）。静力学结构分析需要假设载荷和响应是稳定的，即载荷和结构的响应是随时间做极缓慢变化。需要注意的是，静力学结构分析包含线性分析和非线性分析。在 Static Structural 平台可以进行各种线性和非线性分析。其中非线性分析包括大变形、塑性、应力钢化、接触单元、超弹性等。本章主要介绍在 Static Structural 平台下进行线性静力学结构分析。

在 ANSYS Workbench17.0 的主界面中将【Toolbox】下的【Analysis Systems】中 Static Structural 拖放到 Project Schematic，即可创建一个静力学结构分析流程卡，如图 4-2 所示。

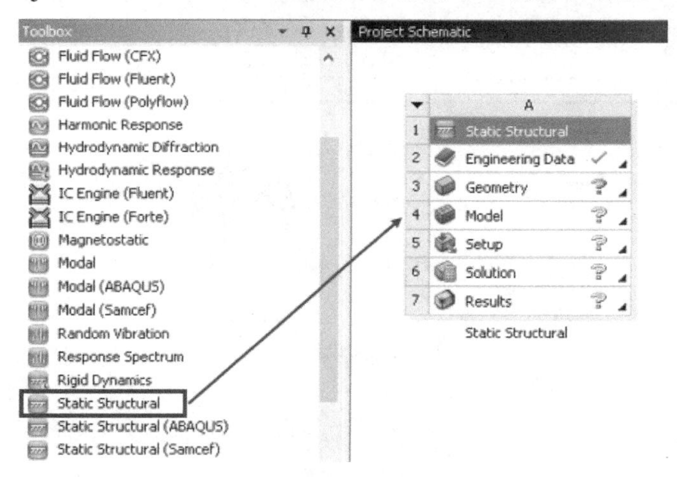

图 4-2 创建静力学结构分析

在 Static Structural 平台进行线性静力学结构分析包括定义工程材料、创建（导入）几何数据、前处理、模型求解、结果及后处理，如图 4-3 所示。一般分析一个线性静力学结构模型，首先在工程数据中添加工程材料，其次导入或创建几何体文件，接着进行模型前处理（包含对部件赋予材料、创建坐标系统、构造几何、设置接触类型等），然后进行模型求解设置（包含施加载荷、约束等边界条件及其他必要分析设置），最后是得到结果及后处理（包含显示应力、应变、变形云图等）。由于本书前面章节已经介绍过创建（导入）几何数据的相关内容，因此本章并不详细介绍这些内容，而仅对新内容进行介绍。

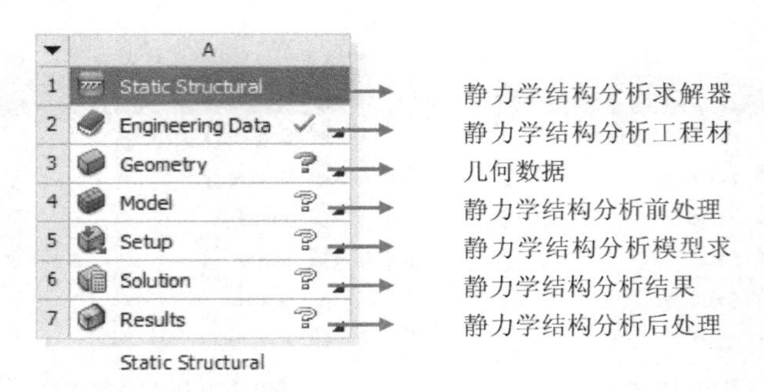

图4-3　线性静力学结构分析

Static Structural流程卡中，在A3单元格【Geometry】导入几何或创建几何后双击A4单元格【Model】，可以进入静力学结构分析平台如图4-4所示。在树形窗【Outline】下的Model（A4）中可以进行静力学分析前处理、Static Structural（A5）可以进行模型求解、Solution（A6）可以得到结果及后处理。选中树形窗下不同的对象，工具栏会有相应的内容出现，可以在这些工具栏上进行相关设置，当然这些设置也可以通过右击树形窗下的各对象来选择。

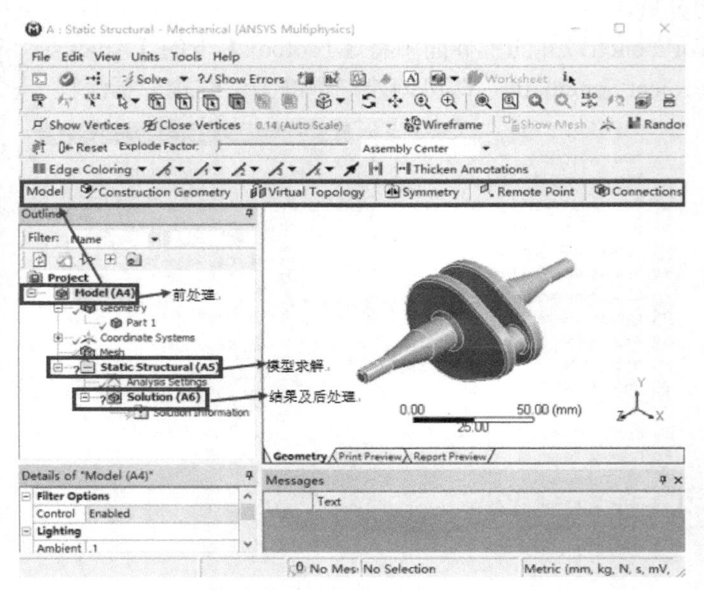

图4-4　静力学结构分析工作界面

4.3　在工程数据区定义材料

双击Static Structural项目流程卡的A2单元格【Engineering Data】可以进入工程数据配置界面，如图4-5所示。从图4-5可以看到界面可以分为工具箱区，工程数据区、材料性能区、材料属性值区、材料属性表区等。用户既可以在材料库中选择已有的材料，又可以自己添加特定材料，同时也可以修改现有材料的性能参数。

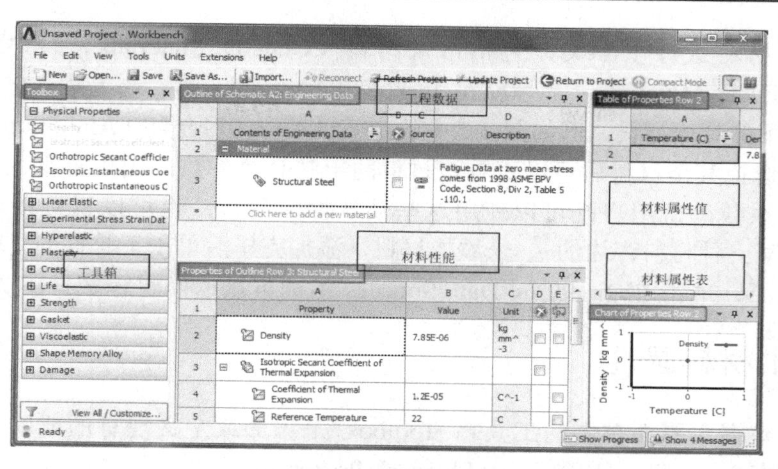

图 4-5　工程数据主界面

4.3.1　材料库

如图 4-6 所示单击工具栏的 Engineering Data Sources 图标或者直接在【Outline of Schematic A2】下右击选择 Engineering Data Sources 可以进入材料库，如图 4-7 所示。

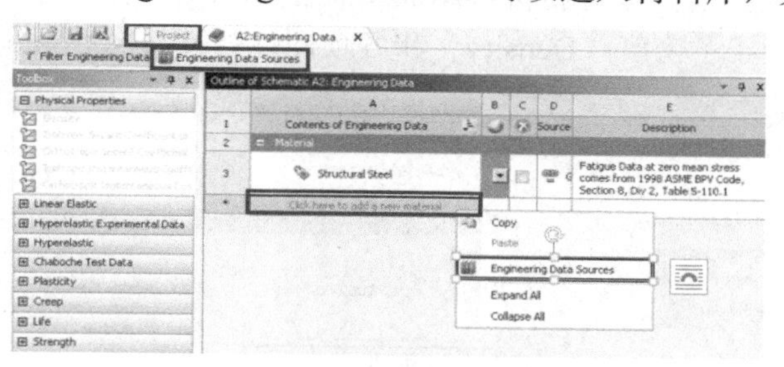

图 4-6　进入材料库

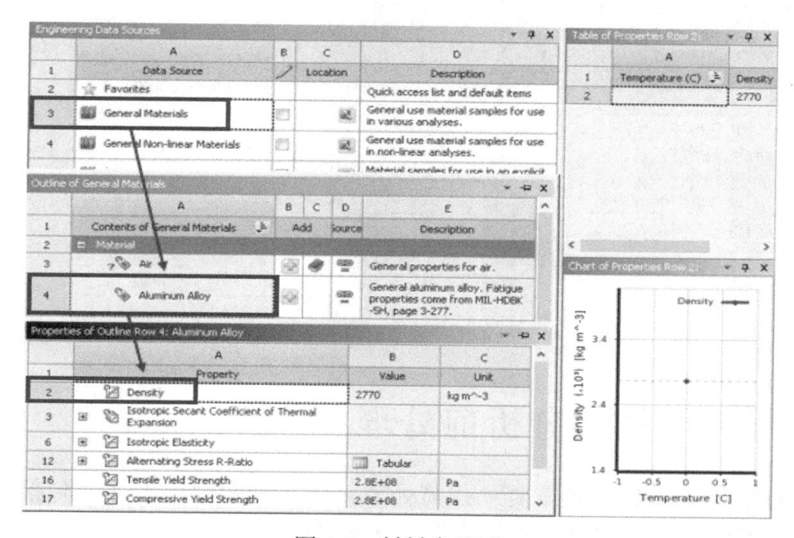

图 4-7　材料库界面

材料库对材料进行了分类，包括常规材料（General Materials）、常规非线性材料（General Non-linear Material）、显示材料（Explicit Material）等。选定某一材料分类后，可以查看该分类下的具体材料。例如图4-7中的空气（Air）、铝合金（Aluminum Alloy）就属于常规材料。选择某个材料后可以查看该材料的一些具体参数，比如密度、杨氏模量、泊松比、热膨胀系数等，用户既可以使用这些默认性能参数，也可以直接在现有基础上修改。通过单击某一种材料旁边的 来添加材料，添加完毕后单击工具栏的【Project】可以返回项目主界面，单击 Engineering Data Sources 图标可以返回工程数据主界面。

4.3.2 添加材料属性

通过工程数据主界面左侧的工具箱 Toolbox 来添加或定义现有的或新的材料属性。Toolbox 下的材料属性包括物理特性（Physical Properties）、线弹性（Linear Elastic）、实验应力应变数据（Experimental Stress Strain Data）、超弹性（Hyperelastic）、塑性（Plasticity）、寿命（Life）、强度（Strength）等。

在工程数据主界面的【Outline of Schematic A2:Engineering Data】下的空白处直接输入想要创建的新材料名称，然后在 Toolbox 下将需要的属性选中后拖放到【Properties of Outline】下并设置相关数值，即对新材料添加了属性。图4-8所示的M1为用户自定义的新材料名称，并对M1赋予了密度（Density）和各项同性弹性（Isotropic Elasticity）。

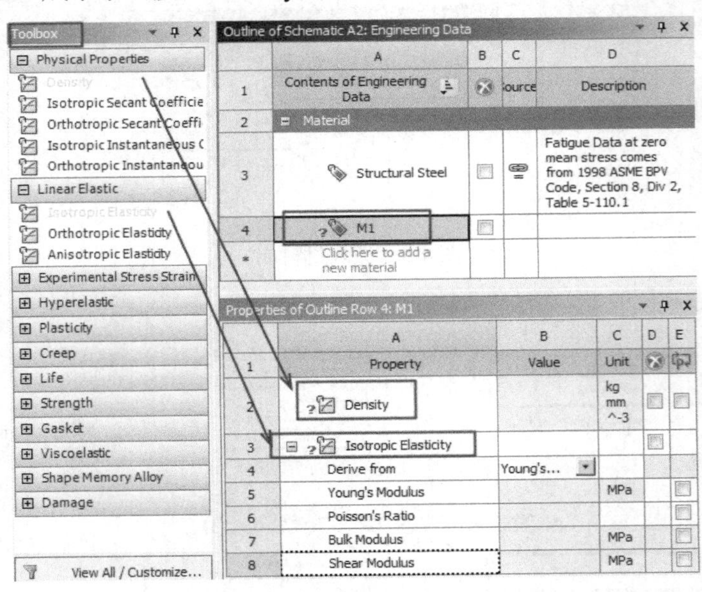

图4-8 添加材料性能

4.4 线性静力学结构分析前处理

在线性静力学结构分析之前需要一些前处理，前处理的内容很多，包括对几何体的控制、构造几何，坐标系设置，设置连接关系，网格划分等。其中一些特征是 7 必须设置，另一些特征则是根据具体情况来决定。【Outline】中在【Static Structural（A5）】之前的都属于前处理，如图 4-9 所示。

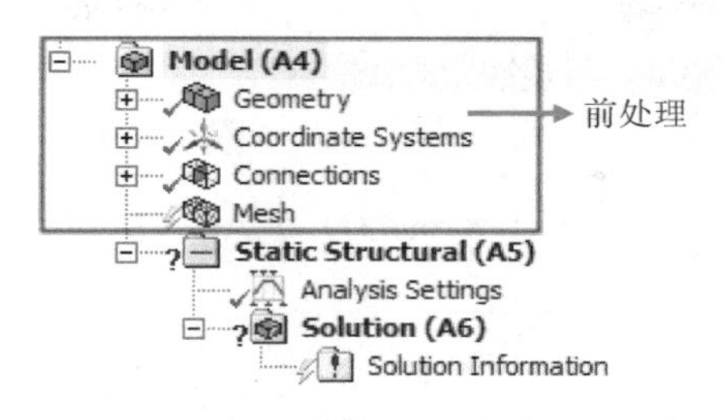

图 4-9　前处理树形窗

4.4.1　几何体

在 Static Structural 平台下选中【Outline】中的【Geometry】则工具栏中会出现对应的命令选项。下面就其中的体属性、质量点和厚度进行介绍。

（1）体属性。

展开并选中【Outline】下的【Geometry】中的体，在 Details 面板中可以对其进行相关设置，如图 4-10 所示。其中比较重要的选项有 Stiffness Behavior（刚度行为）、Assignment（指定材料）、Nonlinear Effects（非线性效应）、Thermal Strain Effects（热应变效应）。

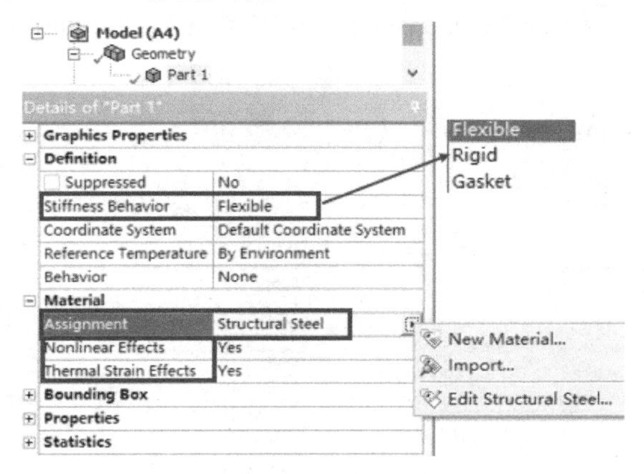

图 4-10　体属性

体属性中的刚度行为有三种类型：Flexible、Rigid、Gasket。默认情况下是 Flexible，但要注意 SAMCEF 求解器中不支持 Flexible。将刚性行为设置为 Rigid 会将零件简化为质量点，因此可以减少求解时间。Gasket 行为只对静力学分析有效。

（2）质量点。

选中【Outline】下的【Geometry】，在工具栏中选择【Point Mass】即可插入一个质量点。对质量点施加惯性力，也可以对结构施加惯性质量，这些会影响模态和谐响应解。

质量点的 Details 面板如图 4-11 所示，需要在面板上输入三坐标定义质量点位置，并输入点的质量大小，其余选项根据需要选填。

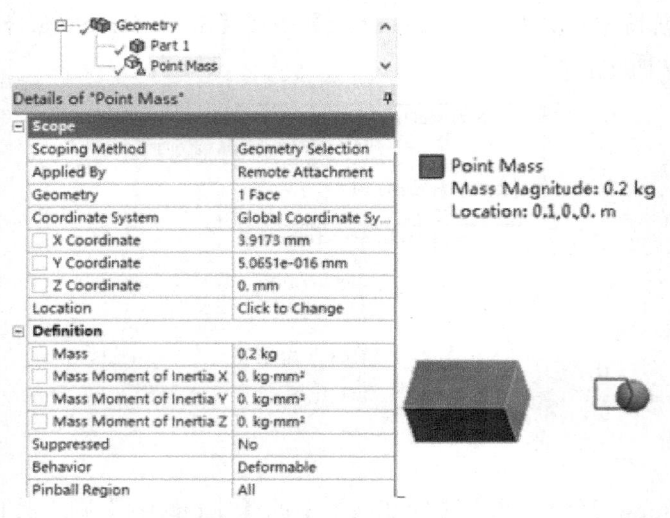

图 4-11　质量点

（3）厚度。

在 Static Structural 平台，对于导入的面体，指定其厚度有两种方法，第一种是在【Outline】下直接选中该面体然后在 Details 面板上填写面体厚度，第二种是先选中【Outline】下的 Geometry 再单击工具栏的 Thickness 命令来实现，如图 4-12 所示。通过第二种方法来定义厚度有三种形式：Constant（固定厚度）、Tabular（棒图指定）、Function（函数指定）。

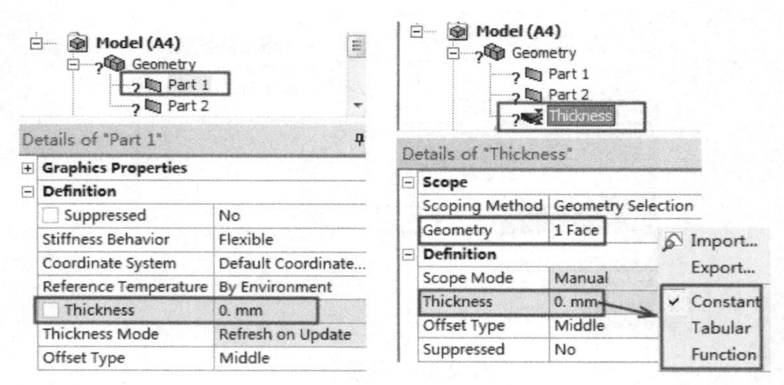

图 4-12　定义面体厚度

4.4.2　构造几何

在 Static Structural 平台下选中【Outline】下的 Model（A4）然后单击工具栏的【Construction Geometry】就可以创建构造几何。右击【Construction Geometry】可以插入 Path（路径）或 Surface（表面），如图 4-13 所示。构造几何的目的是将结果映射到创建的 Path 或 Surface 上。

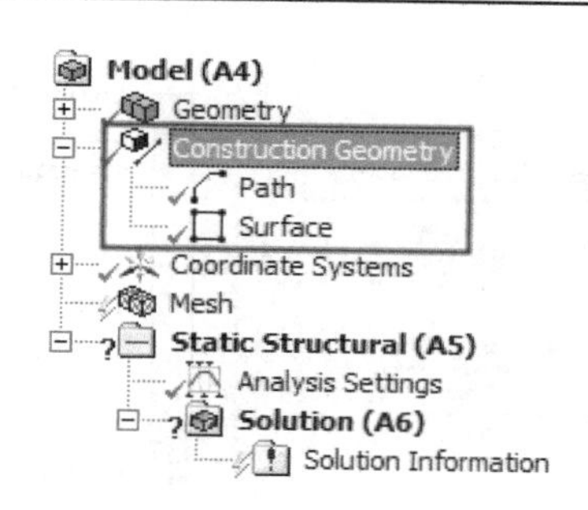

图 4-13　构造几何

（1）路径（Path）。

可以通过构造路径来创建空间曲线，这样用户就可以查看这条路径上的结果。结果是在这条曲线上以离散来计算的。定义一条路径主要有两种方式：Two Points（指定两点）、Edge（指定边）。其中 X Axis Intersection（X 轴交叉点）依赖以选定的坐标系统，Workbench 根据用户选择的坐标系统的 X 轴来创建从原点到几何边界的路径。

图 4-14 显示了通过 Two Points 来创建路径的 Details 面板。该方法是通过指定起始和结束点坐标来创建路径，这样在圆柱坐标系下指定的两点就可能是曲线。图 4-14 右部分的数字 1 表示起始点、数字 2 表示结束点，其中【Number of Sampling Points】设定采样点数为 47，通过 Edge 来创建路径需要选定边，如果是多条边，需要连续。

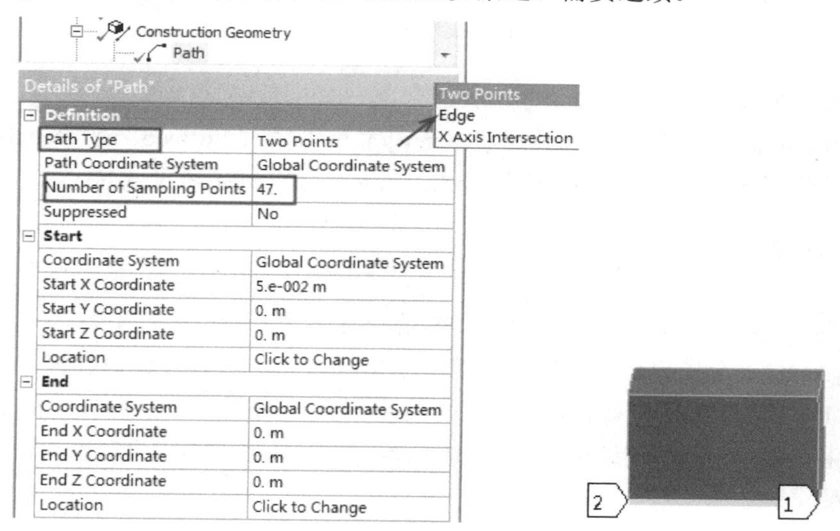

图 4-14　构造路径

图 4-15 是在求解线性化等效应力（Linearized Equivalent Stress）中应用路径来显示在该路径下的分析结果。【Graph】栏中显示该路径下各个离散点处的具体值。注意在求解线性化等效应力时，通过两点来定义的路径不能超出网格区域，可以借助【Snap to Mesh Nodes】来捕捉网格节点。右击【Outline】下的 Path 可以选择【Snap to Mesh Nodes】。

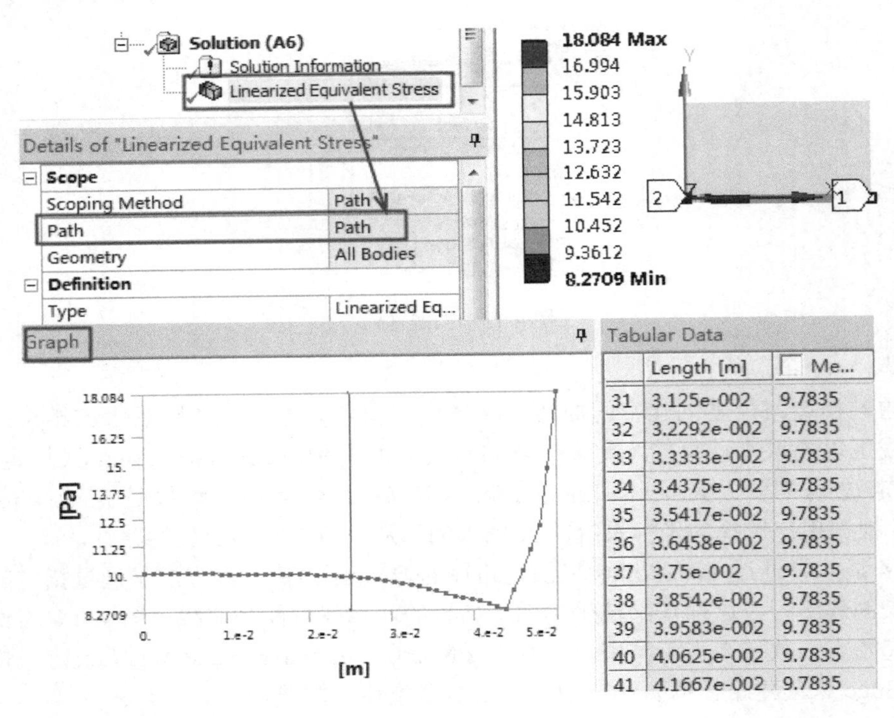

图 4-15　线性化等效应力

（2）表面（Surface）。

右击【Outline】下的【Construction Geometry】可以插入 Surface。在 Details 面板下选择坐标系，该坐标系统的 XY 平面即为切平面。坐标系统的介绍请见 4.4.3 节。

4.4.3　坐标系统

在静力学结构分析中所有的几何体都是显示在默认的全局坐标系统中（global coordinate system）。全局坐标系是固定的笛卡尔坐标系。很多时候我们会根据需要建立局部坐标系（local coordinate system），比如使用弹簧（springs）、关节（joints）、载荷（loads）、约束（supports）、结果探测（result probes）。可以指定局部坐标系为笛卡尔坐标系或圆柱坐标系。

创建局部坐标系涉及以下几点。

（1）创建并定义初始化局部坐标系。

选中 Outline 下的【Coordinate Systems】然后单击工具栏的 或直接右击【Coordinate Systems】选择 Insert/Coordinate System。在 Details 面板的【Definition】中可以选择 Type 为笛卡尔坐标系（Cartesian）或圆柱坐标系（Cylindrical）如图 4-16 所示。

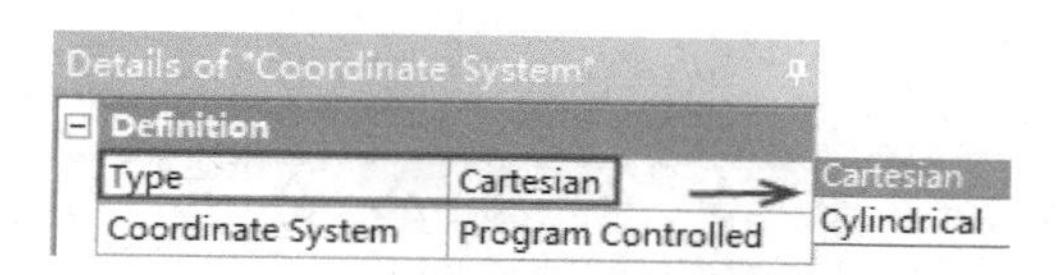

图 4-16　定义初始化局部坐标系

（2）建立关联坐标系或非关联坐标系原点。

关联坐标系保持与面或边的联系，相关边或面的尺寸位置改变时，局部坐标系做相应的改变，非关联坐标系不随几何体的改变而改变。

定义局部坐标系坐标原点有三种方式：几何选择（Geometry Selection）、命名选择（Named Selection）、全局坐标系（Global Coordinates），如图 4-17 所示。通过几何选择、命名选择的方式可以定义关联坐标系；通过全局坐标系的方式可以定义非关联坐标系。

Origin	
Define By	Geometry Selection
Geometry	Click to Change
Origin X	0. mm
Origin Y	0. mm
Origin Z	0. mm

Geometry Selection
Named Selection
Global Coordinates

图 4-17　建立坐标原点

如图 4-17 所示当【Define By】=Geometry Selection 时，选择【Click to Change】后单击视图窗的点、边、面、圆柱或圆弧等，则原点建立在选择的这些几何体中心位置，如选择某一条边，则原点建立在该边的中点；选择某个面，则原点建立在该面的面心；【Define By】=Named Selection 时需要选择命名对象；【Define By】=Global Coordinate 时需要指定原点在全局坐标系中的三个坐标值。

（3）设置主轴和方向。

在 Details 面板上可以查看【Principal Axis】（主轴）和【Orientation About Principal Axis】（主轴方向矢量）。图 4-18 显示【Principal Axis】对坐标系主轴的影响，其中原点是通过定义边来指定的，即底线所在位置为主轴位置。如果设置【Principal Axis】=Hit Point Normal，则可以创建基于面法向的局部坐标系。

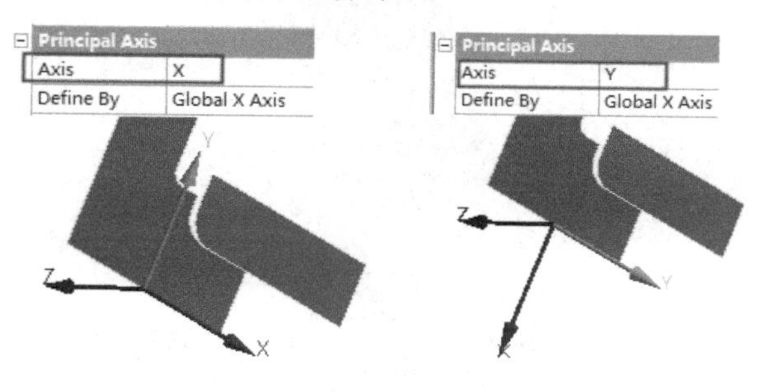

图 4-18　设置主轴

（4）使用变换方式。

在选中【Outline】下的【Coordinate System】时，工具栏会激活坐标变换命令选项，如图 4-19 所示。可以通过平移、旋转、翻转来偏置坐标原点。

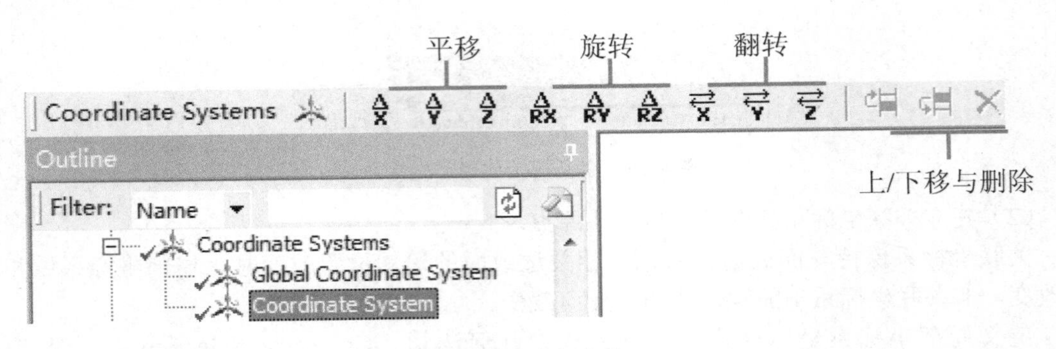

图 4-19　坐标变换

4.4.4　连接关系

ANSYS Workbench17.0 支持的连接关系包括接触（Contact）、网格连接（Mesh Connection）、关节（Joint）、弹簧（Spring）、梁连接（Beam Connection）、端点释放（End Release）、点焊（Spot Weld）和体相互作用（Body Interaction）。其中体相互作用只支持显示动力学分析（Explicit Dynamics）。以上连接关系都可以手动形成，其中接触、关节和网格连接会自动创建。选中【Outline】下的【Connections】可以在工具栏查看对应的特征。以下仅对接触、点焊、关节和端点释放进行介绍。

（1）接触。

选中【Outline】下的【Connection】单击工具栏中的 Contact 可以创建接触，如果导入装配体则系统会自动识别这些接触。接触的 Details 面板，见图 4-20。

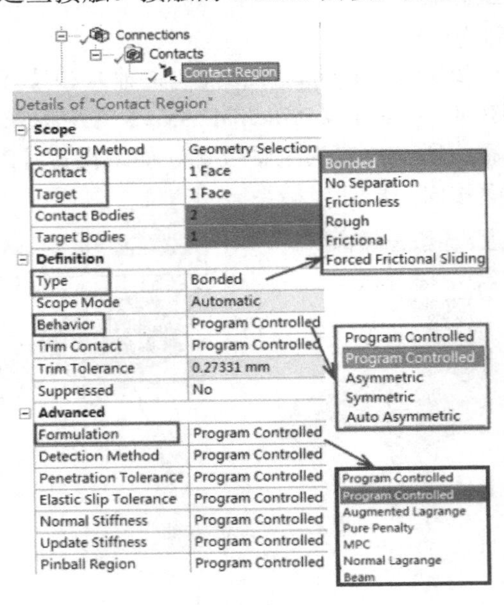

图 4-20　接触的 Details 面板

对于【Scope】设置，其中的【Contact】选项设置接触对象。接触对象可以是点、边、面。对于面/边接触，则必须设置边为接触对象。【Target】选项设置目标对象，即接触的对立对象。对于面/边接触，则必须设置面为目标对象。

选择合适的接触类型取决于解决问题的具体情况。如果体之间需要分离或者需要获得非常靠近接触面区域的应力，则可以考虑使用非线性接触类型（Frictionless/Rough/Frictional）。对于【Definition】设置，【Type】下有 6 种接触类型：

- Bonded（结合接触）：该类型是默认选项。选择 Bonded 接触，则在接触区域没有滑动和分离。可以将接触区域想象成胶合。由于在载荷作用时，接触的长度/区域不会改变，这是一种线性接触。
- No Separation（无分离接触）：该接触类型与 Bonded 类似，只对 3D 面接触或 2D 边接触有效。No Separation 不允许接触区域分离，但沿接触体上可以发生少量的无摩擦滑动，这是一种线性接触。
- Frictionless（无摩擦接触）：该设置会标准化单侧接触，即如果发生分离，则法向压力为 0。由于载荷作用可能导致接触区域发生变化，因此这是一种非线性化求解。使用该接触方式时模型需正确约束。为了得到合理求解，弱弹簧（weak spring）会被添加到装配体中以稳定系统。
- Rough（粗糙接触）：该接触类型与 Bonded 类似，只对 3D 面接触和 2D 边接触有效。Rough 在无滑动处设置完全粗糙的摩擦接触，在接触区域其摩擦系数为无穷大。
- Frictional（摩擦接触）：该设置会在两个接触体间开始滑动之前产生剪应力直到一个特定值，称为“Sticking”状态。剪应力超过特定值后，两个接触体间发生滑动。可以设置一个非负数的摩擦系数。
- Forced Frictional Sliding（力摩擦滑动）：该类型与 Frictional 类似，切应力正比于法向接触力，只不过不存在一个 Sticking 状态，该方法只支持刚体动力学。

接触行为【Behavior】下有 4 个选项：Program Controlled（程序控制）、Asymmetric（非对称）、Symmetric（对称）、Auto Asymmetric（自动非对称）。注意该属性不支持刚体动力学分析。非对称接触有一个面作为接触对象，另一个面作为目标面。求解时会根据选择来确定接触行为。

接触算法【Formulation】下有 5 个选项： Augmented Lagrange（增强型拉格朗日法）、Pure Penalty（纯粹罚函数法）、MPC（多点约束方程法）、Normal Lagrange（普通拉格朗日法）和 Beam。对于非线性体的面接触，可以使用 Pure Penalty 或 Augmented Lagrange。对于 Bonded 或 No Separation 接触类型，可以使用 MPC 法。接触算法一般比较复杂，推荐使用程序控制（Program Controlled）。

（2）点焊。

点焊（Spot Weld）提供了离散点接触组装的方法。结构载荷通过点焊，从一个面体传递到另一个面体。用户可以在结构分析平台手动定义点焊，不过比较常见的是在 CAD 软件中定义。点焊在几何模型中形成硬点。硬点是几何体中的顶点，在网格划分中采用梁单元将这些硬点连接。

除了点焊区域，点焊并不阻止连接的面体间发生的穿透行为。

（3）关节。

所有的关节都具有六个自由度，三个平动自由度和三个转动自由度。虽然在视图界面可以看到实际的几何体，但是在求解时，关节是被当做点对点简化处理的。可通过参考坐标系和移动坐标系（Mobile Coordinate System）来定义关节。移动坐标系是一种双坐标系统，在定义关节时，使用该坐标系比较便利。

可以通过工具栏中的【Body-Body】或【Body-Ground】来施加关节。【Body-Body】中各关节如图 4-21 所示。

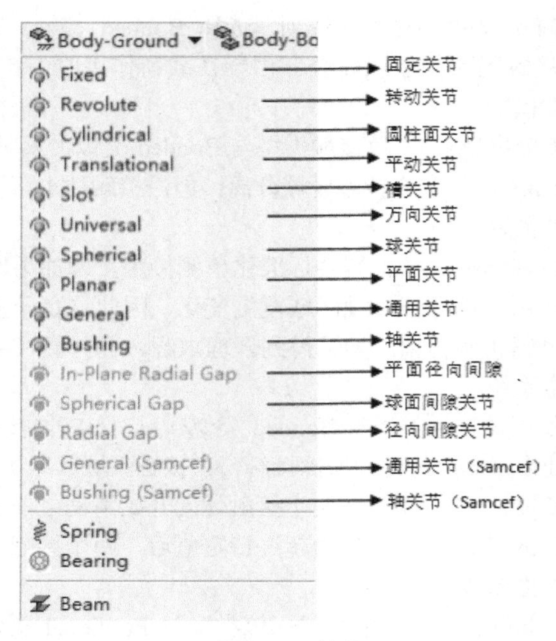

图 4-21　关节

（4）端点释放。

使用该特征可以释放线体边共享的顶点自由度。对一个顶点只能使用一次端点释放并且该顶点必须是两条边或更多条边相连。只有 ANSYS 求解器的结构分析才能使用端点释放特征。

4.4.5　网格划分

选中【Outline】下的【Mesh】可以进行网格划分，对应力应变感兴趣的区域，可以考虑网格密度和网格质量高一些的，对接触面提供适当精度的网格密度，也有助于接触应力平滑分布。在 Static Structural 平台进行网格划分与在 Mesh 平台下操作一致，这里不再介绍，具体可以查看第三章相关内容。

4.5　线性静力学结构分析模型求解

线性静力学结构分析模型求解包括分析设置以及施加载荷和约束。图 4-22 是 Static Structural 平台中模型求解的树形窗和工具栏。

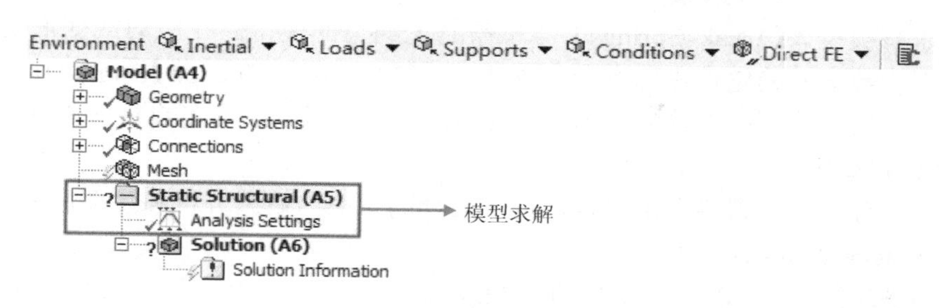

图 4-22 模型求解及工具栏

4.5.1 分析设置

当用户选择一种分析类型时（本章我们的分析类型是 Static Structural，其余分析类型还有 Modal、Rigid Dynamics、Random Vibration 等），在分析平台下就会自动插入对应的分析设置（Analysis Settings）选项。分析设置的 Details 面板中提供了一般的求解过程。Static Structural 平台下的分析设置选项及 Details 面板，如图 4-23 所示。用户可以在分析设置的 Details 面板中设置特定的分析类型，比如大变形的应力分析。

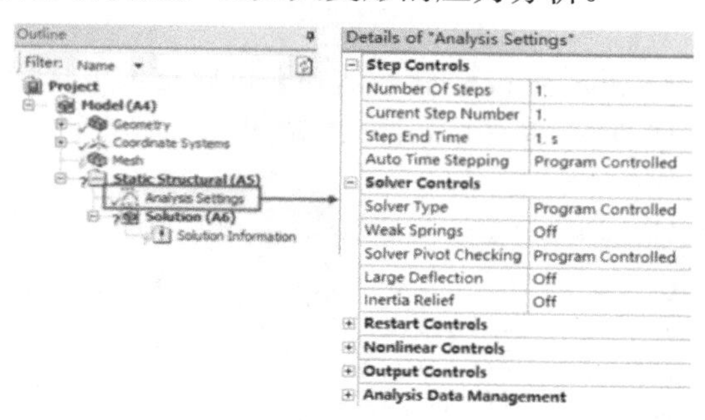

图 4-23 分析设置

（1）Step Controls 选项。

步长控制可以设置步数和每步的时间长，步长控制也可以创建多载荷步。图 4-24 左部分显示设置步数为 4，当前在第 2 步，当前步结束时间为第 1 秒时刻；图 4-24 右部分是步长控制的 Graph 图。

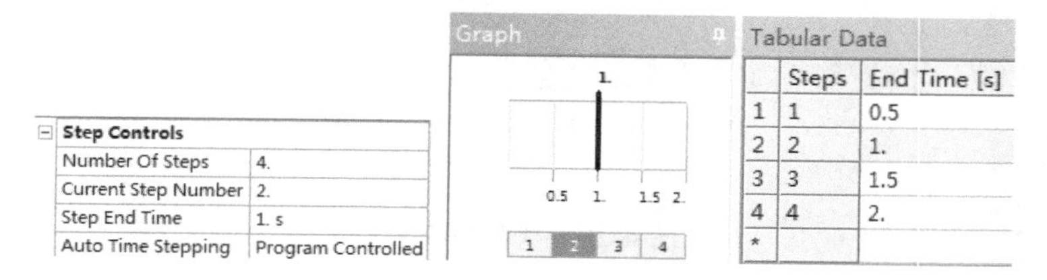

	Steps	End Time [s]
1	1	0.5
2	2	1.
3	3	1.5
4	4	2.
*		

图 4-24 Step Controls 设置

（2）Solver Controls 选项。

【Solver Type】中包括默认的 Program Controlled、Direct（直接）、Iterative（迭代）。直接法适用于柔性模型，迭代法适用于大体积模型，不过一般情况下 Program Controlled 可以选择最优的求解类型。【Weak Springs】尝试得到无约束的模型。在应力或变形仿真中，加入弱弹簧会阻止数值不稳定性进而有利于求解。令【Large Deflection】=on，则在分析时会考虑大应变、大扭转、大应力等大变形。令【Inertia Relief】=on，可以释放惯性。

（3）Restart 选项。

可在静力学分析中设置多个重启点，用于后续的预应力模态分析和线型屈曲分析。

（4）Nonlinear Controls 选项。

可以在该选项下设置非线性控制的一些收敛选项，比如力收敛、力矩收敛、位移收敛等。

（5）Output Controls 选项。

该选项允许用户确定在后处理中写入到结果文件中的类型。

（6）Analysis Data Management 选项。

该选项主要用于分析数据管理，其中的【Future Analysis】指定求解中是否要进行后续的分析，如预应力模型。如果在【Project Schematic】里指定了耦合分析，将自动设置该选项。

4.5.2 载荷和约束

选中【Outline】下的【Static Structural （A5)】可以查看工具栏中的命令选项如图 4-25 所示。此处介绍其中的惯性载荷（Inertia），载荷（Loads），约束（Supports）、条件（Conditions）。

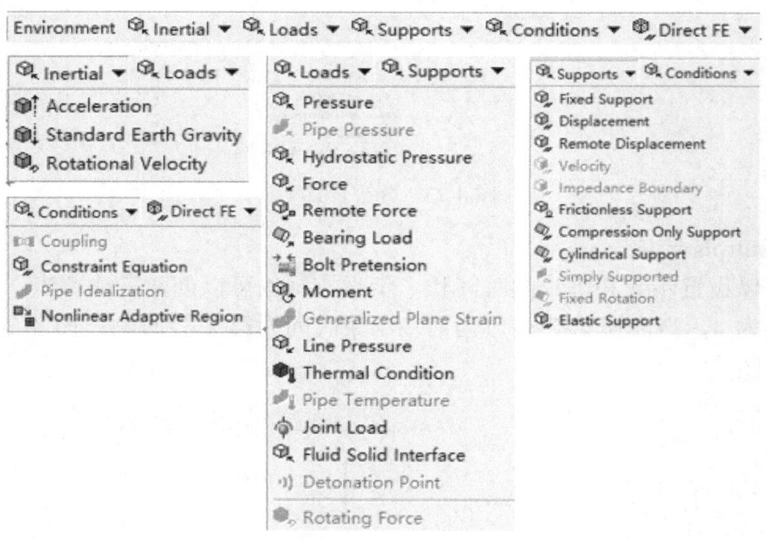

图 4-25 载荷与约束

（1）惯性载荷。

惯性载荷是施加在整个模型上，计算惯性载荷时需要设定材料密度。

- Acceleration（加速度）

全局加速度在全局笛卡尔坐标系中建立结构的线性加速度。如果需要，可以使用

Acceleration 来模拟重力加速度。由于惯性效应，施加的加速度方向应该与实际重力方向相反。当然也可以使用 Standard Earth Gravity 来产生重力效应，此时的方向是真正的重力方向。可以通过 Constant、Tabular、Function 来定义加速度值如图 4-26 所示，其中 Tabular 和 Function 可以定义随时间变化的值。

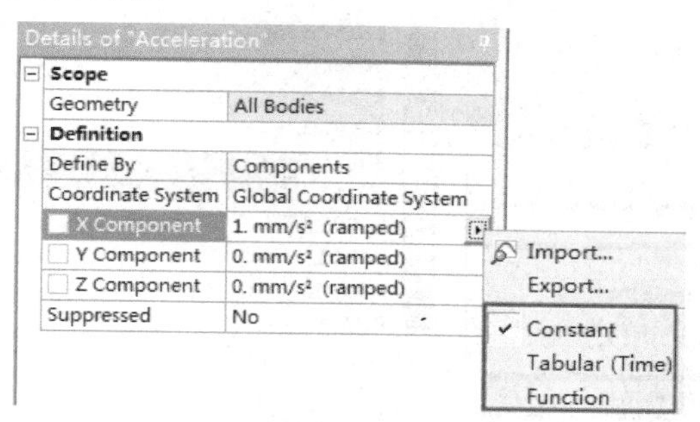

图 4-26 加速度 Details 面板

- Standard Earth Gravity（标准重力加速度）

标准重力加速度可以模拟重力效应；定义的重力加速度方向应该与实际方向相同。

- Rotational Velocity（旋转速度）

在模态分析、静力学结构分析、瞬态结构分析中施加旋转速度。可以通过矢量（Vector）或分量（Components）的形式来定义旋转速度，其值同样可以由 Constant、Tabular、Function 给出。

（2）结构载荷。

- Pressure（压力）

压力载荷可以施加在平面或曲面上，并且可以是定值或变化值。正压力表示进入表面压缩体单元；负压力则相反。压力的国际单位是 Pa，用户可以使用 MPa 等单位，只需切换菜单栏中的【Units】单位选项。其他各载荷单位切换类似，以后不再重述。

- Pipe Pressure（管道压力）

在结构分析中，管道压力对管道压力分析和管道设计非常有用。它只能施加在线体上。

- Hydrostatic Pressure（静水压力）

静水压力可以模拟流体重力引起的压力。静水压力 Details 面板中需要定义流体密度和流体加速度（类似于重力加速度）。图 4-27 给出了静水压力的一个简单应用。图中设定流体密度为 1000Kg/m^3，静水加速度为 Y 方向的 9.8m/s^2。视图窗显示了水对墙壁的应力分布，底部应力最大，顶部应力最小。

- Force（力）

力可以施加在面、边、点上，同样可以以矢量或分量的形式定义力。

- Remote Force（远端力）

远端力等效于作用在面或边上的力加上对应的力矩。远端力可以作为建立刚体零件并在其上施加力的一种替代施加方法。使用远端力的优势在于用户可以直接在空间中定义力的坐标点。

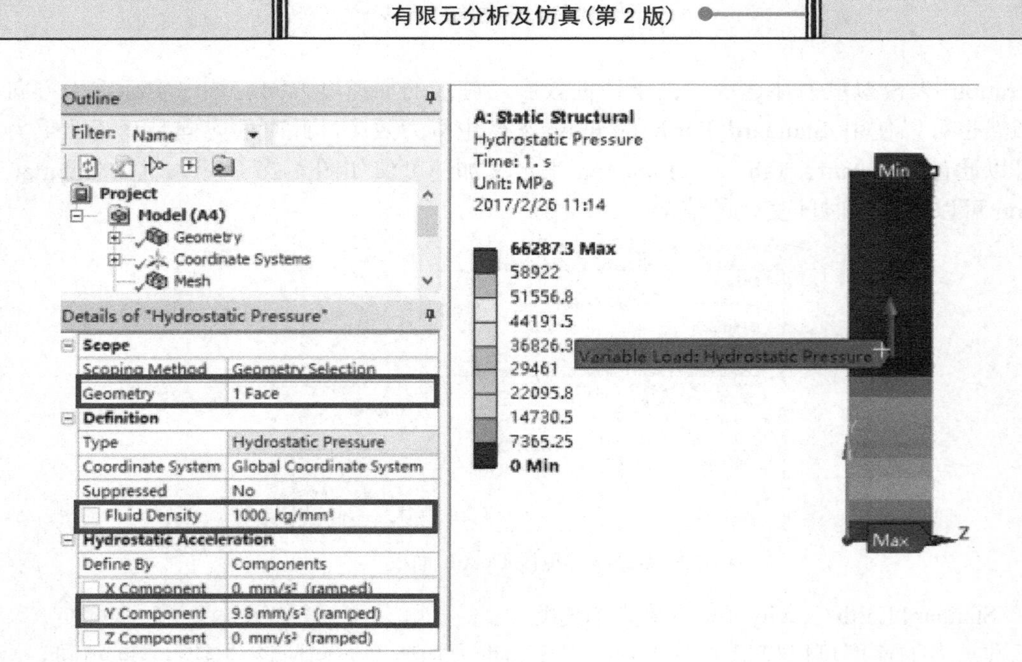

图 4-27　静水压力应用

- Bearing Load（轴承载荷）

轴承载荷在径向上施加力于圆柱的内部，其使用投影面的方法将力按照投影面积分布在压缩边上。在分析时如果系统检测到在轴向上有轴承载荷，那么系统会停止求解并报错。施加载荷时，如果圆柱面是分裂的，则需要将所有面选上。图 4-28 是轴承载荷的等效应变图。

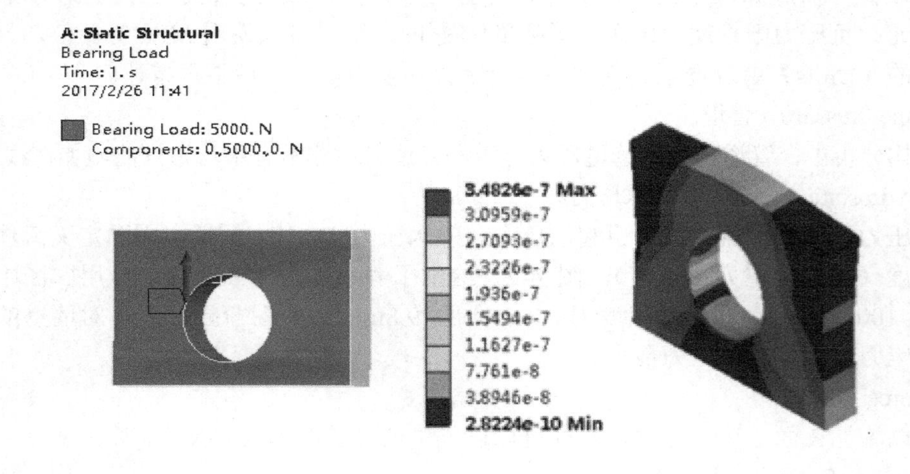

图 4-28　轴承载荷等效应变图

- Bolt Pretension（螺栓预紧力）

螺栓预紧力对圆柱形界面上施加预紧力来模拟螺栓连接，定义形式为设置预紧力 Load 或调整量 Adjustment（如指定螺纹扣数）。在面或体上施加螺栓预紧力时要确保有精确的网格划分，在轴向上至少有 2 个单元。

- Moment（力矩）

使用该命令可以指定点、线、面绕轴的力矩大小。选择多个几何对象时，力矩将均匀分布在这些对象上。

- Generalized Plane Strain（广义平面应变）

广义平面应变只适用于 2D 模拟。

- Line Pressure（线压力）

在 3D 仿真中，线压力通过使用压力密度（N/m）在边上施加压力载荷。如果模型在 CAD 中发生改变，压力密度不会发生改变，即总体载荷会发生相应变化。

- Thermal Condition（热条件）

温度差会在结构分析中导致热膨胀或热传导。使用该命令可以在分析中施加一个指定的温度。可以在 Details 面板中的【Magnitude】定义常量温度或随时间、空间变化的温度。

- Pipe Temperature（管道温度）

在 3D 结构分析中，管道温度只能施加在被设置成管道的线体上。

- Joint Load（关节载荷）

关节载荷可以施加在除固定关节、通用关节、万向节、球关节以外的所有关节。在平移自由度上，关节载荷可以施加速度、加速度和力；在转动自由度上，关节载荷可以施加转动、角速度、角加速度和力矩。

- Fluid Solid Interface（流固界面）

该命令可以定义从 CFX 或 FLUENT 求解器传送至结构分析的流固界面。

- Detonation Point（爆炸点）

该命令可以用来定义爆炸点。

（3）约束。

- Fixed Support（固定约束）

该命令可以指定不允许移动和变形的面和边，如果对象选择顶点，则顶点不允许移动。

- Displacement（位移）

该命令指定点、边、面在特定方向上相对其原来位置的位移。默认在各个方向上是自由的，不限制位移。

- Remote Displacement（远端位移）

远端位移允许在空间的任意位置施加平动和转动，定位点默认是几何中心。

- Velocity（速度）

该命令只在显示动力学分析（Explicit Dynamics）和瞬态结构分析（Transient Structural）中有效。

- Impedance Boundary（阻抗边界）

该选项只在显示求解器下有效。

- Frictionless Support（无摩擦约束）

该命令在面上施加法向约束。对实体而言，可以用于模拟对称边界约束。图 4-29 是无摩擦约束的一个例子。

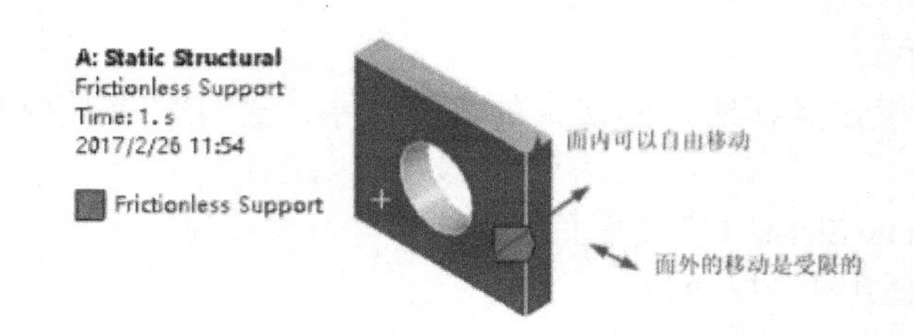

图 4-29　无摩擦约束

- Compression Only Support（只受压约束）

只受压约束是一个非线性问题，需要进行迭代求解。该命令只能在正常压缩方向施加约束，因此可以模拟圆柱面上受销钉、螺栓等的作用。

- Cylindrical Support（圆柱面约束）

该命令可以在圆柱面上施加轴向、径向、切向约束。

- Simply Support（简单约束）

该命令限制边、点移动和变形，但转动是自由的，即简单约束只限制平动自由度不限制转动自由度。它只对线体或面体模型有效。

- Fixed Rotation（固定转动）

该命令只限制转动自由度，不限制平动自由度。

- Elastic Support（弹性约束）

该命令允许 3D 面或 2D 边根据弹簧行为移动或变形。Details 面板中的基础刚度（Foundation Stiffness）是指使基础产生单位法向偏移所需的压力。

（4）条件。

- Coupling（藕合）

通常在分析一个模型时，我们会通过零件建模及施加接触条件来建立不同自由度之间的关系。如果需要获得一些特殊的几何特征（如等势面等），通过零件建模或接触条件不足以描述这些特征，这时就可以采用藕合边界条件。可以使用藕合创建具有藕合自由的一组面/边/点，藕合约束组中所有对象的结果是相同的。

- Constraint Equation（约束方程）

该特征允许通过方程，在一个模型的不同部位之间建立运动关系。方程将一个或多个远端点或关节的自由度联系起来。

- Pipe Idealization（管道理想化）

管道理想化可以用来建立有截面变形的管道，这在受载荷作用下的弯曲管道结构中很有用。管道理想化与网格划分有关并且同网格控制类似。

4.6　线性静力学结构分析结果及后处理

选中 Static Structural 平台上【Outline】中的 Solution（A6）可以设置静力学求解项并查看求解结果云图。图 4-30 是 Static Structural 平台中结果及后处理的树形窗和工具栏部分。

图 4-30　结果及后处理

4.6.1　变形

变形（Deformation）下有物理总变形、方向变形、总速度、方向速度、总加速度、方向加速度如图 4-31 所示。在 Static Structural 平台不允许添加总速度、方向速度、总加速度、方向加速度。方向变形 U_x，U_y，U_z 与总变形 U 的关系为：$U=\sqrt{U_x^{\ 2}+U_y^{\ 2}+U_z^{\ 2}}$ 。

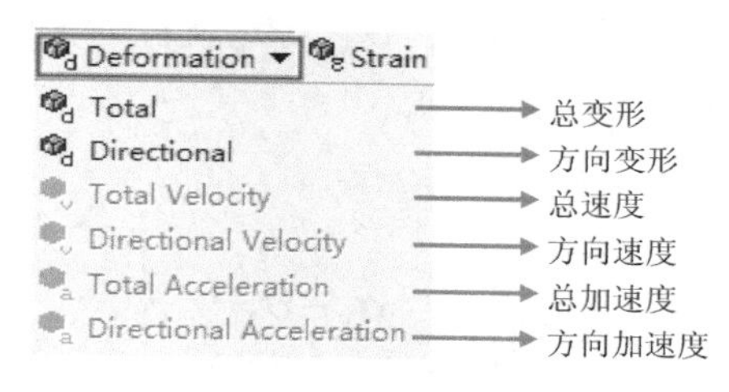

图 4-31　变形

4.6.2　应力和应变

应力和应变求解项的各项特征如图 4-32 所示。一个三维应力状态可以用 3 个正压力和 3 个剪应力分量来描述。3 个主应力及其最大剪应力，3 个主应变及其最大剪应变为定值。通常定义三个主应变大小满足 ε1>ε2>ε3。

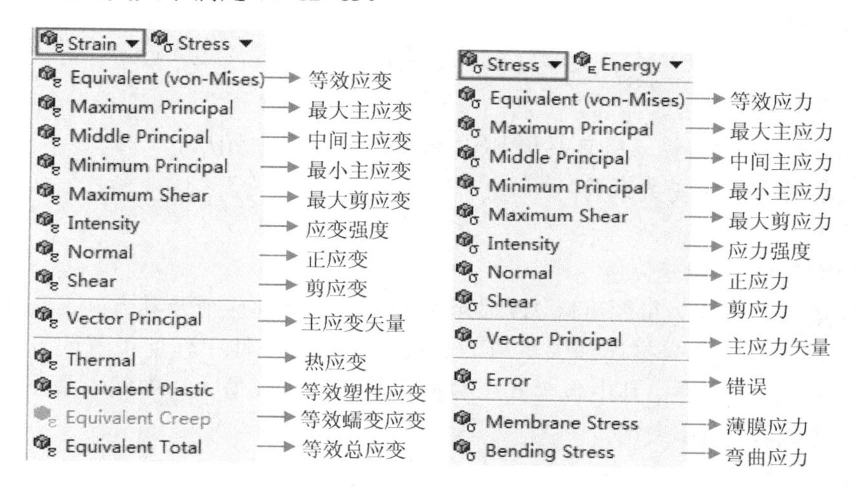

图 4-32　应力与应变

（1）等效应力/等效应变。

等效应力通常也称为 von-Mises 应力，可将空间任意三维应力状态转化为一个对应的正应力值。等效应力计算公式为：

$$\sigma_e = [\frac{(\sigma_1-\sigma_2)^2+(\sigma_2-\sigma_3)^2+(\sigma_3-\sigma_1)^2}{2}]^{1/2}$$

其中，σ_1、σ_2、σ_3 为三个主应力。

等效应变计算公式为：

$$\varepsilon_e = \frac{1}{1+\nu'}\left\{\frac{1}{2}[(\varepsilon_1-\varepsilon_2)2+(\varepsilon_2-\varepsilon_3)2+(\varepsilon_3-\varepsilon_1)^2]\right\}^{\frac{1}{2}}$$

其中，ν' 为泊松比。

（2）主应力/主应变（最大、中间、最小）。

根据弹性理论，在任何应变状态下，都可以找到三个相互垂直的方向，在该方向上仅有正应力而剪应力为零，这三个正应力 σ_1、σ_2、σ_3 就称为主应力，并令 $\sigma_1>\sigma_2>\sigma_3$。由三个主应力引起的主应变分别为 ε_1、ε_2、ε_3。

（3）最大剪应力/最大剪应变。

最大剪应力计算公式：

$$\tau_{\max} = \frac{\sigma_1-\sigma_3}{2}$$

对于弹性应变，最大剪应变计算公式为：

$$Y_{\max} = \varepsilon_1-\varepsilon_3$$

（4）应力强度/应变强度。

应力强度计算公式：

$$\sigma_I = MAX(|\sigma_1-\sigma_2|,|\sigma_2-\sigma_3|,|\sigma_3-\sigma_1|)$$

应力强度与最大剪应力关系为：

$$\sigma_I = 2\tau_{\max}$$

应变强度计算公式：

$$\varepsilon_I = MAX\left(|\varepsilon_1-\varepsilon_2|,|\varepsilon_2-\varepsilon_3|,|\varepsilon_3-\varepsilon_1|\right)$$

应变强度与最大剪应变关系为：

$$\varepsilon_I = Y_{\max}$$

（5）主应力矢量/主应变矢量。

主应力矢量，主应变矢量图可以 3D 显示主应力、主弹性应变及其方向，正值朝外；负值朝内。这些显示可以用来描述最大主应力、最大主应变在体中任何位置的方向。可以将矢量图导出为.xls 格式文件，其中包含 6 个数据，前 3 个代表最大、中间、最小主应力或弹性应变；后 3 个代表 Euler 夹角。

（6）错误。

该求解项可以帮助确定高错误区域。为了获得更好的结果，可以对这些高错误区域进行网格细化。该算法是基于线性应力，因此对于非线性分析可能不准确。

（7）热应变。

在结构分析中，当指定热膨胀系数和施加温度载荷后，可以求解热应变。需要在零件或体的 Details 栏中设置【Thermal Strain Effects】=Yes，再指定热膨胀系数。热应变计算公式为：

$$\varepsilon^{th} = \alpha^{se}(T - T_{ref})$$

其中，ε^{th} 为 x、y 或 z 方向上的热应变；α^{se} 为热膨胀正切系数；T_{ref} 为参考温度或零应力温度。

（8）等效塑性应变。

等效塑性应变是从等效应力/等效应变求解项中的塑性应变分量部分计算而来。等效塑性应变给出材料永久变形的量值。由于屈服点和比例极限相差不大，因此 ANSYS APDL 假定在塑性分析时屈服点和比例极限是一样的。

（9）等效蠕变应变。

蠕变是一种与变化率相关的材料的非线性行为，材料会在定常载荷下持续变形。初始载荷作用在材料后逐步减小载荷，材料会有一个增加的变形或蠕变应变。等效蠕变应变给出工程对象的蠕变应变量值。

（10）等效总应变。

等效总应变是通过计算弹性应变、塑性应变、热应变、蠕变应变后得到。在 ANSYS APDL 中该应变称为总力学和热应变（Total Mechanical and Thermal Strain）。

（11）薄膜应力。

薄膜应力在壳体（shell）厚度的纵向、横向、平面切向上计算应力值。这些求解项只对壳体和采用 thin-solid 划分网格的体有效。薄膜应力张量（$\sigma_{11}{}^m, \sigma_{22}{}^m, \sigma_{12}{}^m$）是平面内应力张量（$\sigma_{11}(z)$，$\sigma_{22}(z)$，$\sigma_{12}(z)$）沿厚度方向的平均值：

$$\sigma_{11}{}^m = \frac{1}{t}\int_0^t \sigma_{11}(z)dz$$

$$\sigma_{22}{}^m = \frac{1}{t}\int_0^t \sigma_{22}(z)dz$$

$$\sigma_{12}{}^m = \frac{1}{t}\int_0^t \sigma_{12}(z)dz$$

其中，t 为壳体总厚度，z 为平面应力计算处的厚度值。

（12）弯曲应力。

该求解项只对壳体和使用 thin-solid 划分网格的体有效。壳体弯曲应力张量（$\sigma_{11}{}^b$，$\sigma_{22}{}^b$，$\sigma_{12}{}^b$）代表平面内应力张量（（$\sigma_{11}(z)$，$\sigma_{22}(z)$，$\sigma_{12}(z)$））沿厚度方向的线性分布。

$$\sigma_{11}{}^b = \frac{6}{t^2}\int_0^t \sigma_{11}(z)(\frac{t}{2-z})dz$$

$$\sigma_{22}{}^{b} = \frac{6}{t^2}\int_0^t \sigma_{22}(z)(\frac{t}{2-z})dz$$

$$\sigma_{12}{}^{b} = \frac{6}{t^2}\int_0^t \sigma_{12}(z)(\frac{t}{2-z})dz$$

其中，t 为壳体总厚度，z 为平面应力计算处的厚度值。

4.6.3 能量

【Energy】选项下包含稳定能（Stabilization Energy）和应变能（Strain Energy），如图 4-33 所示。

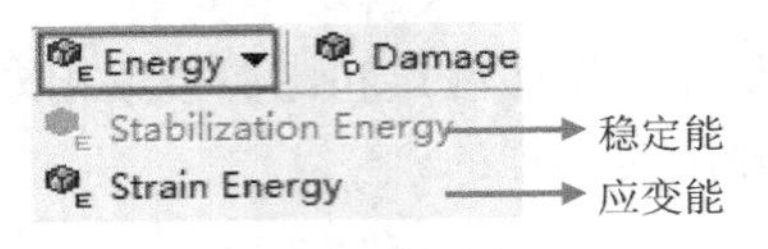

图 4-33 能力选项

（1）稳定能

稳定性有助于收敛性问题，但是如果稳定性太大则会影响精度。如果稳定能比势能小很多，那么结果是可以接受的。如果应变能很大的话，需要检查所有子步在每个自由度上的稳定力。如果稳定力远小于施加的载荷和反力，则结果是可以接受的。稳定力的输出结果保存在.out 文件中。当然即使稳定能和稳定力都很大的话，结果也有可能是有效的。一个可能的情况是一个弹性结构的大零件进行大刚体运动，在这个过程中稳定能和某些子步的一些自由度上的稳定力可能会同时都很大，但结果的精度却是可以接受的。

（2）应变能

应变能是由于变形而存储在体上的能量。它是根据应力和应变来计算的，包括塑性应变能。

4.6.4 线性化应力

线性化应力可以计算沿一条直线路径的薄膜应力、弯曲应力、峰值应力和总应力。使用线性化应力求解项需要在分析前处理中使用构造几何创建一条直线路径。线性化应力中允许的构造几何路径定义方式为 Two Points 或 X axis Intersection 并且至少是 47 及以上的奇数个采样点数。路径必须是直线并且在网格单元上。推荐使用 X axis Intersection 构造路径，可以保证起点和终点都落在网格上。沿路径上的应力分量是通过线积分法来线性化并分解成薄膜应力、弯曲应力、峰值应力。实际总应力减去薄膜应力和弯曲应力是峰值应力。工具栏中线性化应力的各项特征，如图 4-34 所示。

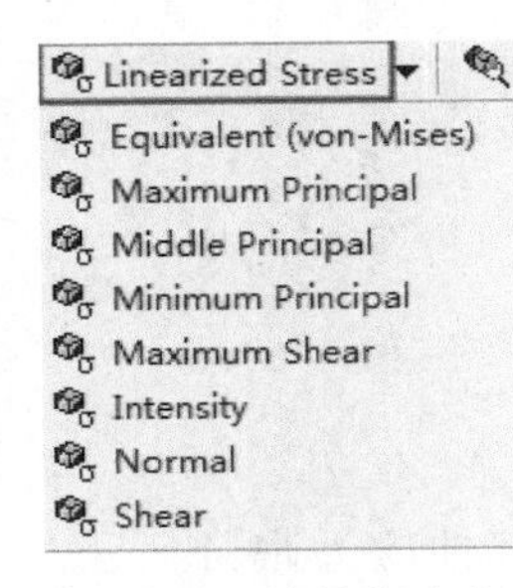

图 4-34 线性化应力

4.6.5 工具

【Tools】选项下包含应力工具（Stress Tool）、疲劳工具（Fatigue Tool）、接触工具（Contact Tool）、梁工具（Beam Tool）、断裂工具（Fracture Tool）、PSD 响应工具（Response PSD Tool）、膨胀设置（Expansion Settings），如图 4-35 所示。

（1）应力工具。

添加 Stress Tool 求解项后，在 Outline 下右击 Stress Tool 可以插入安全因子（Safety Factor）、安全裕度（Safety Margin）、安全比（Safety Ratio）。在应力工具的 Details 面板中【Theory】有 Max Equivalent（最大等效应力准则）、Max Shear Stress（最大剪应力准则）、Max Tensile Stress（最大拉应力准则）、Mohr-Coulomb Stress（莫尔-库伦应力准则），如图 4-36 所示。

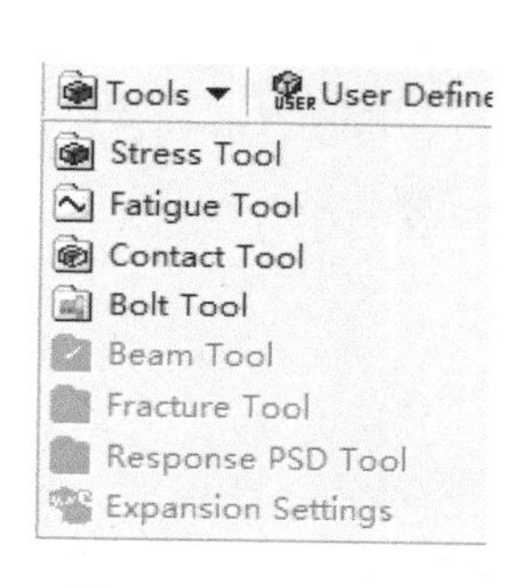

图 4-35　线性化应力

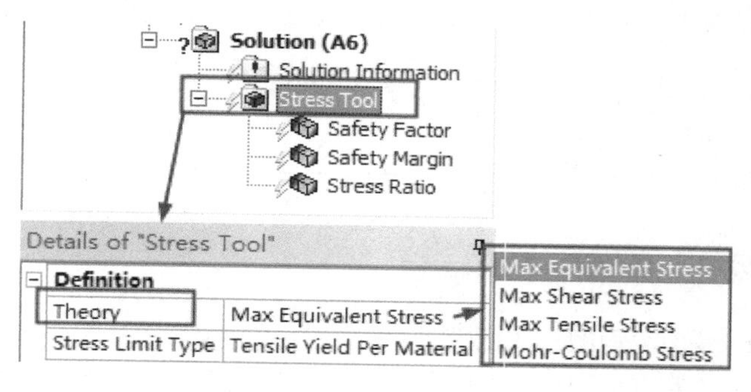

图 4-36　应力工具

- 最大等效应力准则

最大等效应力准则是基于韧性材料的最大等效应力失效理论的判断准则。最大等效应力准则适用于韧性材料如铝、铜、钢。如果最大等效应力 σ_e 大于或等于允许的应力极限 $S_{\lim it}$，则零件失效，因此设计目标是：$\sigma_e < S_{\lim it}$

如果定义应力极限为材料屈服极限 S_y，则 $S_{\lim it} = S_y$；如果定义应力极限为材料的极限强度 S_u（ultimate strength），则 $S_{\lim it} = S_u$。

最大等效应力准则中安全因子 F_s 为：$F_s = \dfrac{S_{\lim it}}{\sigma_e}$

安全裕度 M_s 为：$M_s = F_s - 1 = \dfrac{S_{\lim it}}{\sigma_e} - 1$

安全比 σ_e^* 为：$\sigma_e^* = \dfrac{\sigma_e}{S_{\lim it}}$

- 最大剪应力准则

最大剪应力准则是基于韧性材料的最大剪应力失效理论的判断准则。它指出如果最大剪应力 $\tau_{\max}$ 大于或等于极限应力则材料零件失效，因此设计目标是：$\tau_{\max} < fS_{\lim it}$

其中，系数 $f<1$，$S_{\lim t}$ 可以是屈服极限或极限强度。

最大剪应力准则中安全因子 F_s 为：$F_s = \dfrac{fS_{\lim it}}{\tau_{\max}}$

安全裕度 M_s 为：$M_s = F_s - 1 = \dfrac{fS_{\lim it}}{\tau_{\max}} - 1$

安全比 σ_e^* 为：$\tau_{\max}^* = \dfrac{\tau_{\max}}{fS_{\lim it}}$

- 最大拉应力准则

最大拉应力准则是基于脆性材料的最大拉压力失效理论的判断准则。它指出如果最大主应力 σ_1 大于或等于拉伸应力极限则材料零件失效，因此设计目标是：$\sigma_1 < S_{\lim it}$

最大拉压力准则常用来预测脆性材料在静载荷作用下的断裂。脆性材料包括玻璃、铸铁、混凝土、瓷等。同样 $S_{\lim t}$ 可以是屈服极限或极限强度。

最大拉应力准则中安全因子 F_s 为：$F_s = \dfrac{S_{\lim it}}{\sigma_1}$

安全裕度 M_s 为：$M_s = F_s - 1 = \dfrac{S_{\lim it}}{\sigma_1} - 1$

安全比 σ_e^* 为：$\sigma_1^* = \dfrac{\sigma_1}{S_{\lim it}}$

- 莫尔-库伦应力准则

莫尔-库伦应力准则是基于脆性材料的莫尔-库伦理论的判断准则，也被称为内摩擦理论（internal friction theory）。莫尔-库伦应力准则指出最大、中间、最小主应力的组合超过各自的应力极限时零件失效，因此设计目标是：

$$\frac{\sigma_1}{S_{\text{tensile} \lim it}} + \frac{\sigma_3}{S_{\text{compressive} \lim it}} < 1$$

其中，$\sigma_1 > \sigma_2 > \sigma_3$，$S_{\text{tensile} \lim it}$ 为拉伸应力极限；$S_{\text{compressive} \lim it}$ 为压缩应力极限。

莫尔-库伦应力准则中安全因子 F_s 为：$F_s = \left[\dfrac{\sigma_1}{S_{\text{tensile} \lim it}} + \dfrac{\sigma_3}{S_{\text{compressive} \lim it}}\right]^{-1}$

安全裕度 M_s 为：$M_s = F_s - 1 = \left[\dfrac{\sigma_1}{S_{\text{tensile} \lim it}} + \dfrac{\sigma_3}{S_{\text{compressive} \lim it}}\right]^{-1} - 1$

安全比 σ_e^* 为：$\sigma^* = \dfrac{\sigma_1}{S_{\text{tensile} \lim it}} + \dfrac{\sigma_3}{S_{\text{compressive} \lim it}}$

（2）疲劳工具。

疲劳工具可以计算等幅或变幅值载荷、比例或非比例载荷作用下的零件疲劳寿命。

（3）接触工具。

疲劳工具可以在施加载荷之前检查装配体的接触情况。接触工具作为求解项可以验证载荷（力和力矩）在各种接触区域的传递。

（4）梁工具。

使用梁工具可以查看梁模型上的线性化应力。右击【Outline】下的 Beam Tool 可以选择 Stress 或 Deformation。

（5）断裂工具。

断裂工具可以将不同类型的断裂结果组合在一起。

（6）PSD 响应工具。

PSD 响应工具可以用来进行任何随机振动分析。

（7）膨胀设置。

当模型中包含压缩的几何对象时，，可以用膨胀工具设置压缩部分的膨胀和增量。

4.6.6 图形显示

在设置并求解出结果后，选中【Outline】下的求解项可以在视图窗查看相关云图，同时在工具栏里也可以修改视图显示方式，如图 4-37 所示。可以在 Result 中设置显示比例。显示方式包括 Exterior（外部显示）、等值面显示（IsoSurfaces）、Capped IsoSurfaces（指定范围的等值面显示）、Slice Planes（切平面显示）。云图设置包括 Smooth Contours（平滑云图显示）、Contour Bands（云图色带显示）、Isolines（等值线显示）、Solid Fill（实体填充显示）。外形显示包括 No WireFrame（无线框显示）、Show Undeformed WireFrame（未变形线框显示）、Show Undeformed Model（显示未变形模型）、Show Elements（显示单元）。

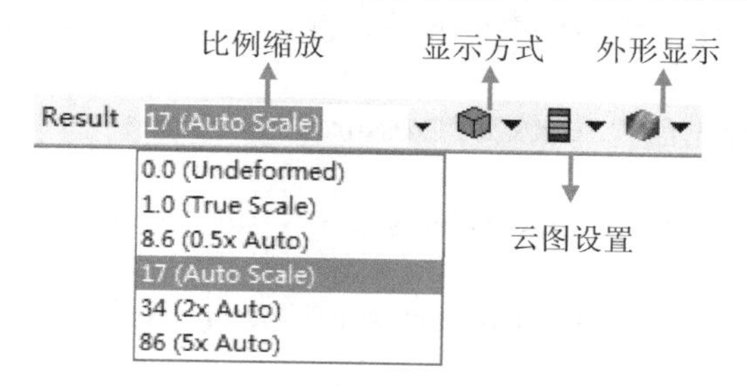

图 4-37　应力工具

4.7 实例 1：高压排气组件应力分析

在本例中，我们将通过对高压排气组件进行静力学分析，来学习在 Static Structual 平台进行静力学分析的操作方法。

1．实例概述

本案例分析一个高压排气组件的应力和变形情况。假设气体是从进气管进入膨胀腔后排出。在膨胀腔内部，压力为进气管的 20%。膨胀腔是刚性连接在进气管上，支架允许在管子上出现有限的移动，膨胀腔材料为橡胶，其余为结构钢。图 4-38 左部分为部件的 3D 结构、右部分为进行静力学分析后的等效应力图。

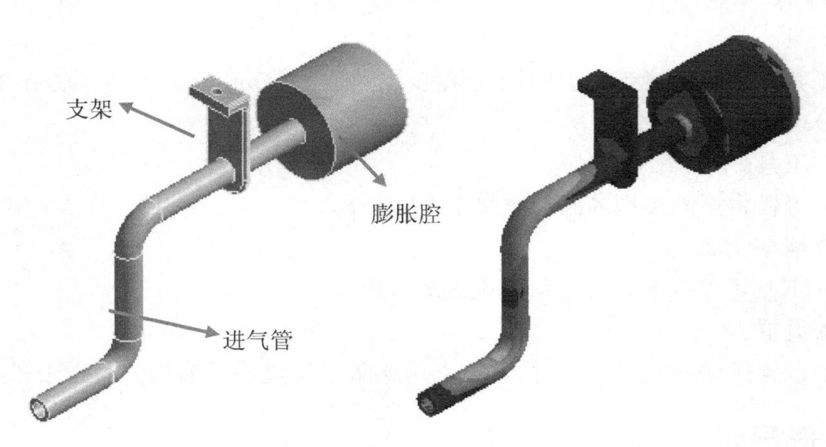

图 4-38　高压排气组件静力学分析

在本例中，我们将膨胀腔材料定义为橡胶（Polyethylene），支架和进气管材料定义为结构钢（Structural Steel）。将几何文件导入后，在 Static Structual 平台，我们首先定义支架与进气管的接触为无分离接触（No Separation），进气管与膨胀腔的接触为结合接触（Bonded）。本例我们采用默认网格划分。在网格划分后定义管道和腔体内部应力并设定部件约束，之后设置部件整体和各零件的等效应力和总变形求解项并求解显示云图。

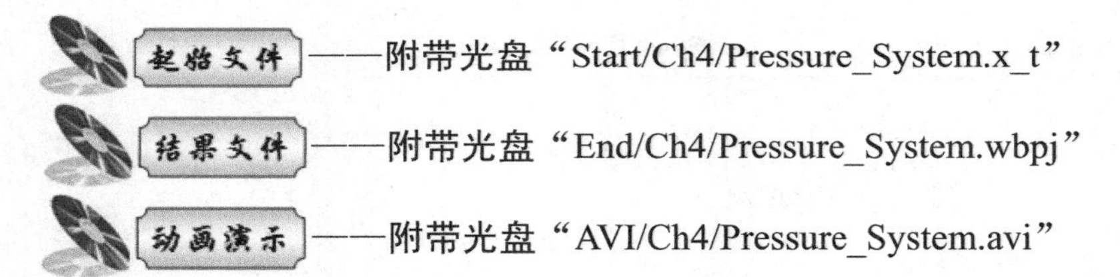

——附带光盘“Start/Ch4/Pressure_System.x_t”

——附带光盘“End/Ch4/Pressure_System.wbpj”

——附带光盘“AVI/Ch4/Pressure_System.avi”

2．操作步骤

（1）新建【Static Structural】，并配置单位。

打开 Workbench 程序，将【Toolbox】目录下【Analysis Systems】中的【Static Structural】拖入项目流程图，如图 4-39 左部分所示。保存工程文件为 Pressure_System.wbpj 后，执行【Units】→【Metric（Kg,mm,s,℃,mA,N,mV）】和【Display Values in Project Units】。如图 4-39 右部分所示。

如果【Units】菜单下没有【Metric（Kg,mm,s,℃,mA,N,mV）】选项，请在【Units】下的【Unit Systems】中勾选。

（2）添加材料。

双击 A2 单元格【Engineering Data】进入工程数据窗口后，右击【Outline of Schematic A2:Engineering Data】下的空白栏并选择【Engineering Data Sources】，如图 4-40 所示。

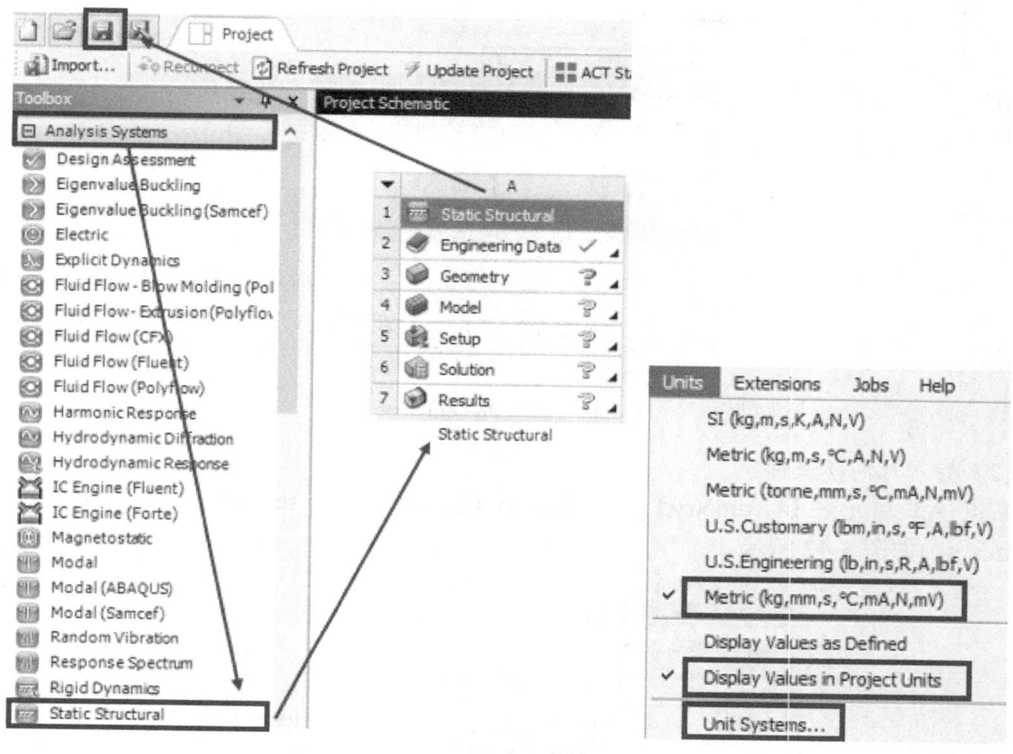

图 4-39　新建 Static Structural

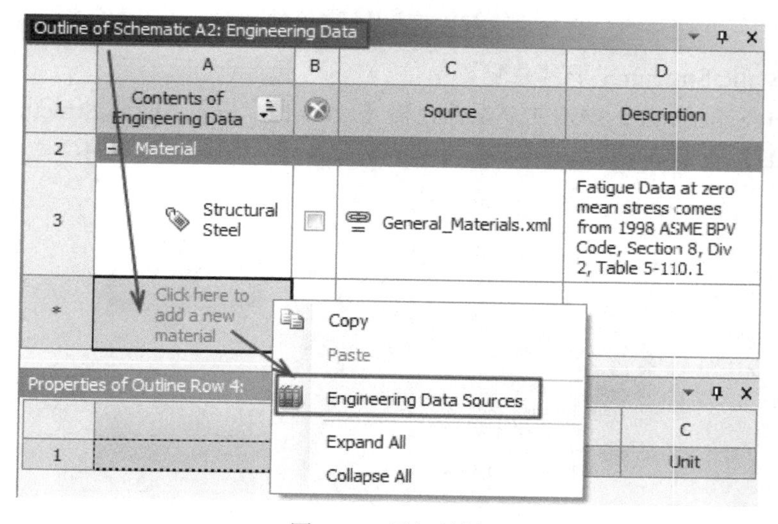

图 4-40　添加材料

进入工程数据源后，选中【Engineering Data Sources】下的【General Material】，在【Outline of General Materials】中找到 Polyethylene（橡胶）并单击。出现的表示添加材料成功。最后选择【Project】返回到主界面，如图 4-41 所示。

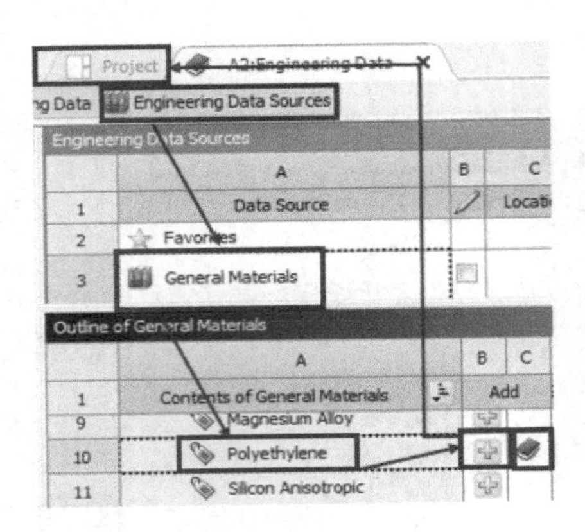

图 4-41　选择 Polyethylene

（3）导入几何体文件。

右击 A3 单元格【Geometry】选择 Import Geometry/Browse，选择几何文件 Pressure_System.x_t，如图 4-42 所示。

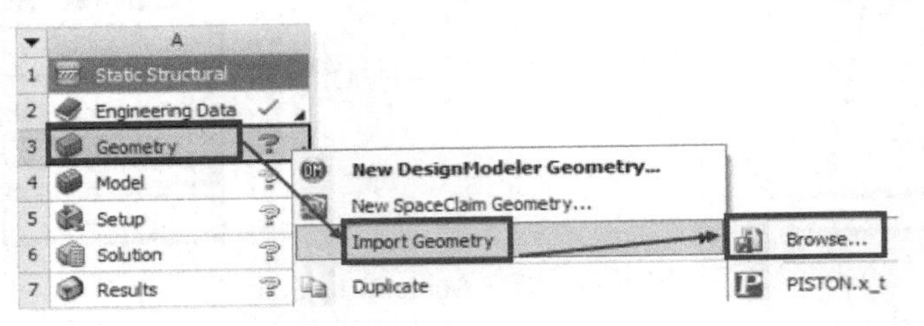

图 4-42　导入几何体文件

（4）进入 Static Structural 平台并配置单位。

在【Project Schematic】中双击 A4 单元格【Model】，进入 Static Structural 结构静力平台后执行【Units】→【Metric（mm, Kg, N, s, mV, mA）】，如图 4-43 所示。

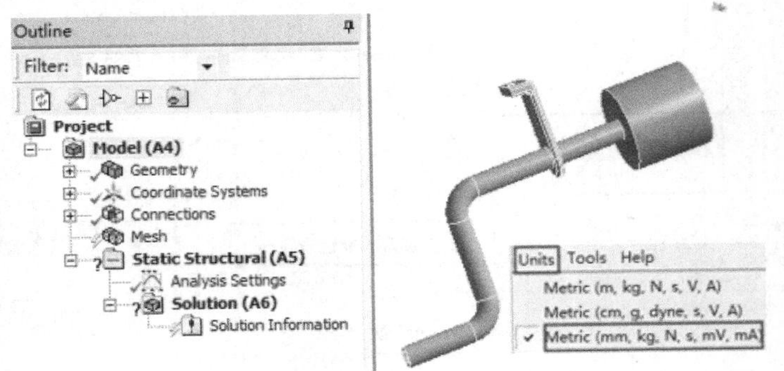

图 4-43　Static Structural 平台

（5）指定材料。

在 Static Structural 平台下展开树形窗下的【Geometry】并选择膨胀腔，然后在 Details 面板的【Material】选项下【Assignment】中选择 Polyethylene，对膨胀腔赋予橡胶，如图 4-44 所示。其余两个体默认为 Structural Steel。

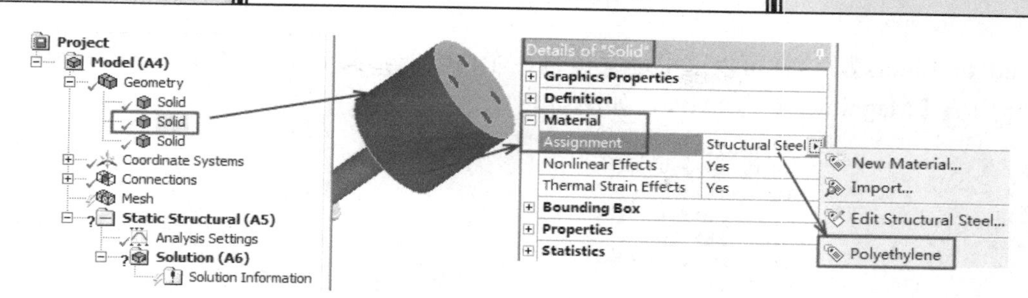

图 4-44　添加材料

（6）设置接触类型。

展开树形窗【Connections】下的【Contacts】，选择【Contact Region2】，在 Details 窗口的【Definition】选项下将【Type】设置为 No Separation，表示在进气管和支架之间设置无分离接触，如图 4-45 所示。其中【Contact Region】默认为 Bonded，表示在进气管和膨胀腔之间设置结合接触。

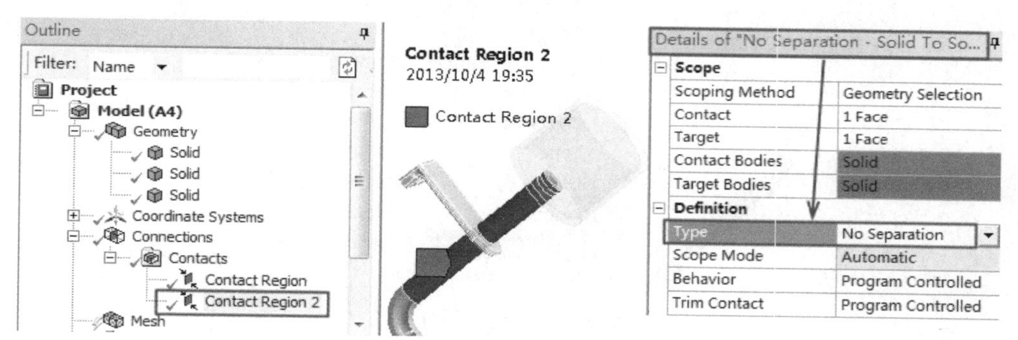

图 4-45　设置接触

（7）划分网格。

右击树形窗下的【Mesh】并选择【Generate Mesh】，使用默认全局设置划分网格，如图 4-46 所示。

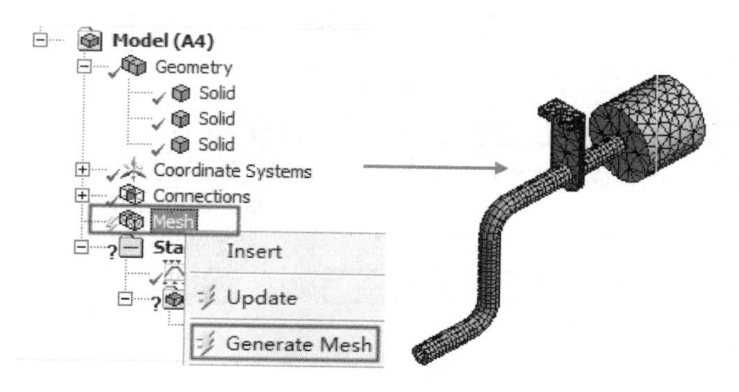

图 4-46　网格划分

（8）对进气管施加压力。

选中树形窗下的【Static Structural（A5）】然后单击工具栏【Loads】下的 Pressure 插入一个压力如图 4-47 所示。在视图窗先选中进气管的一个内表面，然后单击工具栏中的

【Extend to Limits】，这样可以选中进气管的 5 个内表面，在 Details 面板中单击 Apply，并设置压力值【Magnitude】为 1MPa，如图 4-48 所示。

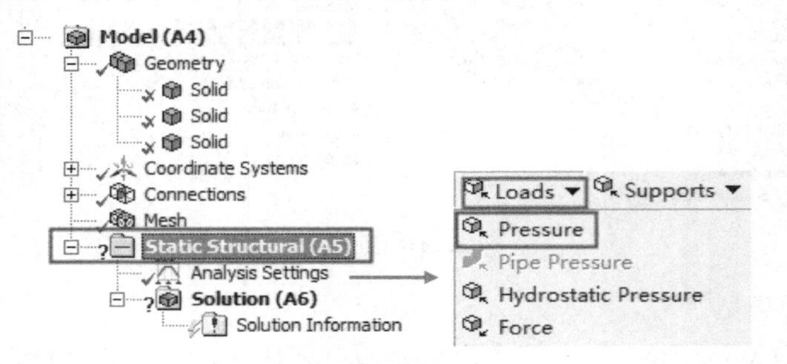

图 4-47 设置进气管压力 1

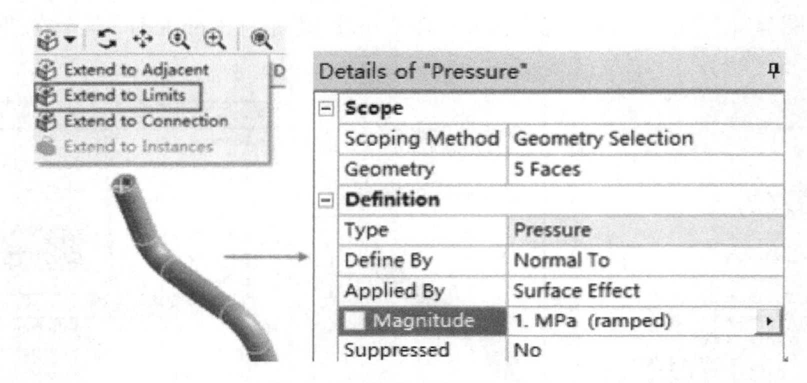

图 4-48 设置进气管压力 2

（9）对膨胀腔施加压力。

再次选中树形窗下的【Static Structural（A5）】然后单击工具栏【Loads】下的 Pressure 插入第二个压力。在视图窗先选中膨胀腔的三个内表面，如图 4-49 所示。在 Details 面板中单击 Apply，并设置压力值【Magnitude】为 0.2MPa。为了方便选择，图 4-49 隐藏了进气管和支架，同时使用工具栏的 （New Section Plane）将膨胀腔剖开。

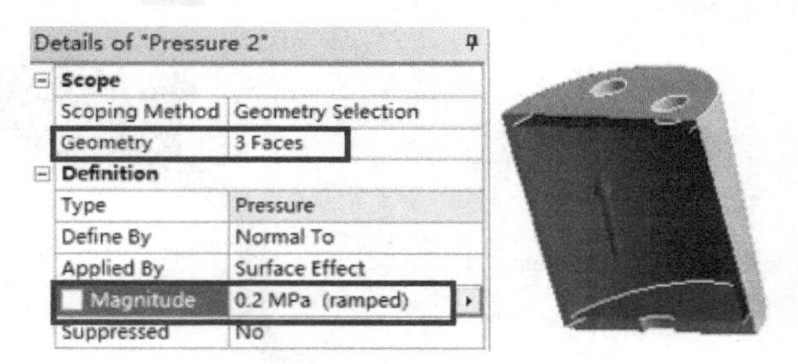

图 4-49 设置膨胀腔压力

（10）对进气管施加固定约束。

选中树形窗下的【Static Structural（A5）】，然后单击工具栏【Supports】下的 Fixed Support（固定约束）。在视图窗先选中进气管的端面，如图 4-50 所示，在 Details 面板中单击 Apply。

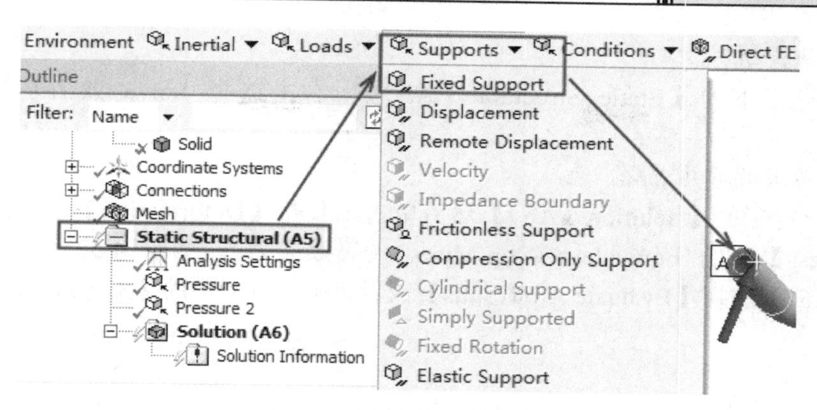

图 4-50　设置进气管约束

（11）对支架装配孔施加圆柱面约束。

选中树形窗下的【Static Structural（A5）】，然后单击工具栏【Supports】下的 Cylindrical Support（圆柱面约束）。在视图窗先选中支架的装配孔，如图 4-51 所示，在 Details 面板中单击 Apply 同时将 Radical（径向）、Axial（轴向）、Tangential（切向）都设置为 Fixed。

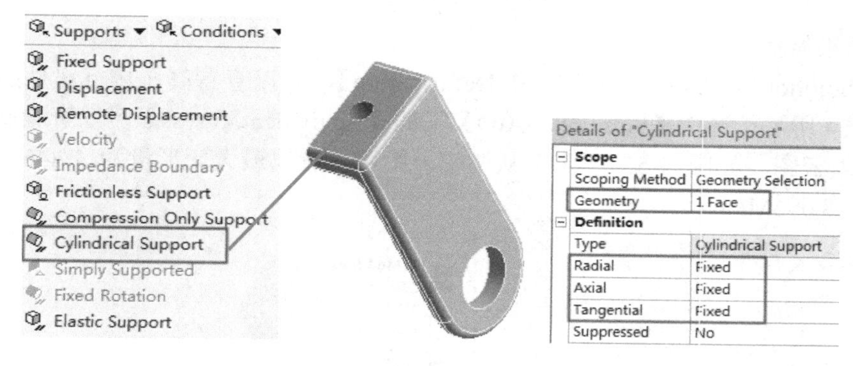

图 4-51　设置支架装配孔约束

（12）对支架背面施加无摩擦约束。

选中树形窗下的【Static Structural（A5）】，然后单击工具栏【Supports】下的 Frictionless Support（无摩擦约束）。在视图窗先选中支架的背面，如图 4-52 所示，在 Details 面板中单击 Apply。

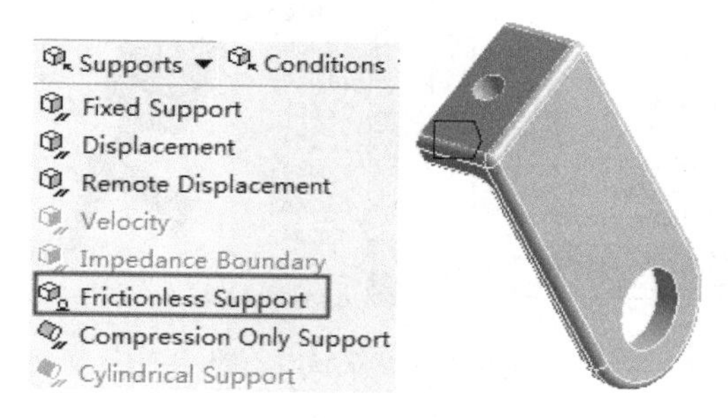

图 4-52　设置支架背面约束

(13) 求解模型。

选中树形窗下的【Static Structural(A5)】，右击选择 Solve 或者单击工具栏的【Solve】。

(14) 设置求解项并求解。

选中树形窗下的【Solution(A6)】然后单击工具栏【Deformation】下的 Total(总变形)和【Stress】下的 Equivalent(von-Mises)(等效应力)，如图 4-53 所示。最后右击【Solution(A6)】选择【Evaluate All Results】或者单击工具栏中的【Solve】进行求解。

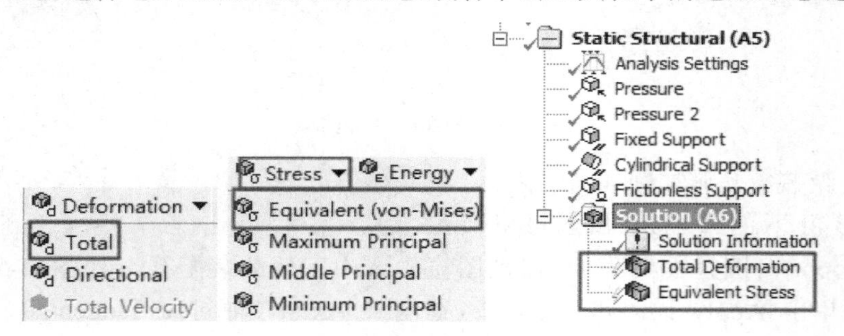

图 4-53 设置求解项

(15) 结果显示。

选中【Solution(A6)】下的【Total Deformation】，可以查看高压排气组件的总变形云图，如图 4-54 所示；选中【Solution(A6)】下的【Equivalent Stress】可以查看高压排气组件的等效应力云图，如图 4-55 所示。从两幅云图可以看出最大变形量为 1.4464mm，最大等效应力为 18.096MPa。

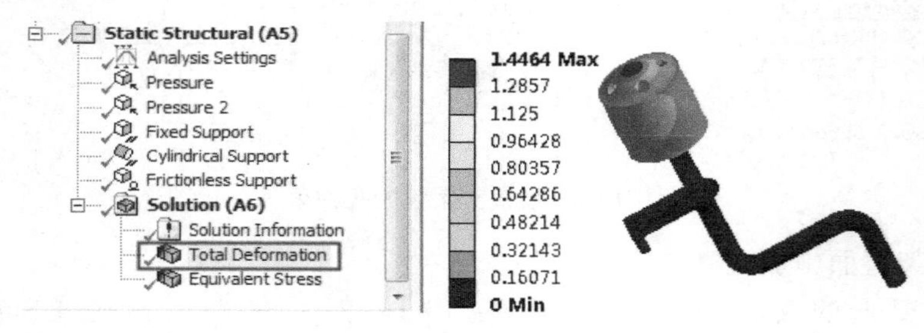

图 4-54 总变形云图

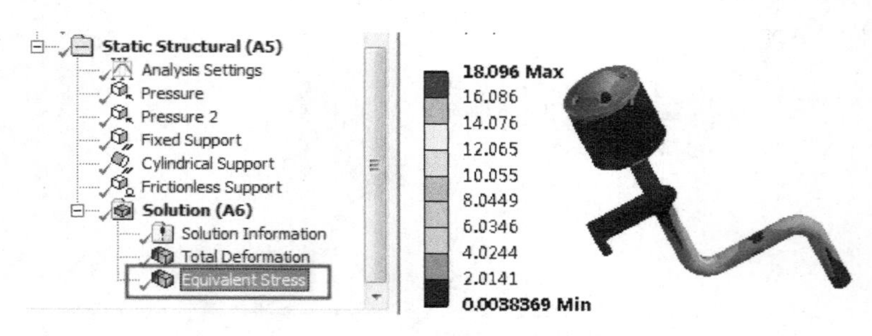

图 4-55 等效应力云图

为了便于观察，可以在工具栏中设置视图缩放系数，如图 4-56 所示。

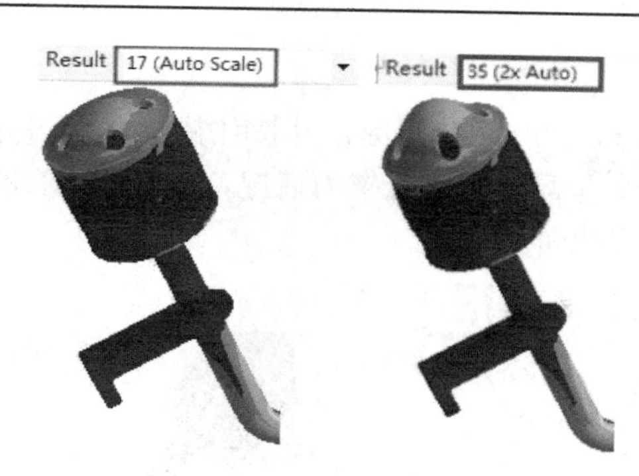

图 4-56　视图缩放

（16）设置各部件求解选项。

从图 4-54、图 4-55 可以查看两个结果，但是整体云图对三个部件的细节显示很少。设置单独部件求解选项可以增加细节显示。

选中树形窗下的【Solution（A6）】，在视图窗选择膨胀腔后，单击工具栏【Deformation】下的 Total（总变形）就创建了膨胀腔总变形求解项，如图 4-57 所示。同样方法创建膨胀腔等效应力和其余两个部件的总变形与等效应力求解项。

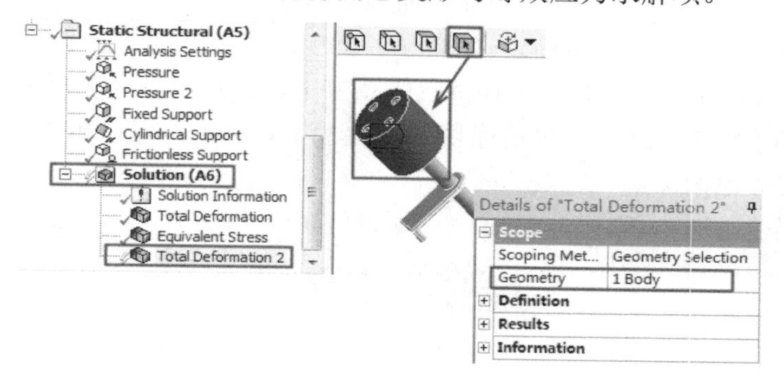

图 4-57　网格模型

（17）再次求解并更新结果。

右击【Solution（A6）】选择【Evaluate All Results】或者单击工具栏中的【Solve】进行求解。图 4-58 是膨胀腔等效应力云图，可以看出该独立结果相对总体等效应力云图增加了细节显示。

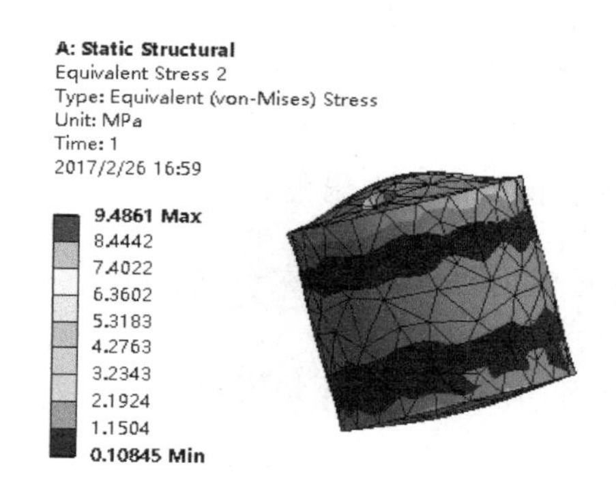

图 4-58　膨胀腔等效应力云图

（18）对膨胀腔添加截面。

单击工具栏的【New Section Plane】图标，并按住鼠标左键对膨胀腔绘制合适的直线可以添加截面，选择视图后可以查看截面处的应力情况，如图 4-59 所示。可以通过取消勾选左下角的 Section Plane 来取消截面。

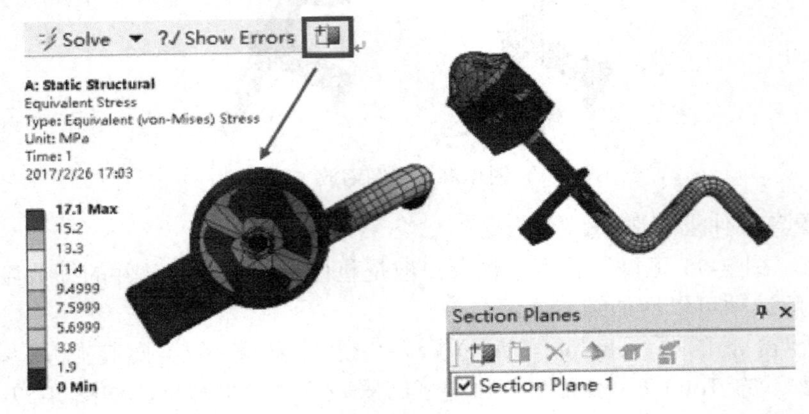

图 4-59　添加截面

（19）创建进气管总变形等值面。

在树形窗【Solution（A6）】下选择进气管总变形，然后单击工具栏的 IsoSurfaces（等值面）就可以创建进气管总变形等值面图，如图 4-60 所示。可以单击工具栏的 Exterior（外部查看）退出等值面图。

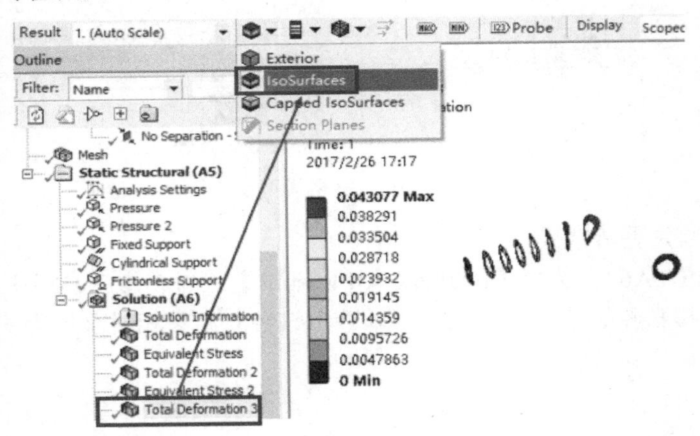

图 4-60　进气管总变形等值面图

（20）关闭 Static Structural，保存项目退出程序。

4.8　实例 2：变截面三角桁架受力分析

在本例中，我们在 Static Structual 中对三角桁架进行受力分析来学习静力分析的操作方法。

1. 实例概述

图 4-61 表示三角桁架，其左端被刚性固定，右端点受集中力 F_1=5000N、F_2=3000N，杆件材料参数和几何参数见表 4.1 和表 4.2。对该三角桁架进行静力学分析，求得杆的轴力和位移。

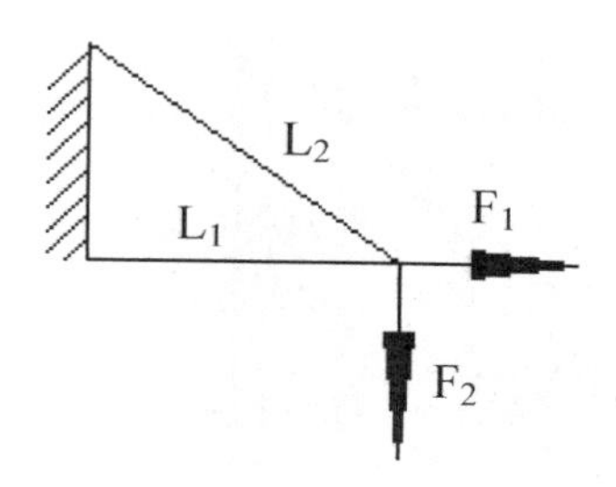

图 4-61　三角桁架受力简图

表 4.1　杆件材料参数

弹性模量 E_1/Pa	弹性模量 E_1/Pa	泊松比 υ_1	泊松比 υ_2
2.2E11	6.8E10	0.3	0.26

表 4.2　杆件几何参数

L_1/m	L_2/m	R_1/m	R_2/m
0.4	0.5	0.0138	0.0169

对于桁架结构，我们可以在 DesignModeler 中，通过概念建模创建得到简化模型(Line Body)。本例中桁架结构中两个截面半径不同，因此需要先创建冻结体分别赋予不同的截面尺寸，然后再将得到的两个线体合并成一个零件。在 Static Structural 中采用默认网格划分，通过施加约束和力，设置求解选项可以得到桁架静力学分析结果。

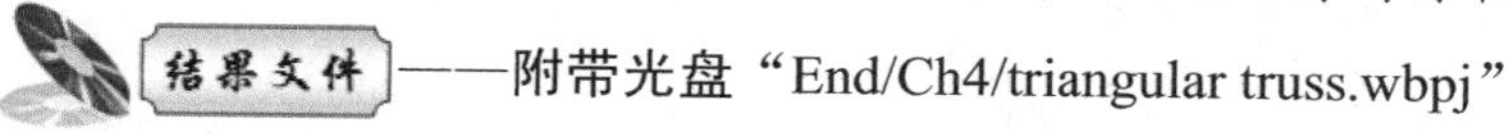

结果文件——附带光盘“End/Ch4/triangular truss.wbpj”

动画演示——附带光盘“AVI/Ch4/triangular truss.avi”

2. 操作步骤

（1）新建【Geometry】。

打开 Workbench 程序，将【Toolbox】目录下【Component Systems】中的【Geometry】拖入 Project Schematic 中，如图 4-62 所示。

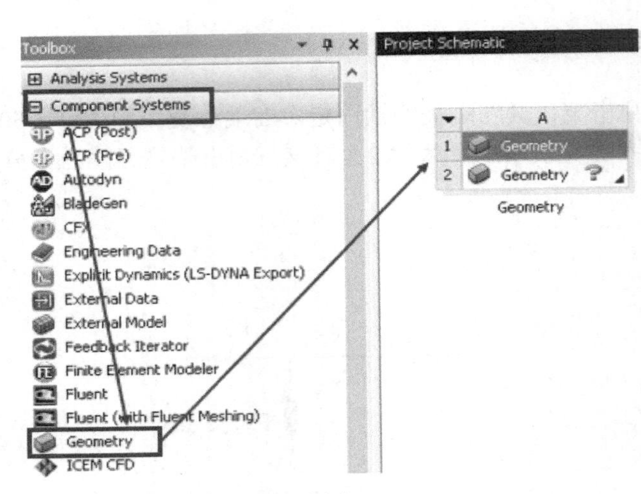

图 4-62　新建 Geometry

（2）进入 DesignModeler，新建草图 1。

双击 Project Schematic 中的 A2 单元格进入 DesignModeler 界面，单位选择 Meter。在 XYPlane 中新建 Sketch1，并在 Sketch1 上绘制，如图 4-63 所示草图，其中 H1=0.4m。

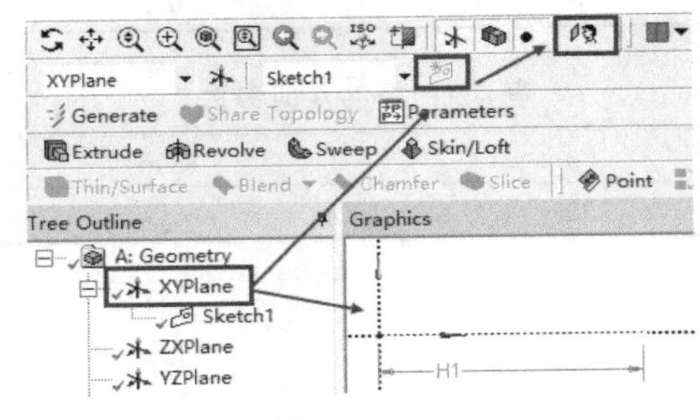

图 4-63　创建草图

（3）新建草图 2。

同样方法在 XYPlane 上新建 Sketch2，并在 Sketch2 上绘制三角桁架的斜边 L2，如图 4-64 所示，其中 L2=0.5m。在绘图的时候要注意每条边都应该在坐标轴上。

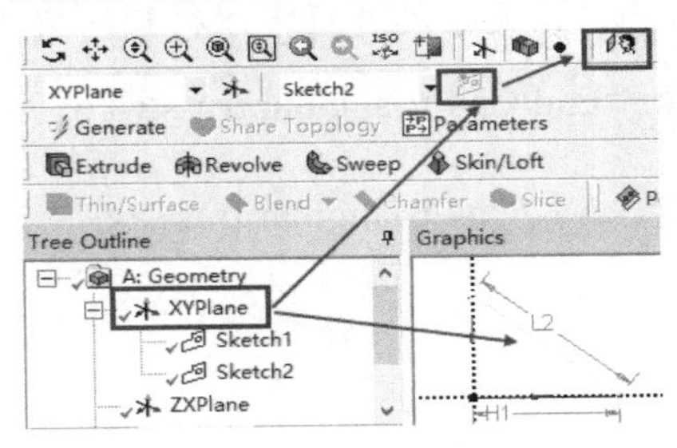

图 4-64　创建草图

（4）创建线体。

在 Tree Outline 下选择 Sketch1，然后执行【Concept】→【Line From Sketches】，在 Details 面板中单击 Apply，并将【Operation】设置成 Add Frozen，如图 4-65 所示，最后单

击【Generate】这样就创建了 Line1。同样的方法创建 Line2。

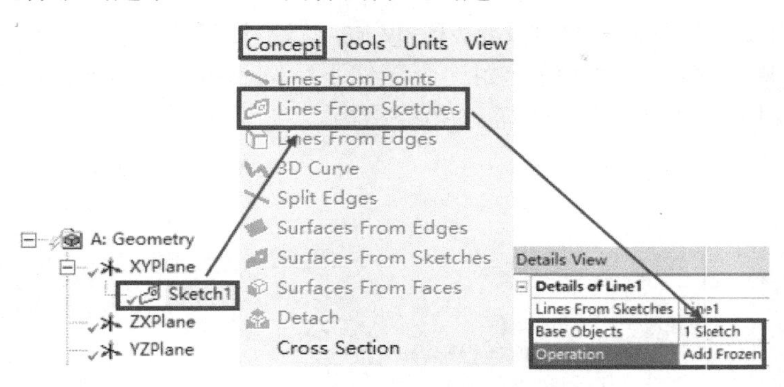

图 4-65 创建线体

（5）创建圆形截面。

执行【Concept】→【Cross Section】→【Circular】创建 Circular1，在 Details 面板上设置 R=0.0138m，如图 4-66 所示。同样的方法创建 Circular2，半径设置成 0.0169m。

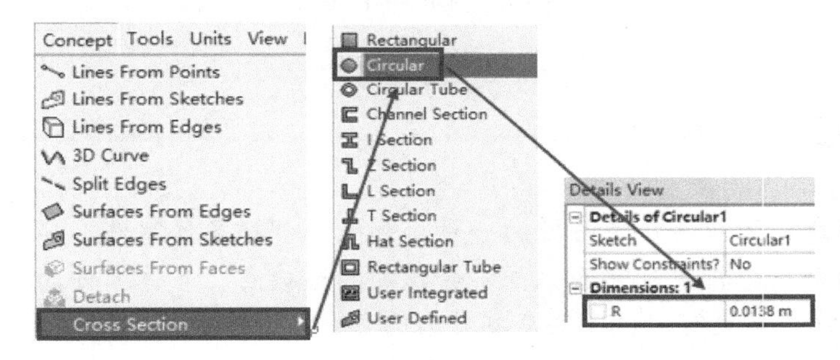

图 4-66 创建圆形截面

（6）对线体赋予截面。

选中 Tree Outline 下的【Line Body】并对其赋予刚刚创建的截面，如图 4-67 所示。

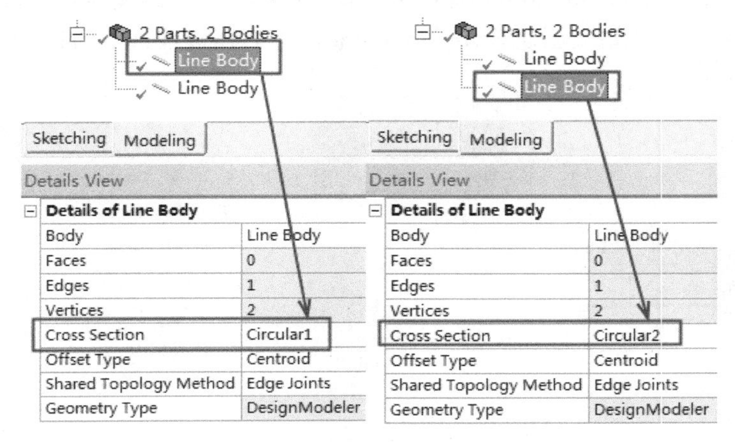

图 4-67 赋予截面

（7）创建多体零件。

在 Tree Outline 下同时选中两个 Line Body 后，右击选择【Form New Part】，如图 4-68 左部分所示，这样就将两个面体统一到一个零件下。图 4-68 右部分是创建多体零件后的 Details 面板，可以看到多体零件内共享了拓扑结构。

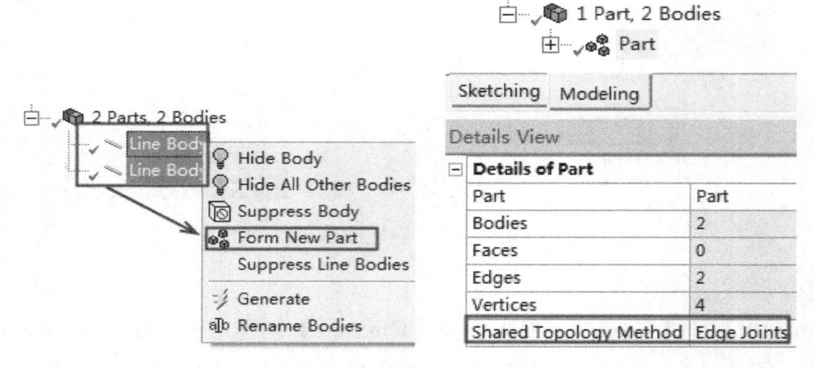

图 4-68　创建多体零件

应用·技巧

本例中创建多体零件是很关键的一步。如果不创建多体零件，那么这两个线体将在后续的静态分析中独立开，并不会识别其连接点。多体零件的公共区域将执行共享拓扑（当然也可以关闭共享拓扑）。

（8）退出 DesignModeler，返回 Workbench 主界面。

（9）创建 Static Structural。

将 Toolbox 下的 Static Structural 拖到 A2 单元格后释放，创建静态分析，如图 4-69 所示。当然我们也可以一开始就创建 Static Structural，然后在该项目下创建几何体。

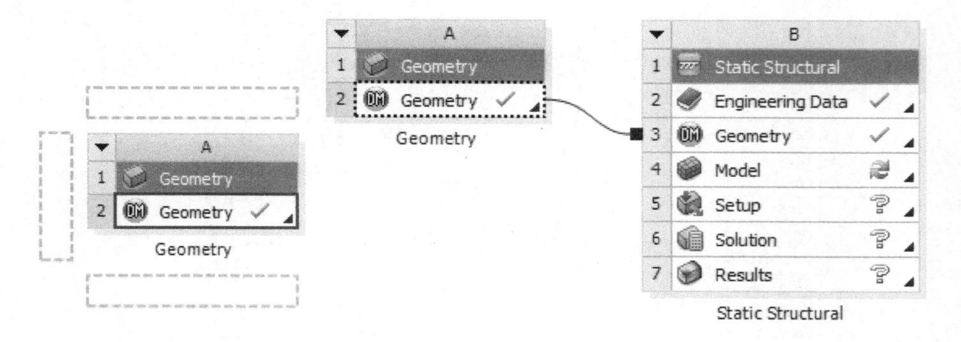

图 4-69　创建 Static Structural

（10）添加材料。

首先执行【Units】→【Metric（Kg, m, s, ℃, A, N, V）】，然后双击 Project Schematic 中

的 B2 单元格【Engineering Data】进入工程数据界面。在【Outline of Schematic B2:Engineering Data】的空白处输入 M1 代表材料 1，然后将【Toolbox】中【Linear Elastic】下的【Isotropic Elasticity】拖放到【Properties of Outline Raw3】，将其中的杨氏模量 Young's Modulus 设置为 2.2E11Pa、泊松比 Poisson's Ratio 设置为 0.3，如图 4-70 所示。同样的方法添加材料 M2，设置杨氏模量 Young's Modulu 为 6.8E10Pa、泊松比 Poisson's Ratio 设置为 0.26，此处不再截图。材料添加完毕后，单击工具栏中的【Project】返回主界面。

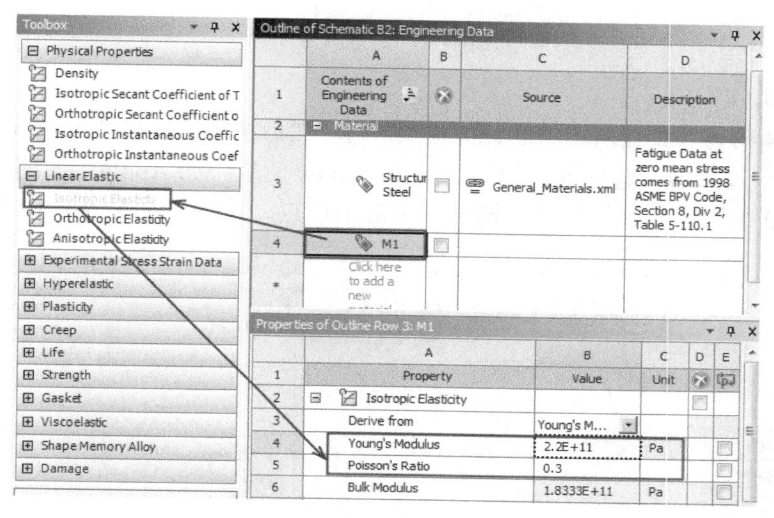

图 4-70　添加材料

（11）进入 Static Structural 平台，并配置材料。

双击 Project Schematic 中的 B4 单元格【Model】进入 Static Structural 平台。在 Static Structural 平台的 Outline 下选择第 1 个 Line Body，在 Details 面板的【Material】中将 Assignment 设置为 M1；表示配置材料 1，如图 4-71 所示。同样方法配置第 2 个 Line Body 为 M2。

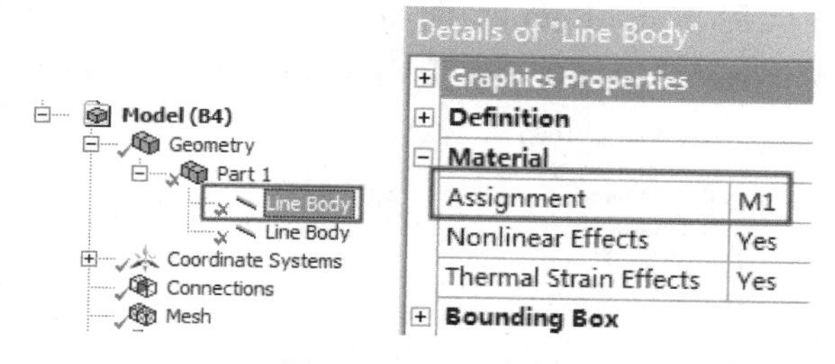

图 4-71　配置材料

（12）划分网格。

在 Static Structural 平台的 Outline 下右击【Mesh】选择【Generate Mesh】使用默认全局网格控制划分网格，如图 4-72 所示。

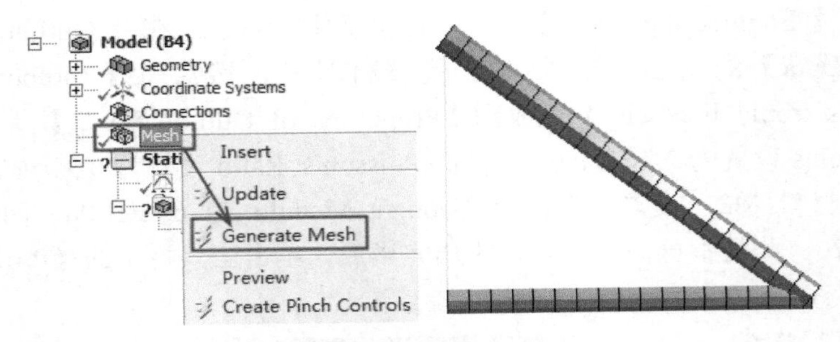

图 4-72　划分网格

（13）添加固定约束。

首先选中树形窗中的【Static Structural（B5）】，然后执行工具栏【Supports】下的 Fixed Support，设置点过滤器，选择图示的点后单击 Details 面板中的 Apply，如图 4-73 所示。同样方法设置第 2 个固定约束，约束点选择三角形上顶点。

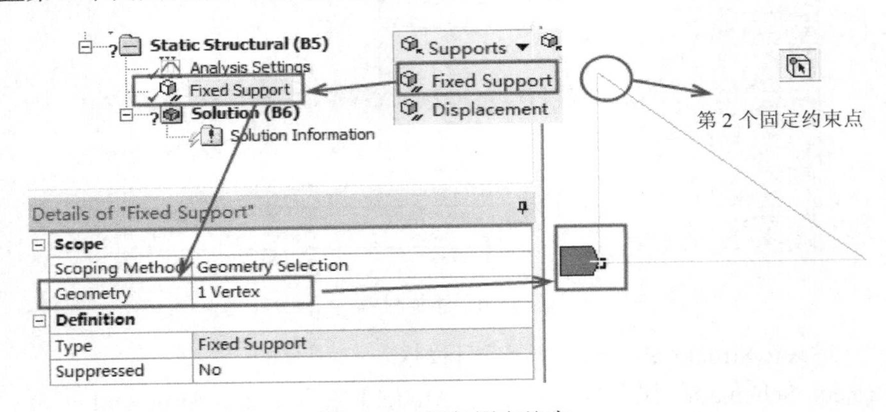

图 4-73　添加固定约束

（14）添加力。

选中树形窗中的【Static Structural（B5）】，然后执行工具栏【Loads】下的 Force，设置点过滤器，选择受力点后单击 Details 面板中的 Apply，将【Define By】设置成 Components，令【X Component】为 5000N，【Y Component】为-3000N，如图 4-74 所示。

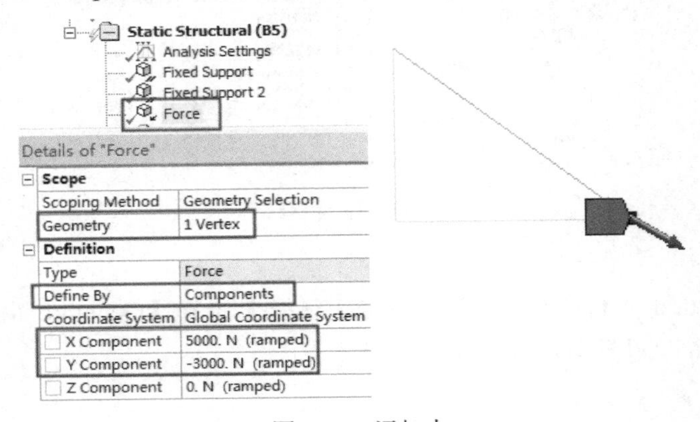

图 4-74　添加力

（15）求解模型。

选中树形窗下的【Static Structural（B5）】，右击选择 Solve 或者单击工具栏的【Solve】。

（16）设置求解项并求解。

选中【Outline】下的【Solution（B6）】，然后在工具栏中添加【Deformation】→Total，【Beam Results】→Axial Force 和【Beam Results】→Bending Moment 后右击【Solution（B6）】选择 Solve，其树形图，如图 4-75 所示。

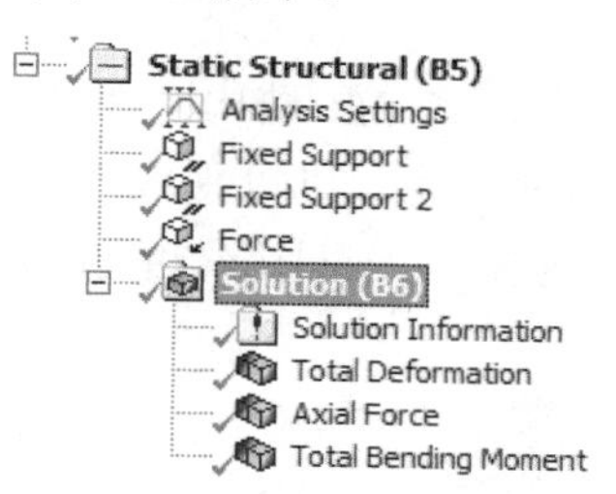

图 4-75　设置求解项

（17）结果显示。

分别选择【Solution（B6）】下的 Total Deformation、Axial Force、Total Bending Moment 可以查看三角桁架的总变形、轴力、总弯矩，如图 4-76、4-77、4-78 所示。从图可以看出最大总变形发生在受力点处，为 0.063652mm；两根杆轴力分别为 4957.7N 和 1033.3N；最大弯矩为 8437.6N·mm。

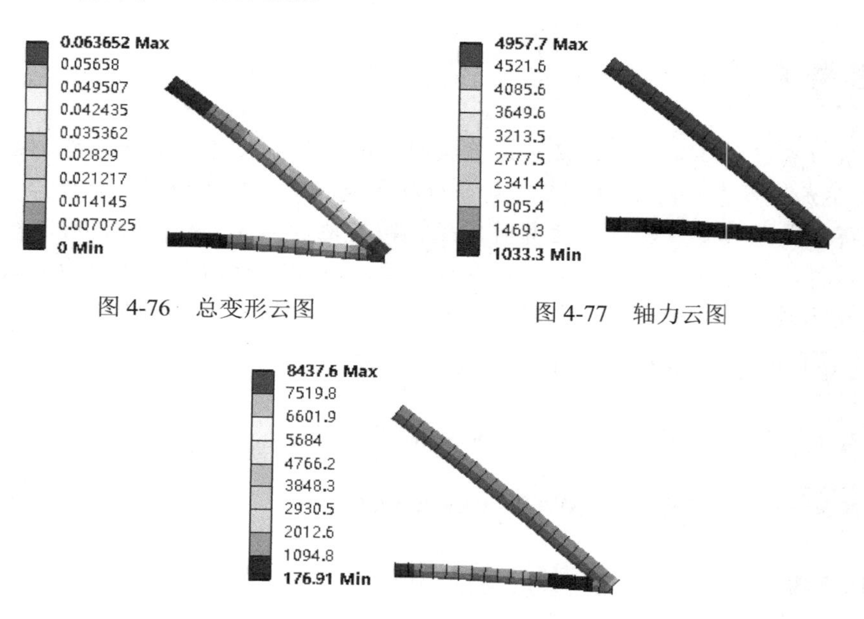

图 4-76　总变形云图

图 4-77　轴力云图

图 4-78　总弯矩云图

（18）关闭 Static Structural，保存项目退出程序。

4.9　实例 3：压力盖二维结构分析

本例通过对导入的压力盖二维几何模型进行静力学分析，学习在 Static Structural 平台下进行 2D 结构分析的操作方法。

1．实例概述

本例对二维压力盖进行结构分析，其 3D 结构，如图 4-79 左部分所示。固定环通过螺纹孔将压力盖固定。考虑到模型的对称性，可以采取对其二维模型进行静力学分析，这样可以减少对资源的消耗。压力盖二维模型，见图 4-79 右部分。

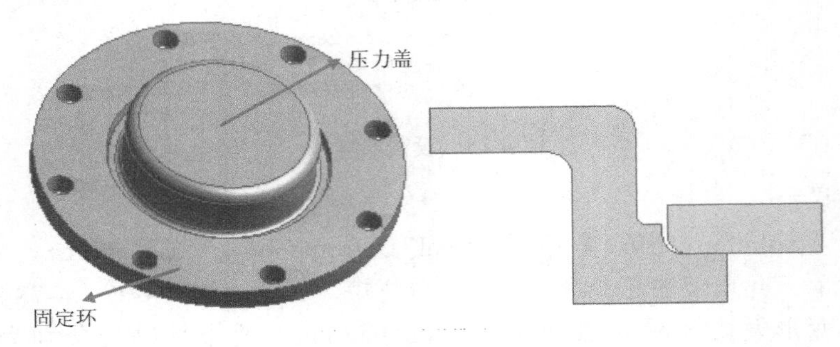

图 4-79　压力盖模型

对压力盖进行结构分析，既可以直接对 3D 模型直接施加边界条件，也可以对其 2D 模型施加边界条件后求解。考虑到分析对象是一个轴对称模型，分析二维轴对称模型要来得容易且耗费资源少、运算时间短。同其他静力学分析一样，对二维结构应该要指定材料，确定接触行为，施加载荷和约束。由于分析的是对称截面，因此在导入 2D 模型前需要设置好分析类型，同时在前处理中设置 2D 行为为轴对称。

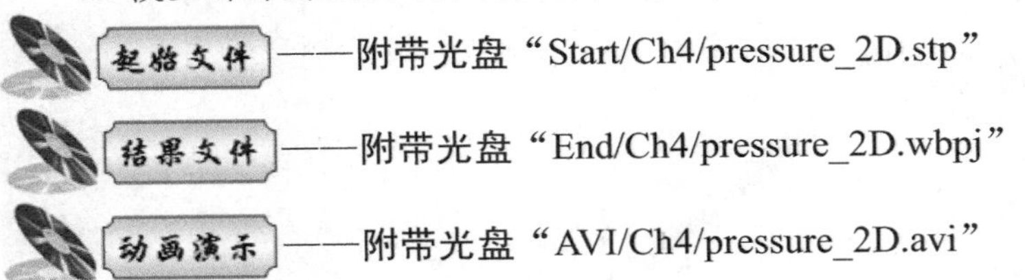

起始文件——附带光盘“Start/Ch4/pressure_2D.stp”

结果文件——附带光盘“End/Ch4/pressure_2D.wbpj”

动画演示——附带光盘“AVI/Ch4/pressure_2D.avi”

2．操作步骤

（1）新建【Static Structural】，并配置单位。

打开 Workbench 程序，将【Toolbox】目录下【Analysis Systems】中的【Static Structural】拖入项目流程图，如图 4-80 左部分所示。保存工程文件为 pressure_2D.wbpj 后，执行【Units】→【Metric（Kg,mm,s,℃,mA,N,mV）】和【Display Values in Project Units】，如图 4-80 右部分所示。

如果【Units】菜单下没有【Metric（Kg,mm,s,℃,mA,N,mV）】选项，请在【Units】下的【Unit Systems】中勾选。

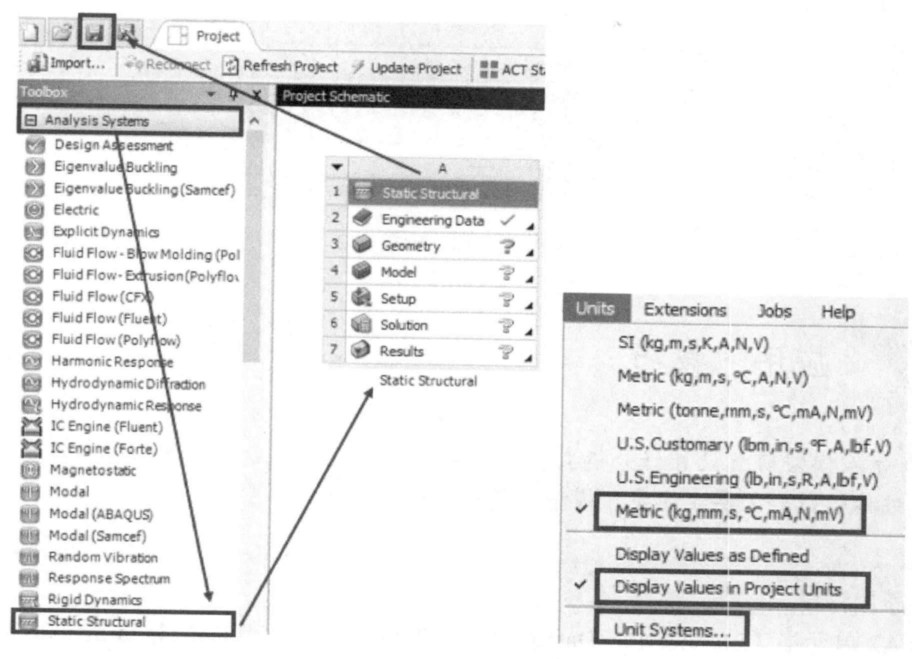

图 4-80　新建 Static Structural

（2）选择几何分析类型。

在 Project Schematic 中右击 A3 单元格选择【Properties】，如图 4-81 所示。在弹出的 Properties of Schematic A3:Geometry 界面中设置【Analysis Type】为 2D，如图 4-82 所示后关闭。

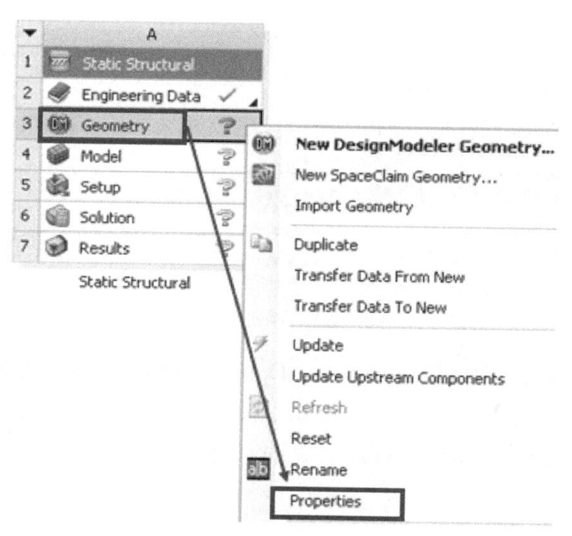

图 4-81　选择分析类型 1

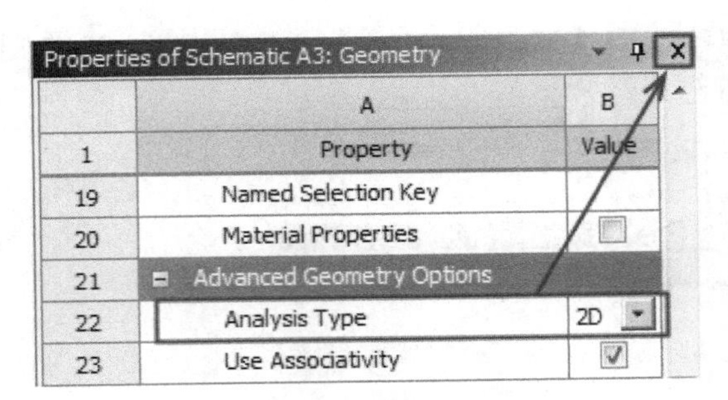

图 4-82　选择分析类型 2

应用·技巧

在导入模型前就设置好分析类型是很重要的，这表面分析的是 3D 模型或一个 2D 对称模型。需要注意导入模型后不能更改分析类型。

（3）添加材料。

双击 A2 单元格【Engineering Data】进入工程数据窗口后，右击【Outline of Schematic A2:Engineering Data】下的空白栏并选择【Engineering Data Sources】，如图 4-83 所示。

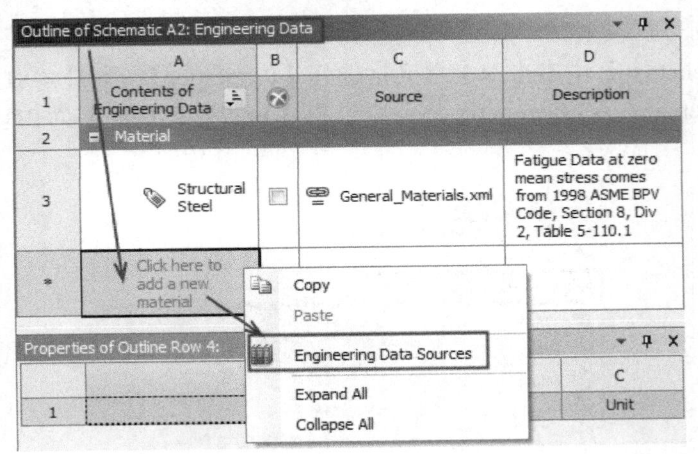

图 4-83　添加材料

进入工程数据源后，选中【Engineering Data Sources】下的【General Materials】，在【Outline of General Materials】中找到 stainless Steel（不锈钢）并单击。出现的表示添加材料成功，最后选择【Project】返回到主界面，如图 4-84 所示。

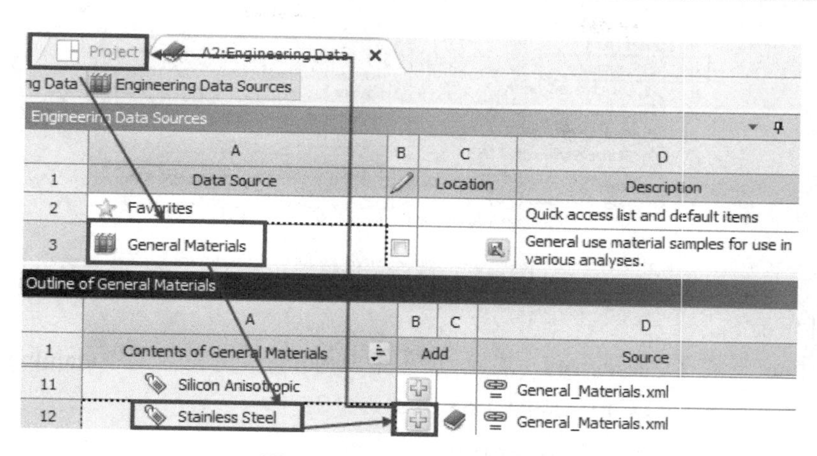

图 4-84 选择 stainless Steel

（4）导入几何体文。

右击 A3 单元格【Geometry】选择 Import Geometry/Browse 选择几何文件 pressure_2D.stp，如图 4-85 所示。

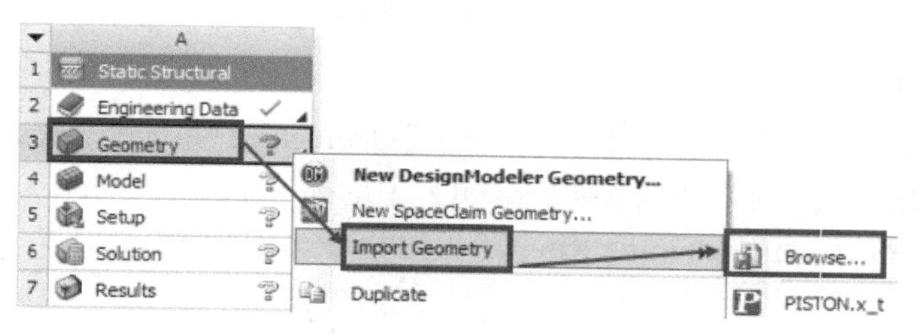

图 4-85 导入几何体文件

（5）进入 Static Structural 平台并配置单位。

在【Project Schematic】中双击 A4 单元格【Model】，进入 Static Structural 结构静力平台后执行【Units】→【Metric（mm,Kg,N,s,mV,mA）】，如图 4-86 所示。

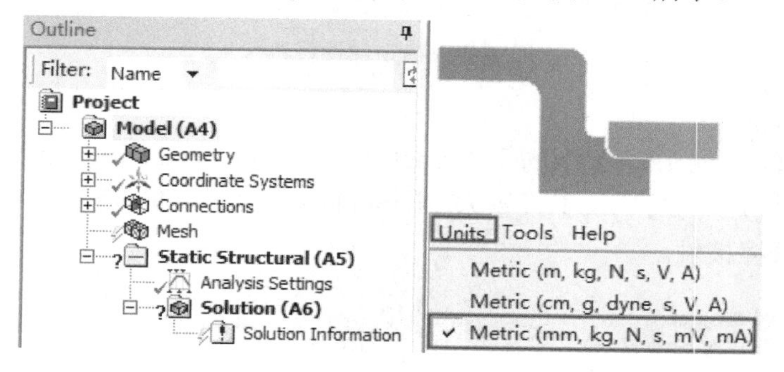

图 4-86 Static Structural 平台

（6）改变部件特性。

选中 Outline 下的【Geometry】，然后在 Details 面板中将【2D Behavior】设置成 Axisymmetric，表示轴对称，如图 4-87 所示。

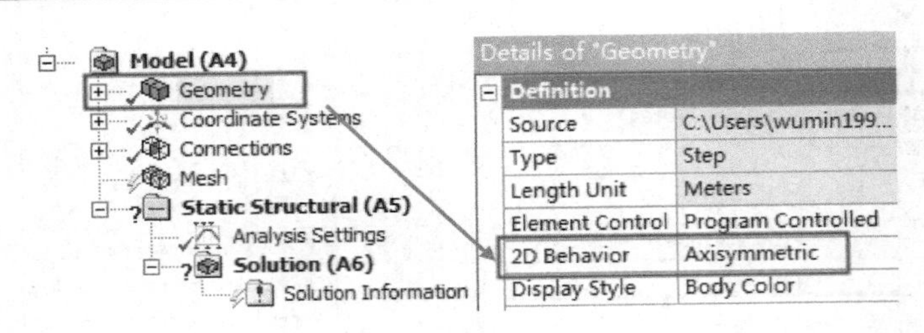

图 4-87　改变部件特性

（7）部件重命名。

展开 Outline 下的【Geometry】，右击 1 选择 Rename，重命名为 Retaining Ring，同样对部件 2 重命名为 Pressure Cap，如图 4-88 所示。

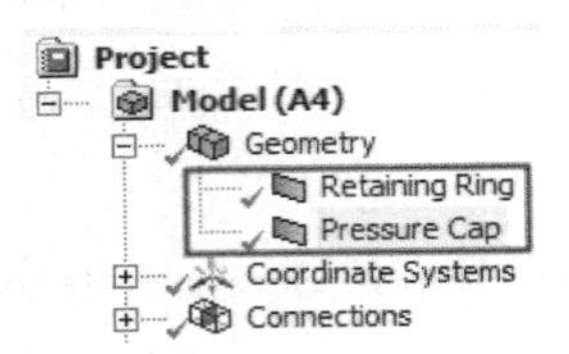

图 4-88　部件重命名

（8）指定部件材料。

在 Static Structural 平台下展开树形窗下的【Geometry】并选择 Pressure Cap，然后在 Details 面板的【Material】选项下【Assignment】中选择 Stainless Steel，对 Pressure Cap 赋予不锈钢，如图 4-89 所示。Retaining Ring 默认为 Structural Steel。

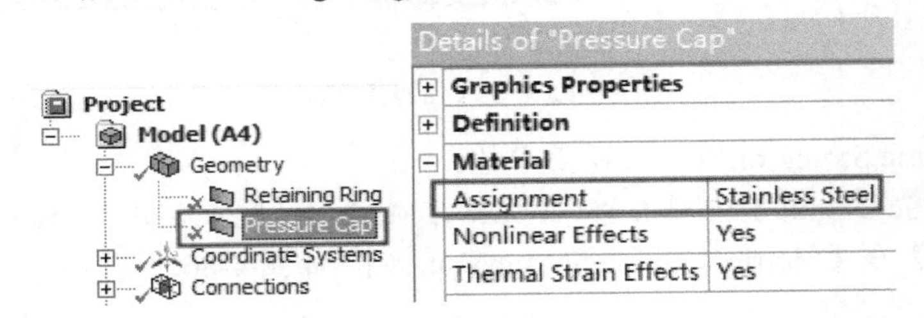

图 4-89　指定部件材料

（9）设置接触类型。

展开树形窗【Connections】下的【Contacts】，选择【Contact Region】，在 Details 窗口的【Definition】选项下将【Type】设置为 Frictionless，如图 4-90 所示，表示在压力盖和固定环之间设置无摩擦接触。

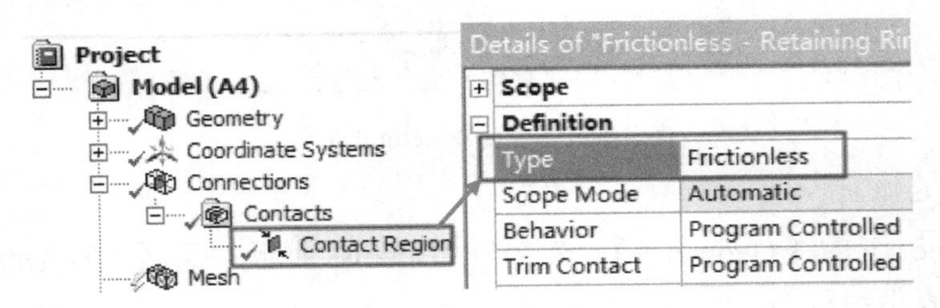

图 4-90　设置接触

（10）划分网格。

右击树形窗下的【Mesh】并选择【Generate Mesh】，使用默认全局设置划分网格，如图 4-91 所示。

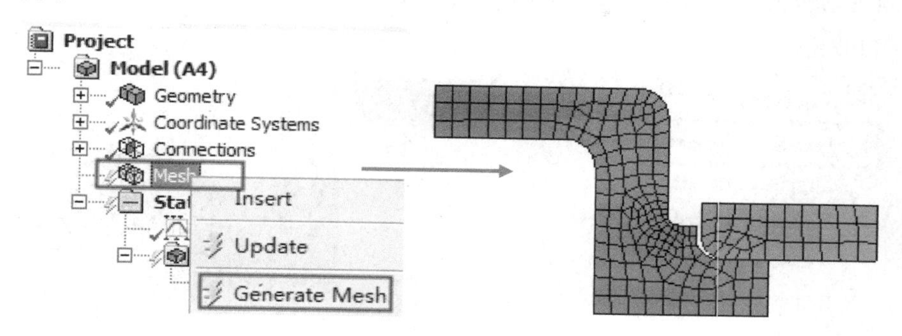

图 4-91　网格划分

（11）对压力盖施加压力。

选中树形窗下的【Static Structural（A5）】，然后单击工具栏【Loads】下的 Pressure 插入一个压力。在视图窗中选择压力盖的 4 个内边，在 Details 面板中单击 Apply，并设置压力值【Magnitude】为 0.1MPa，如图 4-92 所示。

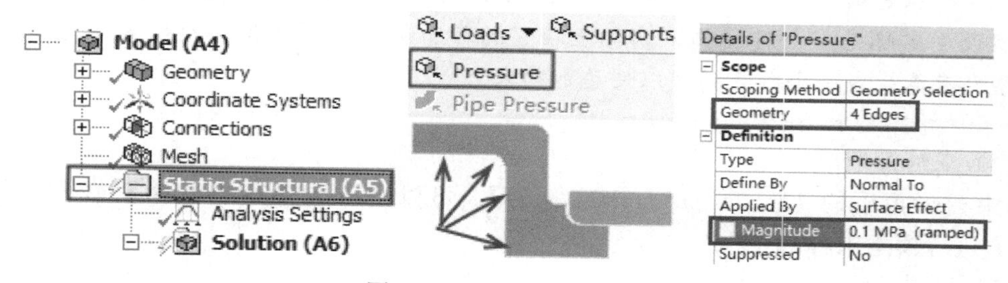

图 4-92　设置压力盖压力

（12）对压力盖施加只受压约束。

选中树形窗下的【Static Structural（A5）】，然后单击工具栏【Supports】下的 Compression Only Support（只受压约束）。在视图窗中选择压力盖底部的一条边，如图 4-93 所示，在 Details 面板中单击 Apply。

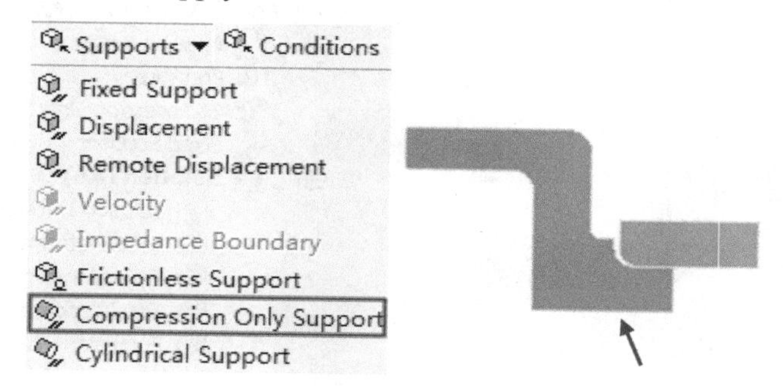

图 4-93　设置压力盖只受压约束

（13）对固定环施加固定约束。

选中树形窗下的【Static Structural（A5）】，然后单击工具栏【Supports】下的 Fixed Support（固定约束）。在视图窗中选择固定环上部的一条边，如图 4-94 所示，在 Details 面板中单击 Apply。

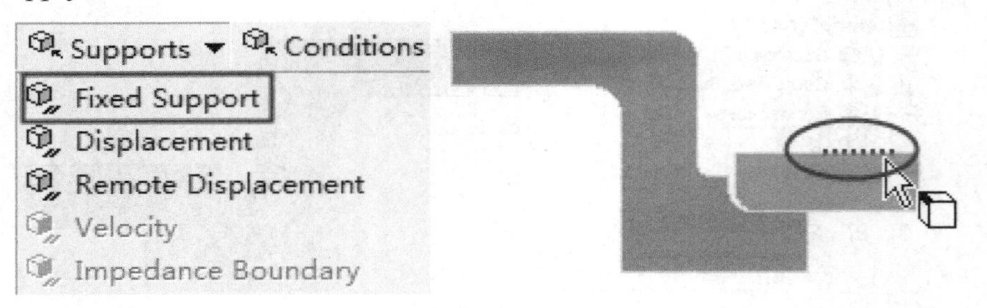

图 4-94　设置固定环固定约束

应用·技巧

在本例的第 5 步中，我们设定了 2D Behavior 为 Axisymmetric。这里的轴对称假设固定环是一个连续体，实际上在它的环面上存在螺纹孔，因此这里的 2D 模型就有意生成一条独立的线以便施加约束。

（14）求解模型。

选中树形窗下的【Static Structural（A5）】，可以右击选择 Solve 或者单击工具栏的【Solve】进行模型求解。

（15）设置求解项并求解。

选中树形窗下的【Solution（A6）】，然后单击工具栏【Deformation】下的 Total（总变形）和【Stress】下的 Equivalent（von-Mises）（等效应力），设置实体过滤器并选择压力盖。重复以上操作建立压力盖的总变形和等效应力求解项，如图 4-95 所示。最后右击【Solution（A6）】选择【Evaluate All Results】或者单击工具栏中的【Solve】进行求解。

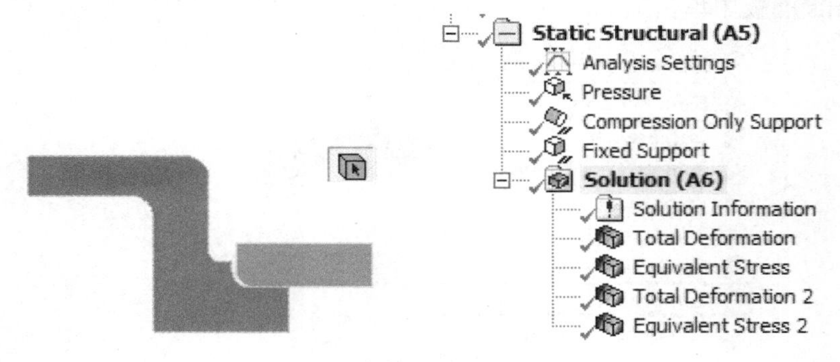

图 4-95 设置求解项

（16）结果显示。

分别选择【Solution（A6）】下的 Total Deformation、Equivalent Stress、Total Deformation2、Equivalent Stress2 可以查看部件的总变形、总等效应力、压力盖总变形、压力盖等效应力如图 4-96、图 4-97、图 4-98、图 4-99 所示。

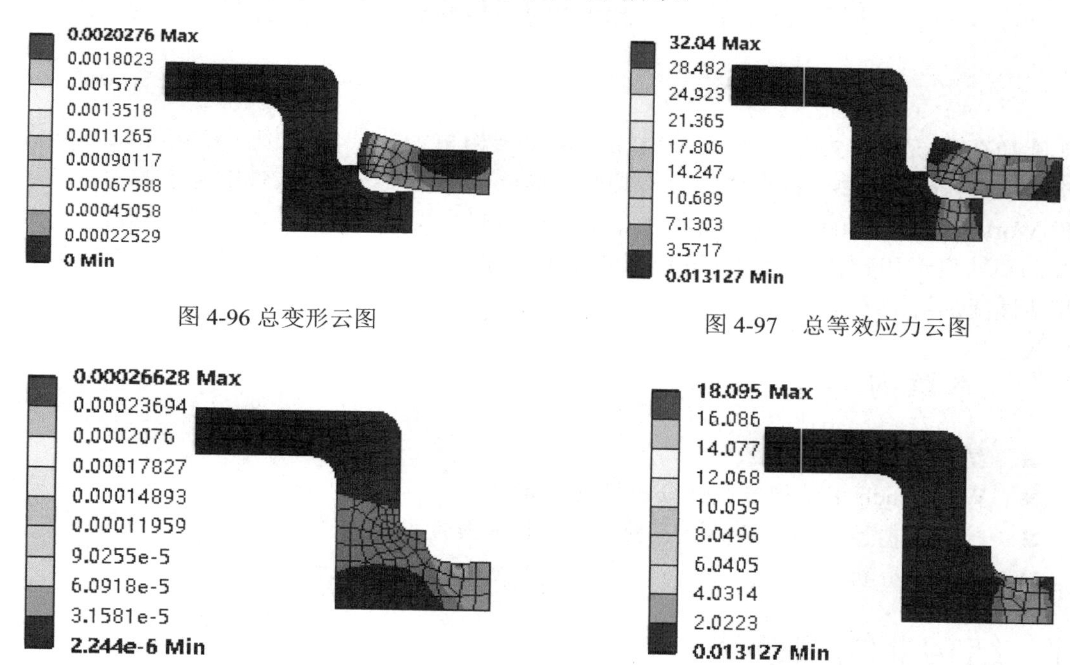

图 4-96 总变形云图

图 4-97　总等效应力云图

图 4-98　压力盖总变形云图

图 4-99　压力盖等效应力云图

（17）关闭 Static Structural，保存项目退出程序。

4.10　本章小结

本章主要讲述在 ANSYS Workbench 17.0 中的 Static Structural 平台进行线性静力学结构分析的一些基础理论和操作方法，包括添加工程材料、线性静力学结构分析前处理、模型求解、结果及后处理。本章的最后部分给出三个静力学分析实例，读者通过实例的学习，应该掌握线性静力学分析的基本操作方法。

第 5 章　结构非线性分析

施加在系统上的力与位移不呈线性关系的结构称为非线性结构。结构非线性分析是 ANSYS Workbench 中一种重要的分析类型。本章首先介绍结构非线性的基本概念，之后介绍在 Workbench 的 Static Structural 平台中进行结构非线性分析的基本操作与设置，并给出接触、塑性变形和超弹性的相关介绍。本章的三个结构非线性分析实例从大变形、装配接触和塑性变形给出了具体的操作方法。

本章内容

- 结构非线性概述
- Workbench 中结构非线性分析相关设置
- 接触、塑性变形、超弹性三种典型结构非线性类型
- 大变形分析

5.1　结构非线性概述

对于一个线性结构，其力学方程满足：

$$F = Ku$$

其中常量 K 代表结构刚度。线性结构的求解是基于线性代数矩阵，因此非常适合有限元分析。而对于一个结构非线性系统，其力和位移之间并不呈现线性关系，这个时候刚度不再是常量，而变成与施加的载荷有关的函数，如图 5-1 所示。

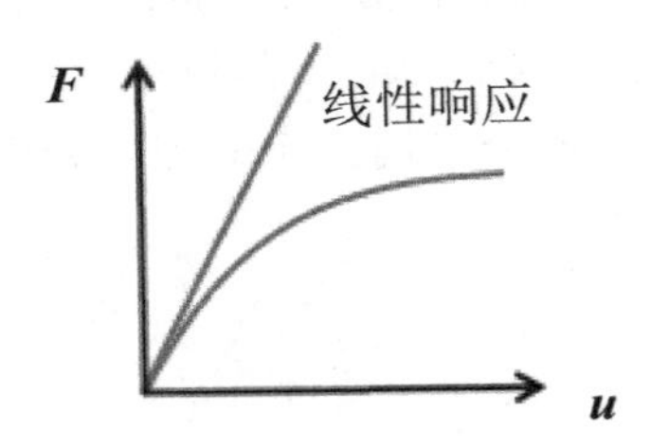

图 5-1　力-位移曲线

如果载荷引起刚度的显著变化，则结构是非线性的。引起刚度变化的原因如下：

- 应变超过弹性极限（塑性）；
- 大变形；
- 状态改变，如体之间的接触、单元生死。

5.1.1 非线性分类

引起结构非线性行为有很多原因，大致可以分为以下三类。

（1）状态改变。

很多结构特征的非线性行为与状态改变有关。只承受拉力的电缆不是松弛就是紧绷状态，显然这两种情况下其刚度是不一样的。滚动支承有接触和不接触两种状态，这两种情况下结构刚度也不一样。

（2）几何非线性。

如果结构经历大变形，则改变的几何构型会引起结构的非线性响应。钓鱼竿在捕到鱼后，竿的形状发生了弯曲就是几何非线性的一个实例。几何非线性是用大位移或大转动来表征。

（3）材料非线性。

材料的非线性应力—应变关系是这类非线性的一种常见情况。很多因素可以影响材料的应力—应变特性，如弹塑性响应中的载荷施加过程、温度等环境条件、蠕变响应中的载荷施加时间。

以上三种非线性情况可能会同时出现在一个结构中，ANSYS Workbench 17.0 可以处理组合非线性情况。

5.1.2 非线性求解基本概念

对于结构非线性求解，一种方法是将载荷划分为一系列的增量然后逐步施加上去并在每个增量载荷施加之后调整刚度矩阵，如图 5-2 所示。这种方法会在每步增量载荷之后累积误差并导致最后的计算结果失去平衡。

ANSYS 中采用牛顿—拉夫逊（Newton-Raphson）迭代法，载荷是逐步增量式施加上去的，同时在每个载荷增量步中都实施了平衡迭代（Equilibrium Iteration）以保证增量步求解平衡，如图 5-3 所示。

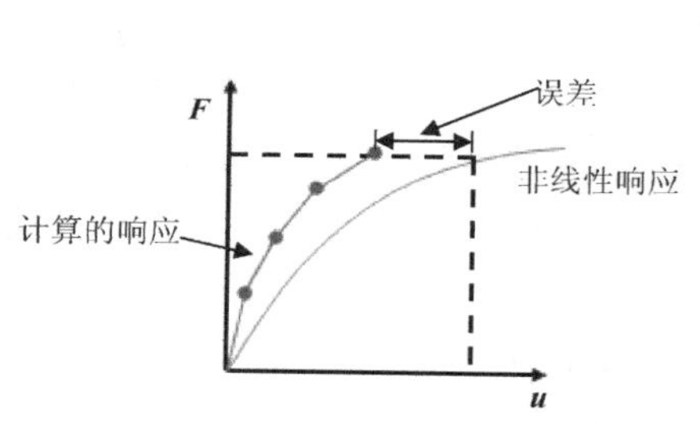

图 5-2　非线性求解

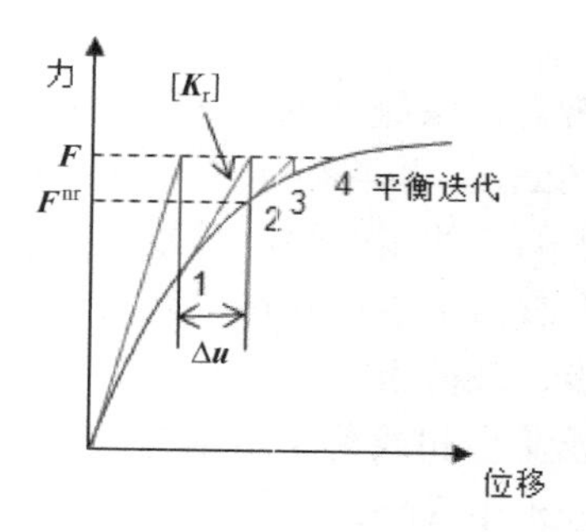

图 5-3　牛顿—拉夫逊迭代法

求解方程：$\{\boldsymbol{K}_\mathrm{T}\}\{\Delta\boldsymbol{u}\}=\{\boldsymbol{F}\}-\{\boldsymbol{F}^{nr}\}$

其中，$\{\boldsymbol{K}_\mathrm{T}\}$——切线刚度矩阵；

$\{\Delta\boldsymbol{u}\}$——位移增量；

$\{F\}$——外部载荷向量；

$\{F^{nr}\}$——内部力向量。

其中，$\{F\}-\{F^{nr}\}$称为残差（Residual），方程迭代求解直到$\{F\}-\{F^{nr}\}$在允许的公差范围内。每步载荷增量都执行以上方程求解直到外部载荷全部施加上去。

牛顿—拉夫逊法不能保证在所有情况下都收敛，只有当起始构型在收敛半径内时求解才收敛，如图 5-4 所示。

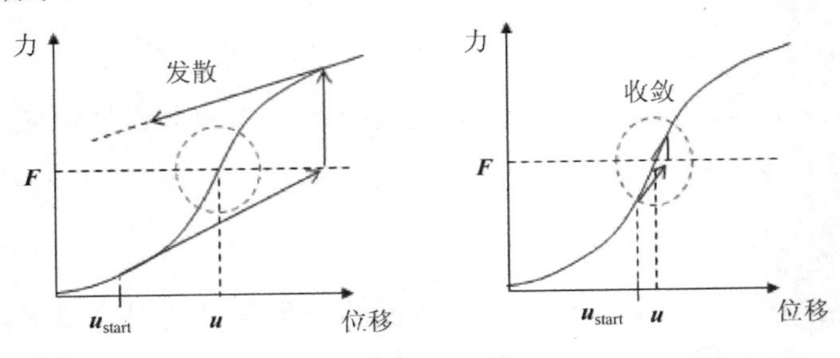

图 5-4　牛顿—拉夫逊收敛情况

为了获得收敛解，可以逐步增加载荷使目标接近起始点，也可以使用收敛增强工具增大收敛半径，如图 5-5 所示。Workbench 综合这两种方法以获得收敛。

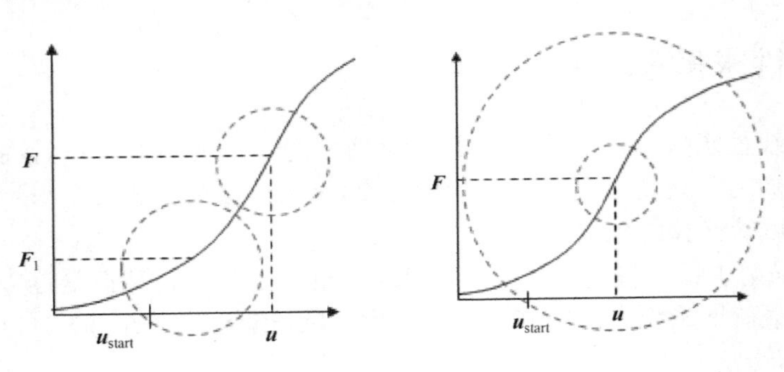

图 5-5　获得收敛解

一般而言，系统任何一个方面的突然改变都可能会导致收敛困难，因此如何施加载荷步（Load Steps）和载荷子步（Substeps）显得很关键。载荷步用于在整体加载中区分载荷变化。由于响应的复杂性，子步以增量的形式施加载荷。平衡迭代（Equilibrium Iteration）可以在每个载荷子步后获得平衡或收敛。图 5-6 中显示有 2 个载荷步，其中载荷步 1 有 2 个载荷子步，载荷步 2 有 3 个载荷子步。

每个载荷步和载荷子步都与时间联系起来。Time 在瞬态分析中代表实际的时间；在结构非线性分析中 Time 通常用作计数来确定载荷步和载荷子步而并不表示实际的时间。默认情况下程序在载荷步 1 赋予 time=1.0，载荷步 2 赋予 time=2.0。一个载荷步下的所有载荷子步会被分配合适的线性化插值的时间。

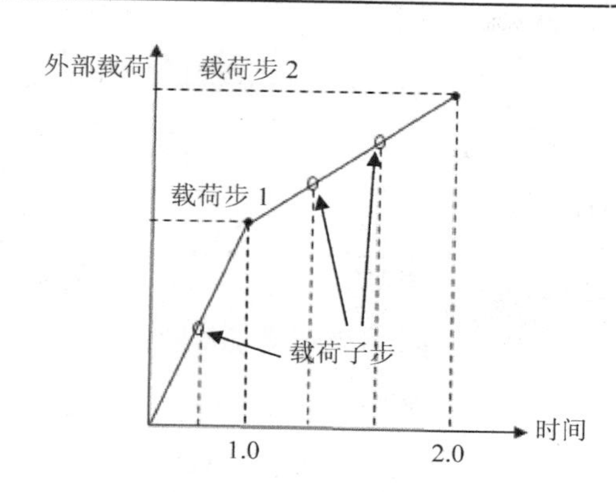

图 5-6　载荷步与载荷子步

5.2　Workbench 结构非线性分析

5.2.1　建立非线性模型

线性和非线性分析中建立模型本质上是一样的，虽然非线性分析中可能包含有一些特殊单元或非线性材料特性。例如一个模型由于大变形和应力硬化效应（Stress Stiffening Effect）导致微量非线性行为就不需要对几何模型和网格划分进行修改。但在以下情况中，需要考虑特殊特征。

- 非线性单元

非线性单元在状态改变时其刚度会发生突变。如电缆在松弛时其刚度为 0，两个分开的体接触时其刚度有明显变化。刚度随状态变化的模型可以通过非线性单元来建立，如通过施加单元生死或改变材料属性。

- 材料非线性

一些与材料属性有关的因子在分析过程中会引起结构刚性变化。塑性（Plastic）、多线性弹性（Multilinear Elastic）、超弹性（Hyperelastic）这些属性的应力—应变呈非线性，因此在不同的载荷水平，不同温度下会引起结构刚度变化。蠕变（Creep）、粘塑性（Viscoplasticity）、粘弹性（Viscoelasticity）由于是跟时间、变化率、温度、应力有关，因此会引起结构非线性行为。膨胀（Swelling）也可以引起应变。

结构非线性分析中的网格划分通常与线性分析一致，但如果预期有大应变，则可以将【Mesh】的 Details 面板中【Shape Checking】设置为 Aggressive Mechanical 如图 5-7 所示，表示基于雅克比率的形状检查标准，这比采用 Standard Mechanical 更严格，因此会产生更多的单元，耗费更多计算时间并且可能划分失败。

默认情况下，ANSYS Workbench 采用含有中间节点的高阶单元，可以通过【Element Midside Nodes】的 Dropped 来关闭中间节点，如图 5-7 所示。可压缩非线性材料的大变形、弯曲问题中，有时可以选择关闭中间节点来自动完成增强型应变方程运算。

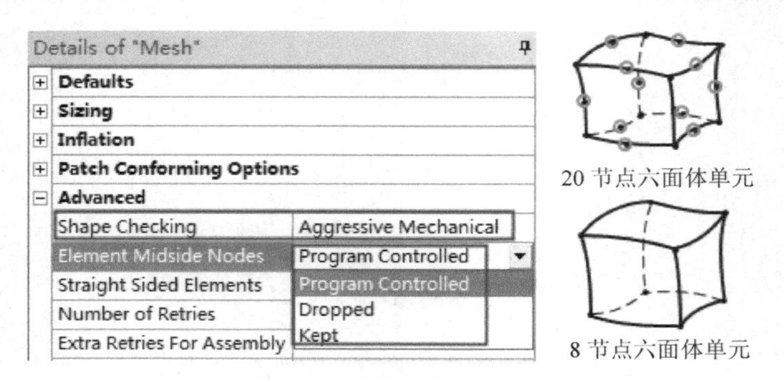

图 5-7　形状检查设置

将【Element Control】设置为 Manual，用户就可以根据需要将【Brick Integration Scheme】设置为 Full 或 Reduced，如图 5-8 所示。【Brick Integration Scheme】影响一个单元中的积分点数。当零件在厚度上只有一个单元时，令【Brick Integration Scheme】=Full 可以提高精度。

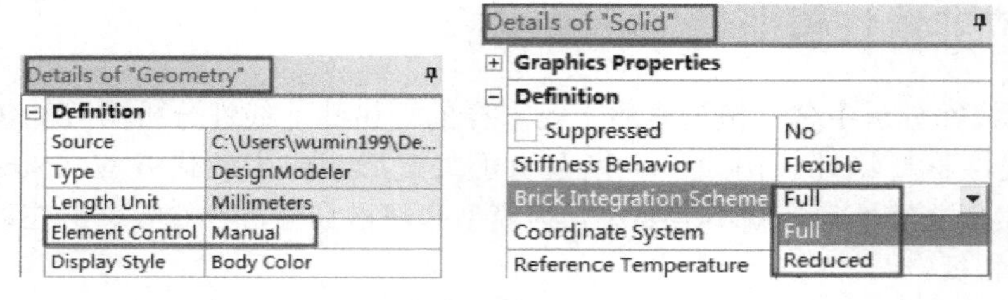

图 5-8　单元控制

5.2.2　分析设置

在结构非线性求解中，需要考虑分析设置中的一些选项，包括步长控制、求解控制、重启动控制、非线性控制、输出控制、分析数据管理，如图 5-9 所示。下面介绍其中的步长控制、求解控制、非线性控制、输出控制。

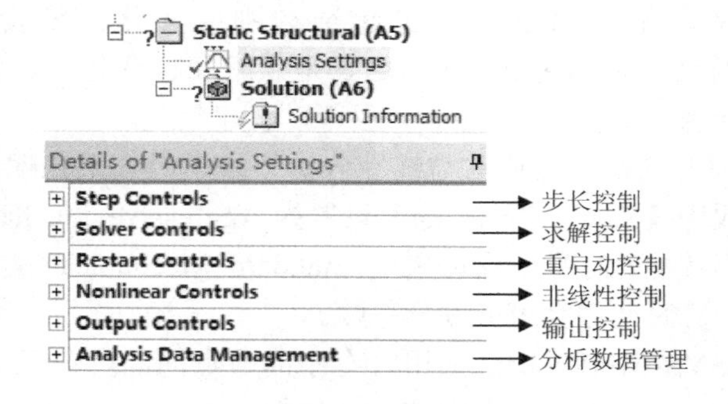

图 5-9　分析设置

（1）步长控制。

步长控制的各选项如图 5-10 所示。其中【Current Step Number】显示当前步的 ID，可以直接在面板中修改，也可以在【Graph】窗口选择。【Auto Time Stepping】通常也称为时间步优化，通过调整载荷增量来减少非线性和瞬态动力学分析的求解时间。一个步内的载荷增量可以通过设置【Auto Time Stepping】来控制，该值默认是 Program Controlled。将该值设置为 On，则求解会以 Initial 增量开始然后自动调整从 Minimum 到 Maximum 之间的增量。选项中的【Define By】提供有 Substeps 和 Time 两种方式。

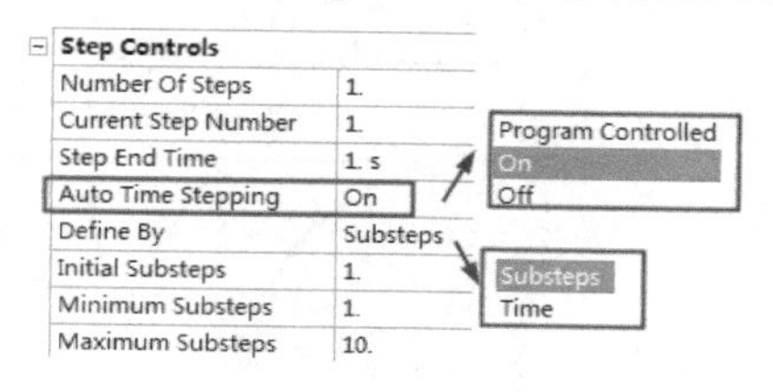

图 5-10　步长控制

（2）求解控制。

求解控制各选项如图 5-11 所示。【Solver Type】默认为 Program Controlled，但是也可以设置成 Direct 或 Iterative。Direct 求解器类型适用于柔性模型；Iterative 求解器类型适用于大体积模型，但在大多数情况下 Program Controlled 可以自动选择最优求解器。在应力或形状仿真中加入弱弹簧【Weak Springs】可以防止数值不稳定性。开启大变形【Large Deflection】会使求解器考虑大变形效应，比如大位移、大旋转、大应变。主元求解检查【Solver Pivot Checking】默认为 Program Controlled，也能设置成 warning、Error 或 off。惯性释放【Inertia Relief】只对线性结构静力分析有效，其通过计算加速度来匹配外部载荷。

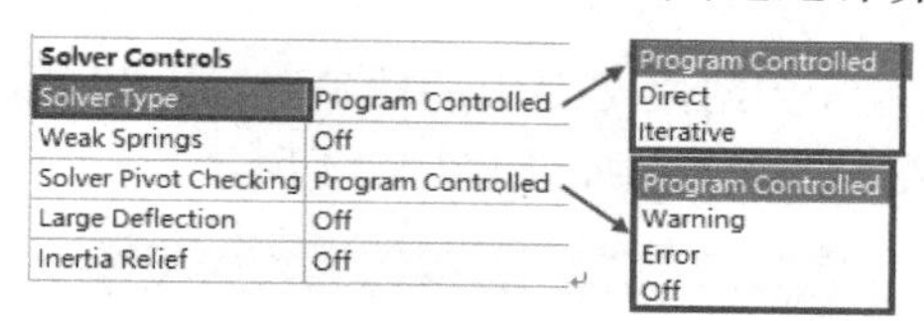

图 5-11　求解控制

（3）非线性控制。

求解结构非线性或瞬态分析的每一个子步都会进行平衡迭代。只有当失衡载荷（Out-Of-Balance Loads）小于指定的收敛准则时求解才会成功。收敛准则包括力收敛、力矩收敛、位移收敛、转动收敛。可以设置这些收敛为 Program Controlled、On、Remove，如图 5-12 所示。【Line Search】可以用于增强收敛，但这会消耗较多资源。不稳定问题常会由于小的载荷增量引起大位移，进而导致收敛困难。非线性稳定技术【Stabilization】可以用于获取收敛。非线性稳定性可以理解成在系统的所有节点上施加人为阻尼。在任何自由度上不稳定系统都有由于大位移而产生大的阻尼/稳定力，该力可以减少位移进而使系统稳定。【Stabilization】下有 Off、Constant、Reduce 三种方式。

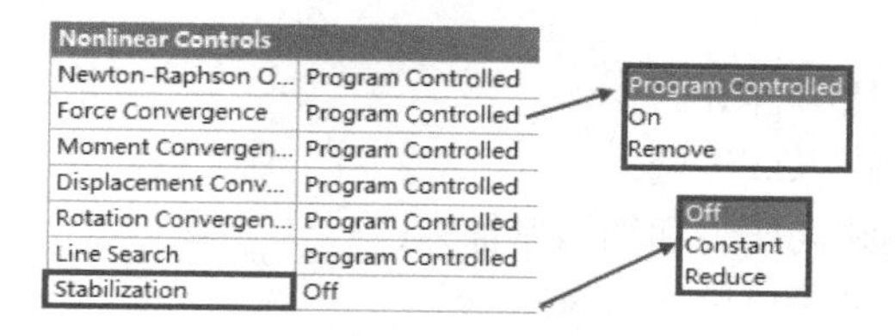

图 5-12　非线性控制

在 Static Structural 的树形窗下选择【Solution Information】后可以在 Details 面板的【Solution Output】中选择收敛对象，这样就可以在视图窗中显示收敛图。图 5-13 显示了力收敛图，其中 Force Convergence 表示残差，Force Criterion 表示收敛标准，只有当残差小于收敛标准时，子步才被认为是收敛的。

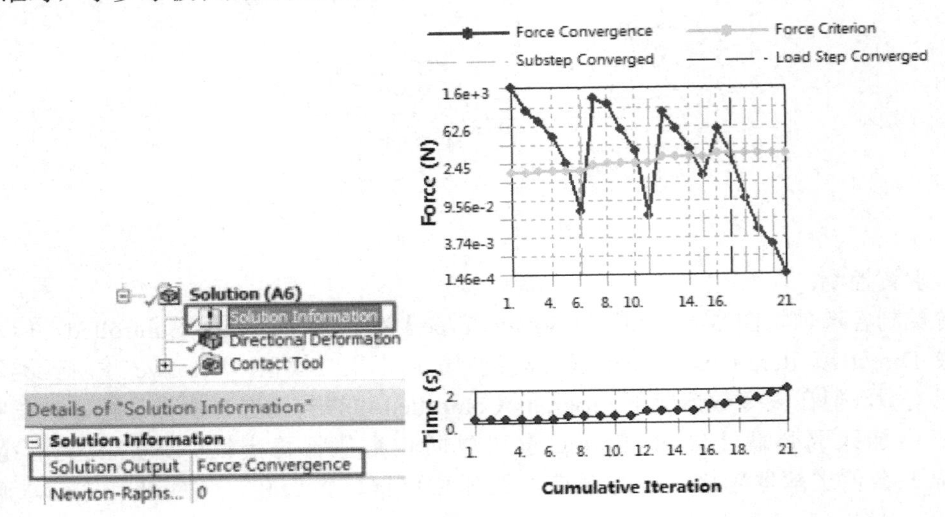

图 5-13　力收敛图

（4）输出控制。

输出控制可以用来确定写入到结果文件中的质量类型，以便用于后处理。通过设置 Yes 或 No 来将结果包含或排除在结果文件中，如图 5-14 所示。

Output Controls	
Stress	Yes
Strain	Yes
Nodal Forces	No
Contact Miscellaneous	No
General Miscellaneous	No
Store Results At	All Time Points

图 5-14　输出控制

5.3　接触

接触是随状态变化的非线性特征，也即系统刚度取决于零件间的接触状况。当向 Static Structural 平台导入装配体时，系统会探测两个独立的体相互接触（相切）的部分并自动创建接触（Contact）。

体或面接触包含以下几层含义：

- 两者之间不能互相嵌入或渗透；
- 两者之间可以传递法向压力和切向摩擦力；
- 对于线性分析，两者可以结合（Bonded）；
- 对于非线性分析，两者可以分离和碰撞。

物理上相互接触的体之间不会发生渗透，这也要求程序在两个面之间建立一定的关系以防止在分析时面之间互相贯穿。ANSYS Workbench 提供了各种接触算法来防止接触间的相互贯穿。接触类型包括 Bonded、No Separation、Frictionless、Rough、Frictional、Forced Frictional Sliding 六种。这六种接触类型的介绍已经在第四章的连接关系一节中给出，请读者自行查看。

5.3.1 接触算法

ANSYS Workbench 提供了 Augmented Lagrange（增强型拉格朗日法）、Pure Penalty（纯粹罚函数法）、MPC（多点约束方程）、Normal Lagrange（普通拉格朗日法）和 Beam（梁）。【Formulation】默认为 Program Controlled（程序控制），如图 5-15 所示。

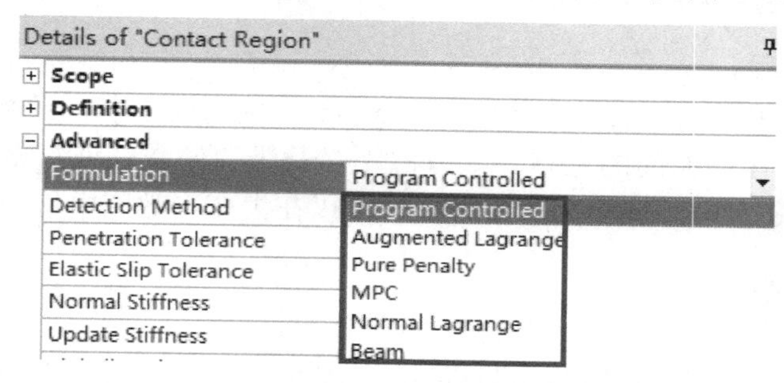

图 5-15 接触算法

（1）增强型拉格朗日法与纯粹罚函数法。

对于非线性体的面接触，可以使用增强型拉格朗日法或纯粹罚函数法。这两种方法都是基于罚函数方程：

$$\boldsymbol{F}_{\text{Normal}} = \boldsymbol{k}_{\text{Normal}} \boldsymbol{x}_{\text{Penetration}}$$

其中，$\boldsymbol{F}_{\text{Normal}}$——接触力；

$\boldsymbol{k}_{\text{Normal}}$——接触刚度；

$\boldsymbol{x}_{\text{Penetration}}$——穿透量。

理想情况下对于一个无限大的 $\boldsymbol{k}_{\text{Normal}}$，可以得到零穿透量，但这在基于罚函数方程的数值计算中是不现实的。虽然如此，只要 $\boldsymbol{x}_{\text{Penetration}}$ 足够小则求解结果仍然是精确的。

纯粹罚函数法和增强型拉格朗日法的主要区别在于增强型拉格朗日法加入了接触力（压力）：

纯粹罚函数法：$\boldsymbol{F}_{\text{Normal}} = \boldsymbol{k}_{\text{Normal}} \boldsymbol{x}_{\text{Penetration}}$

增强型拉格朗日法：$\boldsymbol{F}_{\text{Normal}} = \boldsymbol{k}_{\text{Normal}} \boldsymbol{x}_{\text{Penetration}} + \lambda$

由于加入了 λ，增强型拉格朗日法对接触刚度 $\boldsymbol{k}_{\text{Normal}}$ 敏感度较纯粹罚函数法低。

（2）普通拉格朗日法。

普通拉格朗日法添加额外的自由度来满足接触协调性。普通拉格朗日法并不通过接触刚度和穿透量来计算接触力（接触压力），而是通过求解一个额外的自由度来计算接触力（接触压力）。

$$\boldsymbol{F}_{\text{Normal}} = \boldsymbol{DOF}$$

通过普通拉格朗日法可以得到零或接近零的穿透量。基于这个特点，采用普通拉格朗日法有时会导致收敛。图 5-16 和图 5-17 显示了普通拉格朗日法和基于罚函数法的接触状态。

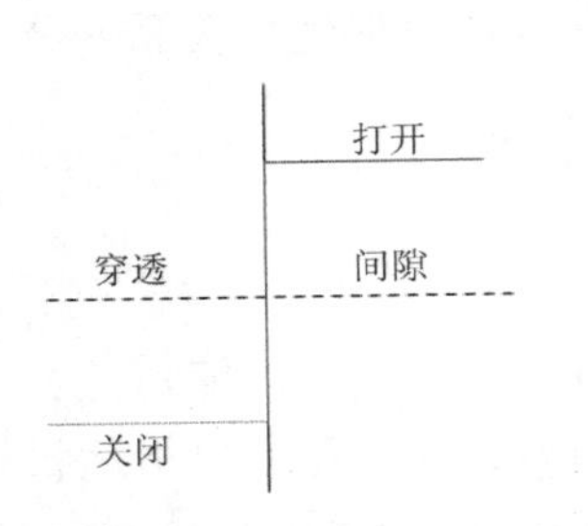

图 5-16　普通拉格朗日法接触状态

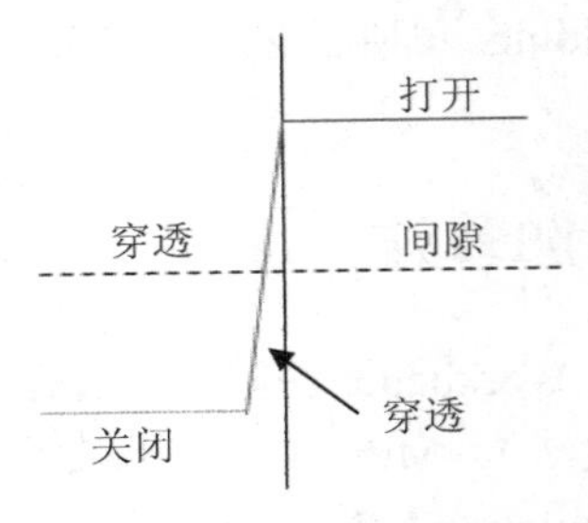

图 5-17　基于罚函数法接触状态

（3）多点约束方程。

多点约束方程适用于 Bonded 或 No Separation 的接触类型中。多点约束方程法增加了约束方程来“系住”接触面间的位移。该方法不是基于罚函数法或拉格朗日法，这是一种直接有效处理 Bonded 接触区域相关面的方法，可以在大变形效应中使用该方法。

5.3.2　弹球区域

初始状态时，如果体之间是相互远离的，则程序不会将它们探测为接触，这时可以根据需要设定弹球区域（Pinball Region）来指定接触搜索的尺寸大小。如果两个区域是分离的，但用户却希望将它们指定为结合状态，则可以通过指定适当大的弹球区域来保证接触发生。对于 Bonded 或 No Separation 的接触类型，位于弹球区域内的区域将会被认为是接触，如图 5-18 右图所示。对于其他类型的接触，该选项就不是非常关键了，因为在确定两个体之间是否真的接触时会执行其他计算。弹球区域下有 3 个选项，分别是 Program Controlled、Auto Detection Value、Radius，如图 5-18 左图所示。其中 Auto Detection Value 只对自动生成的接触有效，这时的接触区域等效于生成接触的容差值（Tolerance），该值是个只读选项。推荐 Auto Detection Value 使用在自动接触探测区域大于程序控制区域的情况，在这种情况下自动检测出的某些接触对在求解时不会被当做接触处理。可以通过设置 Radius 来指定弹球区域。

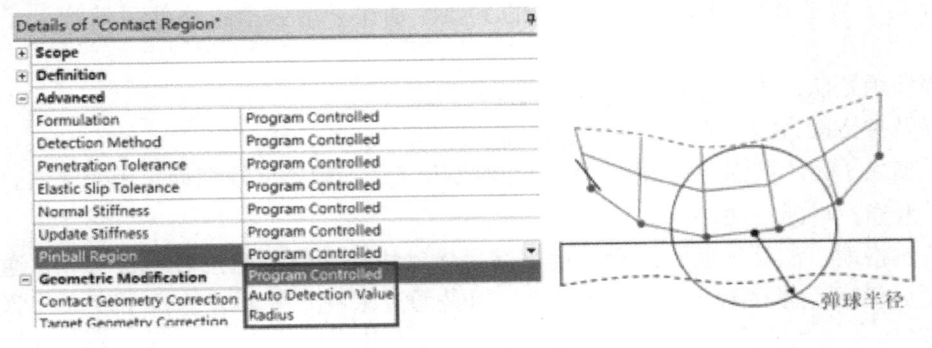

图 5-18　弹球区域

5.3.3 接触行为

在 Contact Region 的 Details 面板中可以选择接触面（Contact Bodies）和目标面（Target Bodies），如图 5-19 所示。在视图窗中接触面显示为红色，目标面显示为蓝色。

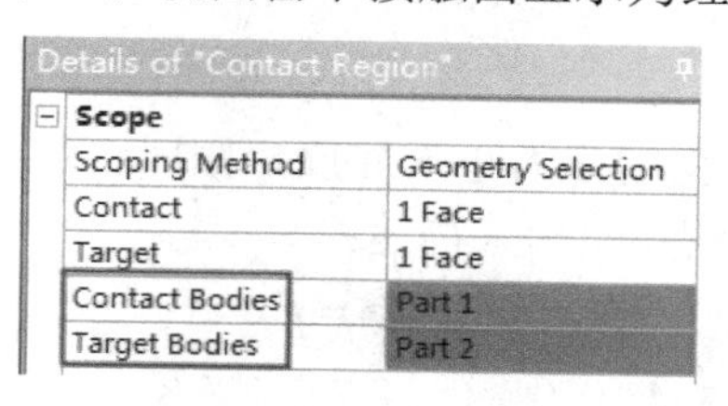

图 5-19　接触面与目标面选择

在 Contact Region 的 Details 面板中可以设置接触行为为对称（Symmetric）、非对称（Asymmetric）、自动对称（Auto Asymmetric）或程序控制（Program Controlled），如图 5-20 所示。对称行为表示接触面被限制住以防止渗透到目标面，同时目标面也被限制住以防止渗透到接触面。非对称和自动对称行为表示只限制住接触面以防止渗透到目标面中。自动对称行为中，程序内部可能会自动反转接触面和目标面。虽然面被限制住以防止互相渗透，但需要记住在罚函数的接触算法中，仍然可能发生少量的渗透。

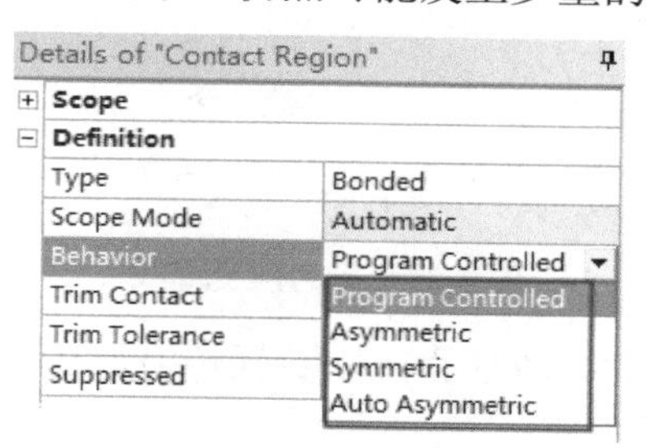

图 5-20　接触行为设置

对于非对称行为，接触面节点不会渗透到目标面上，但是目标面节点却可以渗透到接触面。图 5-21 左图上部分是接触面网格，其节点不会渗透到目标面，因此这种接触设置是正确的。图 5-21 右图下部分是接触面网格，虽然接触面节点不会渗透到目标面，但是目标面节点却渗透到了接触面。

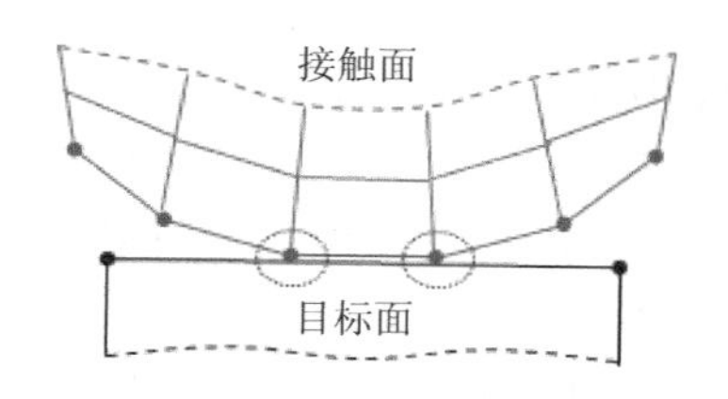

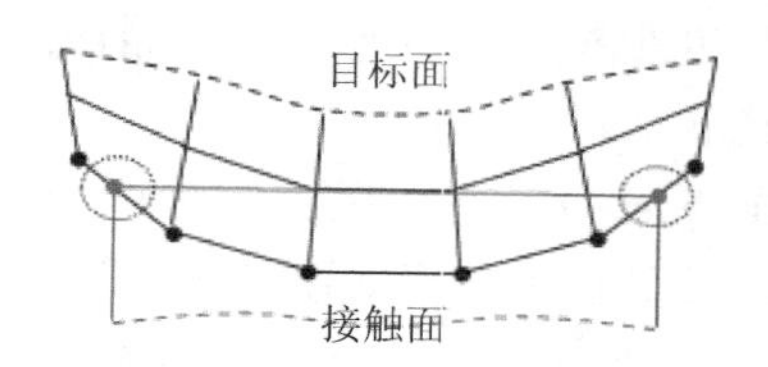

图 5-21　非对称接触行为

以下几点可以作为选择接触面的参考：

- 如果一个凸面接触一个平或凸面，则该平或凸面应该作为目标面；
- 如果一个面网格粗糙而另一个面网格精细，则应该选择网格粗糙的面作为目标面；

- 如果一个面比另一个面更硬，则应该选择硬面作为目标面；
- 如果一个面是高阶，另一个面是低阶，则低阶面应该作为目标面；
- 如果一个面比另一个面大，则应该选择大的面作为目标面。

5.4 塑性变形

对于弹性响应，当材料承受的应力小于屈服极限时，移除载荷后材料会恢复到原来的状态。材料的弹性行为可以用胡克定理来描述：

$$\boldsymbol{\sigma} = \boldsymbol{E\varepsilon}$$

其中，$\boldsymbol{\sigma}$——应力，$\boldsymbol{E}$——杨氏模量，$\boldsymbol{\varepsilon}$——应变。

当韧性材料承受的应力超过弹性极限时会发生屈服，产生永久性变形。图 5-22 显示了韧性材料典型的应力应变曲线，可以看出在塑性变形阶段移除载荷后，材料发生了永久变形。发生微小变形即被破坏的材料称为脆性材料。韧性材料在很多方面的安全性比脆性材料高。

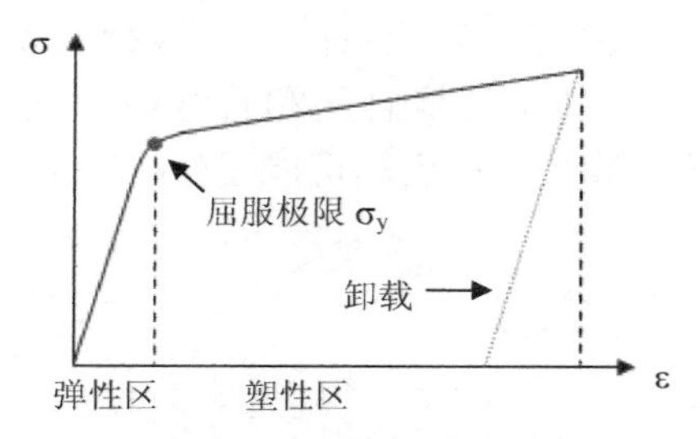

图 5-22　应力应变曲线

可以通过以下公式来近似将工程应力应变数据转换为真实的应力应变值：

- 当应变达到两倍屈服应变时：

$$\boldsymbol{\sigma} = \boldsymbol{\sigma}_{eng}，\quad \boldsymbol{\varepsilon} = \boldsymbol{\varepsilon}_{eng}$$

- 当发生颈缩（necking）时：

$$\boldsymbol{\sigma} = \boldsymbol{\sigma}_{eng}(1+\boldsymbol{\varepsilon}_{eng})，\quad \boldsymbol{\varepsilon} = \ln(1+\boldsymbol{\varepsilon}_{eng})$$

5.4.1 三个塑性准则

下面介绍塑性的三个主要准则：屈服准则、硬化准则、流动准则。

（1）屈服准则。

通常情况下应力状态可以分解为两个部分：静水应力、偏应力。静水应力只引起体积改变；偏应力只引起角变形。图 5-23 显示了应力状态分解情况。

von Mises 屈服准则指出当单位体积的变形能（Distortion Energy）大于等于单轴被施加屈服应力后单位体积的变形能时；材料发生屈服。根据 von Mises 准则，等效应力为：

$$\boldsymbol{\sigma}_e = \sqrt{\frac{1}{2}[(\boldsymbol{\sigma}_1-\boldsymbol{\sigma}_2)^2+(\boldsymbol{\sigma}_2-\boldsymbol{\sigma}_3)^2+(\boldsymbol{\sigma}_3-\boldsymbol{\sigma}_1)^2]}$$

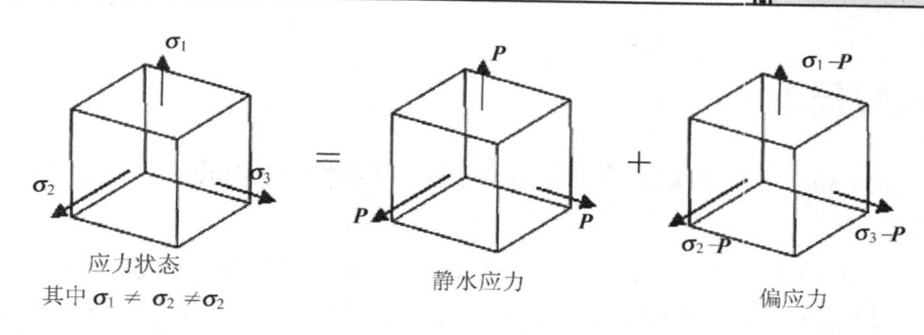

图 5-23　应力状态分解

（2）硬化准则。

硬化准则描述了由于塑性变形导致的屈服面改变（尺寸、中心、外形）。硬化准则确定了在继续施加载荷或反转载荷后，材料何时再次屈服。图 5-24 显示了硬化现象。

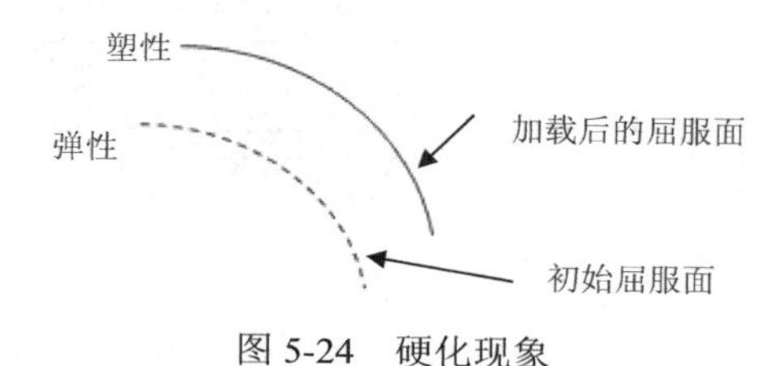

图 5-24　硬化现象

等向硬化（Isotropic hardening）和随动硬化（Kinematic hardening）是描述屈服面改变的两条基本规则。随动硬化在屈服面的尺寸上保持不变，但是屈服方向发生移动，如图 5-25 左图所示。等向硬化由于塑性流动使得屈服面在所有方向上同步扩展，如图 5-25 右图所示。材料初始时是各向同性，但是在屈服后就不再是各向同性同时表现出随动硬化现象。大多数材料在经历小的应变循环载荷时，表现出随动硬化现象，因此随动硬化通常使用在小应变、循环载荷中。在大应变仿真中，由于包辛格效应（Bauschinger Effect）随动硬化模型不再精确。

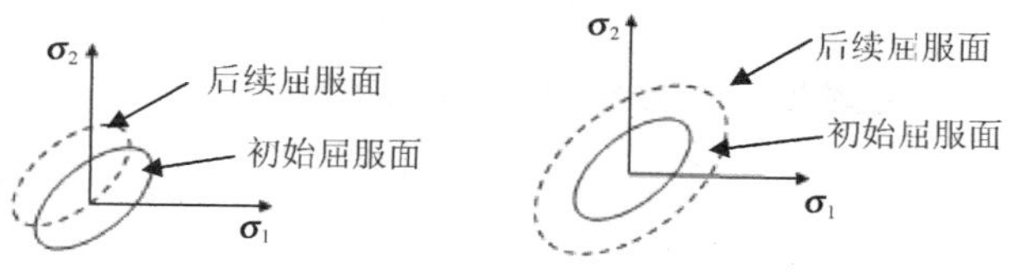

图 5-25　硬化准则

（3）流动准则。

塑性应变由流动准则给出：

$$d\boldsymbol{\varepsilon}^{pl} = d\lambda \frac{\partial \boldsymbol{Q}}{\partial \boldsymbol{\sigma}}$$

其中，$d\lambda$ ——塑性应变增量的幅值，$\boldsymbol{Q}$——塑性势（Plastic Potential）。

如果塑性应变增量垂直于屈服面，则模型有相关的流动准则。相关的流动准则通常用在金属建模中并赋予正比于应力增量的塑性应变增量。如果塑性势不正比于屈服面，则模型有不相关的流动准则，这种情况典型应用于泥土和颗粒物质；对不相关的流动准则，塑性应变增量的方向与应变增量方向不同。

5.4.2 材料数据输入

ANSYS Workbench 中有两种应力应变曲线：双线性（Bilinear）、多线性（Multiliner）如图 5-26 所示。

要在 ANSYS Workbench 的 Static Structural 平台添加塑性，需要展开工程数据界面中【Toolbox】下的【Plasticity】，根据实际情况选择硬化类型后右击选择 Include Property 即可添加塑性。图 5-27 中选择了多线性随动硬化的塑性类型。

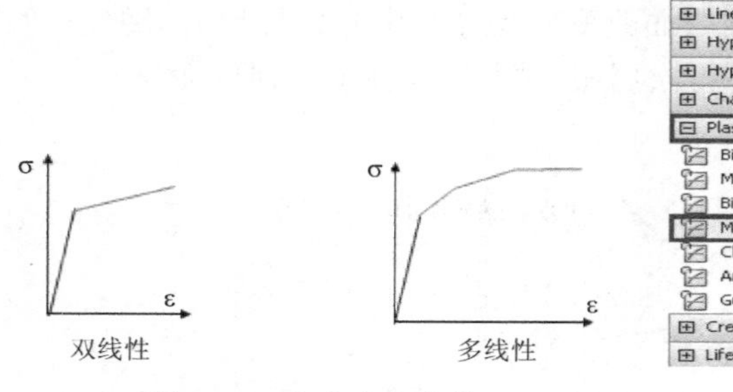

图 5-26 应力应变曲线

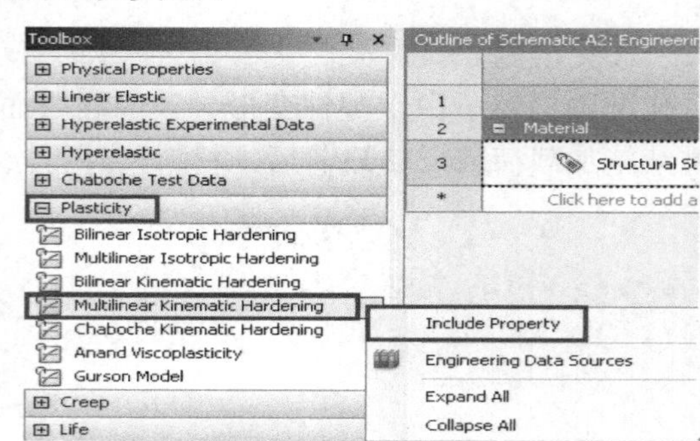

图 5-27 添加塑性

添加完塑性类型后，需要在数据属性窗口中输入某一温度下的应力应变值。图 5-28 中添加了三个温度值下的应力应变值并显示了 200℃时应力应变曲线。

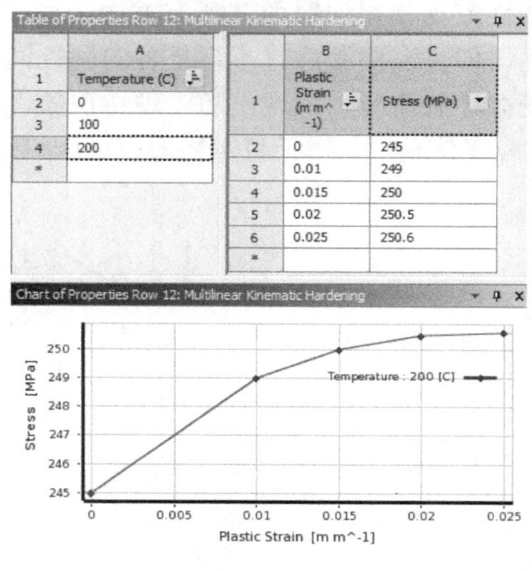

Table of Properties Row 12: Multilinear Kinematic Hardening

	A
1	Temperature (C)
2	0
3	100
4	200
*	

	B	C
1	Plastic Strain (m m^-1)	Stress (MPa)
2	0	245
3	0.01	249
4	0.015	250
5	0.02	250.5
6	0.025	250.6
*		

图 5-28 数据输入

5.5 超弹性

弹性体通常为聚合物，包括天然和人工合成的橡胶。在未变形时弹性体的分子链是高度扭曲缠绕并按任意方向分布。弹性体可以在 100%—700%的范围内进行可恢复的弹性变形。弹性体在承受载荷而变形时体积几乎不变，因此弹性体几乎是不可压缩的。弹性体的应力应变关系是高度非线性的。

超弹性（Hyperelasticity）材料是指材料在外力作用下，产生远超过弹性极限应变量的应变，而在移除载荷后可以恢复到原来状态的材料。超弹性模型中的材料响应可以是各项同性或各项异性，同时假定响应为等温的。超弹性可以用来分析橡胶等弹性材料经历大应变和位移，同时其体积几乎不变的情况。对材料添加超弹性属性的方法与添加塑性类似，这里不再赘述。

5.6　实例 1：弹簧片小变形与大变形

在本例中，我们将通过对弹簧片进行小变形和大变形求解来对比学习在 Static Structual 平台进行结构非线性分析的操作方法。

1. 实例概述

本案例对同一个弹簧片在相同的载荷和边界约束条件下使用小变形理论和大变形理论分别求解变形量来对比两个分析的差别。弹簧片模型如图 5-29 所示，模型使用结构钢，在 A 端施加一个固定约束，在对立面 B 端施加 8MPa 的压力。首先进行小变形求解，作为对比，在相同条件下进行大变形求解并对比两个的应力云图和总变形云图。

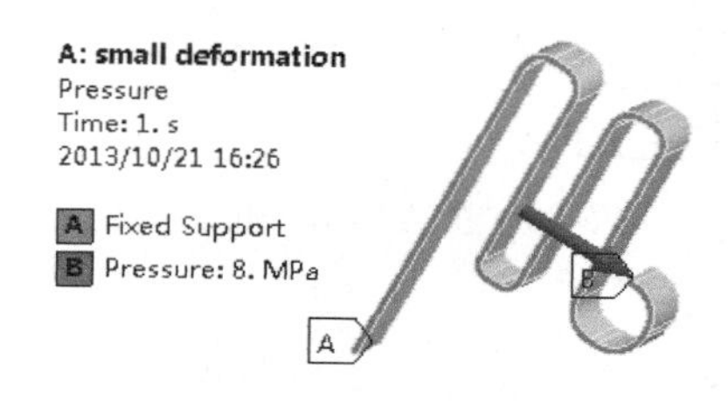

图 5-29　弹簧片模型

在本例中，首先定义材料为结构钢并设置杨氏模量和泊松比。将几何文件导入后，在 Static Structural 平台对弹簧片采取自动网格划分并施加体尺寸和边尺寸网格控制。网格划分完毕后对弹簧片 A 端施加固定约束，对弹簧片 B 端施加 8MPa 的压力，并设置总变形和等效应力求解项。为了对比小变形和大变形的求解结果，需要分别将【Analysis Settings】下的【Large Deflection】设置为 Off 和 On。求解结果后对比查看云图和运算迭代次数。

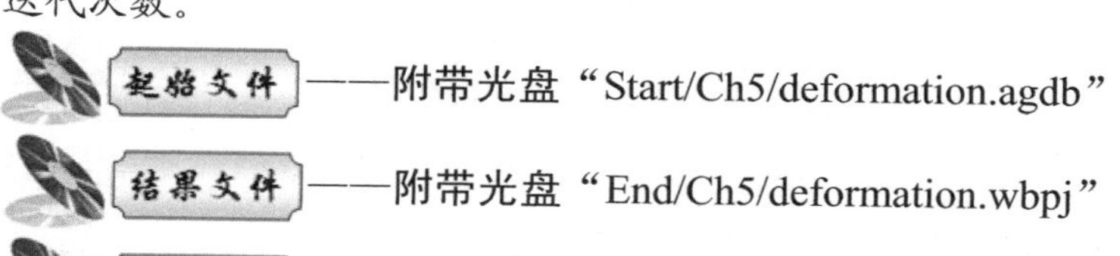

起始文件——附带光盘“Start/Ch5/deformation.agdb”

结果文件——附带光盘“End/Ch5/deformation.wbpj”

动画演示——附带光盘“AVI/Ch5/deformation.avi”

2. 操作步骤

（1）新建【Static Structural】。

打开 Workbench 程序，将【Toolbox】目录下【Analysis Systems】中的【Static Structural】拖入项目流程图，如图 5-30 所示。将项目 A 重命名为 Small Deformation 并保存工程文件为 deformation.wbpj。

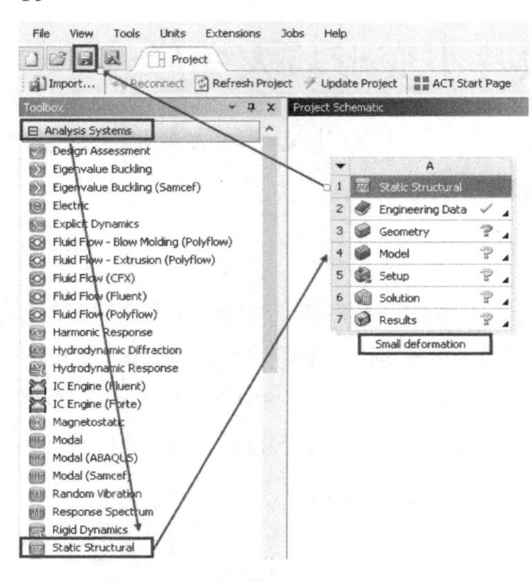

图 5-30 新建 Static Structural

（2）添加材料。

双击 A2 单元格【Engineering Data】进入工程数据窗口后，选中【Outline of Schematic A2:Engineering Data】下的 Structural Steel（结构钢），可以在【Properties of Outline Row1】中查看材料的线性属性。其中 Young's Modulus（杨氏模量）为 2×10^5MPa，Poisson's Ratio（泊松比）为 0.3，如图 5-31 所示，如果不是这些值请直接修改。用户如果发现杨氏模量后面的单位不是 MPa，可以执行菜单栏【Units】→【Metric（toonne,mm,s,℃,mA,N,mV）】来切换。最后选择【Project】返回到主界面。

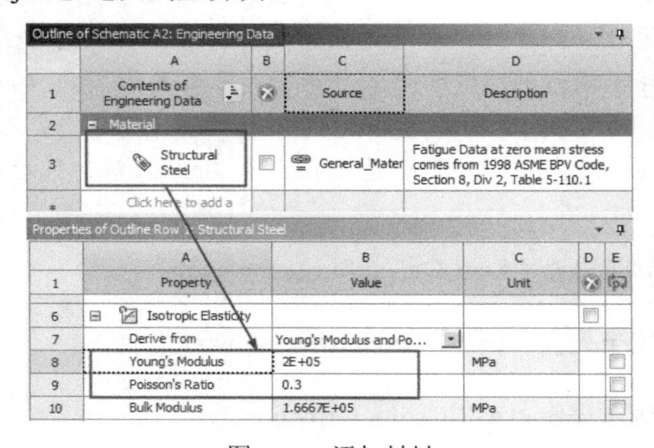

图 5-31 添加材料

（3）导入几何体文件。

右击 A3 单元格【Geometry】选择【Import Geometry/Browse】，选择几何文件 deformation.agdb，如图 5-32 所示。

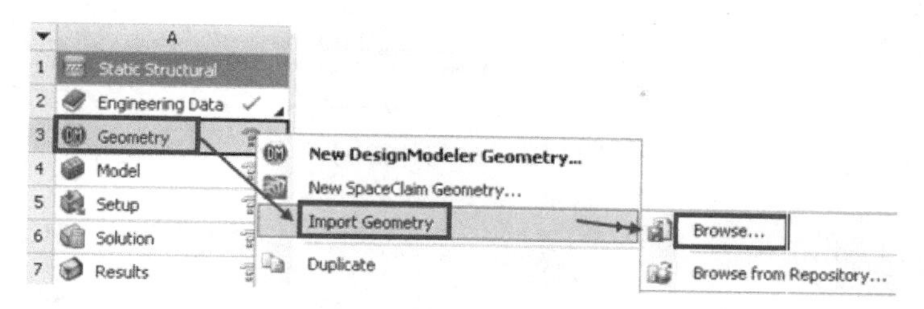

图 5-32　导入几何体文件

（4）进入 Static Structural 平台并配置单位。

在【Project Schematic】中双击 A4 单元格【Model】，进入 Static Structural 结构静力平台后执行【Units】→【Metric（mm,kg,N,s,mV,mA）】，如图 5-33 所示。

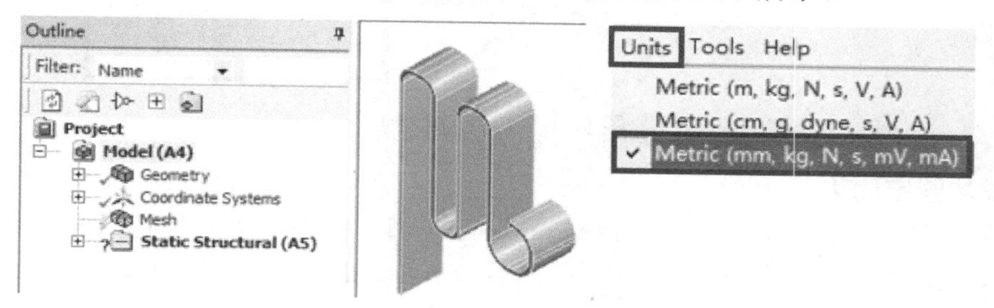

图 5-33　Static Structural 平台

（5）划分网格。

右击树形窗下的【Mesh】并选择【Insert/Method】，选中整个体然后单击 Details 面板的【Apply】并将【Method】设置为 Automatic 如图 5-34 所示。

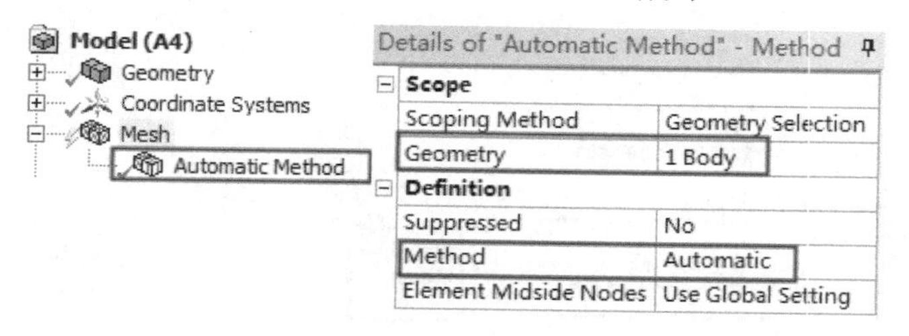

图 5-34　自动网格划分

同样方法第二次右击【Mesh】并选择【Insert/Sizing】，选中整个体然后单击 Details 面板的【Apply】，设置【Element Size】为 2mm，【Behavior】为 Hard，如图 5-35 所示。

同样方法再次右击【Mesh】并选择【Insert/Sizing】，选择如图 5-36 所示的 4 条边后单击 Details 面板中的【Apply】，设置【Behavior】为 Hard，【Bias Type】，如图 5-36 所示，【Bias Factor】为 10。

设置完三种网格划分方式后，右击【Mesh】选择 Generate Mesh 生成网格。

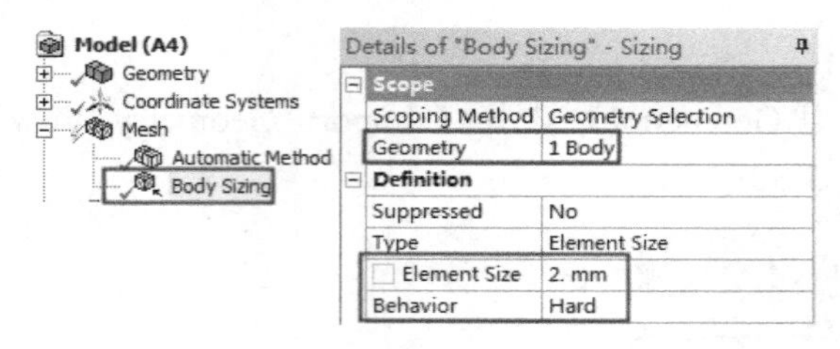

图 5-35　体尺寸控制

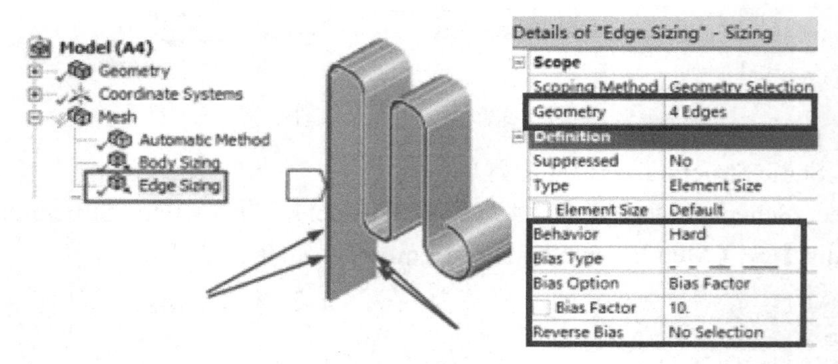

图 5-36　边尺寸控制

（6）添加固定约束。

首先选中树形窗中的【Static Structural（A5）】然后执行工具栏【Supports】下的【Fixed Support】，设置面过滤器，选择图示的面后单击 Details 面板中的 Apply，如图 5-37 所示。

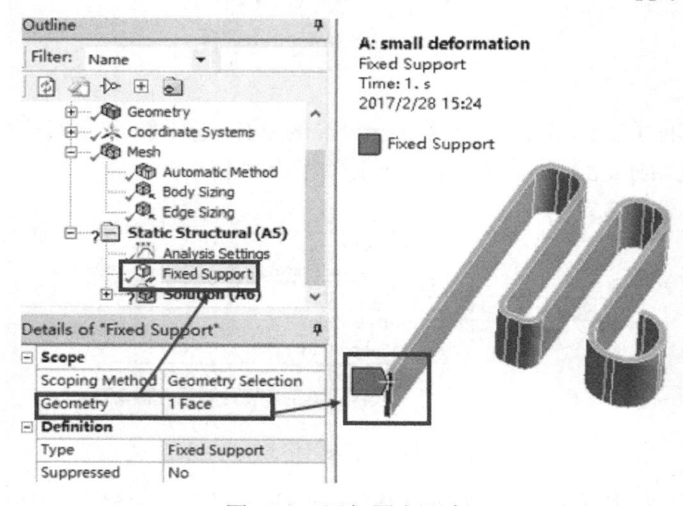

图 5-37　添加固定约束

（7）施加压力。

选中树形窗下的【Static Structural（A5）】然后单击工具栏【Loads】下的 Pressure 插入一个压力。在视图窗选中受力面，如图 5-38 所示，在 Details 面板中单击 Apply，并设置压力值【Magnitude】为 8MPa。

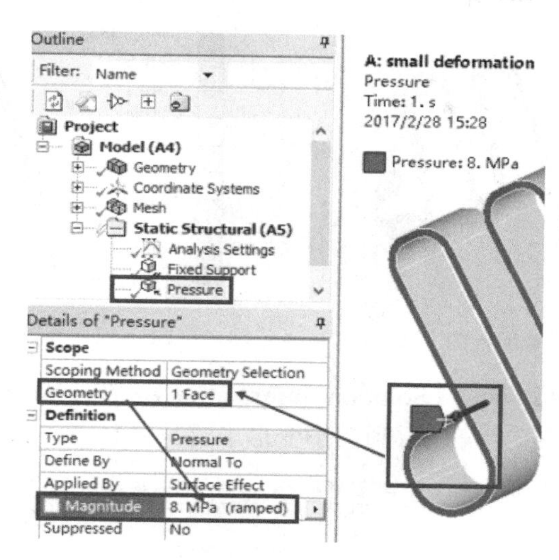

图 5-38　施加压力

（8）分析设置。

选中树形窗中【Static Structural（A5）】下的【Analysis Settings】，在 Details 面板中设置【Auto Time Stepping】为 Program Controlled，【Large Deflection】为 Off，如图 5-39 所示。这样设置的目的是可以进行小变形分析。

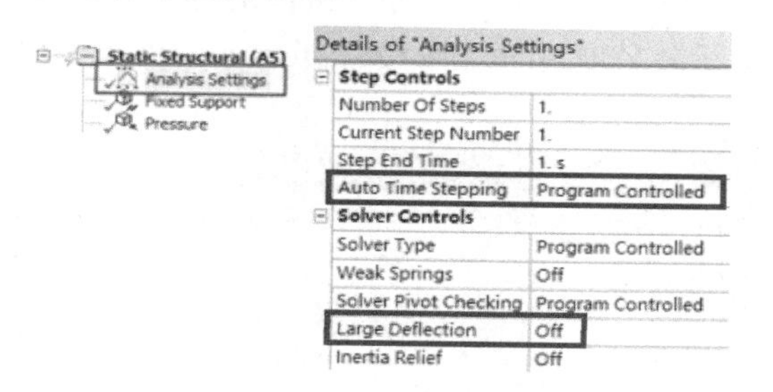

图 5-39　分析设置

（9）设置求解项并求解。

选中树形窗下的【Solution（A6）】然后单击工具栏【Deformation】下的 Total（总变形）和【Stress】下的 Equivalent（von-Mises）（等效应力）如图 5-40 所示。最后右击【Solution（A6）】选择 Solve 进行求解。

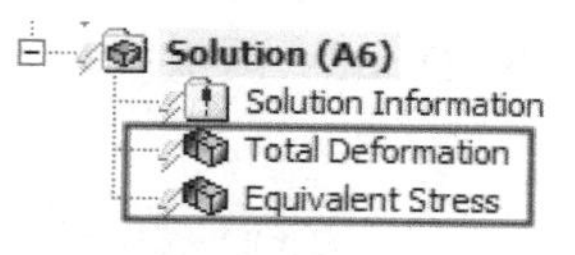

图 5-40　设置求解项

（10）结果显示。

选中【Solution（A6）】下的【Total Deformation】可以查看部件的总变形云图如图 5-41 所示；选中【Solution（A6）】下的【Equivalent Stress】可以查看部件的等效应力云图，如图 5-42 所示。从两幅云图可以看出最大变形量为 13.619mm，最大等效应力为 1469.5MPa。

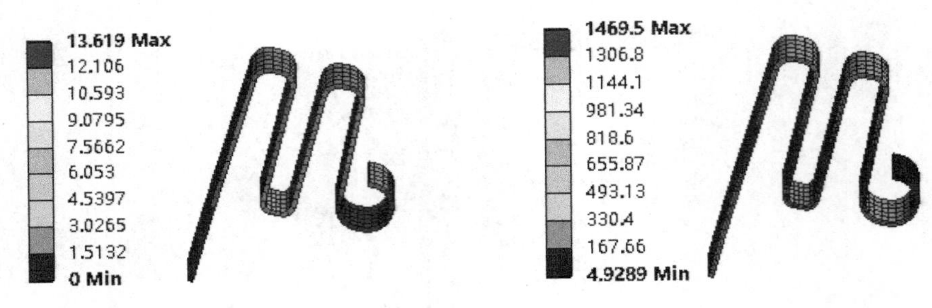

图 5-41　总变形云图　　　图 5-42　等效应力云图

选中【Solution（A6）】下的【Solution Information】，在【Worksheet】中可以查看求解的迭代次数，如图 5-43 所示。可以看到在小变形求解只进行了一次迭代运算。

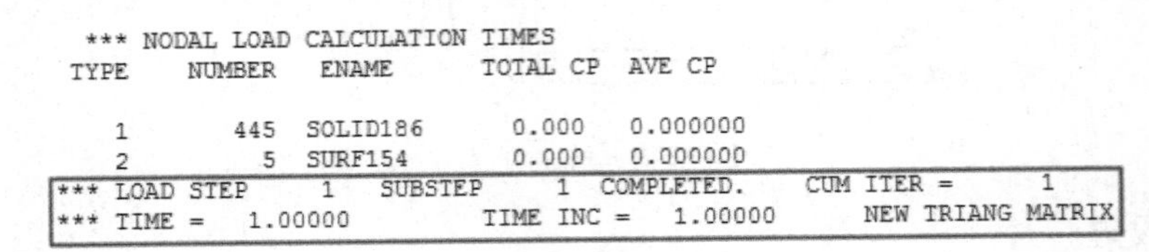

```
  *** NODAL LOAD CALCULATION TIMES
 TYPE    NUMBER   ENAME      TOTAL CP  AVE CP

   1        445  SOLID186     0.000   0.000000
   2          5  SURF154      0.000   0.000000
*** LOAD STEP     1   SUBSTEP     1  COMPLETED.    CUM ITER =      1
*** TIME =   1.00000        TIME INC =   1.00000       NEW TRIANG MATRIX
```

图 5-43　求解信息

（11）为大变形创建新项目。

关闭 Static Structural 平台返回到 Project Schematic 主界面。右击 A4 单元格选择 Duplicate 复制新项目并重新命名项目 B 为 large deformation，如图 5-44 所示。

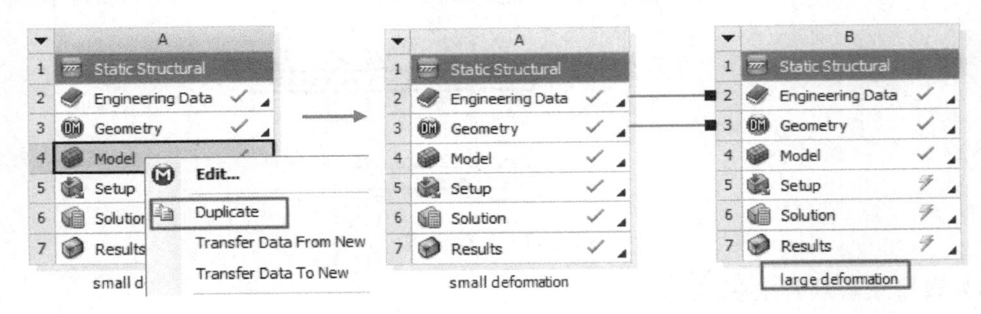

图 5-44　创建新项目

（12）单元控制。

在【Project Schematic】中双击 B4 单元格【Model】，进入 Static Structural 结构静力平台。选中树形窗下的【Geometry】，在 Details 面板中设置【Element Control】为 Manual，如图 5-45 所示。

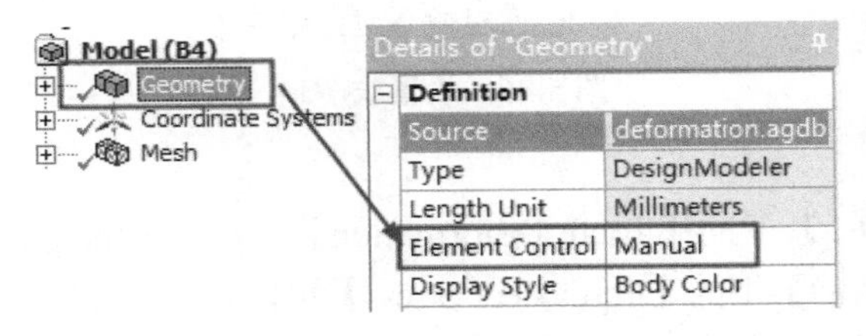

图 5-45　单元控制

视频教学

（13）大变形分析设置。

选中树形窗中【Static Structural（B5）】下的【Analysis Settings】，在 Details 面板中设置【Large Deflection】为 On，如图 5-46 所示。这样设置的目的是可以进行大变形分析。

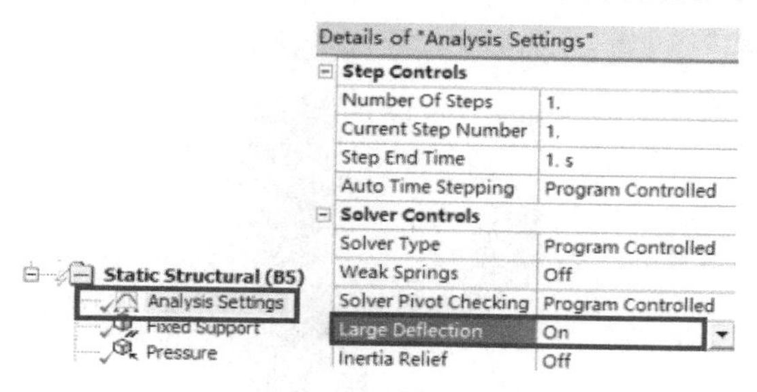

图 5-46　大变形分析设置

（14）求解并显示结果。

右击【Solution（B6）】选择 Solve 进行求解。选中【Solution（B6）】下的【Total Deformation】可以查看部件的总变形云图，如图 5-47 所示；选中【Solution（B6）】下的【Equivalent Stress】可以查看部件的等效应力云图，如图 5-48 所示。从两幅云图可以看出最大变形量为 14.07mm，最大等效应力为 1177.77MPa。

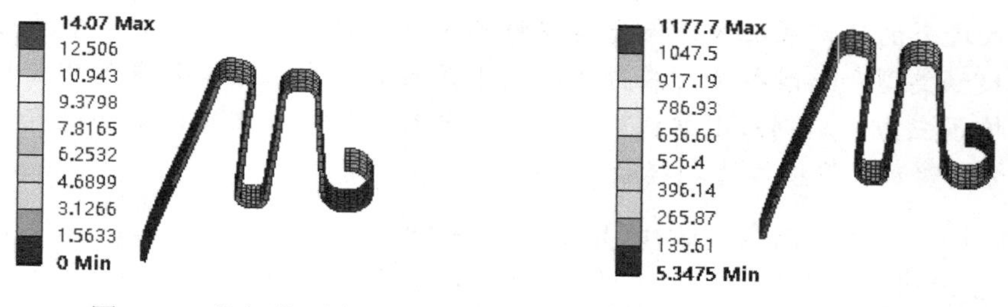

图 5-47　总变形云图　　　　图 5-48　等效应力云图

选中【Solution（B6）】下的【Solution Information】，在【Worksheet】中可以查看求解的迭代次数，如图 5-49 所示。可以看到在大变形求解进行了 16 次迭代运算。

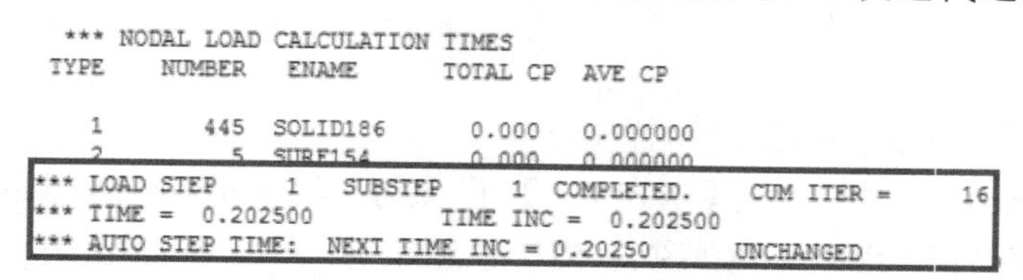

```
 *** NODAL LOAD CALCULATION TIMES
 TYPE    NUMBER   ENAME      TOTAL CP  AVE CP

    1       445   SOLID186      0.000   0.000000
    2         5   SURF154       0.000   0.000000
*** LOAD STEP     1   SUBSTEP     1  COMPLETED.    CUM ITER =     16
*** TIME =   0.202500         TIME INC =   0.202500
*** AUTO STEP TIME:  NEXT TIME INC = 0.20250      UNCHANGED
```

图 5-49　大变形求解信息

（15）关闭 Static Structural，保存项目并退出程序。

5.7　实例 2：装配接触

本例中，在 Static Structual 中对管道夹紧装置施加装配接触和螺栓预应力来学习结构非线性分析的操作方法。

1．实例概述

图 5-50 是管道夹紧装配体，本例我们的目标是在夹紧装置拧紧的情况下确定铜合金管道部分的应力及其方向变形。

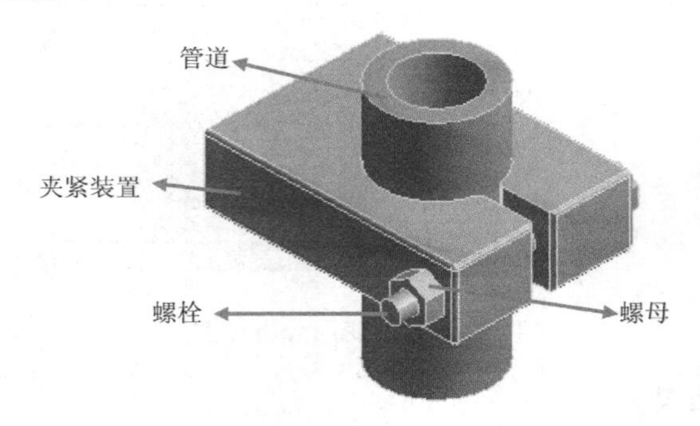

图 5-50　管道夹紧装配体

对于导入进来的外部装配体，首先需要对不同部件分配不同的材料，然后根据实际接触情况设置接触类型和接触行为。在分析设置中开启大变形，第一步施加螺栓预应力，第二步锁定螺栓预应力。本例采用默认网格设置，之后通过施加固定约束和设置求解项可以得到管道的方向变形、摩擦应力和接触应力云图。

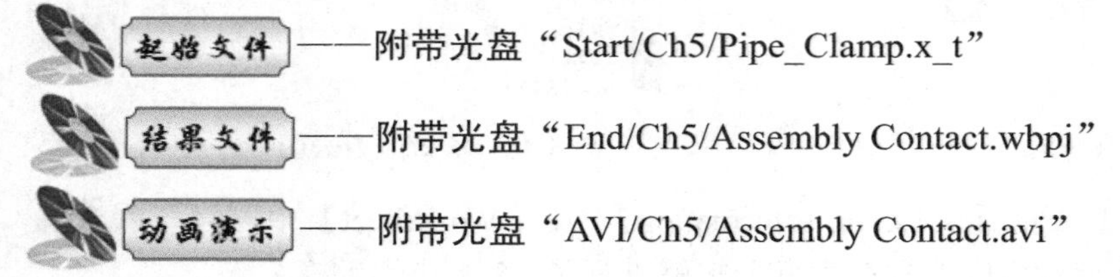

——附带光盘“Start/Ch5/Pipe_Clamp.x_t”

——附带光盘“End/Ch5/Assembly Contact.wbpj”

——附带光盘“AVI/Ch5/Assembly Contact.avi”

2．操作步骤

（1）新建【Static Structural】，并配置单位。

打开 Workbench 程序，将【Toolbox】目录下【Analysis Systems】中的【Static Structural】拖入项目流程图，如图 5-51 左部分所示。保存工程文件为 Assembly Contact.wbpj 后，执行【Units】→【Metric（tonne,mm,s,℃,mA,N,mV）】和【Display Values in Project Units】，如图 5-51 右部分所示。

（2）添加材料。

双击 A2 单元格【Engineering Data】进入工程数据窗口后，右击【Outline of Schematic A2:Engineering Data】下的空白栏，并选择【Engineering Data Sources】，如图 5-52 所示。

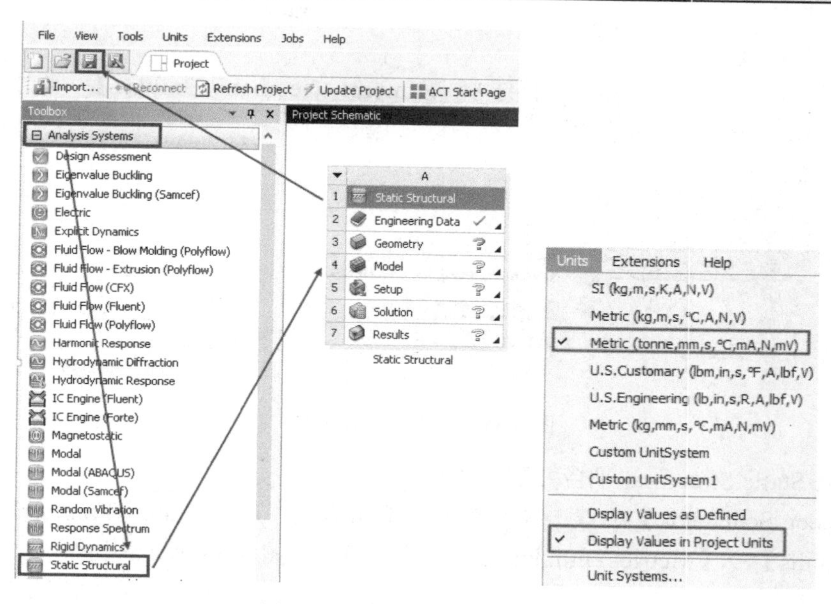

图 5-51　新建 Static Structural

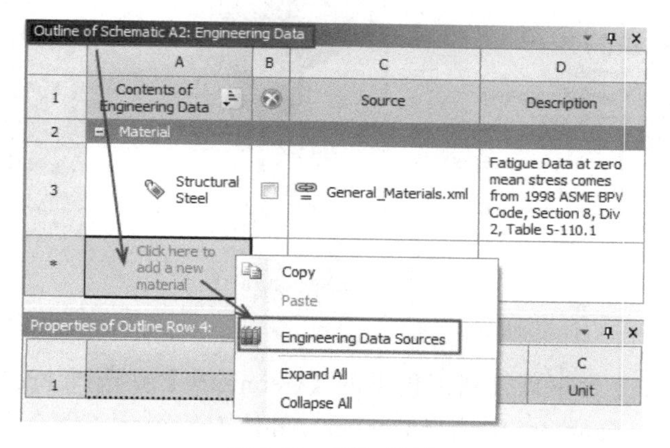

图 5-52　添加材料

进入工程数据源后，选中【Engineering Data Sources】下的【General Materials】，在【Outline of General Materials】中找到 Copper Alloy（铜合金）并单击 。出现的 表示添加材料成功。最后选择【Project】返回到主界面，如图 5-53 所示。

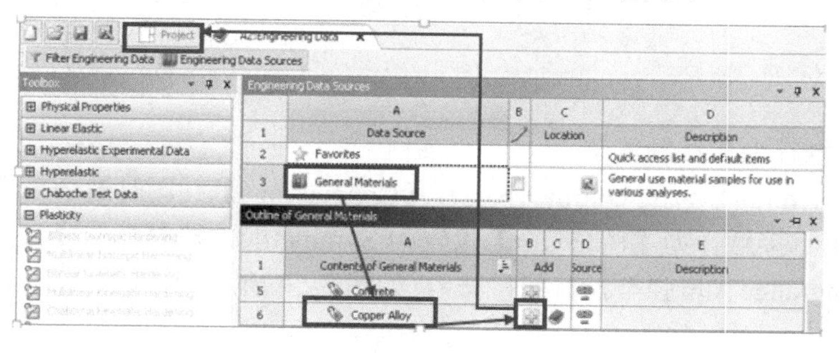

图 5-53　选择 Polyethylene

（3）导入几何体文件。

右击 A3 单元格【Geometry】选择【Import Geometry/Browse】，选择几何文件 Pipe_Clamp.x_t，如图 5-54 所示。

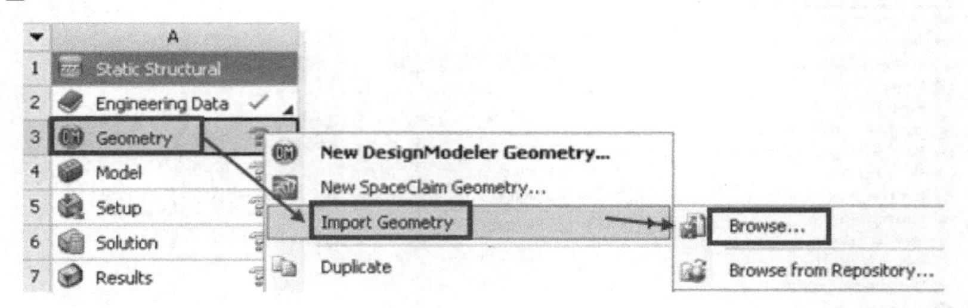

图 5-54　导入几何体文件

（4）进入 Static Structural 平台并配置单位。

在【Project Schematic】中双击 A4 单元格【Model】，进入 Static Structural 结构静力平台后执行【Units】→【Metric（mm,kg,N,s,mV,mA）】，如图 5-55 所示。

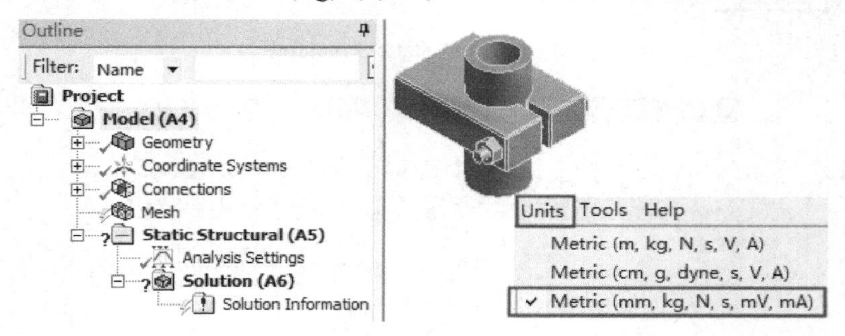

图 5-55　Static Structural 平台

（5）指定材料。

在 Static Structural 平台下展开树形窗下的【Geometry】并选择 Part2，然后在 Details 面板的 Material 选项下 Assignment 中选择 Copper Alloy 对管道赋予铜合金，如图 5-56 所示。其余三个体默认为 Structural Steel。

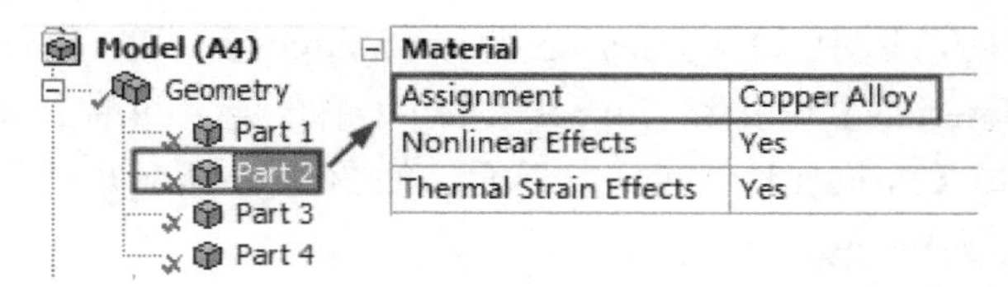

图 5-56　添加材料

（6）选择接触行为和接触算法。

在 Static Structural 平台的 Outline 下展开【Connections】并同时选中所有的接触，然后在 Details 面板中将接触行为【Behavior】设置为 Symmetric，接触算法【Formulation】设置为 Augmented Lagrange（增强型拉格朗日法），如图 5-57 所示。

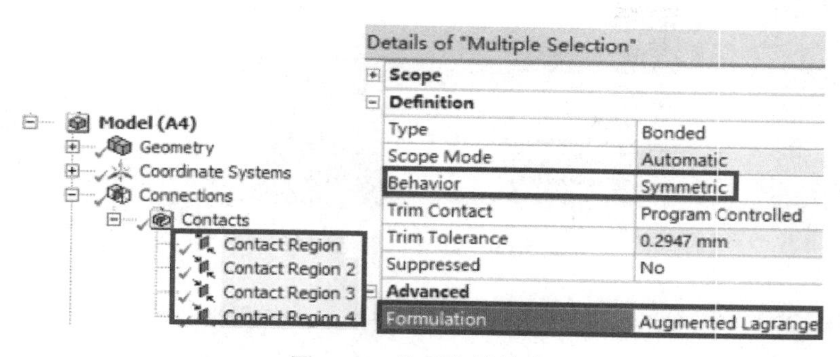

图 5-57 选择接触算法

（7）设置第一个接触类型。

选中树形窗 Contacts 下的第一个接触区域 Contact Region，这是管道和夹紧装置之间的接触。在 Details 面板中将【Type】设置为 Frictional，并设置摩擦系数【Friction Coefficient】为 0.4，如图 5-58 所示。

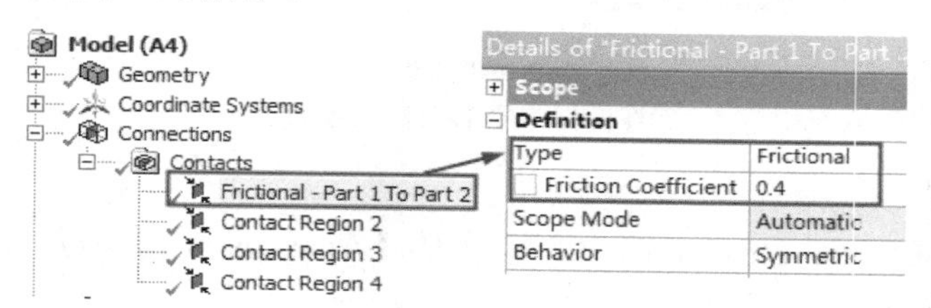

图 5-58 设置第一个接触类型

（8）设置第二个接触类型。

选中树形窗 Contacts 下的第二个接触区域 Contact Region2，这是螺栓和夹紧装置之间的接触。在 Details 面板中将【Type】设置为 No Separation，如图 5-59 所示。其余两个接触区域采用默认设置。

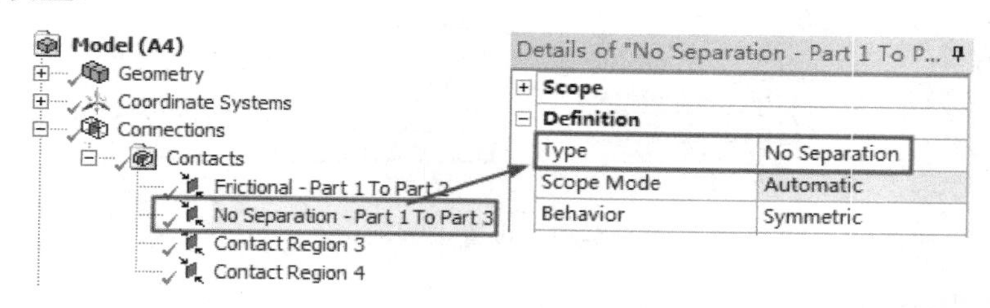

图 5-59 设置第二个接触类型

（9）建立局部坐标系。

在视图窗选择管道的内表面后，右击树形窗下的【Coordinate Systems】并选择 Insert/Coordinate System，如图 5-60 所示。

在 Details 面板中将【Type】设置为 Cylindrical，将主轴【Axis】设置成为 Z，【Define By】设置成 Geometry Selection，选中管道内表面后单击 Click to Change 后单击 Apply，如图 5-61 所示。创建的这个坐标系将用于后处理。

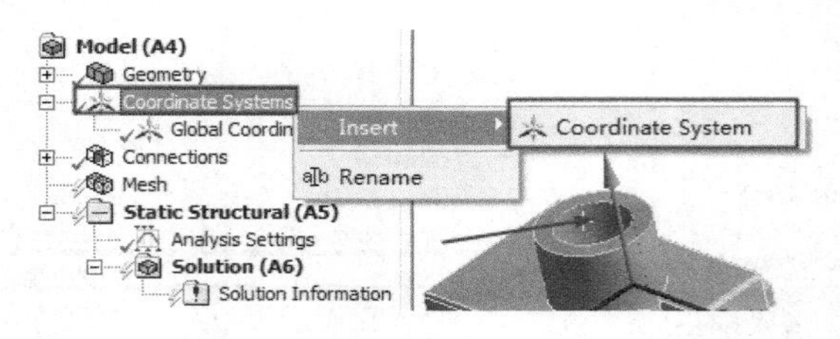

图 5-60　建立局部坐标系

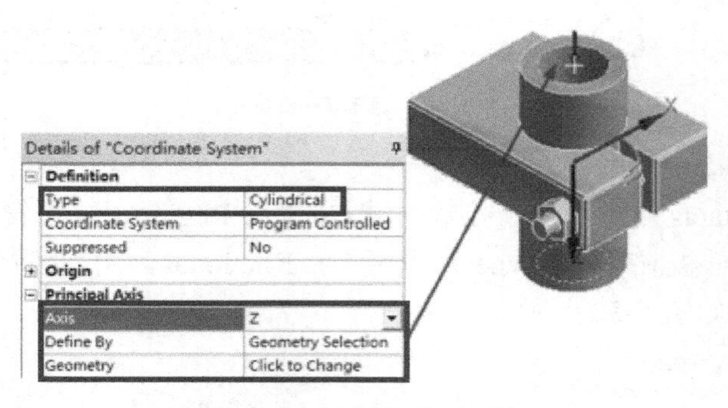

图 5-61　局部坐标系设置

（10）分析设置。

选中树形窗中【Static Structural（A5)】下的【Analysis Settings】，在 Details 面板中设置【Number Of steps】为 2，【Large Deflection】为 On，如图 5-62 所示。本分析分为两步施加载荷，第一步施加螺栓预应力，第二步锁定预应力为工作载荷。

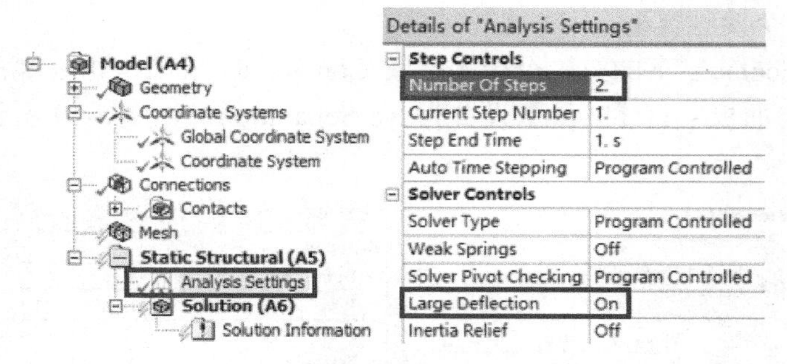

图 5-62　设置求解项

（11）添加固定约束。

首先选中树形窗中的【Static Structural（A5)】然后执行工具栏【Supports】下的 Fixed Support，设置面过滤器，选择图示的面后单击 Details 面板中的 Apply，如图 5-63 所示。

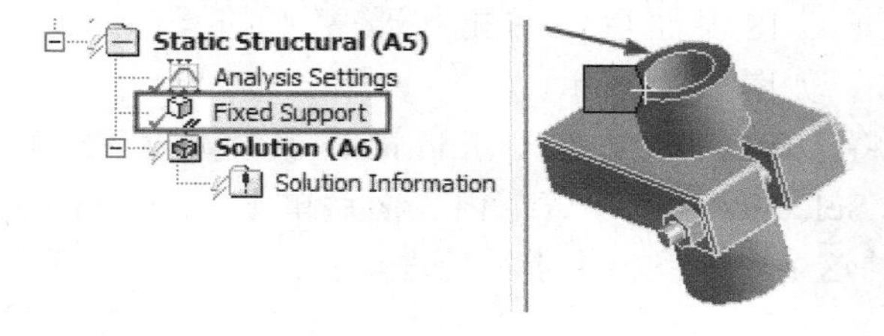

图 5-63　添加固定约束

（12）添加螺栓预应力。

选中树形窗中的【Static Structural（A5）】然后执行工具栏【Loads】下的 Bolt Pretension，设置面过滤器，选中如图 5-64 所示的螺栓外表面后单击 Details 面板中的 Apply。

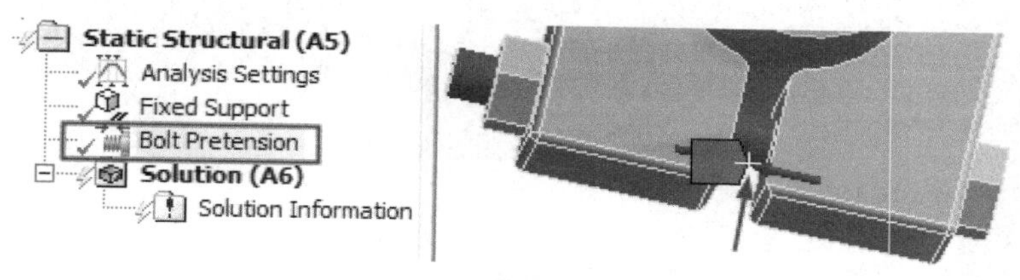

图 5-64　添加螺栓预应力

在 Details 面板中设置【Preload】为 1000N 作为载荷施加步 1，如图 5-65 所示。

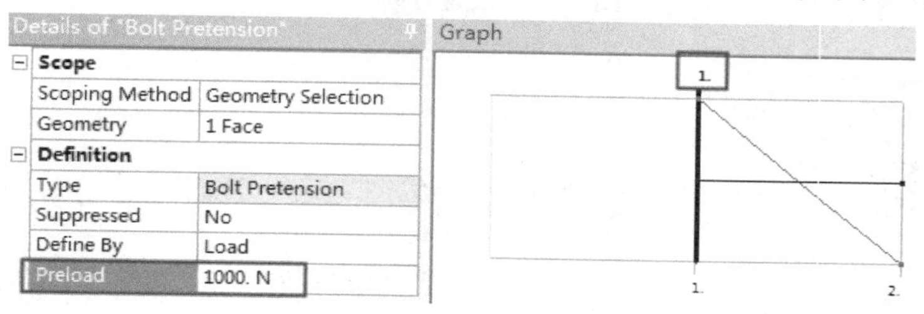

图 5-65　螺栓预应力设置 1

在【Graph】窗口中移动时间线到载荷步 2 后设置【Define By】为 Lock，如图 5-66 所示。

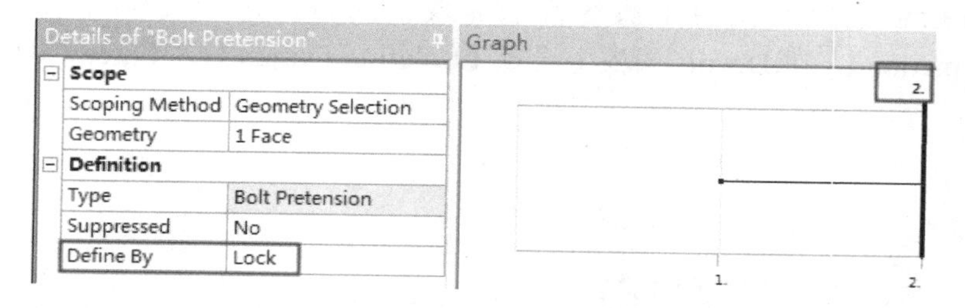

图 5-66　螺栓预应力设置 2

（13）设置求解项并求解。

选中树形窗下的【Solution（A6）】然后单击工具栏【Deformation】下的 Directional，切换体过滤器并选中管道，在 Details 面板下选中【Geometry】后单击 Apply，同时设置【Coordinate System】为 Coordinate System，如图 5-67 所示。

选中树形窗下的【Solution（A6）】然后单击工具栏【Tools】下的 Contact Tool，切换面过滤器并选中管道外表面，在 Details 面板下选中【Geometry】后单击 Apply，同时右击树形窗下的【Contact Tool】选择【Insert/Frictional Stress】和【Pressure】，如图 5-68 所示。最后右击【Solution（A6）】选择【Solve】进行求解。求解时间取决于计算机的硬件，可能会比较长。

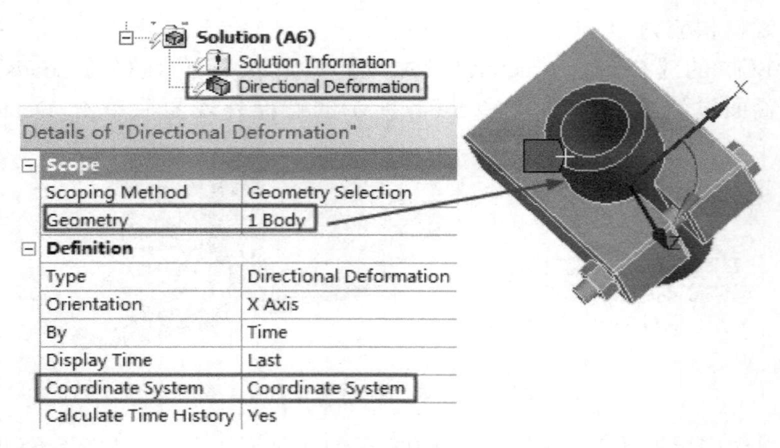

图 5-67　设置方向变形

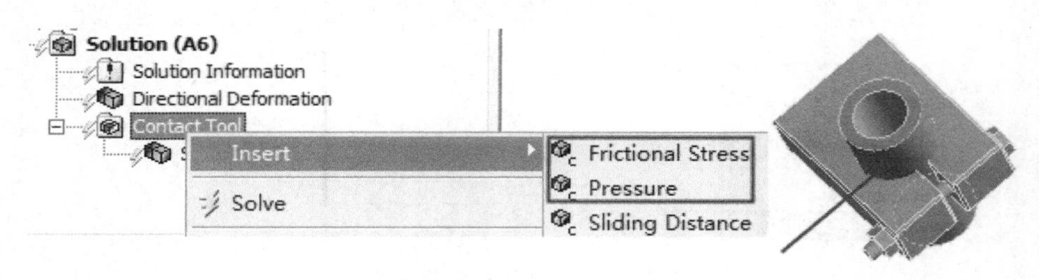

图 5-68　设置接触工具

（14）查看求解过程。

使用摩擦接触会触发使用平衡迭代的非线性求解，选中【Solution（A6）】下的【Solution Information】，在 Details 面板中设置【Solution Output】为 Force Convergence 后，可以查看求解过程，如图 5-69 所示。

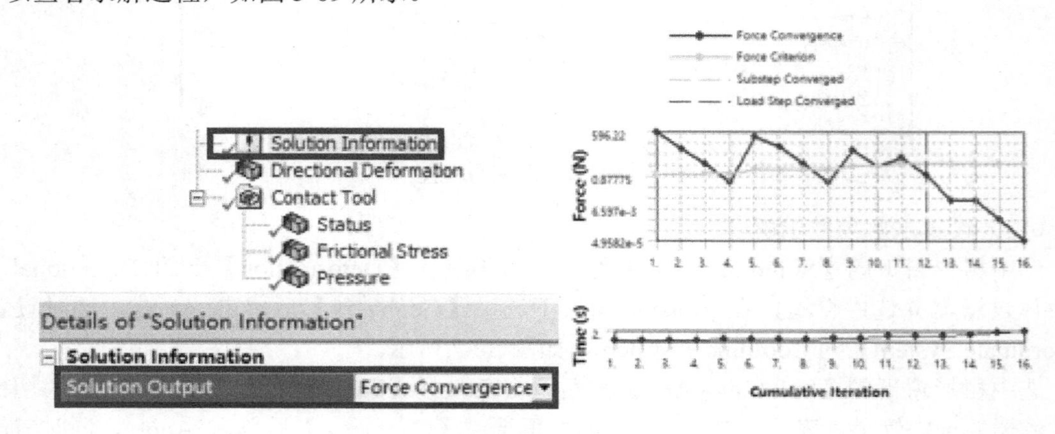

图 5-69　求解过程

（15）显示结果。

选中【Solution（A6）】下的【Directional Deformation】可以查看部件的方向变形云图，如图 5-70 所示；选中【Solution（A6）】下【Contact Tool】中的【Frictional Stress】可以查

看部件的摩擦应力云图，如图 5-71 所示；选择【Pressure】可以查看接触压力云图，如图 5-72 所示。

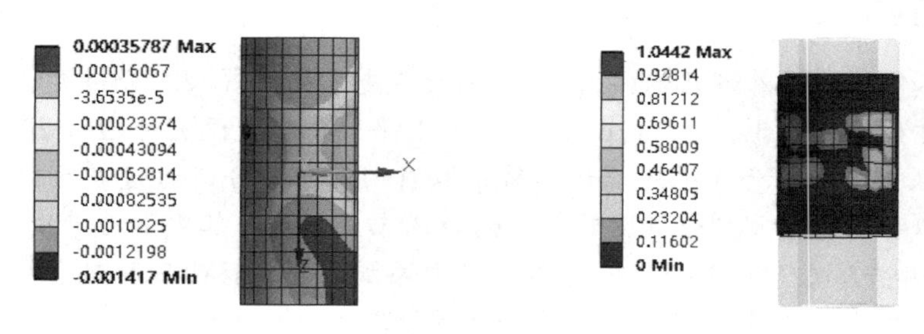

图 5-70　X 方向变形云图　　　图 5-71　摩擦应力云图

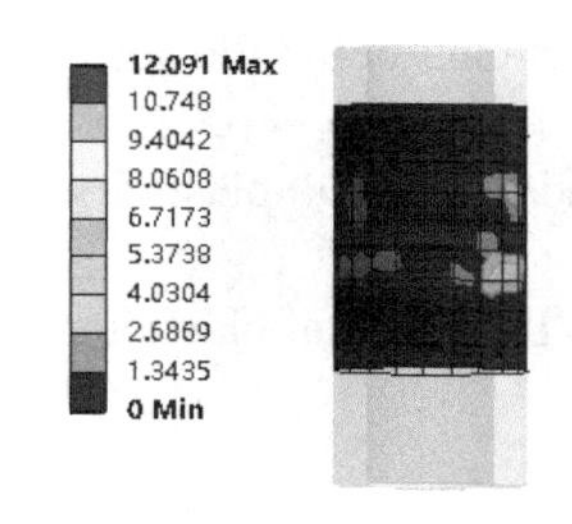

图 5-72　接触压力云图

（16）关闭 Static Structural，保存项目并退出程序。

5.8　实例 3：蝶形弹簧弹塑性变形

本例通过对导入的蝶形弹簧二维几何模型在不添加金属塑性和添加金属塑性两种情况下，求解弹塑性变形，来学习在 Static Structural 平台下进行结构非线性分析的操作方法。

1．实例概述

蝶形弹簧是一种垫圈式弹簧，本例中蝶形弹簧处于上下两个几何边界之间，如图 5-73 所示。本例将首先对蝶形弹簧采用默认的结构钢施加位移载荷，并观察结果云图和力—位移曲线。作为对比，在相同的载荷条件下为蝶形弹簧添加非线性的金属塑性。对比两次的结果云图和力—位移曲线。

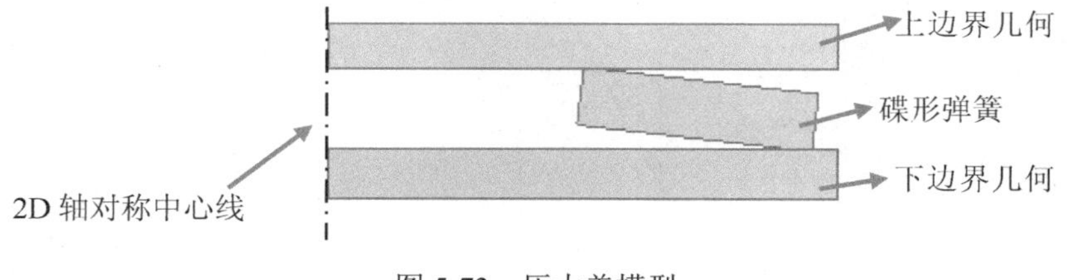

图 5-73　压力盖模型

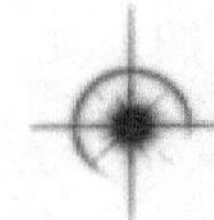

思路分析

由于本例导入的外部几何体为 2D，因此首先需要设置 2D 分析类型。同时考虑到模型是轴对称的，因此在 Static Structural 平台中需要设置对应的 2D 行为。之后需要设置接触类型和行为，并对蝶形弹簧采取自由网格划分，对边界几何体采用单网格划分来模拟刚性边界。在分析设置中，施加 3 个载荷步，其中第 2 步是-5mm 的位移载荷，第 3 部去除该位移载荷。在结果分析中添加力—位移曲线并观察相应载荷步下的云图。作为对比，创建两个项目，第一个项目采用默认结构钢，第二个项目对蝶形弹簧添加了金属塑性。

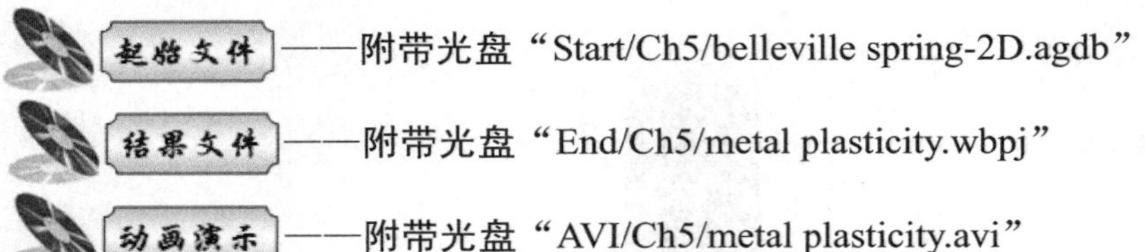

起始文件——附带光盘“Start/Ch5/belleville spring-2D.agdb”

结果文件——附带光盘“End/Ch5/metal plasticity.wbpj”

动画演示——附带光盘“AVI/Ch5/metal plasticity.avi”

2．操作步骤

（1）新建【Static Structural】，并配置单位。

打开 Workbench 程序，将【Toolbox】目录下【Analysis Systems】中的【Static Structural】拖入项目流程图，如图 5-74 所示，保存工程文件为 metal plasticity.wbpj。

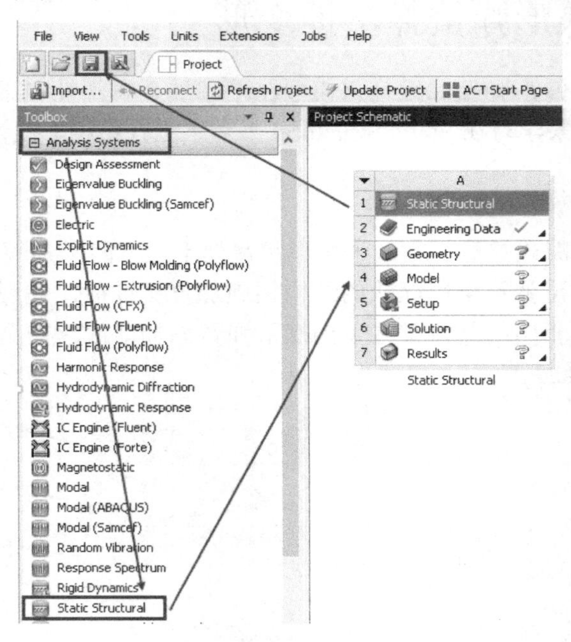

图 5-74　新建 Static Structural

（2）选择几何分析类型。

在 Project Schematic 中右击 A3 单元格选择【Properties】，如图 5-75 所示。在弹出的

Properties of Schematic A3:Geometry 界面中设置【Analysis Type】为 2D，如图 5-76 所示，之后关闭。

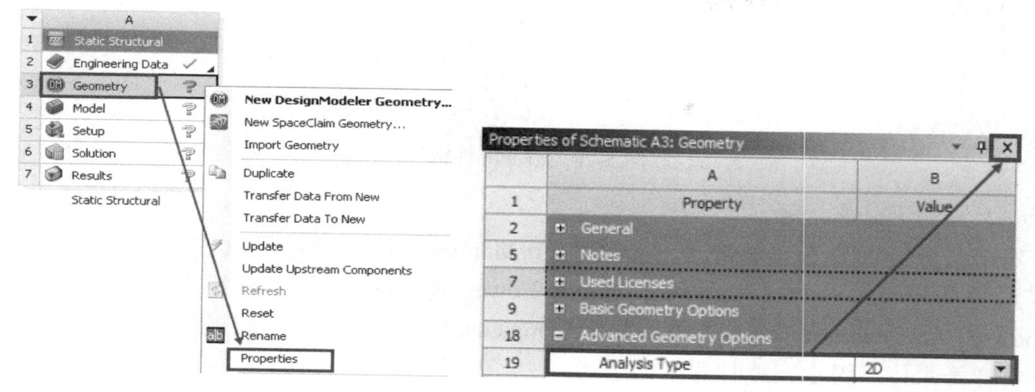

图 5-75　选择分析类型 1　　　　图 5-76　选择分析类型 2

（3）导入几何体文。

右击 A3 单元格【Geometry】选择【Import Geometry/Browse】，选择几何文件 belleville spring-2D.agdb，如图 5-77 所示。

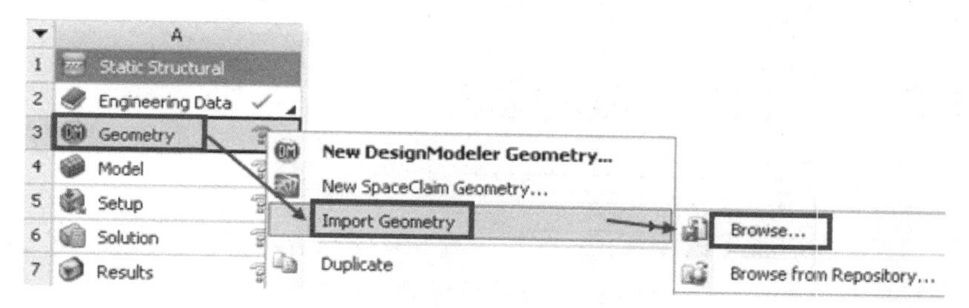

图 5-77　导入几何体文件

（4）进入 Static Structural 平台并配置单位。

在【Project Schematic】中双击 A4 单元格【Model】，进入 Static Structural 结构静力平台后执行【Units】→【Metric（mm,kg,N,s,mV,mA）】，如图 5-78 所示。

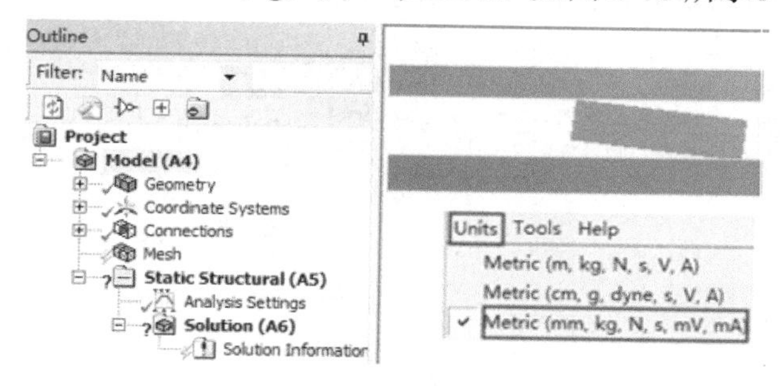

图 5-78　Static Structural 平台

（5）改变部件特性。

选中 Outline 下的【Geometry】，然后在 Details 面板中将【2D Behavior】设置成 Axisymmetric 表示轴对称，如图 5-79 所示。

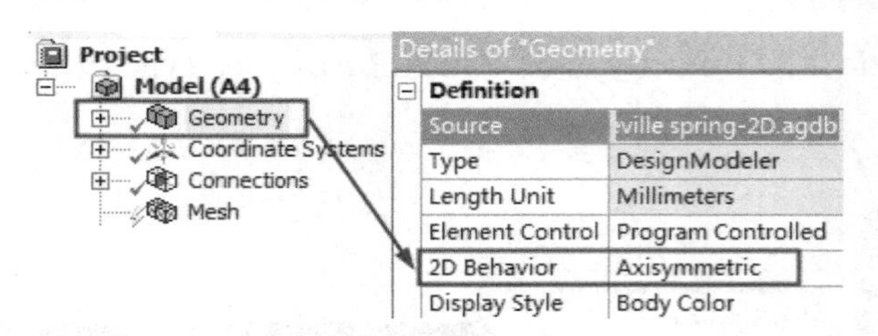

图 5-79　改变部件特性

（6）添加无分离接触。

右击树形窗下的【Contacts】选择【Insert/Manual Contact Region】，在 Details 面板中选择蝶形弹簧过渡曲线为【Contact】，Rigid Lower Boundary 的上直线为【Target】，设置【Type】为 No Separation，【Behavior】为 Symmetric，如图 5-80 所示。创建这个无分离接触可以将弹簧系住，阻止卸载时的刚体运动。

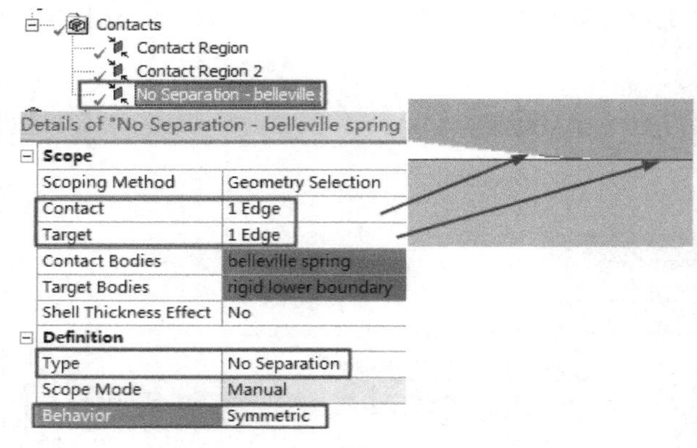

图 5-80　添加无分离接触

（7）设置接触类型和行为。

展开树形窗【Connections】下的【Contacts】，同时选中【Contact Region】和【Contact Region2】，在 Details 窗口的【Definition】选项下将【Type】设置为 Frictionless，【Behavior】设置成 Asymmetric，如图 5-81 所示。

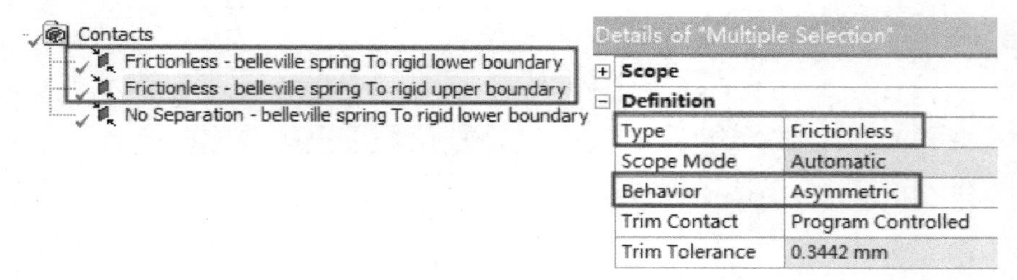

图 5-81　设置接触类型和行为

（8）划分网格。

本案例对蝶形弹簧采用自由网格划分，对上下两个边界几何体采用一个单元的网格划分。右击树形窗下的【Mesh】选择【Insert/Sizing】，在 Details 面板中选择上下两个几何体的 8 条直线作为【Geometry】，并设置【Type】为 Number of Divisions，【Number of

Divisions】为 1，【Behavior】为 Hard，如图 5-82 所示。

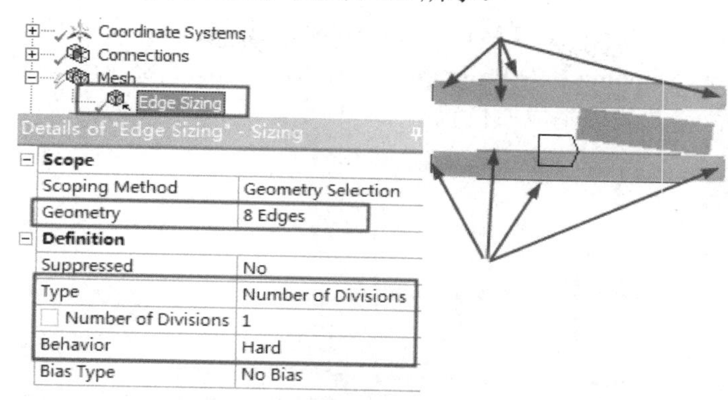

图 5-82　边网格控制

再次右击树形窗下的【Mesh】选择 Insert/Sizing，在 Details 面板中选择上下两个几何体的面作为【Geometry】，并设置【Element Size】为 200mm，【Behavior】为 Soft，如图 5-83 所示。

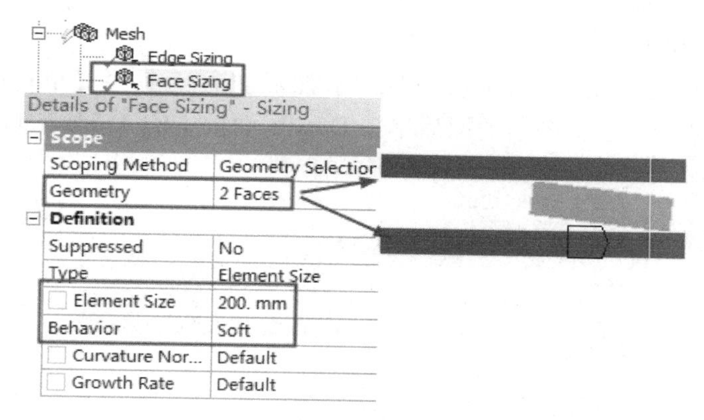

图 5-83　面网格控制

选中树形窗下的【Mesh】，右击【Mesh】选择 Generate Mesh，生成的网格模型如图 5-84 所示。

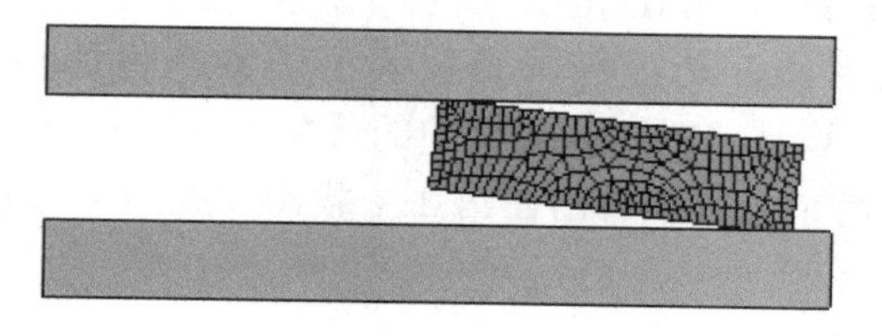

图 5-84　网格模型

（9）分析设置。

本案例中我们将进行 3 个载荷步分析。第一步我们不施加任何载荷，第二步对蝶形弹簧的上边界施加-5mm 的位移载荷，第三步是移除位移载荷。因此选中树形窗下的【Analysis Settings】，在 Details 面板中设置【Number of Setps】为 3，【Weak Springs】为

Off，【Large Deflection】为 On。对于第 1 个载荷步令【Auto Time Stepping】为 On，【Initial Substeps】、【Minimum Substeps】、【Maximum Substeps】均为 1。对于第 2 和第 3 个载荷步，设置【Auto Time Stepping】为 Program Controlled，如图 5-85 所示。第一步不施加载荷是为了之后的力—位移曲线中生成原位置。

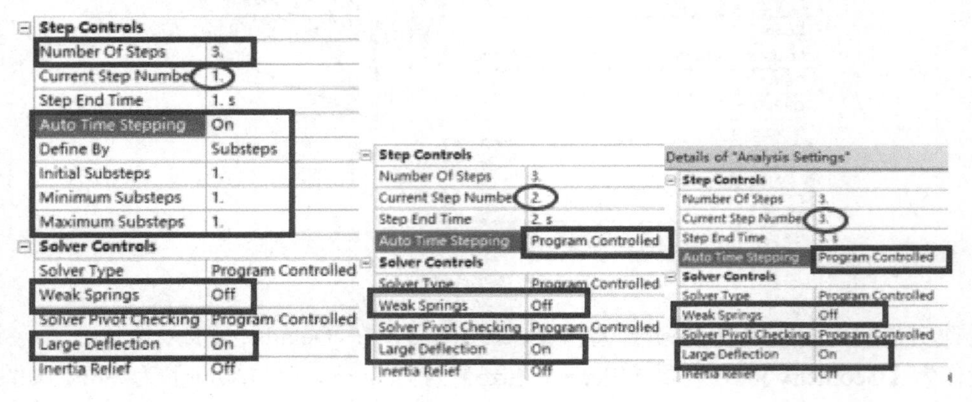

图 5-85　分析设置

（10）施加固定约束。

选中树形窗中的【Static Structural（A5）】然后执行工具栏【Supports】下的 Fixed Support，设置面过滤器，选择图示的面后单击 Details 面板中的 Apply，如图 5-86 所示。

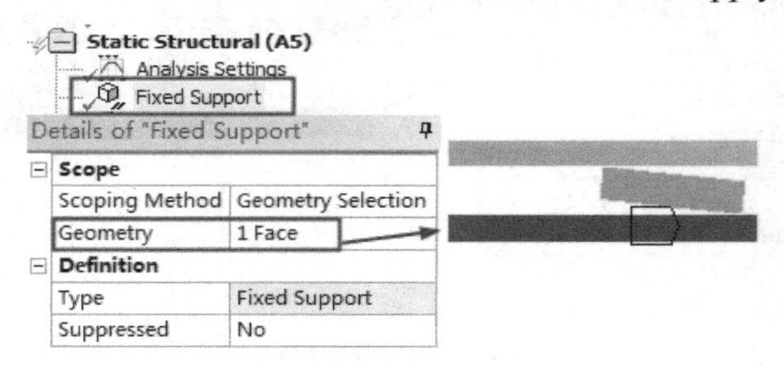

图 5-86　添加固定约束

（11）添加位移载荷。

选中树形窗中的【Static Structural（A5）】然后执行工具栏【Supports】下的 Displacement，设置面过滤器，选择蝶形弹簧的上边界几何面后单击 Details 面板中的 Apply，如图 5-87 所示。设置 Details 面板中的【Y Component】为 Tabular Data，设置 Tabular Data，如图 5-87 所示。可以看出在第 2 个载荷步施加了-5mm 的位移载荷，第 3 个载荷步移除了该位移载荷。

（12）设置求解项并求解。

右击树形窗下的【Solution（A6）】然后执行工具栏的【Deformation】→【Directional】,【Strain】→【Equivalent（von-Mises）】,【Strain】→【Equivalent Plastic】,【Stress】→【Equivalent（von-Mises）】。其中在 Directional Deformation 的 Details 中设置【Orientation】为 Y Axis。最后右击【Solution（A6）】选择 Solve 进行求解。

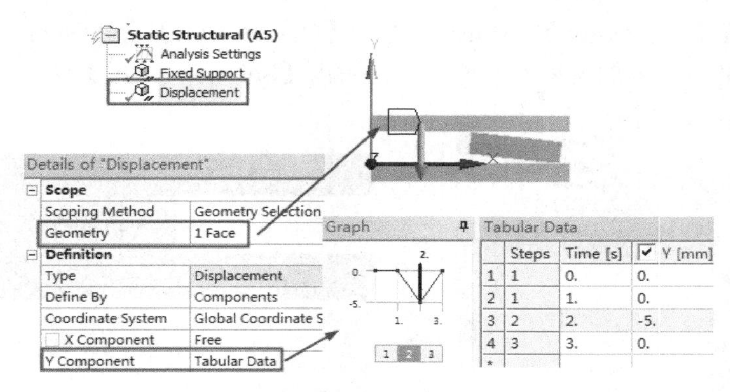

图 5-87　添加位移载荷

（13）查看收敛历史。

选中【Solution（A6）】下的【Solution Information】，在 Details 面板中设置【Solution Output】为 Force Convergence 后可以查看收敛历史，如图 5-88 所示。

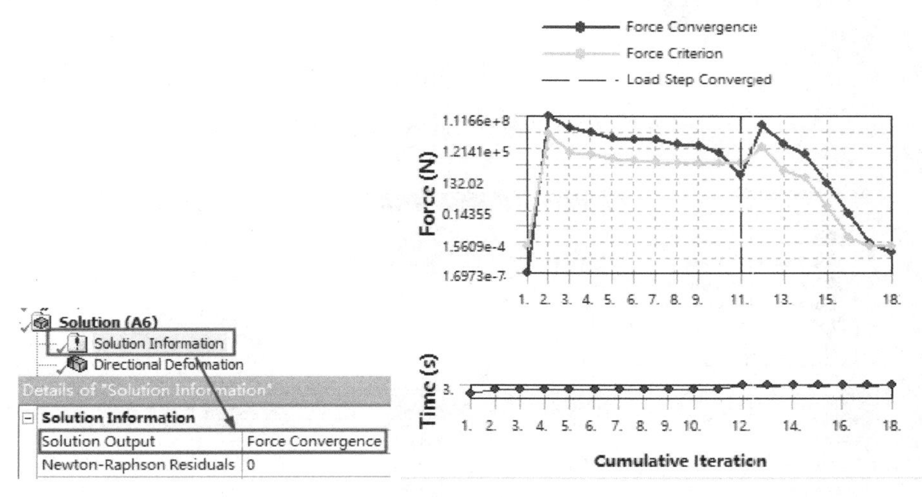

图 5-88　收敛历史

（14）结果显示。

选中【Solution（A6）】下的 Equivalent Stress 并选中第二载荷步后，可以查看蝶形弹簧的等效应力云图，如图 5-89 所示。注意在以上步骤中我们使用的是线弹性材料。图 5-90 是第 3 载荷步时等效塑性应变云图，与预期一样，在卸除位移载荷后部件不存在应变和永久变形。

（15）创建蝶形弹簧力、位移求解项。

选择树形窗下的【Solution（A6）】然后单击工具栏的【User Defined Result】或直接右击【Solution（A6）】选择 Insert/User Defined Result 插入两个自定义结果。在 User Defined Result 的 Details 面板中设置蝶形弹簧上边界几何体为【Geometry】，同时设置【Expression】为 abs（FY），【Output Unit】为 Force，这样就定义了蝶形弹簧在 Y 方向上力的绝对值，如图 5-91 所示。同样在 User Defined Result2 中选择上边界几何体为

【Geometry】，设置【Expression】为 abs（UY），【Output Unit】为 Displacement，这样就定义了蝶形弹簧在 Y 方向上的位移绝对值。最后右击【Solution（A6)】选择 Solve。

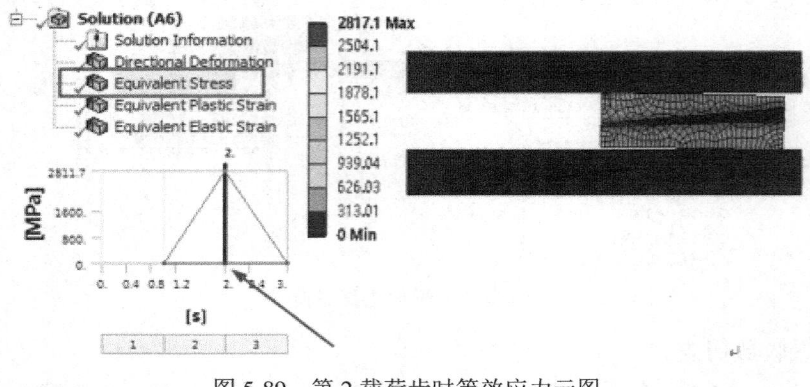

图 5-89　第 2 载荷步时等效应力云图

图 5-90　第 3 载荷步时等效塑性应变云图

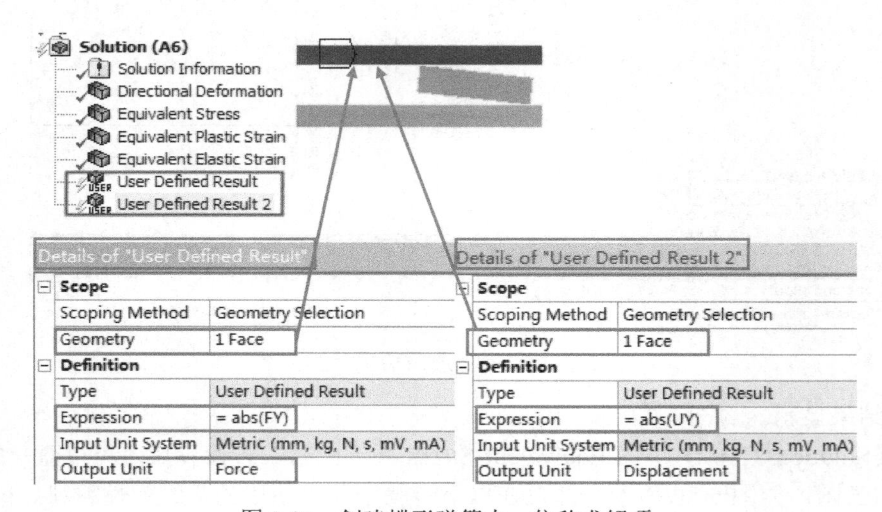

图 5-91　创建蝶形弹簧力、位移求解项

（16）创建蝶形弹簧力-位移曲线。

单击工具栏中的 （New Chart and Table）创建曲线。在 Details 面板中设置 User Defined Result 和 User Defined Result2 为【Outline Selection】，同时设置【X-Axis】为 User Defined Result2（Max），【X-Axis】为 Deflection，【Y-Axis】为 Force，【Time】为 Omit，【[A]User Defined Result（Min)】为 Omit，【[B]User Defined Result（Max)】为 Display，【[C]User Defined Result 2（Min)】为 Omit，这样就创建了蝶形弹簧力—位移曲线如图 5-92。正如预期一样，从图 5-92 右图可以看出线性材料的力—位移曲线是一条不带有永久变形的直线。

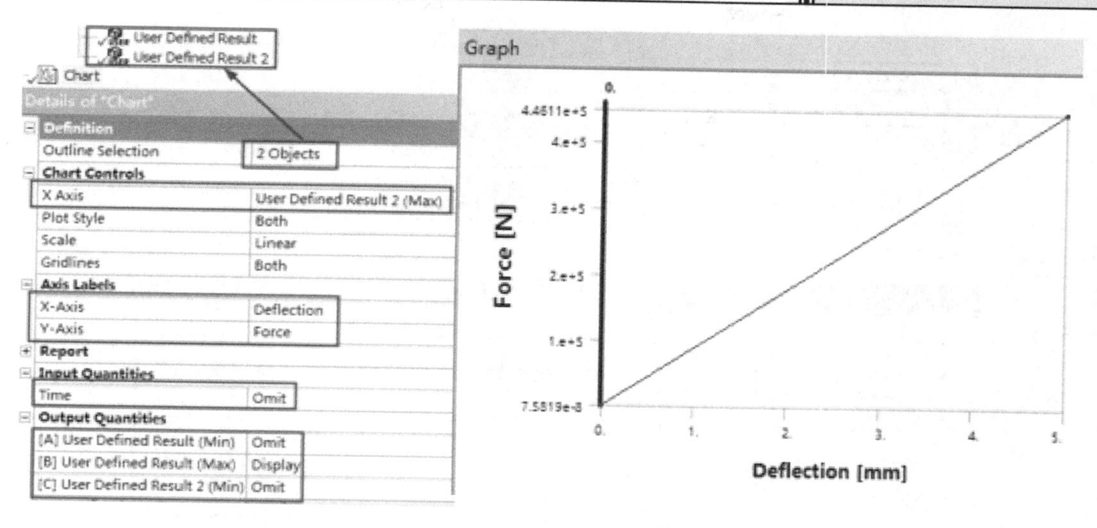

图 5-92 创建力—位移曲线

（17）创建第 2 个分析项目。

退出 Static Structural 平台，在 Project Schematic 中右击 A4 单元格【Model】选择 Duplicate，在出现的项目连接线中右击工程数据线选择 Delete，如图 5-93 所示。此处我们将对项目 B 的工程材料赋予金属塑性，作为以上分析的对比。

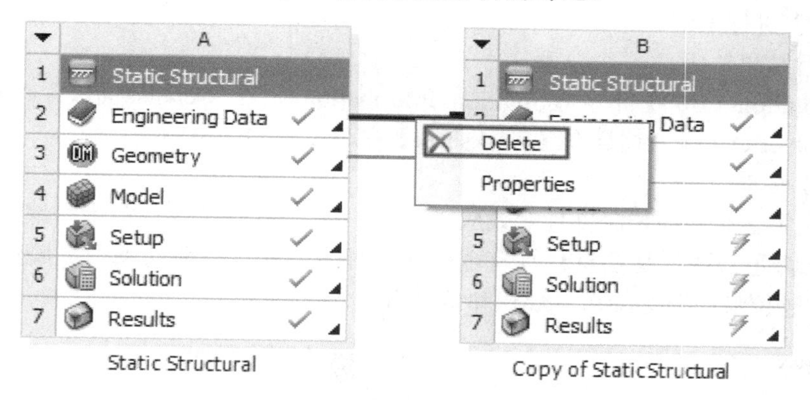

图 5-93 创建项目 B

（18）对项目 B 工程数据添加金属塑性。

双击 Project Schematic 的 B2 单元格【Engineering Data】，展开 Toolbox 下的【Plasticity】，右击【Multilinear Isotropic Hardening】选择 Include Property，这样就创建了金属塑性。在【Table of Properties Row12】中设置温度为 22，塑性应变和应力按图 5-94 所示输入，最后单击工具栏的 Refresh Project 刷新项目然后单击【Project】。

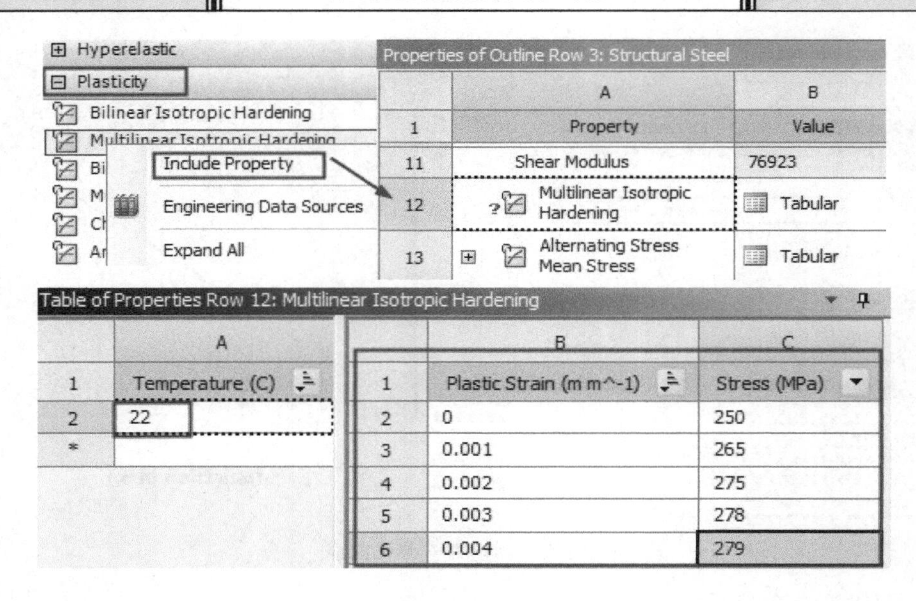

图 5-94　添加金属属性

（19）求解新项目。

双击 B4 单元格【Model】进入 Static Structural 平台，保持其他各项设置不变，单击工具栏的 Solve 进行求解。

（20）查看结果输出。

选中【Solution（B6）】下的【Solution Information】，在 Details 面板中设置【Solution Output】为 Solver Output，这样在【Worksheet】中可以查看结果输出。

（21）显示结果。

图 5-95 是第 2 个载荷步时部件等效应力云图，图 5-96 是第 3 载荷步时蝶形弹簧等效塑性应变图。这两张云图都是在材料具有金属塑性时得到的，与前面不含金属塑性的结果云图对比可知此时位移载荷去除后，蝶形弹簧具有了永久变形。

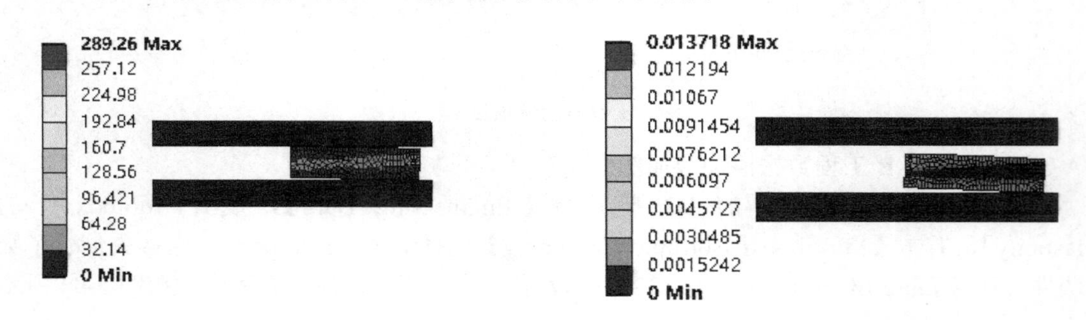

图 5-95　第二载荷步时等效应力云图　　　图 5-96　第三载荷步时等效塑性应变图

单击树形窗下的【Chart】可以查看此时的偏移力—曲线，如图 5-97 所示。可以看到金属屈服和永久变形对曲线带来的影响。

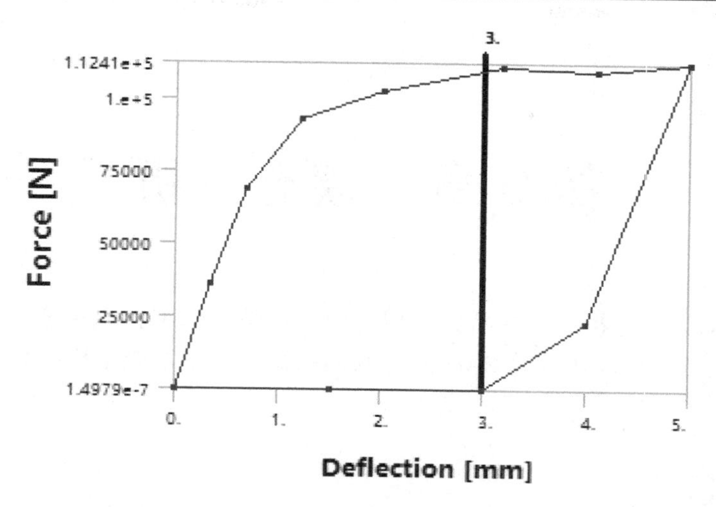

图 5-97　偏移—力曲线

（22）关闭 Static Structural，保存项目并退出程序。

5.9　本章小结

本章首先介绍结构非线性的分类和基本概念，随后介绍在 Static Structural 平台进行结构非线性分析的一些通用设置，并给出接触、塑性变形、超弹性的相关介绍。通过三个实例，读者应该掌握在 Static Structural 平台进行结构非线性分析的基本操作。

第 6 章　模态分析

模态分析是动力学分析的一种常见类型，同时也是谐响应、响应谱、瞬态动力学分析的基础。通过模态分析可以确定结构的固有频率和振型。本章介绍模态分析的基本流程并给出具体案例。

本章内容

- 模态分析基础
- 模态分析流程
- 预应力模态分析
- 桥梁模态分析

6.1　模态分析基础

模态分析可以确定一个结构或机械零件的振动参数（固有频率和振型），也可以是瞬态动力学、谐响应、响应谱等动力学分析的基础。固有频率和振型是在动载荷作用下结构设计的重要参数。如果结构或机械零件中存在阻尼，则系统将变成阻尼模态分析。对一个阻尼模态系统，其固有频率和振型将变得复杂。

对一个忽略阻尼的自由振动分析，振动角频率 ω_i 和振型 ϕ_i 可以通过下列公式计算：

$$\left(\left[\boldsymbol{K}\right]-\omega_i^2\left[\boldsymbol{M}\right]\right)\left\{\phi_i\right\}=0$$

其中，$\left[\boldsymbol{K}\right]$ 为刚度矩阵，$\left[\boldsymbol{M}\right]$ 为质量矩阵，固有频率 $f_i=\dfrac{\omega_i}{2\pi}$，振型 ϕ_i 是个相对值而不是绝对值。

6.2　模态分析流程

ANSYS Workbench 17.0 中进行模态分析的分析环境项目流程图，如图 6-1 所示。其中项目 A 为利用 ANSYS 软件自带求解器进行模态分析流程卡，项目 B 为利用 Samcef 软件求解器进行模态分析流程卡。本章我们以项目 A 为例说明 ANSYS Workbench17.0 下的模态分析操作方法。

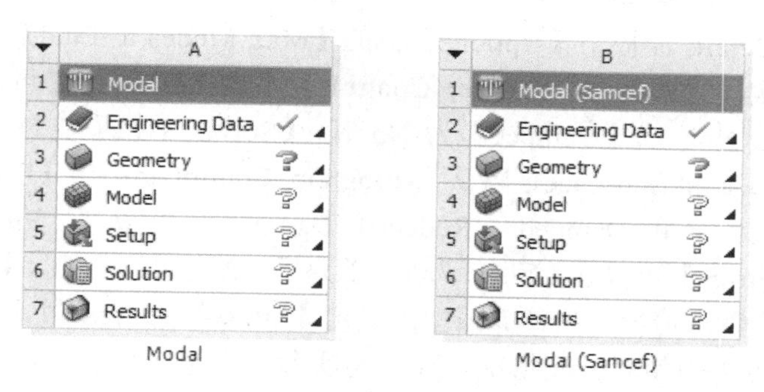

图 6-1　模态分析流程卡

模态分析流程包括如下阶段：

- 建模；
- 设定材料属性；
- 定义连接（如果存在）；
- 划分网格；
- 施加载荷和约束（如果存在）；
- 模态分析设置；
- 求解；
- 查看结果。

设定材料属性时，由于模态分析特点，材料的任何非线性特征将被忽略。可以添加材料的正交各向异性（orthotropic）以及随温度变化的属性。材料的超弹性支持预应力模态分析，但不支持独立的模态分析。模态分析的三个基本材料参数是杨氏模量、泊松比和密度。模态分析中允许添加关节并且考虑弹簧刚度。Samcef 求解器只支持接触、弹簧和梁，不支持关节。边界条件会影响部件的固有频率和振型，因此需要认真考虑模型是如何被约束的。如果模型没有约束，模态将在 0 或 0Hz 附近。

Modal 平台下的模态分析设置 Details 面板，如图 6-2 所示。

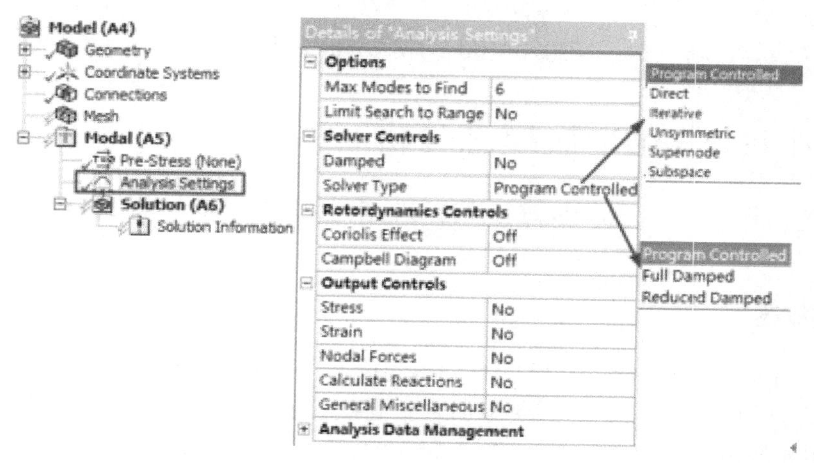

图 6-2　模态分析设置

模态分析设置 Details 面板中【Options】下的【Max Modes to Find】可以指定模态分析求解的固有频率阶次，默认是 6。【Solver Controls】下的【Damped】可以指定模态系统是否存在阻尼，默认为 No。当【Damped】为 No 时，【Solver Type】支持 Direct、Iterative、Unsymmetric、Subnode 和 Subspace，默认为 Program Controlled；当【Damped】为 Yes 时，【Solver Type】支持 Full Damped、Reduced Damped，默认为 Program Controlled。【Rotordynamics Controls】可以在启动转子动力学分析时配置相关控制。【Output Controls】可以指定计算类型，默认情况下只计算振型。设定【Stress】为 Yes 时，用户需要知道得到的应力结果只显示应力的相对分配情况，而不是实际应力值。模态分析流程中的其他步骤与线性静力学结构分析类似，这里不再介绍。

6.3 预应力模态分析

预应力模态分析需要先执行静力学结构分析，在项目流程卡中可以先生成 Static Structural 后将 Modal 拖放到 Static Structural 项目中的【Solution】单元格，也可以直接执行【Toolbox】中【Custom Systems】下的 Pre-Stress Modal。预应力模态分析流程卡，如图 6-3 所示。预应力模态分析流程与一般模态分析流程类似，这里不再赘述。

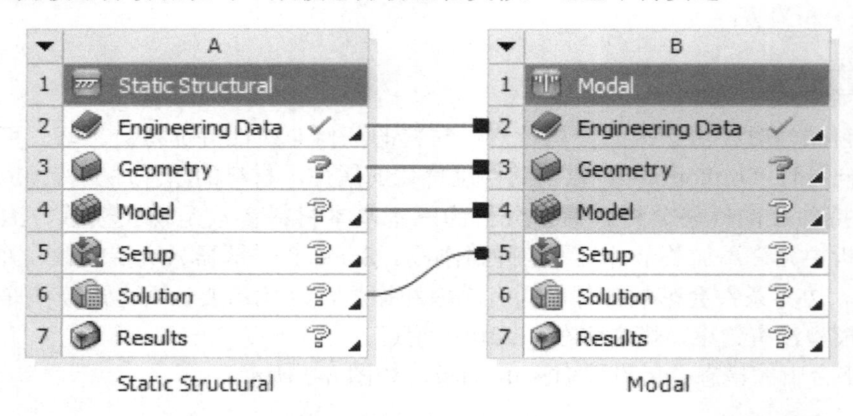

图 6-3 预应力模态分析流程卡

6.4 实例 1：带孔平板模态分析

在本例中，将通过对带孔平板进行模态分析来学习在 Modal 平台进行模态分析的操作方法。

1. 实例概述

本案例分析带孔平板的前 10 阶固有频率和振型。板采用铝合金，同时假设板在中间孔位置是完全约束的，比如在孔的位置施加有紧固螺栓就是完全约束的一个情况。带孔平板模型，如图 6-4 所示。

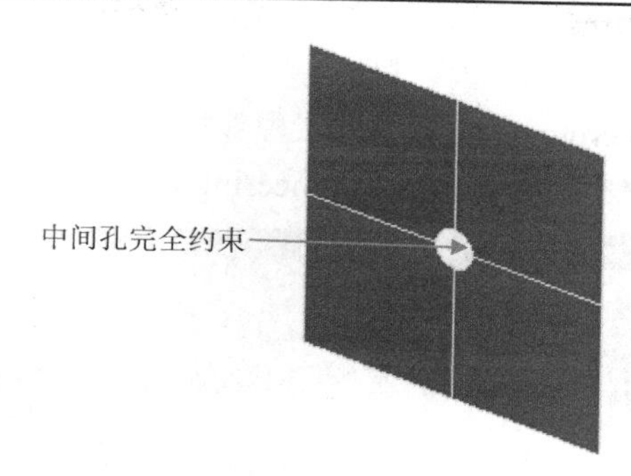

图 6-4 带孔平板模型

在本例中，我们首先在工程数据中添加铝合金（Aluminum Alloy）。将 2D 几何文件导入后，在 Modal 平台中首先定义板的面厚度，施加默认网格控制，对中心孔施加 Fixed Supports 并求解 10 阶模态。在模态分析求解完毕后，查看每一阶频率的振型。

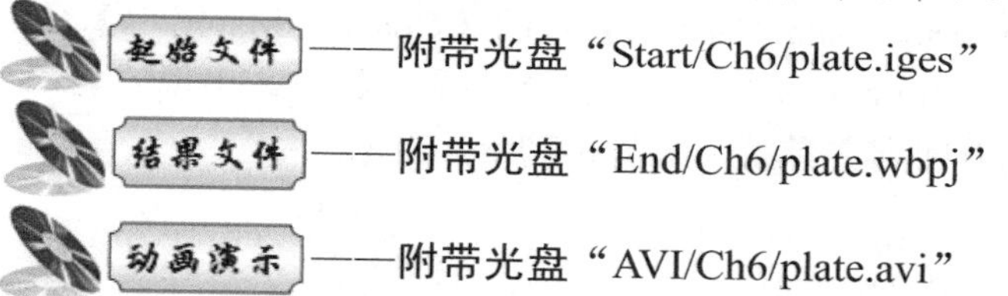

起始文件——附带光盘“Start/Ch6/plate.iges”

结果文件——附带光盘“End/Ch6/plate.wbpj”

动画演示——附带光盘“AVI/Ch6/plate.avi”

2. 操作步骤

（1）新建【Modal】，并配置单位。

打开 Workbench 程序，将【Toolbox】目录下【Analysis Systems】中的【Modal】拖入项目流程图，如图 6-5 左部分所示。保存工程文件为 plate.wbpj 后，执行【Units】→【U.S. Customary（lbm,in,s,℉,A,lbf,V）】和【Display Values in Project Units】，如图 6-5 右部分所示。

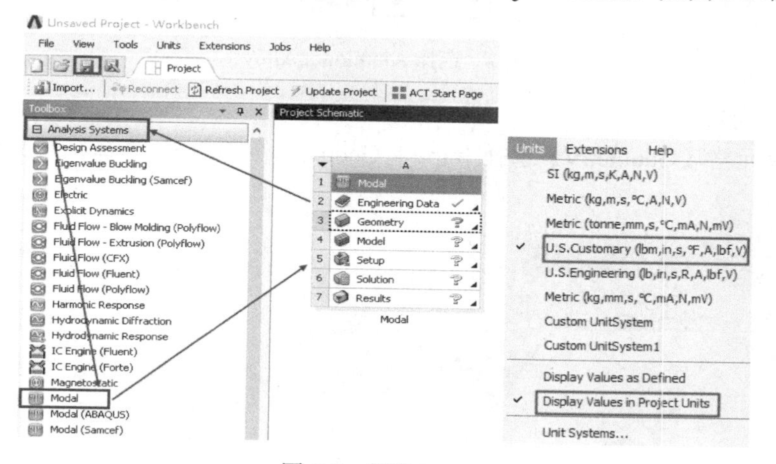

图 6-5 新建 Modal

视频教学

（2）添加材料。

双击 A2 单元格【Engineering Data】进入工程数据窗口后，右击【Outline of Schematic A2:Engineering Data】下的空白栏并选择【Engineering Data Sources】，如图 6-6 所示。

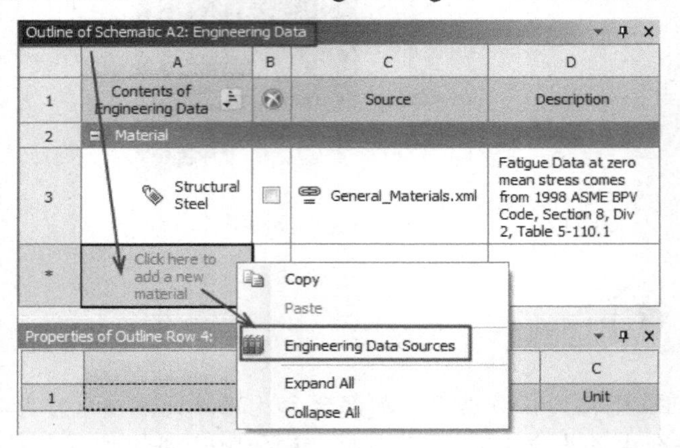

图 6-6　添加材料

进入工程数据源后，选中【Engineering Data Sources】下的【General Materials】，在【Outline of General Materials】中找到 Aluminum Alloy（铝合金）并单击 。出现的 表示添加材料成功。最后选择【Project】返回到主界面，如图 6-7 所示。

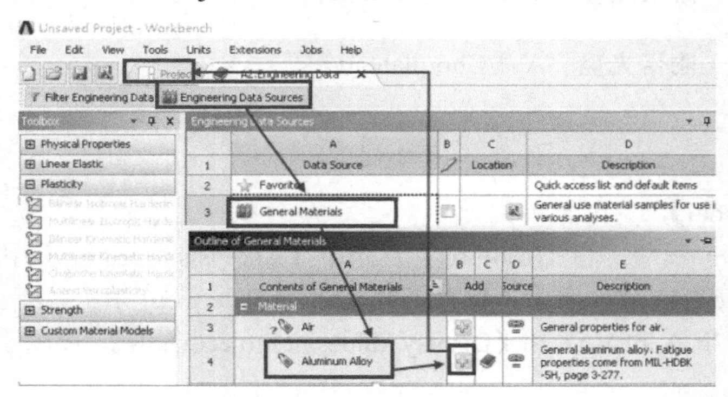

图 6-7　选择 Aluminum Alloy

（3）导入几何体文件。

右击 A3 单元格【Geometry】选择 Import Geometry/Browse，选择几何文件 plate.iges，如图 6-8 所示。

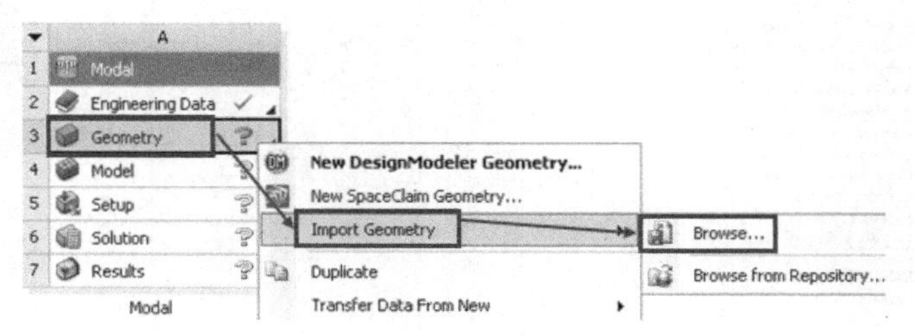

图 6-8　导入几何体文件

（4）进入 Modal 平台并配置单位。

在【Project Schematic】中双击 A4 单元格【Model】，进入 Modal 模态分析平台后执行【Units】→【U.S. Customary（in,lbm, lbf,℉, s, V,A）】，如图 6-9 所示。

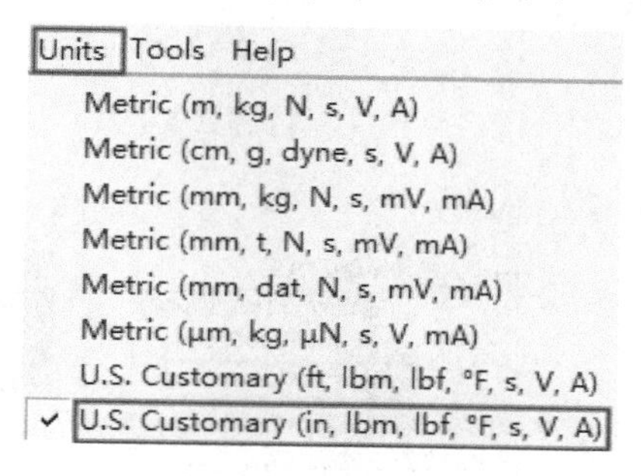

图 6-9 配置单位

（5）指定材料。

在 Modal 平台中展开树形窗下的【Geometry】并选中 TRIMSURF，在 Details 面板中设置【Assignment】为 Aluminum Alloy，如图 6-10 所示。

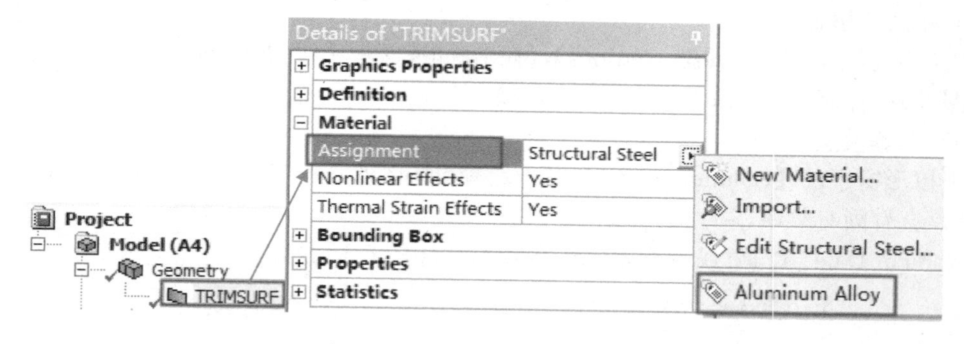

图 6-10 添加材料

（6）添加面厚度。

在 Modal 平台中展开树形窗下的【Geometry】并选中 TRIMSURF，在 Details 面板中设置厚度【Thickness】为 0.1in，如图 6-11 所示。

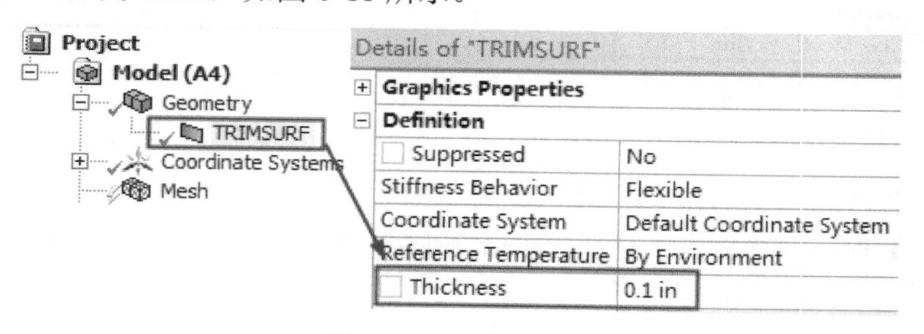

图 6-11 添加面厚度

（7）划分网格。

右击树形窗下的【Mesh】并选择【Generate Mesh】，使用默认全局设置划分网格，如图 6-12 所示。

（8）对中心孔施加固定约束。

选中树形窗下的【Modal（A5）】然后单击工具栏【Supports】下的 Fixed Support 插入一个固定约束。在视图窗选中中心孔的四条边并在 Details 面板中单击 Apply，如图 6-13 所示。

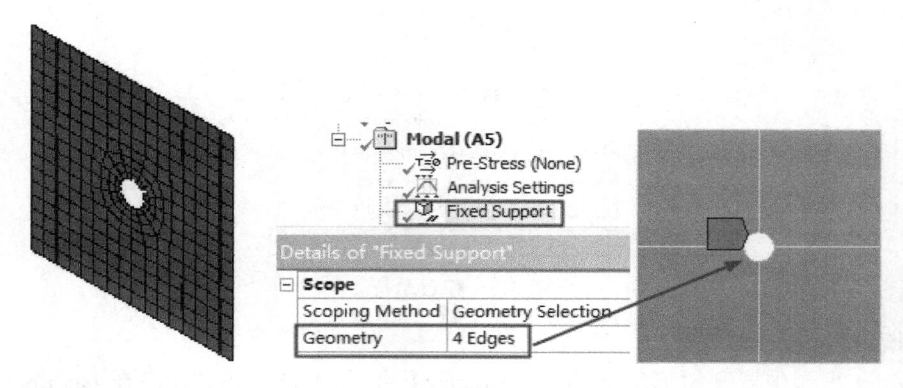

图 6-12　网格划分　　　　图 6-13　添加固定约束

（9）模态分析设置。

选中树形窗中的【Analysis Settings】，在 Details 面板中设置【Max Modes to Find】为 10，如图 6-14 所示，表示求解前 10 阶固有频率。

（10）求解模型。

选中树形窗下的【Solution（A6）】右击选择 Solve 或者单击工具栏的【Solve】。

（11）查看固有频率。

在 Tabular Data 窗口可以查看各阶固有频率，如图 6-15 所示。

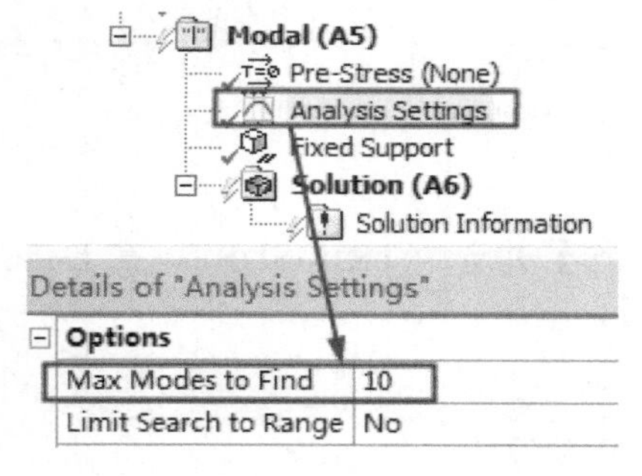

图 6-14　模态分析设置

Tabular Data

	Mode	Frequency [Hz]
1	1.	72.849
2	2.	72.864
3	3.	86.5
4	4.	93.782
5	5.	139.7
6	6.	247.62
7	7.	247.63
8	8.	341.06
9	9.	466.84
10	10.	497.99

图 6-15　各阶固有频率

（12）查看各阶频率下的振型。

在【Graph】窗口空白处右击选择 Select All 后再次在【Graph】空白处右击选择 Create Mode Shape Results，如图 6-16 所示。

右击树形窗中的【Solution（A6）】选择 Evaluate All Results 进行求解，如图 6-17 左部分所示。求解完毕后可以单击每一阶模态下的“Total Deformation”查看每一阶模态分析结果。图 6-17 右部分显示了第 1 阶模态下的振型。

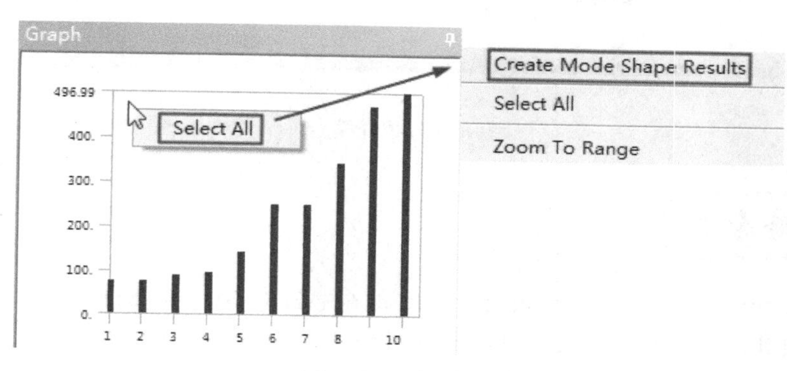

图 6-16　创建振型

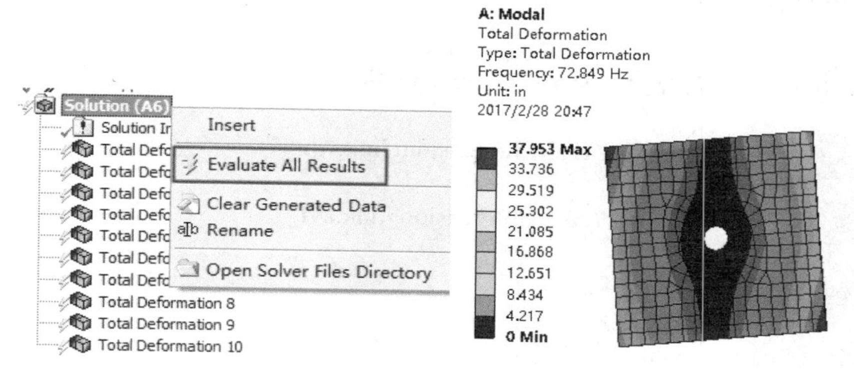

图 6-17　模态振型

应用・技巧

在模态振型中显示的位移是相对的，并不反映实际的位移幅值，实际的位移幅值取决于输入能量的多少。

（13）关闭 Modal，保存项目退出程序。

6.5　实例 2：拉杆预应力模态分析

在本例中，将通过对施加有拉力的拉杆进行模态分析来学习有预应力模态分析的操作方法。

1．实例概述

本案例中对拉杆施加一个 4000N 的拉力，对其进行模态分析，拉杆模型如图 6-18 所示。

图 6-18　拉杆模型

在本例中，由于要对模型施加预应力，因此首先创建 Static Structural 项目，然后创建 Modal 项目，让两个项目共享 Engineering Data、Geometry、Model。导入外部几何体后，在 Static Structural 平台中对拉杆一端施加固定约束，另一端施加无摩擦约束并设置拉力为 4000N。在模态分析求解完毕后，查看每一阶频率的振型。本例中采用默认的材料。

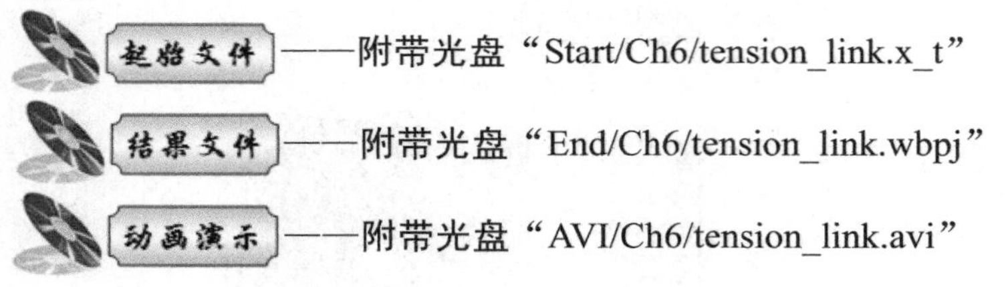
起始文件——附带光盘“Start/Ch6/tension_link.x_t”

结果文件——附带光盘“End/Ch6/tension_link.wbpj”

动画演示——附带光盘“AVI/Ch6/tension_link.avi”

2．操作步骤

（1）新建【Static Structural】和【Modal】，并配置单位。

打开 Workbench 程序，将【Toolbox】目录下【Analysis Systems】中的【Static Structural】拖入项目流程图后，选中【Analysis Systems】中的【Modal】并拖放到 Static Structural 中的 A6 单元格【Solution】，如图 6-19 所示。添加完毕后的项目如图 6-20 所示。保存工程文件为 tension_link.wbpj 后，执行【Units】→【Metric（kg,mm,s,℃,mA,N,mV）】和【Display Values in Project Units】，如图 6-21 所示。

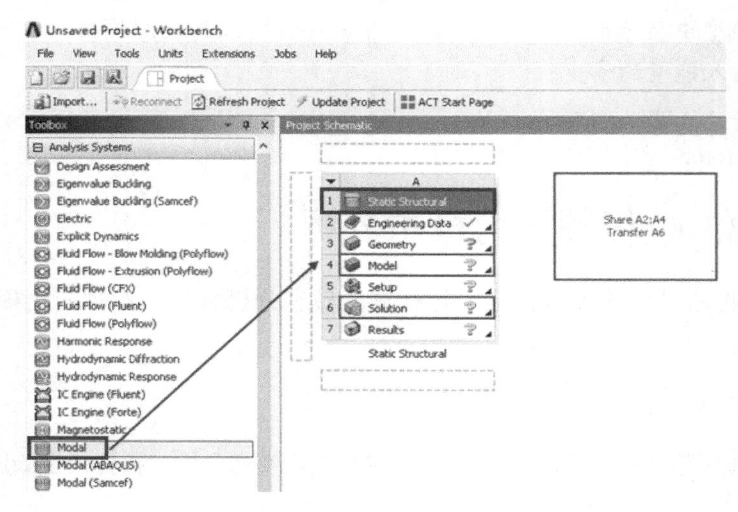

图 6-19　添加项目

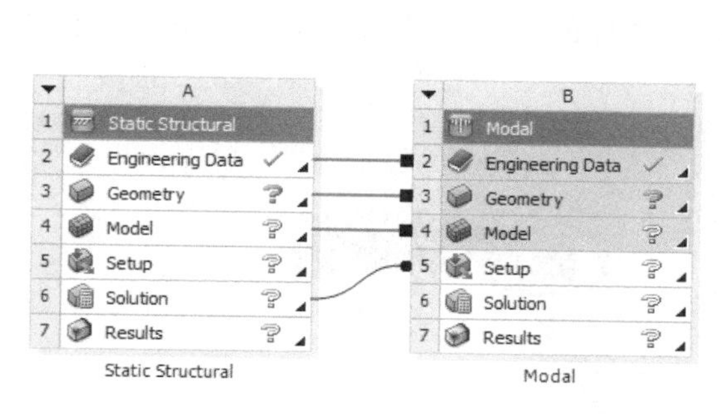

图 6-20　完整项目

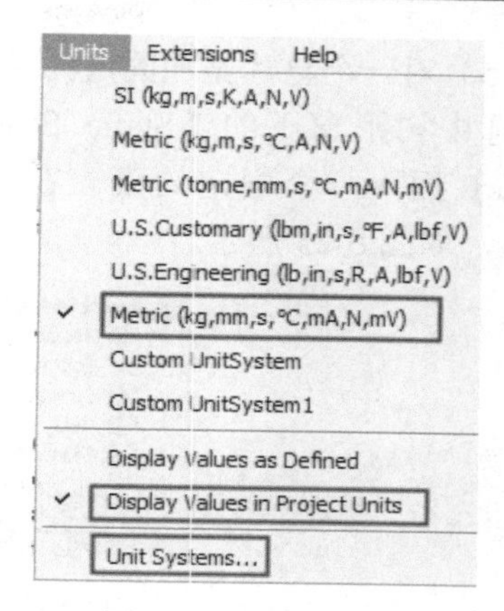

图 6-21　配置单位

（2）导入几何体文件。

右击 A3 单元格【Geometry】选择 Import Geometry/Browse，选择几何文件 tension_link.x_t，如图 6-22 所示。

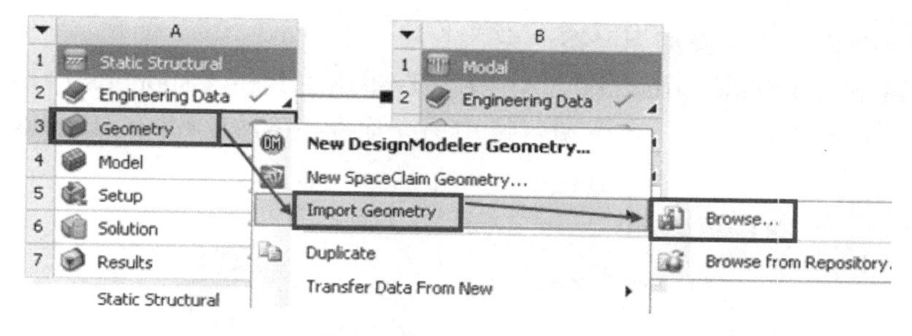

图 6-22　导入几何体文件

（3）进入 Static Structural 平台并配置单位。

在【Project Schematic】中双击 A4 单元格【Model】，进入 Static Structural 平台后执行【Units】→【Metric（mm,kg,N,s,mV,mA）】，如图 6-23 所示。

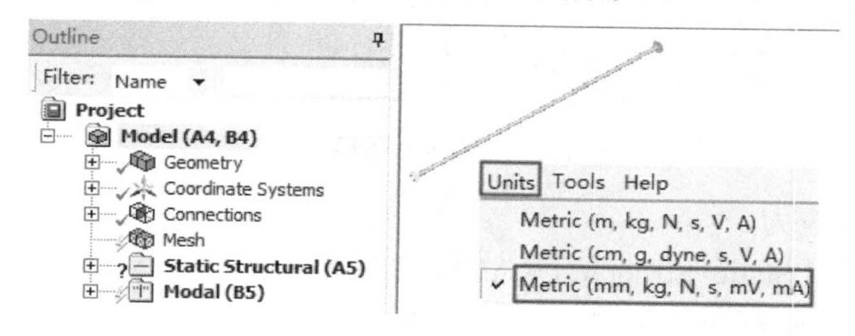

图 6-23　配置单位

（4）划分网格。

右击树形窗下的【Mesh】并选择【Generate Mesh】，默认全局设置划分网格，如图 6-24 所示。

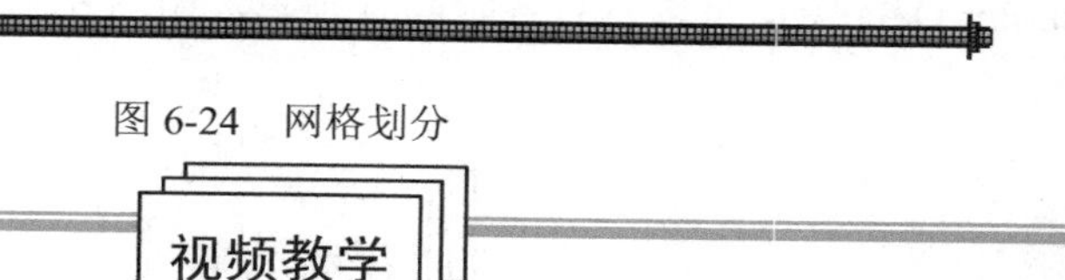

图 6-24　网格划分

（5）对一个垫片施加固定约束。

选中树形窗下的【Static Structural（A5）】然后单击工具栏【Supports】下的 Fixed Support 插入一个固定约束。在视图窗选中垫片的一个内表面并在 Details 面板中单击 Apply，如图 6-25 所示。

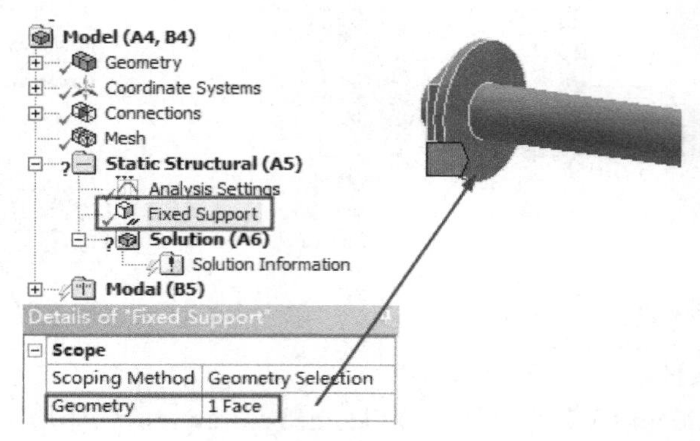

图 6-25　添加固定约束

（6）对另一个垫片边缘施加无摩擦约束。

选中树形窗下的【Static Structural（A5）】然后单击工具栏【Supports】下的 Frictionless Support 插入一个无摩擦约束。在视图窗选中另一个垫片的边缘并在 Details 面板中单击 Apply，如图 6-26 所示。

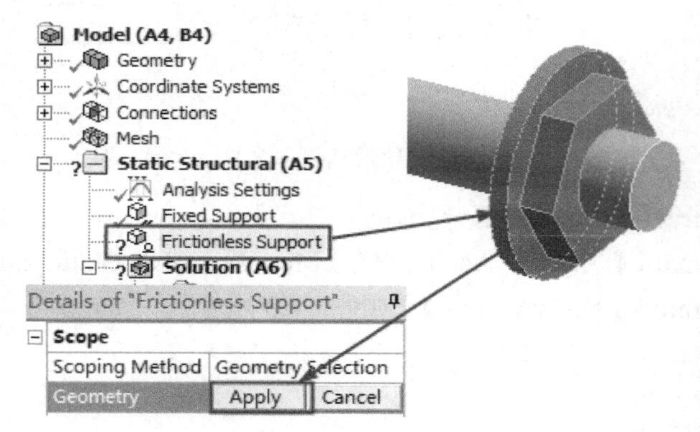

图 6-26　添加无摩擦约束

（7）对模型施加拉力。

选中树形窗下的【Static Structural（A5）】然后单击工具栏【Loads】下的 Force。在视图窗先选中垫片的内表面后单击 Details 面板中的 Apply，设置【Define By】为 Components，【Z Component】为-4000N，如图 6-27 所示。

（8）求解模型。

选中树形窗下的【Solution（B6）】右击选择 Solve 或者单击工具栏的【Solve】。

（9）查看固有频率。

在 Tabular Data 窗口可以查看各阶固有频率，如图 6-28 所示。

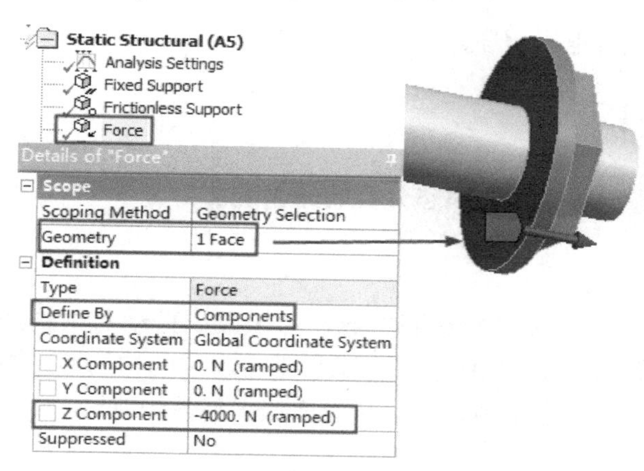

图 6-27　施加拉力

Tabular Data

	Mode	Frequency [Hz]
1	1.	72.224
2	2.	72.356
3	3.	205.63
4	4.	205.87
5	5.	411.28
6	6.	411.62

图 6-28　各阶固有频率

（10）查看各阶频率下的振型。

在【Graph】窗口空白处右击选择 Select All 后再次在【Graph】空白处，右击选择 Create Mode Shape Results，如图 6-29 所示。

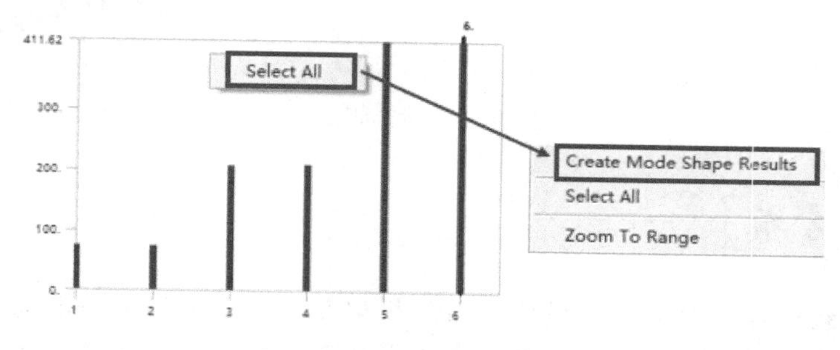

图 6-29　创建振型

右击树形窗中的【Solution（B6）】选择 Evaluate All Results 进行求解，如图 6-30 左部分所示。求解完毕后单击每一阶模态下的“Total Deformation”查看每一阶模态分析结果。图 6-30 右部分显示了第 1 阶模态下的振型。

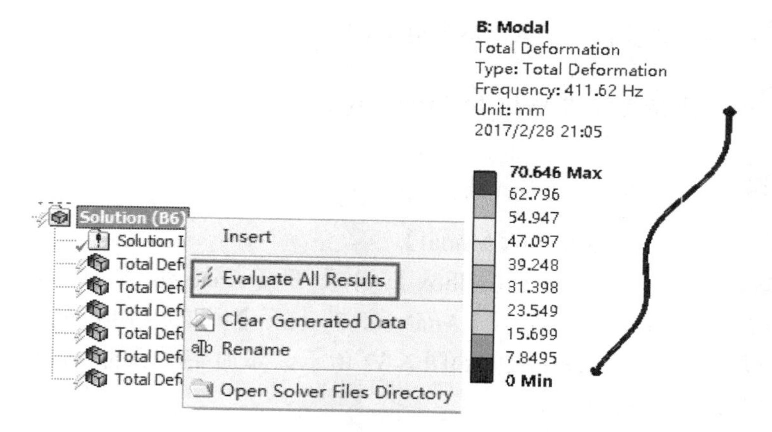

图 6-30　模态振型

（11）关闭 Static Structural，保存项目退出程序。

6.6　实例 3：桥梁模态分析

在本例中，我们将对桥梁进行模态分析来学习模态分析的操作方法。

1．实例概述

桥梁的模态频率、模态振型是桥梁结构设计的重要参数，对于减少振动对结构的不利影响具有重要意义。本例中的桥梁模型如图 6-31 所示。在求解中考虑了结构的预应力，因为自重载荷预先作用于桥梁上而导致拉索产生了预拉力，从而增加了整体刚度。

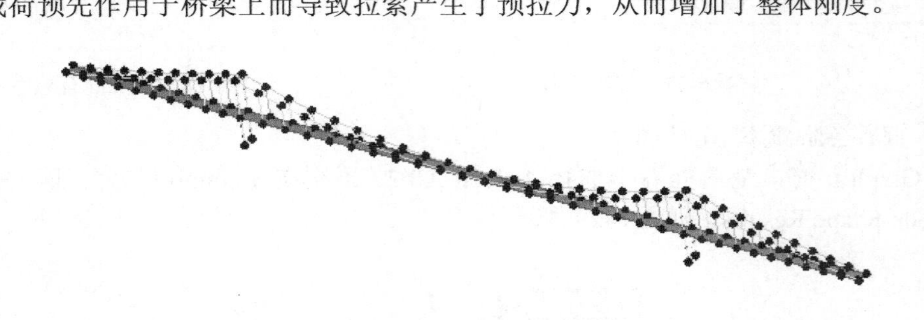

图 6-31　桥梁模型

本例中的桥梁模型包含面体和线体，因此模型导入后需要指定桥面板厚度。在前处理中对桥梁的四个桥塔塔底施加固定约束，在桥梁的两端约束竖直和横向位移。由于考虑了重力的影响，因此在模型中加入了重力。设置求解 10 阶模态。在模态分析求解完毕后，查看每一阶频率的振型。

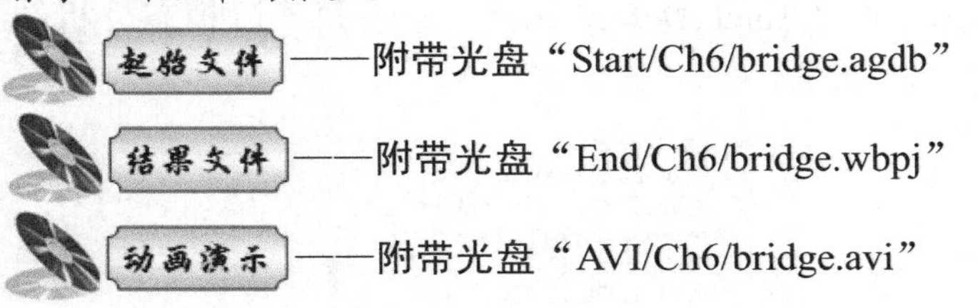

起始文件——附带光盘“Start/Ch6/bridge.agdb”

结果文件——附带光盘“End/Ch6/bridge.wbpj”

动画演示——附带光盘“AVI/Ch6/bridge.avi”

2．操作步骤

（1）新建【Static Structural】和【Modal】。

打开 Workbench 程序，将【Toolbox】目录下【Analysis Systems】中的【Static Structural】拖入项目流程图后，选中【Analysis Systems】中的【Modal】并拖放到 Static Structural 中的 A6 单元格【Solution】，如图 6-32 所示。添加完毕后的项目如图 6-33 所示，最后保存工程文件为 bridge.wbpj。

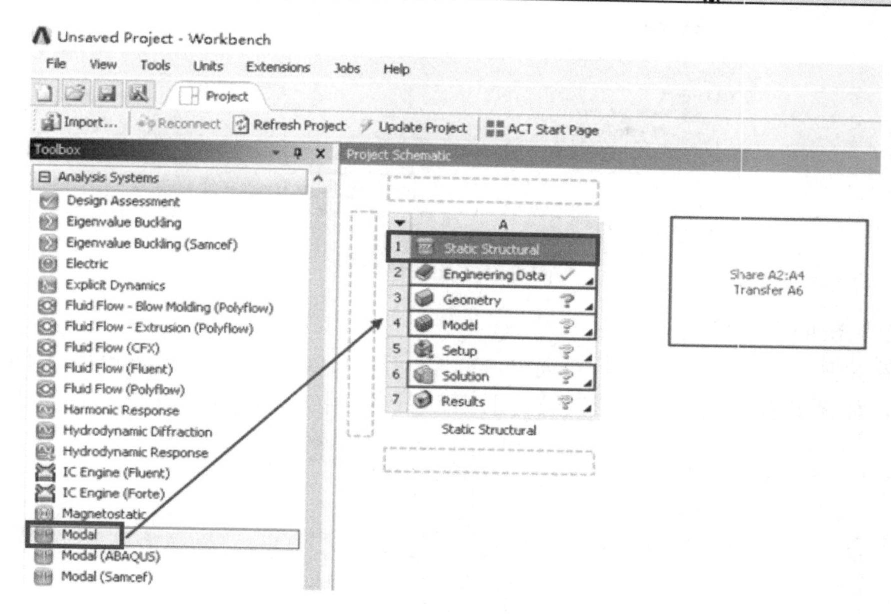

图 6-32　添加项目

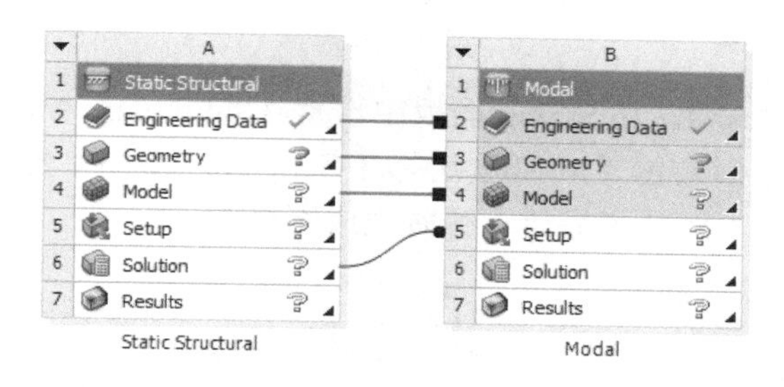

图 6-33　完整项目

（2）导入几何体文件。

右击 A3 单元格【Geometry】选择 Import Geometry/Browse，选择几何文件 bridge.agdb，如图 6-34 所示。

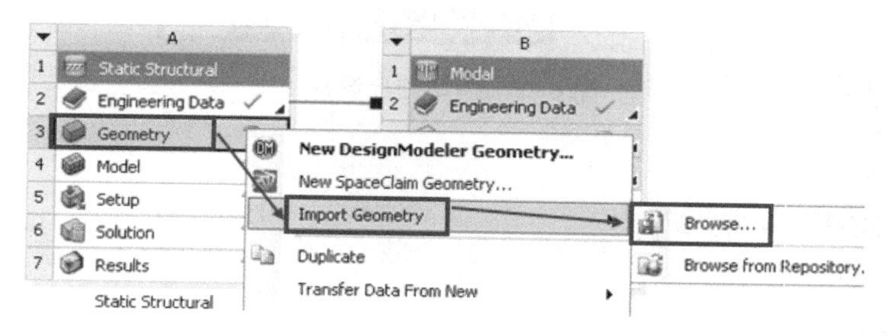

图 6-34　导入几何体文件

（3）进入 Static Structural 平台并配置单位。

在【Project Schematic】中双击 A4 单元格【Model】，进入 Static Structural 平台后执行【Units】→【Metric（m,kg,N,s, V, A)】，如图 6-35 所示。

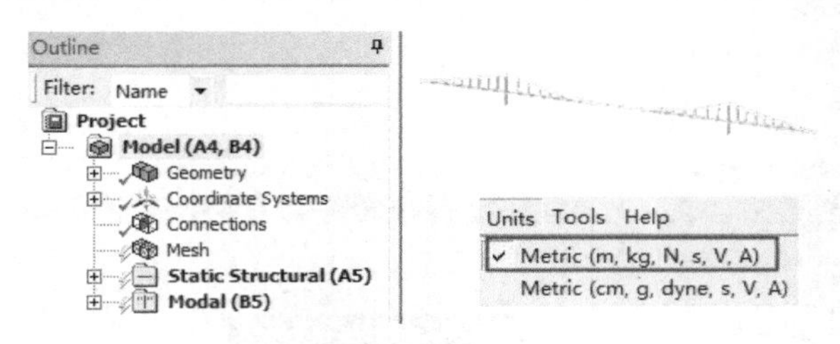

图 6-35　配置单位

（4）添加桥面板厚度。

展开树形窗下的【Geometry】并选中 Deck，在 Details 面板中设置厚度【Thickness】为 0.106m，如图 6-36 所示。为了节省时间，模型已经给线体指定梁截面。

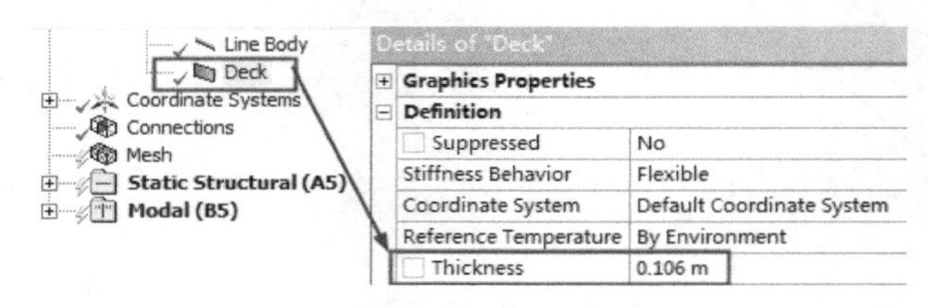

图 6-36　添加面厚度

（5）划分网格。

选中树形窗下的【Mesh】，在 Sizing 面板中设置【Automatic Mesh Based Defeaturing】Off，如图 6-37 所示。之后右击【Mesh】选择【Generate Mesh】生成网格，当然也可以在最后求解时再生成网格。本例是在最后求解时生成网格的。

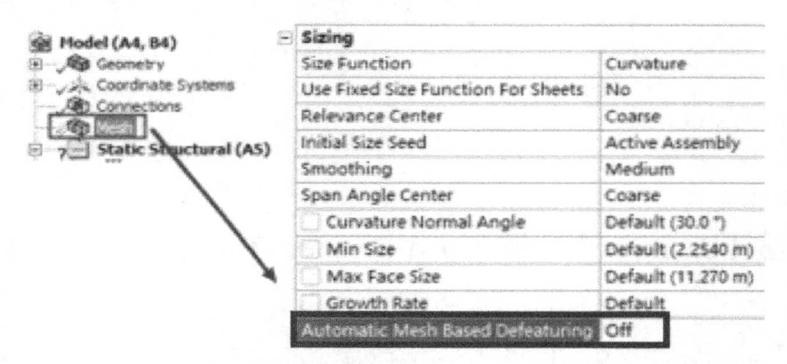

图 6-37　网格划分设置

应用·技巧

如果将【Automatic Mesh Based Defeaturing】设置为 On，则会发现系统默认的【Defeaturing Tolerance】为 1.69050m，其含义是如果模型特征此处小于该值，则该特征会被移除。本例中也可以将【Automatic Mesh Based Defeaturing】设置为 On，但需要设置合适的【Defeaturing Tolerance】以保证模型所有的特征都能生成网格。

（6）对桥塔塔底施加固定约束。

选中树形窗下的【Static Structural（B5）】然后单击工具栏【Supports】下的 Fixed Support 插入一个固定约束。在视图窗选中桥塔塔底的四个点并在 Details 面板中单击 Apply，如图 6-38 所示。

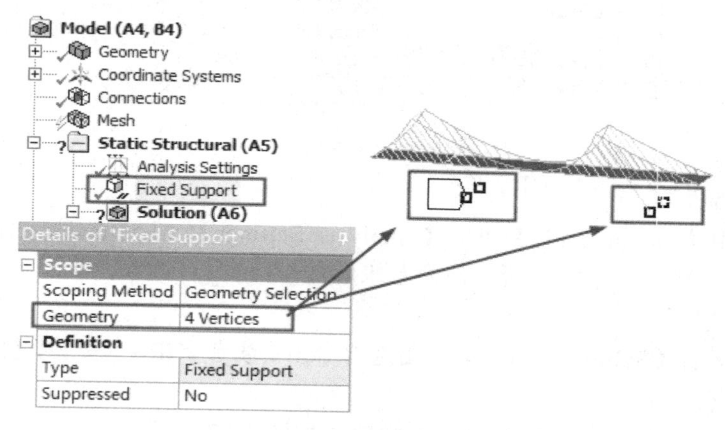

图 6-38　添加固定约束

（7）对桥梁两端施加位移约束。

选中树形窗下的【Static Structural（A5）】然后单击工具栏【Supports】下的 Displacement 插入一个位移约束。在视图窗选中桥梁两端的六条边并在 Details 面板中单击 Apply，设置【Define By】为 Components，【X Component】为 Free，【Y Component】、【Z Component】为 0，如图 6-39 所示。

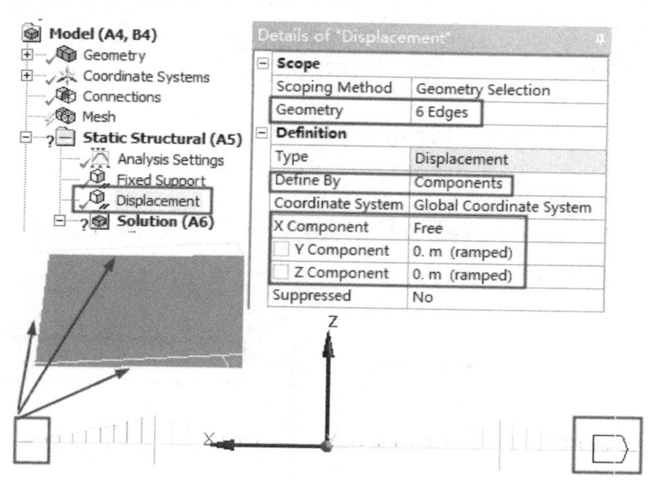

图 6-39　添加位移约束

（8）施加重力。

选中树形窗下的【Static Structural（A5）】然后单击工具栏【Inertial】下的 Standard Earth Gravity 插入一个重力。在 Details 面板中设置【Direction】为-Z Direction，如图 6-40 所示。

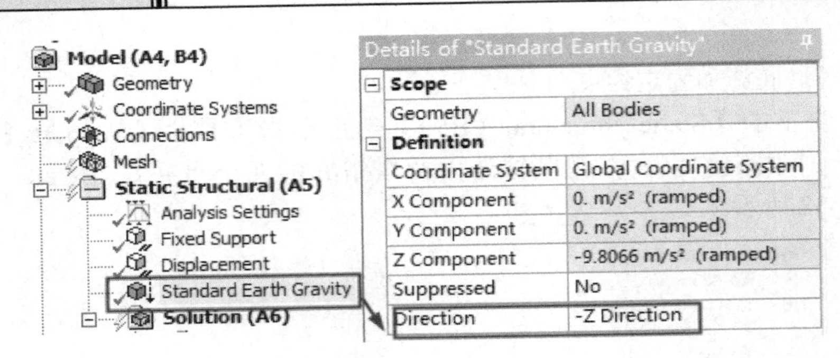

图 6-40　施加重力

（9）模态分析设置。

选中树形窗中【Modal（A5）】下的【Analysis Settings】，在 Details 面板中设置【Max Modes to Find】为 10，如图 6-41 所示，表示求解前 10 阶固有频率。

（10）求解模型。

选中树形窗下的【Solution（B6）】右击选择 Solve 或者单击工具栏的【Solve】。

（11）查看固有频率。

在 Tabular Data 窗口可以查看各阶固有频率，如图 6-42 所示。

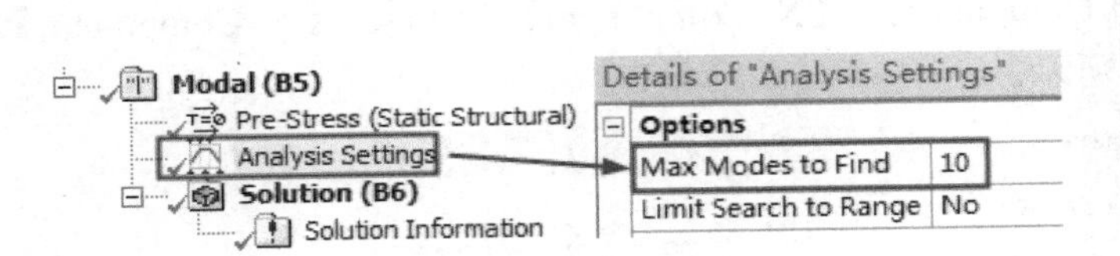

图 6-41　模态分析设置

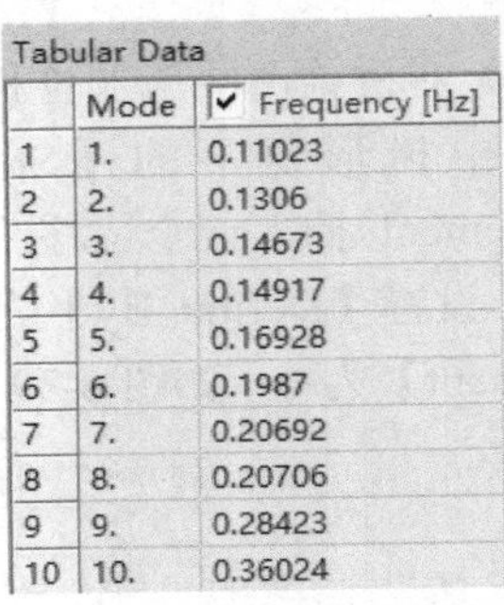

Tabular Data

	Mode	Frequency [Hz]
1	1.	0.11023
2	2.	0.1306
3	3.	0.14673
4	4.	0.14917
5	5.	0.16928
6	6.	0.1987
7	7.	0.20692
8	8.	0.20706
9	9.	0.28423
10	10.	0.36024

图 6-42　各阶固有频率

（12）查看各阶频率下的振型。

在【Graph】窗口空白处右击选择 Select All 后再次在【Graph】空白处右击选择 Create Mode Shape Results，如图 6-43 所示。

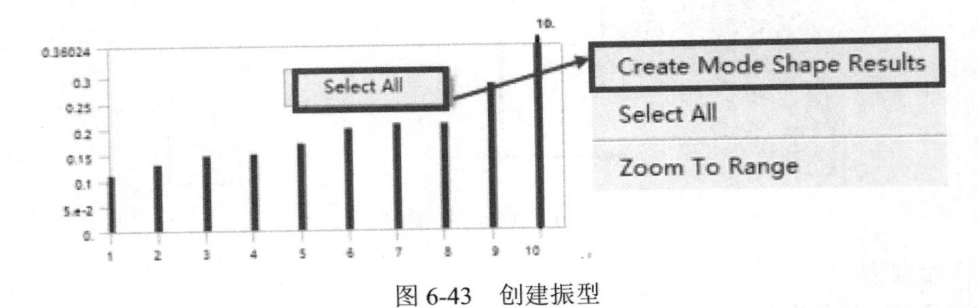

图 6-43　创建振型

右击树形窗中的【Solution（B6）】选择 Evaluate All Results 进行求解，如图 6-44 左部分所示。求解完毕后单击每一阶模态下的“Total Deformation”查看每一阶模态分析结果。图 6-44 右部分显示了第 1 阶模态下的振型。

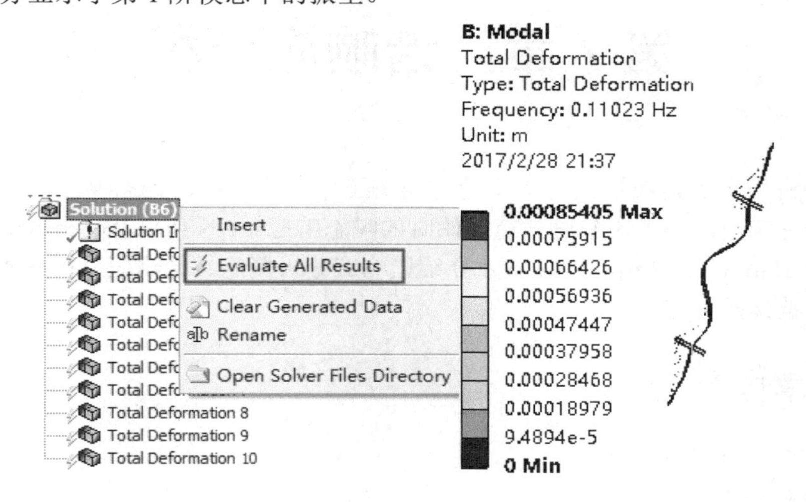

图 6-44　模态振型

（13）关闭 Static Structural，保存项目退出程序。

6.7　本章小结

模态分析是其他动力学分析的基础。本章介绍模态分析基础知识，并给出模态分析流程和预应力模态分析方法。实例中给出了预应力模态分析的具体操作方法，同时也给出了桥梁分析的工程实例。通过本章的学习，读者应该学会模态分析的基本操作，为后续的动力学分析建立基础。

第 7 章 谐响应分析

谐响应分析用于确定线性结构承受随时间按正弦变化载荷的稳态响应。谐响应分析只计算结构的稳态响应，不考虑激励载荷开始时的瞬态响应。ANSYS Workbench17.0 的谐响应分析平台为 Harmonic Response。本章介绍谐响应分析概述、谐响应分析基本流程。通过两个实例给出具体操作方法。

本章内容

- 谐响应分析概述
- 谐响应分析流程
- 有预应力谐响应分析

7.1 谐响应分析概述

任何持续的周期载荷都会引起结构系统的持续周期响应，所谓谐响应分析是指结构承受一个或多个同频率的正弦（简谐）载荷作用下，确定系统的稳态响应。谐响应分析可以确保一个给定的结构能经受住不同频率的各种正弦载荷（如以不同转速运行的发动机），同时谐响应分析可以探测共振响应，并在必要时通过阻尼器等来避免其发生。

谐响应分析通常用于以下结构的设计与分析：

- 旋转设备（压缩机、发动机、泵、涡轮机械等）的支座、固定装置和部件。
- 受涡流影响的结构，如涡轮叶片、飞机机翼、桥和塔。

7.1.1 谐响应运动方程

给出谐响应运动方程之前，需要知道谐响应分析的如下几个假设：

- 整个结构具有常量或频率相关的刚度、阻尼、质量效应；
- 所有载荷和位移都以相同的确定频率（可以不同相位）正弦变化；
- 加速度、轴承载荷、力矩载荷只能为实数。

谐响应分析的输入是：

- 已知幅值和频率的简谐载荷（力、压力、强迫位移）；
- 可以是具有相同频率的多种载荷。力和位移可以同相位或不同相位，体载荷只能制定零相位角。

视频教学

谐响应分析的输出是：

- 每个自由度上的谐响应位移，通常和施加的载荷不同相位；
- 其他导出值，如应力、应变。

通用线性运动方程为：

$$[\boldsymbol{M}]\{\ddot{\boldsymbol{u}}\}+[\boldsymbol{C}]\{\dot{\boldsymbol{u}}\}+[\boldsymbol{K}]\{\boldsymbol{u}\}=\{\boldsymbol{F}\}$$

谐响应分析中假设$\{\boldsymbol{F}\}$和$\{\boldsymbol{u}\}$都以频率Ω做简谐运动，则$\{\boldsymbol{F}\}$和$\{\boldsymbol{u}\}$可以表示为：

$$\{\boldsymbol{F}\}=\{\boldsymbol{F}_{\max}e^{i\psi}\}e^{i\Omega t}=\{\boldsymbol{F}_{\max}(\cos\psi+i\sin\psi)\}e^{i\Omega t}=(\{\boldsymbol{F}_1\}+i\{\boldsymbol{F}_2\})e^{i\Omega t}$$

$$\{\boldsymbol{u}\}=\{\boldsymbol{u}_{\max}e^{i\psi}\}e^{i\Omega t}=\{\boldsymbol{u}_{\max}(\cos\psi+i\sin\psi)\}e^{i\Omega t}=(\{\boldsymbol{u}_1\}+i\{\boldsymbol{u}_2\})e^{i\Omega t}$$

需要注意的是，符号Ω和ω在谐响应分析中是不同的。Ω代表输入的强迫周期频率，ω代表输出的固有频率。

对$\{\boldsymbol{u}\}$求两次导：

$$\{\boldsymbol{u}\}=(\{\boldsymbol{u}_1\}+i\{\boldsymbol{u}_2\})e^{i\Omega t}$$

$$\{\dot{\boldsymbol{u}}\}=i\Omega(\{\boldsymbol{u}_1\}+i\{\boldsymbol{u}_2\})e^{i\Omega t}$$

$$\{\ddot{\boldsymbol{u}}\}=-\Omega^2(\{\boldsymbol{u}_1\}+i\{\boldsymbol{u}_2\})e^{i\Omega t}$$

将以上三式带入到通用线性运动方程中可得：

$$-\Omega^2[\boldsymbol{M}](\{\boldsymbol{u}_1\}+i\{\boldsymbol{u}_2\})e^{i\Omega t}+i\Omega[\boldsymbol{C}](\{\boldsymbol{u}_1\}+i\{\boldsymbol{u}_2\})e^{i\Omega t}+[\boldsymbol{K}](\{\boldsymbol{u}_1\}+i\{\boldsymbol{u}_2\})e^{i\Omega t}=(\{\boldsymbol{F}_1\}+i\{\boldsymbol{F}_2\})e^{i\Omega t}$$

化简后得到谐响应分析的运动方程：

$$(-\Omega^2[\boldsymbol{M}]+i\Omega[\boldsymbol{C}]+[\boldsymbol{K}])(\{\boldsymbol{u}_1\}+i\{\boldsymbol{u}_2\})=(\{\boldsymbol{F}_1\}+i\{\boldsymbol{F}_2\})$$

谐响应分析是线性分析，因此一些非线性特征，即使定义了塑性也会被忽略。同时，一般在谐响应分析中不要使用非线性接触。谐响应分析也可以用在预应力结构中，比如小提琴弦（假设谐响应的应力远小于预应力）。

7.1.2 谐响应求解方法

求解谐响应的运动方程有两种方法。

（1）完全法（Full）直接使用静态求解器同时求解系统方程。

$$\overbrace{(-\Omega^2[\boldsymbol{M}]+i\Omega[\boldsymbol{C}]+[\boldsymbol{K}])}^{[K_c]}\overbrace{(\{\boldsymbol{u}_1\}+i\{\boldsymbol{u}_2\})}^{\{u_c\}}=\overbrace{(\{\boldsymbol{F}_1\}+i\{\boldsymbol{F}_2\})}^{\{F_c\}}$$

$$[\boldsymbol{K}_c]\{\boldsymbol{u}_c\}=\{\boldsymbol{F}_c\}$$

完全法通过使用完全结构矩阵，允许存在非对称矩阵，因此可以用于声学、轴承问题。

（2）模态叠加法（Mode-Superposition）将位移表示成模态振型的线性组合。

$$\{\boldsymbol{u}_c\}=\sum_{j=1}^{n}\{\boldsymbol{\phi}_j\}\boldsymbol{y}_{jc}$$

其中，$\{\boldsymbol{u}_c\}$表示复数形式的位移，$\{\boldsymbol{\phi}_j\}$——j阶模态振型，$\boldsymbol{y}_{jc}$——系数。

模态叠加法是求解化简后的非耦合方程；在完全法中，必须将复杂的耦合矩阵$[\boldsymbol{K}_c]$因式分解，因此完全法一般比模态叠加法更耗计算时间。用户可以通过求解一个模态分析来确定固有频率ω_j和对应的模态振型$\{\boldsymbol{\phi}_j\}$。同时可以看到，包括的模态 n 越多，对$\{\boldsymbol{u}_c\}$的逼近越精确。采用模态叠加法会首先自动进行一次模态分析，因此 Harmonic Response 将会获得结构的固有频率。谐响应分析中，响应的峰值是与结构的固有频率相对应，因此 Harmonic Response 能够将结果聚敛到固有频率附近。完全法没有计算模态，所以不能采用结果聚敛，只能采用平均分布间隔。这一点可以看 7.2 节的相关介绍。

7.2 谐响应分析流程

ANSYS Workbench 17.0 中进行谐响应分析的分析环境项目流程图，如图 7-1 所示。

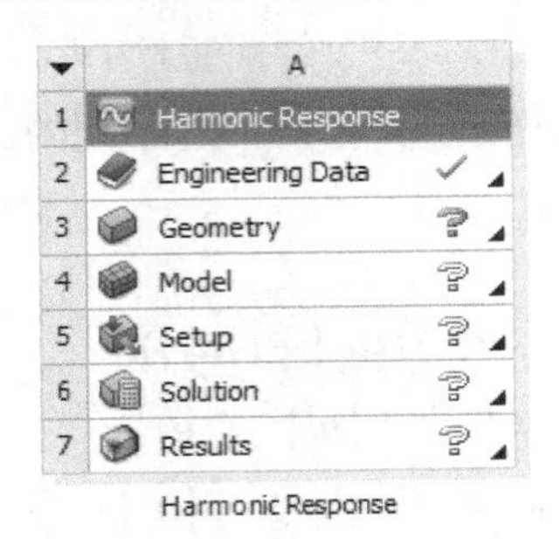

图 7-1 谐响应分析流程卡

谐响应分析流程包括如下过程：

- 创建谐响应分析流程卡；
- 定义工程数据；
- 添加几何；
- 定义零件行为；
- 定义连接；
- 施加网格控制；
- 谐响应分析设置；
- 施加载荷和约束；
- 求解并查看结果。

谐响应分析是一种线性分析法，因此定义工程数据时模型的材料特性必须是线性的，其中杨氏模量和密度必须定义，系统忽略定义的非线性特征，可以在定义零件行为中定义点质量。定义连接中，任何非线性接触类型，如摩擦接触在谐响应分析时都将保持初始状态。由接触导致的刚度是基于接触的初始状态并且不会改变。使用完全法求解，系统会考虑刚度和弹簧阻尼；使用模态叠加法，由弹簧引起的阻尼会被忽略。

下面详细介绍谐响应分析设置和求解并查看结果。

7.2.1 谐响应分析设置

Harmonic Response 平台下的谐响应分析设置 Details 面板，如图 7-2 所示。

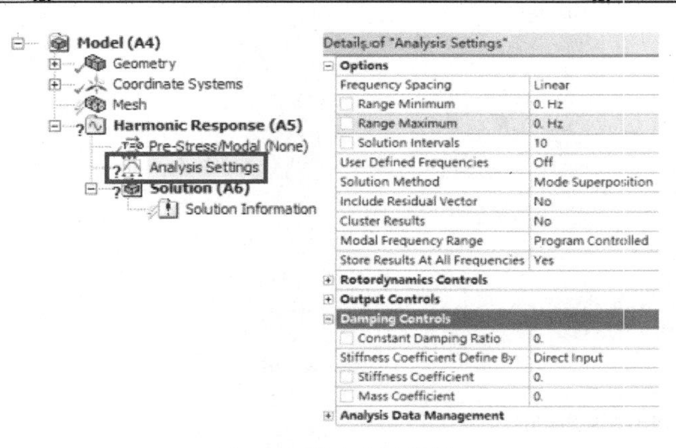

图 7-2　模态分析设置

（1）Options 选项。

Options 下具体选项如图 7-3 所示。【Range Minimum】和【Range Maximum】指定谐响应分析的频率范围，【Solution Intervals】指定求解点数量。如设置【Range Minimum】为 0Hz，【Range Maximum】为 100Hz，【Solution Intervals】为 5，则系统将分析 20、40、60、80、100Hz 处的谐响应。【User Defined Frequencies】可以设置为 On 或 Off

【Solution Method】下可以设置 Full（完全法）或 Mode Superposition（模态叠加法）。谐响应分析中，响应的峰值是与结构的固有频率相对应，因此 Harmonic Response 能够将结果聚敛到固有频率附近。【Cluster Results】为 No，表示不使用结果聚敛，如图 7-4 所示，会导致丢失峰值点；【Cluster Results】为 Yes，表示使用结果聚敛，如图 7-5 所示。使用结果聚敛可以获得更光滑、更精确的响应曲线。

Details of "Analysis Settings"

Options	
Frequency Spacing	Linear
Range Minimum	0. Hz
Range Maximum	0. Hz
Solution Intervals	10
User Defined Frequencies	Off
Solution Method	Mode Superposition
Include Residual Vector	No
Cluster Results	No
Modal Frequency Range	Program Controlled
Store Results At All Frequencies	Yes

Mode Superposition
Full

图 7-3　Options 选项

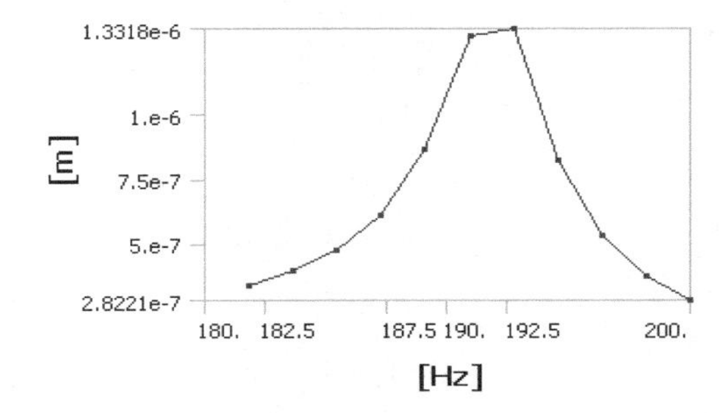

图 7-4　Cluster Results=No

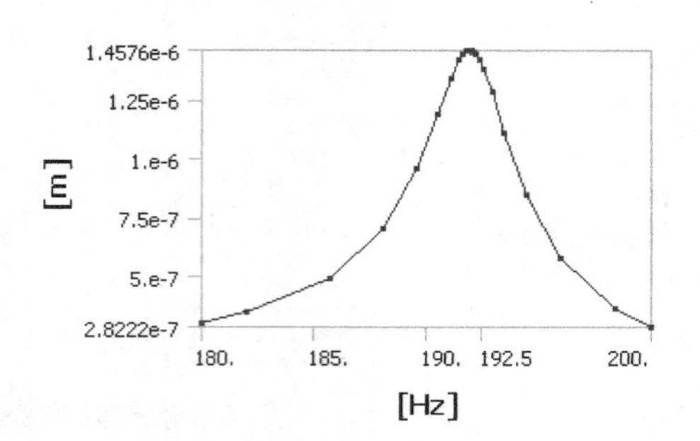

图 7-5　Cluster Results=Yes

（2）Damping Controls 选项。

Damping Controls 具体选项如图 7-6 所示。【Constant Damping Ratio】可以指定常量阻尼比，【Stiffness Coefficient】可以指定β阻尼，【Mass Coefficient】可以指定 α 阻尼。

Damping Controls	
Constant Damping Ratio	0.
Stiffness Coefficient Define By	Direct Input
Stiffness Coefficient	0.
Mass Coefficient	0.

图 7-6　Damping Controls 选项

7.2.2　查看结果

谐响应分析中可以获取两种结果类型。一种是常规的应力，弹性应变和变形云图。在获取这些常规结果云图时需要指定频率和相位角。另一种是获取频率响应图（Frequency Response）和相位响应图（Phase Response）。频率响应图显示随频率变化的响应，相位响应图显示滞后于施加载荷的响应值。图 7-7 显示了频率响应的 Details 面板。【Spatial Resolution】可以指定空间分辨率，默认为 Use Average，可供选择的还有 Use Minimum、Use Maximum。Use Minimum 和 Use Maximum 是基于幅值的最小最大值，Use Average 是分别计算实部和虚部分量后计算平均值。对于二维点，该选项很重要，因为默认的 Use Average 可能导致意外结果出现。在【Display】下可以选择显示的类型，默认为 Bode，即伯德图。相位响应的 Details 面板设置与此类似，这里不再赘述。

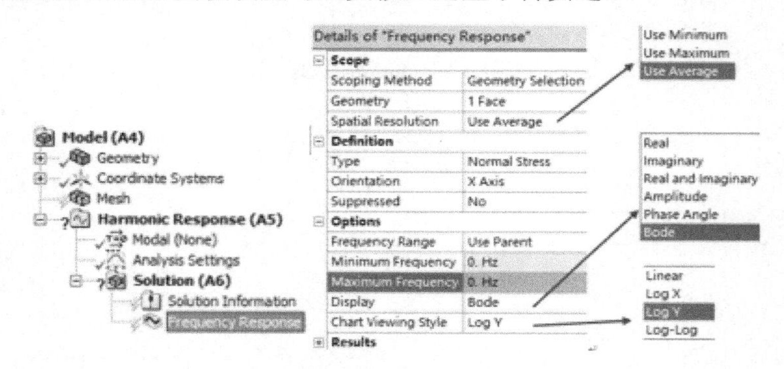

图 7-7　频率响应 Details 面板

7.3　实例 1：两端固定梁的谐响应分析

在本例中，我们将通过对两端固定梁进行谐响应分析来学习在 Harmonic Response 平台进行谐响应分析的操作方法。

1．实例概述

本例中的梁模型如图 7-8 所示。在梁的两端施加固定约束，在梁的三分之一（图 7-8 的 A 和 B）处分别施加两个简谐力，简谐力大小为 250N，频率分别为 300、1800RMP。本案例的目标是分析该梁在两个简谐力作用下的谐响应。梁的尺寸为 3m×0.5m×25mm，采用默认的结构钢。

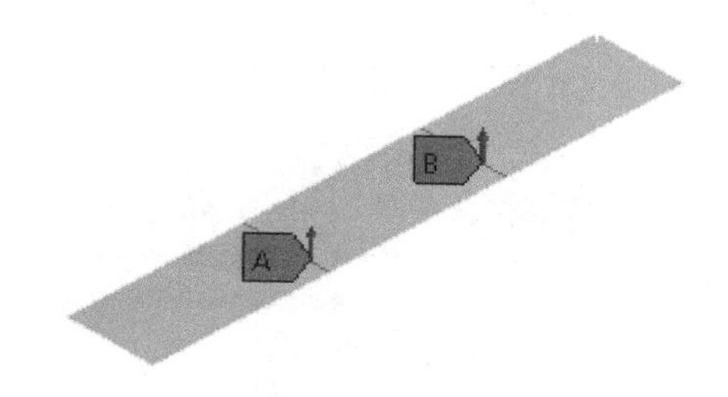

图 7-8　两端固定梁模型

本例中，首先对导入的梁模型两端施加固定约束，并采用默认网格划分，之后对其进行模态分析。模态分析的目的是查看 300-1800RMP 落在哪个固有频率范围内。模态分析完后在谐响应分析中添加两个简谐力，并进行简谐分析设置。求解后可以插入频率响应查看分析结果。作为对比，读者可以修改第二个力的相位角观察这种情况下的对应频率响应。

起始文件——附带光盘“Start/Ch7/beam.agdb”

结果文件——附带光盘“End/Ch7/beam.wbpj”

动画演示——附带光盘“AVI/ Ch7/beam.avi”

2．操作步骤

（1）新建【Modal】和【Harmonic Response】。

打开 Workbench 程序，将【Toolbox】目录下【Analysis Systems】中的【Modal】拖入项目流程图后，选中【Analysis Systems】中的【Harmonic Response】并拖放到 Modal 中的 A4 单元格【Model】，如图 7-9 所示。添加完毕后的项目，如图 7-10 所示。保存工程文件为 beam.wbpj。

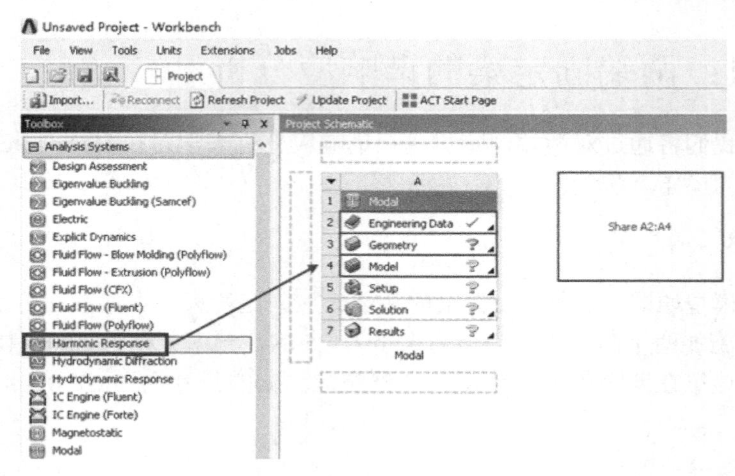

图 7-9　添加项目

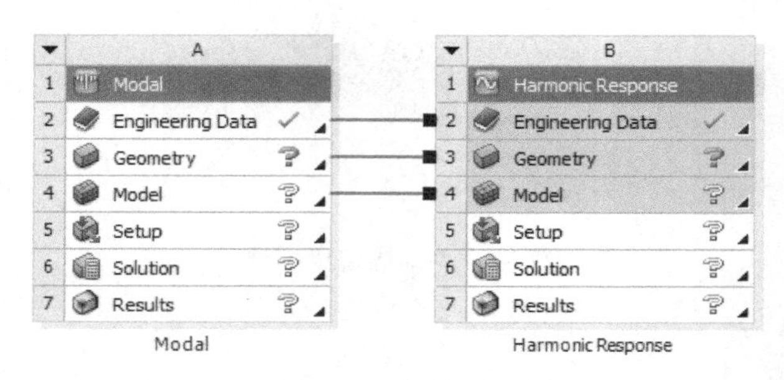

图 7-10　完整项目

（2）导入几何体文件。

右击 A3 单元格【Geometry】选择 Import Geometry/Browse，选择几何文件 beam.agdb，如图 7-11 所示。

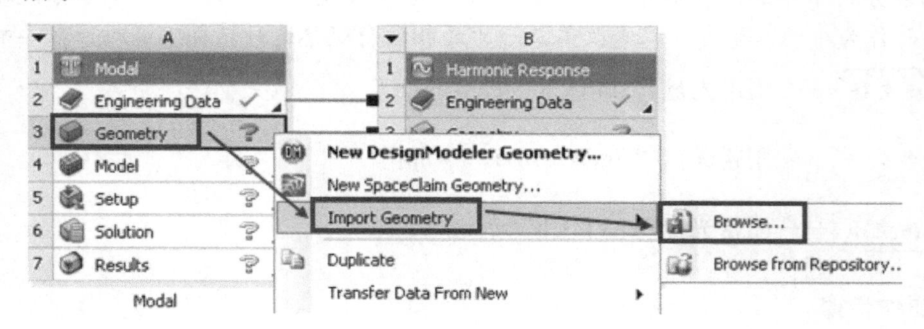

图 7-11　导入几何体文件

（3）进入 Modal 平台。

在【Project Schematic】中双击 A4 单元格【Model】，进入 Modal 平台，如图 7-12 所示。该梁的面体厚度已经指定为 25mm，材料采用默认的结构钢，这些都不需另外设置。

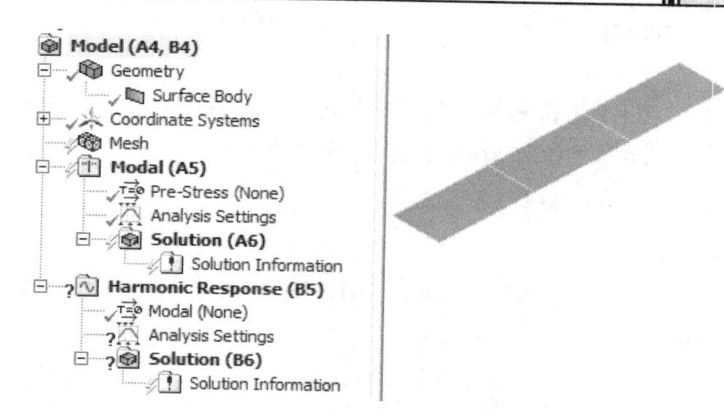

图 7-12　Modal 平台

（4）划分网格。

右击树形窗下的【Mesh】并选择 Generate Mesh 采用默认划分网格后得到的网格模型，如图 7-13 所示。

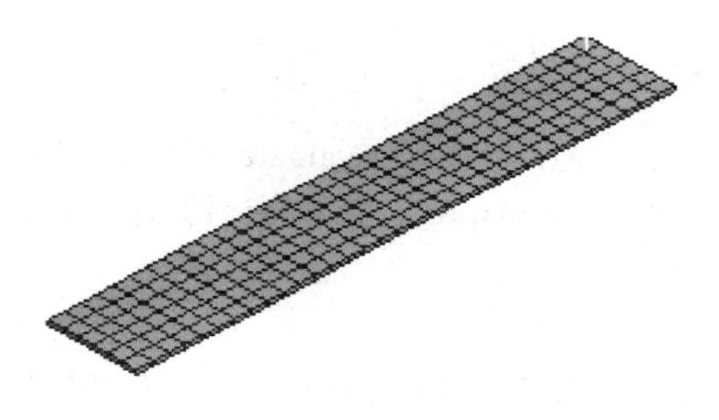

图 7-13　网格模型

（5）模态分析中添加固定约束。

首先选中树形窗中的【Modal（A5）】然后执行工具栏【Supports】下的 Fixed Support，选择梁的两条边后单击 Details 面板中的 Apply，如图 7-14 所示。

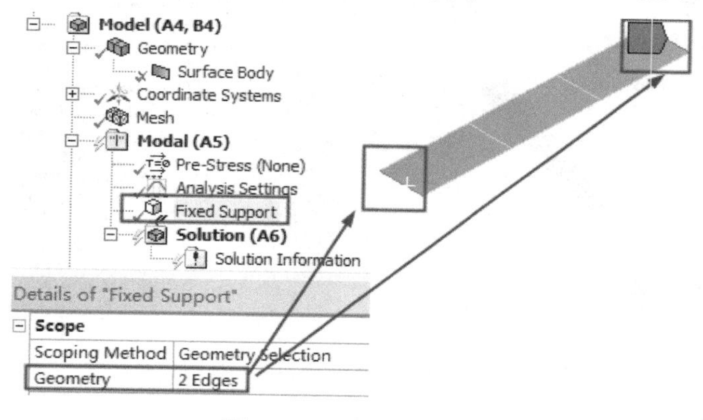

图 7-14　添加固定约束

（6）求解模型。

选中树形窗下的【Solution（A6）】右击选择 Solve 或者单击工具栏的【Solve】。

（7）查看固有频率。

在 Tabular Data 窗口可以查看各阶固有频率，如图 7-15 所示，可以发现一阶和二阶模态频率均在 0-50Hz 之间。注意 300-1800RPM 对应 5-30Hz，正好落在 0-50Hz 之间，因此下面的谐响应分析主要考虑前两阶固有频率。

（8）查看各阶频率下的振型。

在【Graph】窗口空白处右击选择 Select All 后，再次在【Graph】空白处，右击选择 Create Mode Shape Results，如图 7-16 所示。

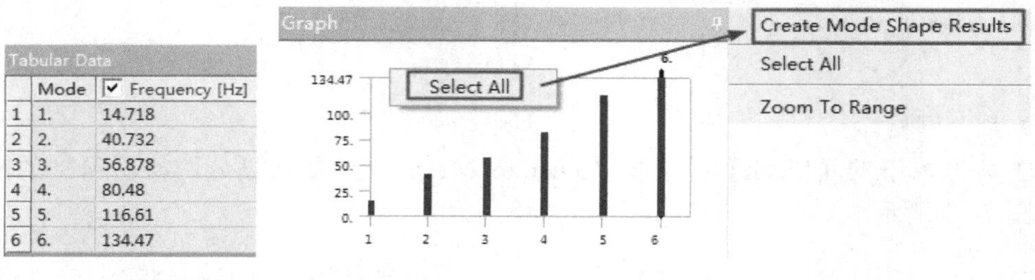

Tabular Data

	Mode	Frequency [Hz]
1	1.	14.718
2	2.	40.732
3	3.	56.878
4	4.	80.48
5	5.	116.61
6	6.	134.47

图 7-15　各阶固有频率　　图 7-16　创建振型

右击树形窗中的【Solution（A6)】选择 Evaluate All Results 进行求解。求解完毕后可以单击每一阶模态下的“Total Deformation”查看每一阶模态分析结果。图 7-17 显示了第 1 阶模态下的振型。

（9）谐响应分析中添加固定约束。

直接拖动【Modal（A5)】下的 Fixed Support 到【Harmonic Response（B5)】，即可在谐响应下创建同样的固定约束，如图 7-18 所示。当然读者也可以手动插入 Fixed Support 来完成。

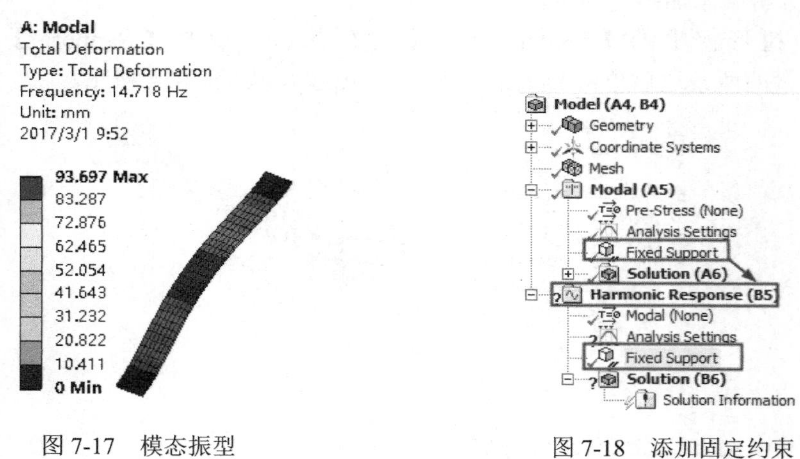

图 7-17　模态振型　　图 7-18　添加固定约束

（10）施加第一个力。

选中树形窗下的【Harmonic Response（B5)】然后单击工具栏【Loads】下的 Force。在视图窗选中一条边后单击 Details 面板中的 Apply，设置【Define By】为 Components，【Y Component】为 250N，如图 7-19 所示。

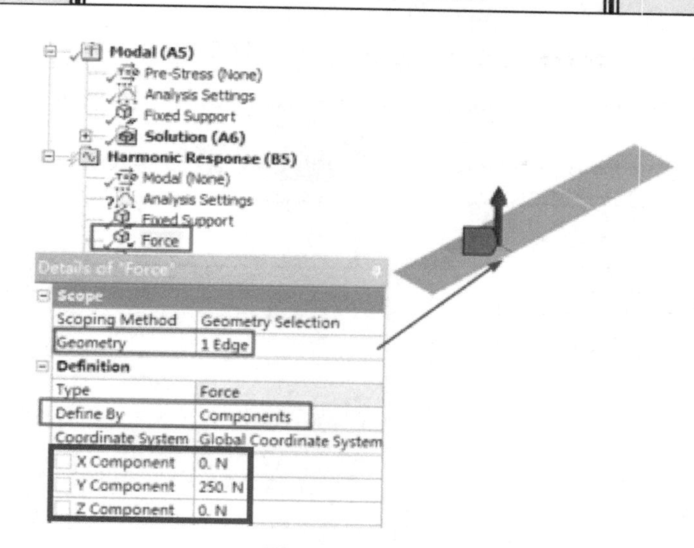

图 7-19　施加力

（11）施加第二个力。

选中树形窗下的【Harmonic Response（B5）】然后单击工具栏【Loads】下的 Force。在视图窗选中另一条边后单击 Details 面板中的 Apply，设置【Define By】为 Components，【Y Component】为 250N，如图 7-20 所示。

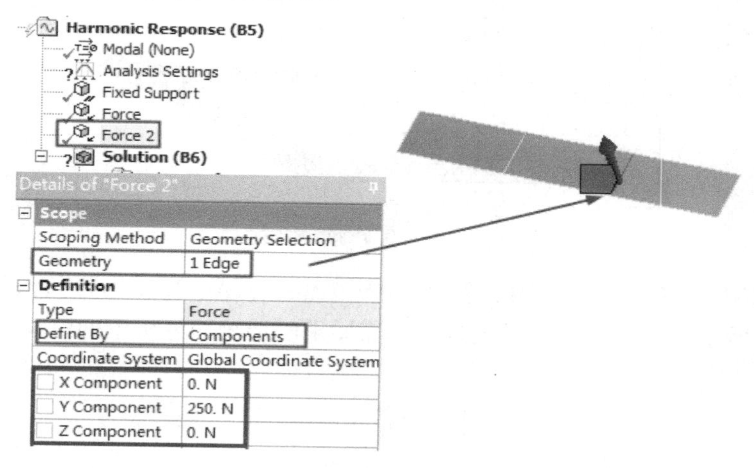

图 7-20　施加力

（12）谐响应分析设置。

选中树形窗中【Harmonic Response（B5）】下的【Analysis Settings】，在 Details 面板中设置【Range Minimum】为 0Hz，【Range Maximum】为 50Hz，【Solution Intervals】为 50，【Constant Damping Ratio】为 0.02，如图 7-21 所示。

（13）求解谐响应分析。

选中树形窗下的【Solution（B6）】右击选择 Solve 或者单击工具栏的【Solve】。

（14）设置频率响应并求解。

选中树形窗下的【Solution（B6）】，然后单击工具栏【Frequency Response】下的

Deformation。在视图窗中选择梁的三个面后单击 Details 面板中的 Apply，并设置【Spatial Resolution】为 Use Maximum，【Orientation】为 Y Axi$_{s}$，如图 7-22 所示。

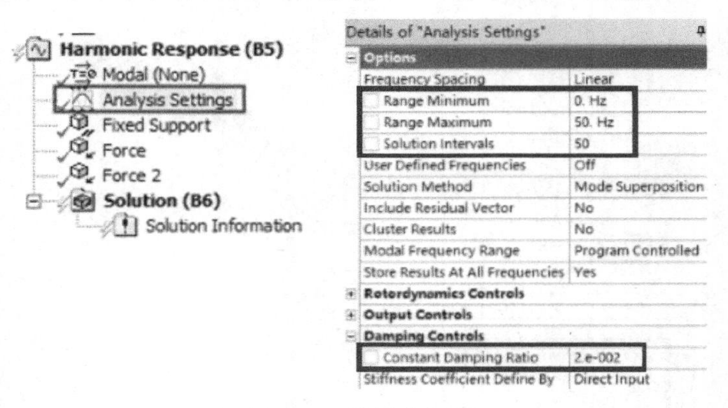

图 7-21　设置求解项

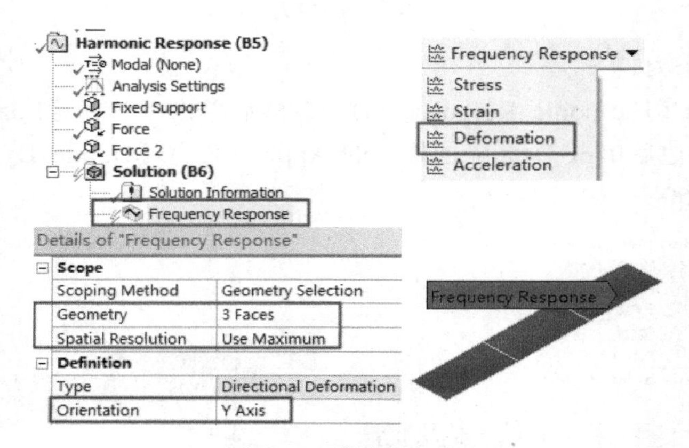

图 7-22　设置频率响应

右击树形窗下的【Solution（B6)】并选择 Evaluate All Results 后可以得到梁频率响应，如图 7-23 所示。当然读者可以根据实际需要求解谐响应分析下的位移、应力、应变云图，这里不再给出。

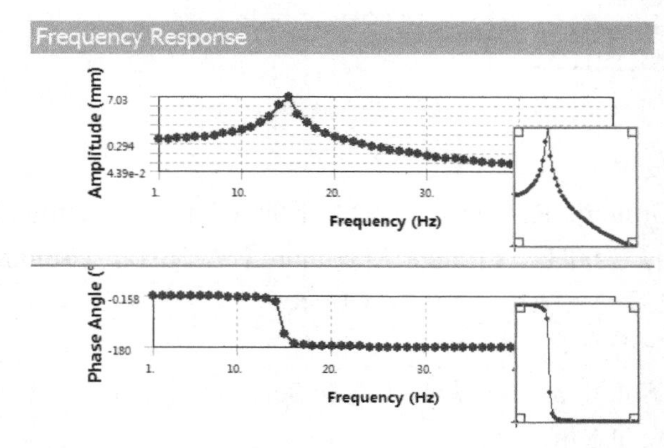

图 7-23　频率响应

（15）修改第二个力相位角并求解。

Force 2Details 面板中的相位角为 90°，然后重新求解谐响应可得此时频率响应图形如图 7-24 所示。读者也可以将第二个力的相位角修改为 180°，查看对应的频率响应图，此处不再重复操作。

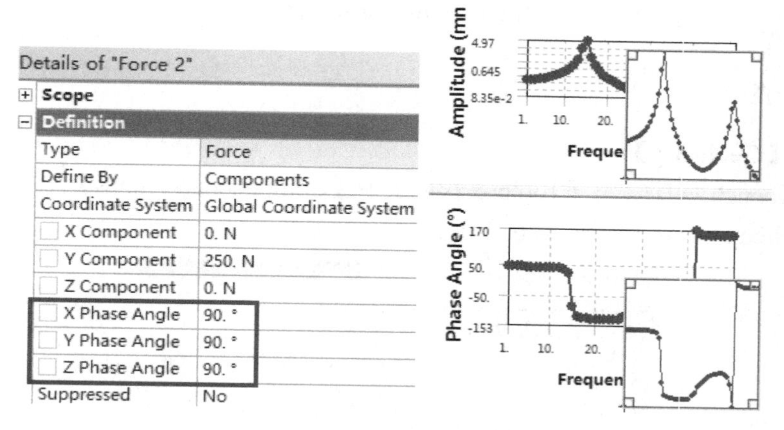

图 7-24　频率响应

（16）关闭 Mechanical 平台，保存项目并退出程序。

7.4　实例 2：吉他弦谐响应分析

在本例中，将对吉他弦做谐响应分析来学习在 Harmonic Response 平台进行有预应力的谐响应分析的操作方法。

1. 实例概述

图 7-25 是一简化的吉他弦计算模型，其长度为 710mm，直径为 0.254mm。吉他弦承受 $\boldsymbol{F}_1$=84N，并在图中 8 位置处承受 $\boldsymbol{F}_2$=1N 的弹击力。要求分析在有预应力下的吉他弦固有频率和在 $\boldsymbol{F}_2$ 作用下的谐响应分析。吉他弦弹性模量 E=1.9E5Mpa，泊松比 σ=0.3，密度 ρ=7920kg/m^3。分析过程中取弹击力频率范围为 0-1000Hz。

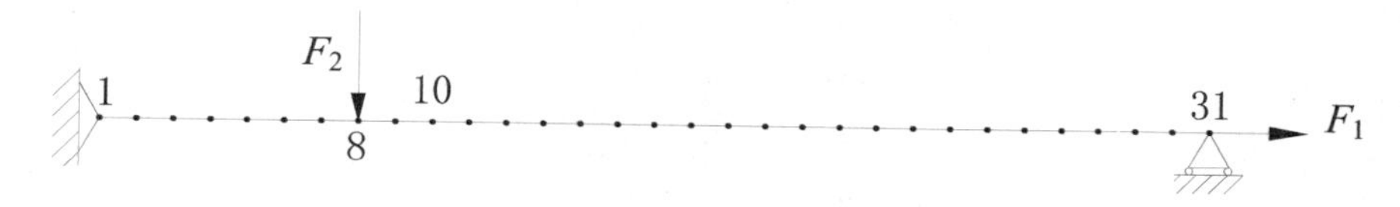

图 7-25　吉他弦受力示意图

本例中首先在 DesignModeler 中使用概念建模创建吉他弦模型，为了确定吉他弦的位置 8，需要采用 Split Edges 特征。对模型添加材料后，对吉他弦的位置 1 处施加 Fixed Support，位置 31 处采用 Displacement 只允许在拉力作用方向的运动。为进行谐响应分析，首先对吉他弦进行只有 F_1 作用下的静力学分析，之后分析有预应力下的吉他弦固有频率，最后分析在 F_2 作用下的吉他弦谐响应分析并导出频率响应图。

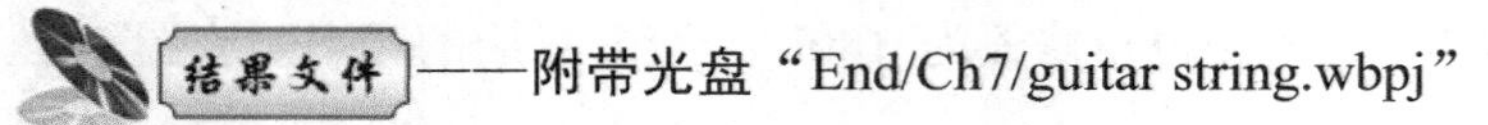

结果文件——附带光盘“End/Ch7/guitar string.wbpj”

动画演示——附带光盘“AVI/Ch7/guitar string.avi”

2．操作步骤

（1）新建【Geometry】。

打开 Workbench 程序，将【Toolbox】目录下【Component Systems】中的【Geometry】拖入 Project Schematic 中，如图 7-26 所示。

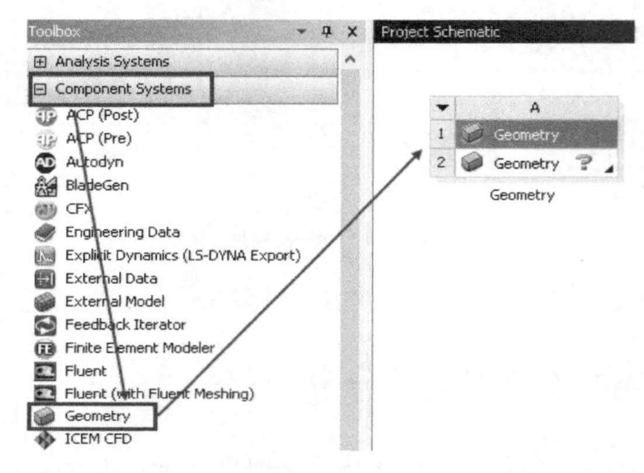

图 7-26　新建 Geometry

（2）进入 DesignModeler，新建草图。

双击 Project Schematic 中的 A2 单元格进入 DesignModeler 界面，单位选择 Millimeter。在 XYPlane 中新建 Sketch1，并在 Sketch1 上绘制如图 7-27 所示草图，其中 H_1=710mm。

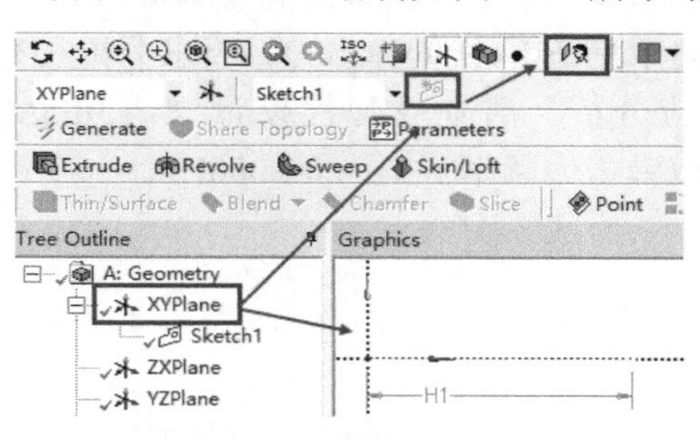

图 7-27　配置单位

（3）创建线体。

在 Tree Outline 下选择 Sketch1，然后执行【Concept】→【Line From Sketches】，在 Details 面板中单击 Apply，并将【Operation】设置成 Add Frozen，如图 7-28 所示，最后单击【Generate】这样就创建了 Line1。

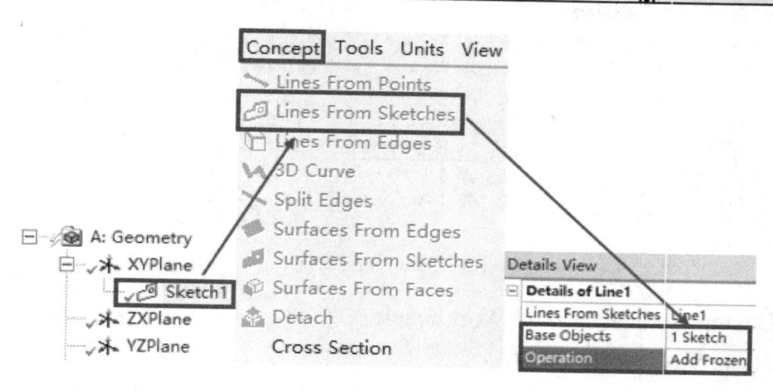

图 7-28　创建线体

（4）创建圆形截面。

执行【Concept】→【Cross Section】→【Circular】创建 Circular1，在 Details 面板上设置 R=0.127mm，如图 7-29 所示。

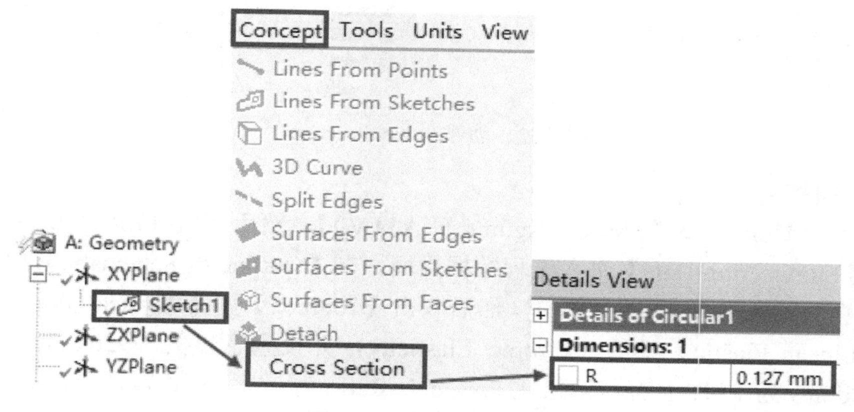

图 7-29　创建圆形截面

（5）对线体赋予截面。

选中 Tree Outline 下的【Line Body】并对其赋予刚刚创建的截面，如图 7-30 所示。

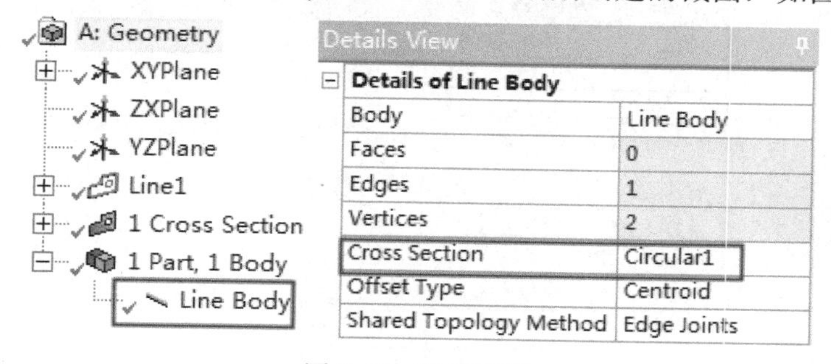

图 7-30　赋予截面

（6）分割线体。

执行【Concept】→【Split Edges】创建 EdgeSplit1，在 Details 面板上选择创建的 Line1 并设置【Definition】为 Split by N，【FD4,N】为 30，如图 7-31 所示，最后单击【Generate】。

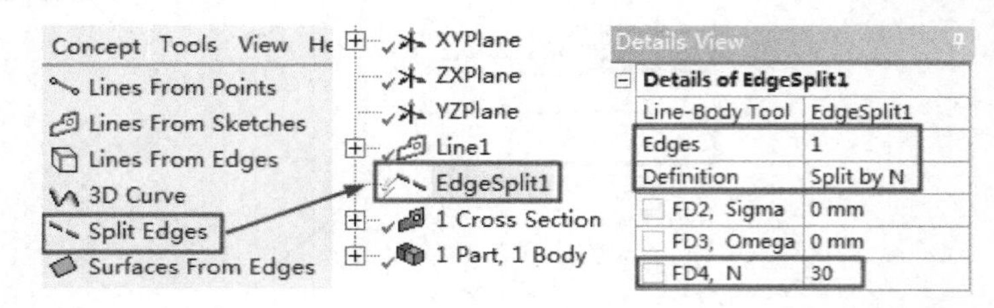

图 7-31　分割线体

（7）退出 DesignModeler，返回 Workbench 主界面。

（8）创建 Static Structural。

将 Toolbox 下的 Static Structural 拖到 A2 单元格后释放，创建静态分析，如图 7-32 所示。

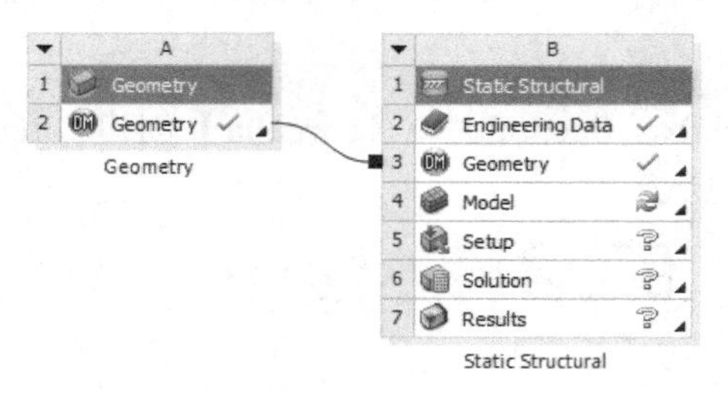

图 7-32　创建 Static Structural

（9）添加材料。

首先执行【Units】→【Metric（kg,m,s,℃,A,N,V）】，然后双击 Project Schematic 中的 B2 单元格【Engineering Data】进入工程数据界面。在【Outline of Schematic B2:Engineering Data】的空白处输入 M1 代表材料 1，然后双击【Toolbox】中【Physical Properties】下的 Density，【Linear Elastic】下的 Isotropic Elasticity，并设置密度为 7920kg/m^3，杨氏模量 Young’s Modulus 为 1.9E+11Pa，泊松比 Poisson’s Ratio 为 0.3，如图 7-33 所示。材料添加完毕后，单击工具栏中的【Project】返回主界面。

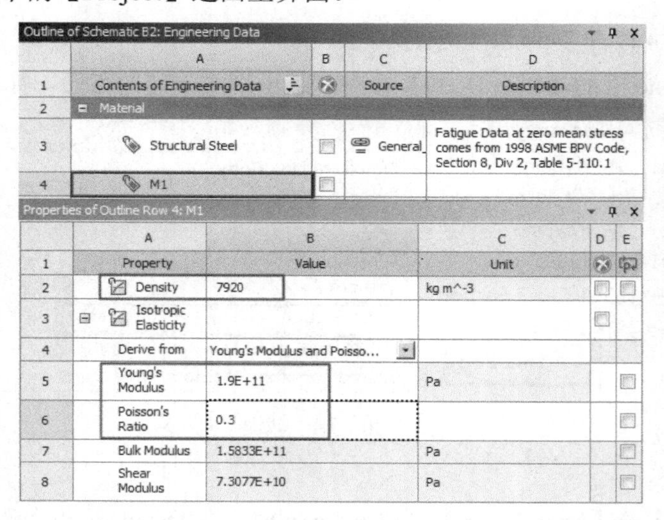
Outline of Schematic B2: Engineering Data

	A	B	C	D
1	Contents of Engineering Data		Source	Description
2	Material			
3	Structural Steel		General_	Fatigue Data at zero mean stress comes from 1998 ASME BPV Code, Section 8, Div 2, Table 5-110.1
4	M1			

Properties of Outline Row 4: M1

	A	B	C	D	E
1	Property	Value	Unit		
2	Density	7920	kg m^-3		
3	Isotropic Elasticity				
4	Derive from	Young's Modulus and Poisso...			
5	Young's Modulus	1.9E+11	Pa		
6	Poisson's Ratio	0.3			
7	Bulk Modulus	1.5833E+11	Pa		
8	Shear Modulus	7.3077E+10	Pa		

图 7-33　添加材料

（10）进入 Static Structural 平台，并配置材料。

双击 Project Schematic 中的 B4 单元格【Model】进入 Static Structural 平台。在 Static Structural 平台的 Outline 下选择 Line Body，在 Details 面板的【Material】中将 Assignment 设置为 M_1，表示配置材料 1，如图 7-34 所示。

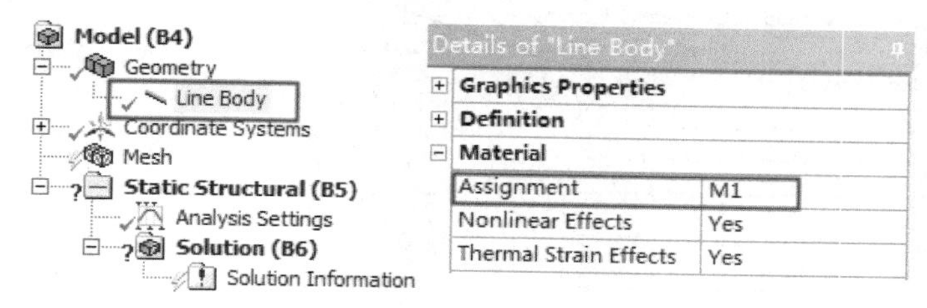

图 7-34 配置材料

（11）划分网格。

在 Static Structural 平台中选中 Outline 下的【Mesh】，在 Details 面板中设置【Element Size】为 10mm，如图 7-35 所示。然后右击【Mesh】选择【Generate Mesh】生成网格模型。

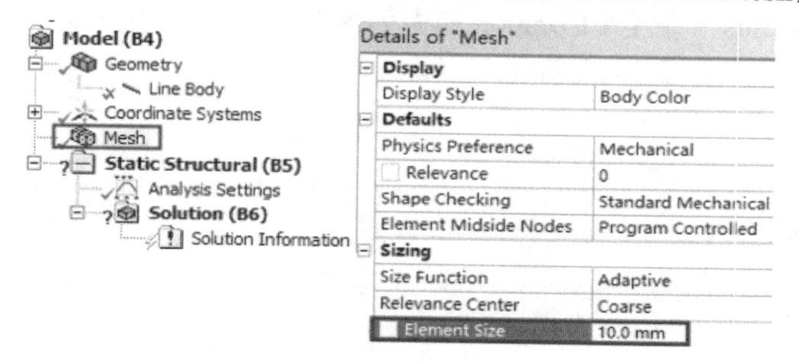

图 7-35 网格设置

（12）添加固定约束。

首先选中树形窗中的【Static Structural（B5）】然后执行工具栏【Supports】下的 Fixed Support，设置点过滤器，选择弦的一个端点后单击 Details 面板中的 Apply，如图 7-36 所示。

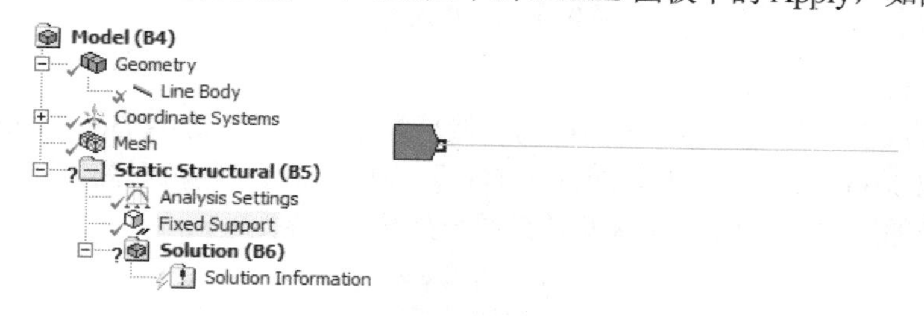

图 7-36 添加固定约束

（13）添加位移约束。

选中树形窗中的【Static Structural（B5）】然后执行工具栏【Supports】下的 Displacement，设置点过滤器，选择弦的另一个端点后单击 Details 面板中的 Apply 并设置【Define By】为 Components，【X Component】为 Free，【Y Component】和【Z Component】为 0，如图 7-37 所示。

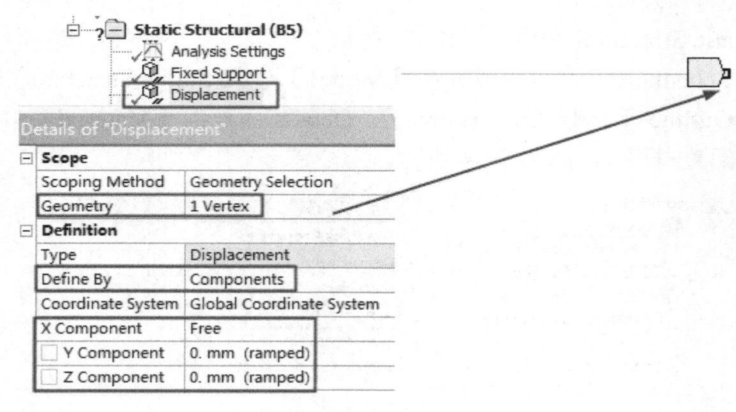

图 7-37　添加位移约束

（14）添加力。

选中树形窗中的【Static Structural（B5）】，然后执行工具栏【Loads】下的 Force，设置点过滤器，选择如图所示端点（位移约束点）后单击 Details 面板中的 Apply，将【Define By】设置成 Components，令【X Component】为 84N，如图 7-38 所示。

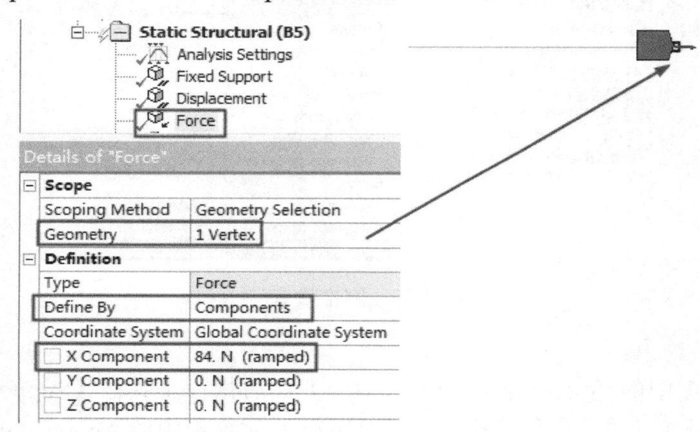

图 7-38　添加力

（15）设置求解项并求解。

选中【Outline】下的【Solution（B6）】，然后在工具栏中添加【Deformation】→Total，【Tools】→Beam Tool 后，右击【Solution（B6）】选择 Solve，其树形图如图 7-39 所示。静力学求解结果云图这里不给出，具体可以查看光盘演示视频。

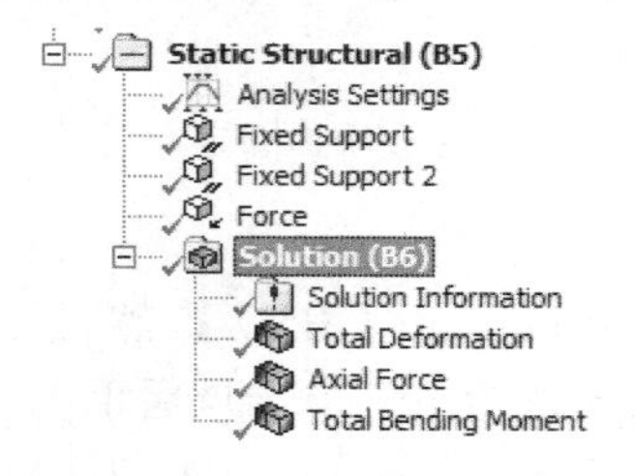

图 7-39　设置求解项

（16）退出 Static Structural 平台，创建 Modal 分析项目。

关闭 Static Structural 返回到 Workbench 主界面，将 Toolbox 下的 Modal 拖到 B6 单元格【Solution】后释放，创建模态分析如图 7-40 所示。

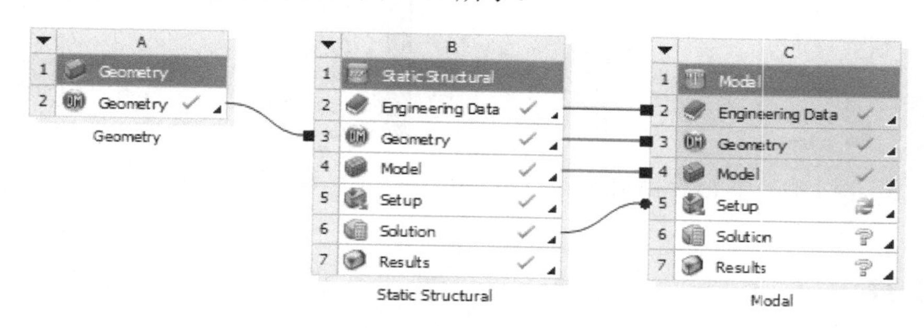

图 7-40　创建 Modal

（17）进入 Modal 平台，并求解模态分析。

双击 C5 单元格【Setup】进入模态分析平台。采用默认模态分析设置求解前六阶固有频率。右击树形窗下的【Solution（C6）】并选择 Solve 求解模态分析。求解后得到结构前六阶固有频率，如图 7-41 所示。为了理解每两阶固有频率都一样的情况，下面创建每个固有频率的振型进行观察。

（18）查看各阶频率下的振型。

在【Graph】窗口空白处右击选择 Select All 后再次在【Graph】空白处右击选择 Create Mode Shape Results，如图 7-42 所示。

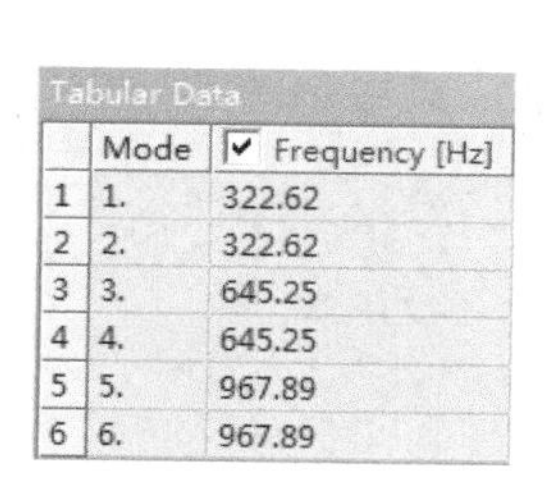

Tabular Data

	Mode	Frequency [Hz]
1	1.	322.62
2	2.	322.62
3	3.	645.25
4	4.	645.25
5	5.	967.89
6	6.	967.89

图 7-41　创建 Modal

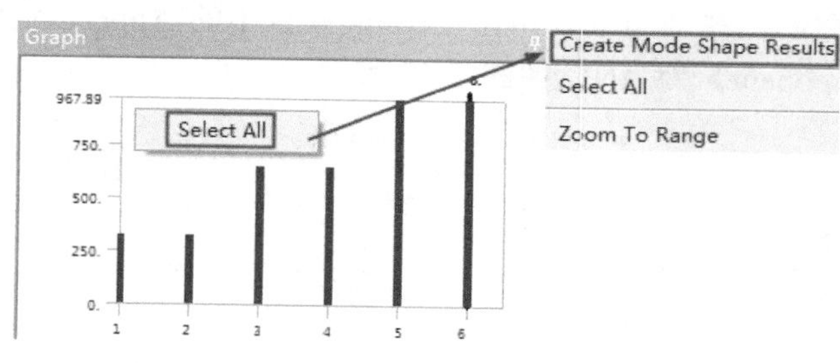

图 7-42　创建振型

右击树形窗中的【Solution（C6）】选择 Evaluate All Results 进行求解。求解完毕后可以单击每一阶模态下的“Total Deformation”查看每一阶模态分析结果。图 7-43 显示了第 1 阶模态下的振型，图 7-44 显示了第 2 阶模态下的振型。可以看出虽然第 1、2 阶的固有频率一样，但是他们的振型方向不一样。第 1 阶振型在 XZ 平面，第 2 阶振型是在 XY 平面。其余各阶一样，这里不再给出，读者可以自己比较。图 7-43、图 7-44 在显示云图时使用了工具栏的 ⇉ 。

（19）退出 Mechanical 平台，创建 Harmonic Response 分析项目。

关闭 Mechanical 返回到 Workbench 主界面，将 Toolbox 下的 Harmonic Response 拖到 C6 单元格【Solution】后释放，创建谐响应分析，如图 7-45 所示。

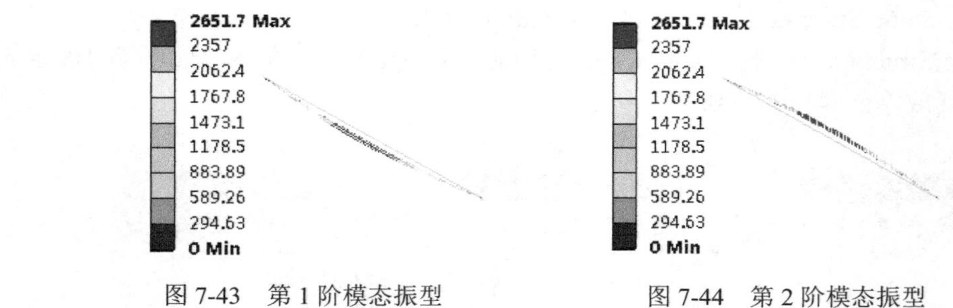

图 7-43　第 1 阶模态振型　　　　图 7-44　第 2 阶模态振型

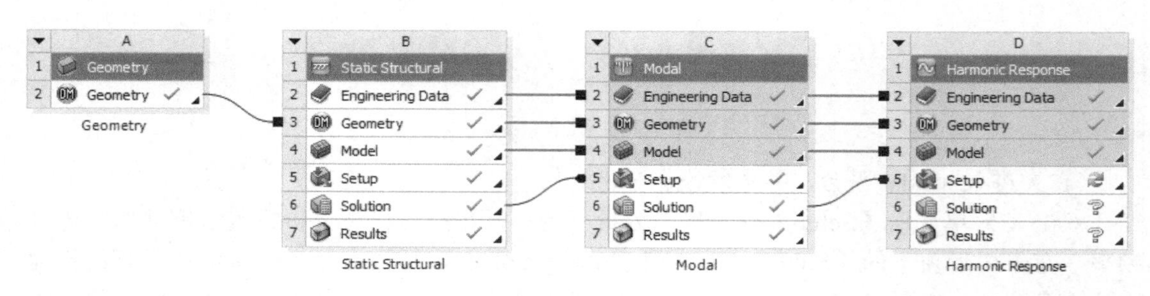

图 7-45　创建 Harmonic Response

（20）进入 Harmonic Response 平台并施加力。

双击 D5 单元格【Setup】进入 Harmonic Response 分析平台。选中树形窗下的【Harmonic Response（D5）】，然后执行工具栏【Loads】下的 Force，设置点过滤器，选择弦的模型的位置 8 点后，单击 Details 面板中的 Apply，设置【Define By】为 Components，【Y Component】为-1N，如图 7-46 所示。

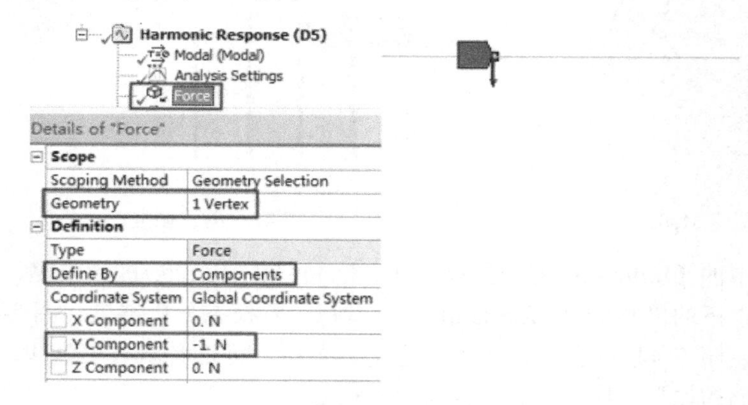

图 7-46　施加力

（21）谐响应分析设置。

选中树形窗中【Harmonic Response（D5）】下的【Analysis Settings】，在 Details 面板中设置【Range Maximum】为 1000Hz，【Solution Intervals】为 50，如图 7-47 所示。

（22）设置频率响应并求解。

选中树形窗下的【Solution（D6）】，然后单击工具栏【Frequency Response】下的 Deformation。在视图窗中选择弦模型位置 10 处的点后，单击 Details 面板中的 Apply，并设置【Orientation】为 Y Axis，如图 7-48 所示。最后右击树形窗下的【Solution（D6)】并选择 Solve 进行求解。

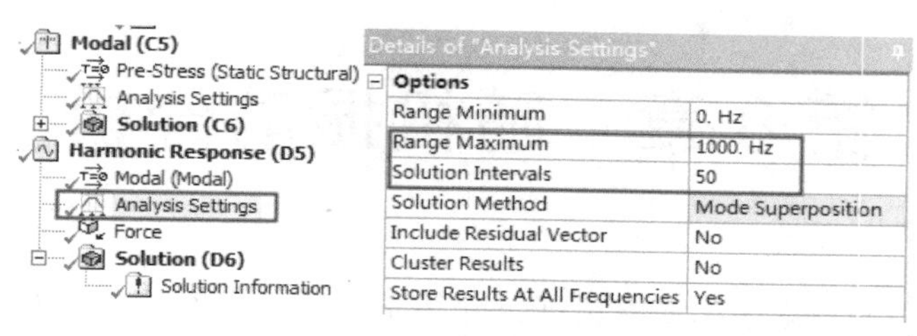

图 7-47 谐响应分析设置

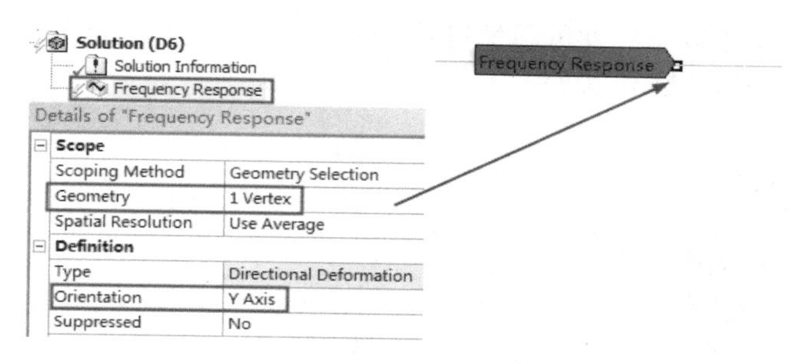

图 7-48 设置频率响应

（23）查看频率响应图。

选中树形窗中【Solution（D6)】下的 Frequency Response，在【Graph】窗口可以查看 50 个取样点处的谐响应幅值和相位，如图 7-49 所示。读者可以在【Worksheet】窗口查看独立的频率响应图，另外读者也可以创建 Deformation 来查看变形云图，这里不再给出。

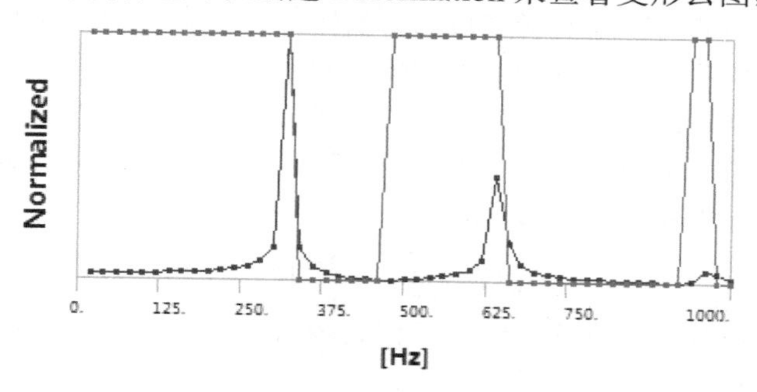

图 7-49 频率响应图

（24）关闭 Mechanical 平台，保存项目并退出程序。

7.5 本章小结

本章主要讲述谐响应分析的基本理论，包括谐响应运动方程、谐响应求解方法以及在 ANSYS Workbench 17.0 中进行谐响应分析的基本流程。实例 2 给出了有预应力谐响应分析的具体操作方法。

第 8 章　随机振动分析

随机振动分析用于确定结构在随机载荷作用下的响应，其输入是功率谱密度函数。它是一种基于概率统计学的谱分析技术，因此得到的结果也具有统计特性。ANSYS Workbench 17.0 中进行随机振动分析的平台是 Random Vibration。本章介绍随机振动分析的基本理论及分析流程并给出操作实例。

本章内容

- 随机振动分析基础
- 随机振动分析流程
- 随机振动分析实例

8.1　随机振动分析概述

随机振动分析可以确定结构在承受随机振动载荷下的响应，如确定由于发动机振动、道路粗糙、声压引起的安装在车辆上的敏感电子元件的响应。由于道路粗糙引起的加速度载荷并不是确定的，也就是即使车辆驶过同样的路段，载荷的时间历程也是不一样的，因此就不可能准确预测载荷在每个时间点处的值。对于这类载荷，可以使用统计学参数（平均值、均方根、标准差等）来表征。随机载荷不是周期的，且包含许多频率成分。时间历程的频率成分（也即谱）是与统计学参数同时获取的，并一同应用到随机振动分析中。这个谱就被称为功率谱密度函数或 PSD。定义：

$$S_{xx}(f)=\int_{-\infty}^{+\infty}R_{xx}(\tau)e^{-i2\pi f\tau}d\tau$$

为自功率谱密度函数，其中 $R_{xx}(\tau)$ 为自相关函数。自功率谱密度函数为自相关函数的傅氏变换，其逆变换为：

$$R_{xx}(\tau)=\int_{-\infty}^{+\infty}S_{xx}(f)e^{i2\pi f\tau}df$$

之所以称为功率谱密度函数，是因为：

$$\lim_{T\to\infty}\frac{1}{2T}\int_{-\infty}^{+\infty}\left|X(f,T)\right|^2df=\lim_{T\to\infty}\frac{1}{2T}\int_{-T}^{+T}x^2(t)dt=\int_{-\infty}^{+\infty}\lim_{T\to\infty}\frac{1}{2T}\left|X(f,T)\right|^2df=\int_{-\infty}^{+\infty}S_{xx}(f)df$$

其中，$x(t)$ 是时域随机信号，$x_T(t)$ 为时域截断函数，$x_T(t)$ 的傅氏变换为 $X(f,T)$。上式的推导用到了 Parseval 定理。显然 $\frac{1}{2T}\int_{-T}^{+T}x^2(t)dt$ 代表平均功率，因此 $S_{xx}(f)$ 代表平均功率在频率上的分布函数。详细的理论知识请参考相关著作，这里不再细述。

视频教学

功率谱密度曲线为功率谱密度值与频率 f 的关系曲线，f 通常被转换为 Hz 的形式给出。加速度 PSD 的单位为“加速度 ^{2}/Hz”，速度 PSD 的单位为“速度 ^{2}/Hz”，位移 PSD 的单位为“位移 ^{2}/Hz”。

随机振动分析的输入是固有频率、振型以及一个或多个功率谱密度函数，输出可以是分布在 $-1\sigma\sim1\sigma$ 或其他正态分布区间的计算值（如位移、应力等）以及每个方向上的功率谱密度函数。随机振动分析是基于模态叠加法，因此在随机分析之前需要进行模态分析，获取固有频率和模态振型。

随机振动分析通常应用在受发动机振动、湍流压力、声压影响的航空和电子封装部件分析，受风影响的高层建筑分析、受地震影响的结构分析以及受波浪影响的海上建筑物分析等。

8.2　随机振动分析流程

ANSYS Workbench 17.0 中进行随机振动分析的分析环境项目流程图，如图 8-1 所示。当然随机振动分析之前需要进行模态分析。

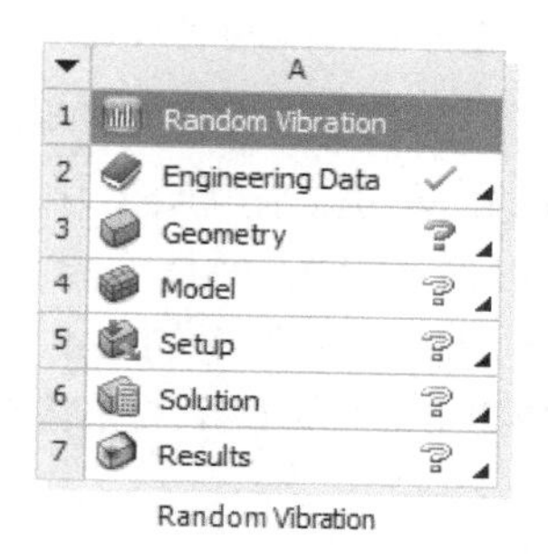

图 8-1　随机振动分析流程卡

随机振动分析流程包括如下过程：

- 创建分析流程卡；
- 定义工程数据；
- 添加几何；
- 定义零件行为；
- 定义连接；
- 施加网格控制；
- 随机振动分析设置；
- 施加载荷和约束；
- 求解并查看结果。

执行随机振动分析之前需要进行模态分析，定义工程数据时模型的材料特性必须是线性的，其中杨氏模量和密度必须定义。系统忽略定义的非线性特征。随机振动分析中只有线性行为是有效的。如果存在非线性单元，在随机振动分析中将会被当做线性处理。连接中如果存在接触单元，那么它们的参数将保持不变，例如：由接触导致的刚度在随机振动分析中是基于接触的初始状态来计算，并且不会改变。

下面介绍随机振动分析设置和求解并查看结果。

8.2.1 随机振动分析设置

Random Vibration 平台下的随机振动分析设置 Details 面板，如图 8-2 所示。

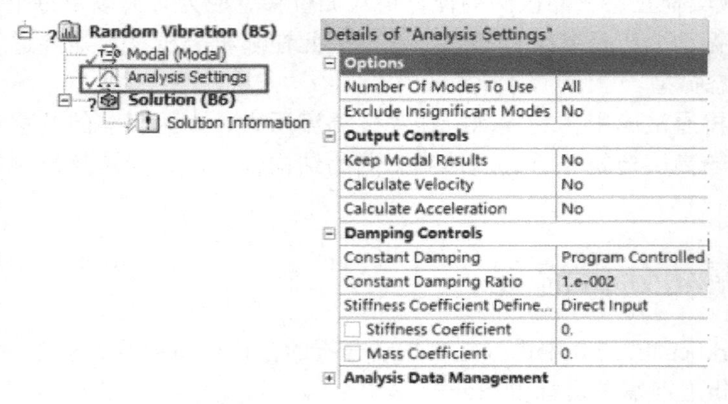

图 8-2　模态分析设置

（1）Options 选项。

可以在 Options 下的【Number Of Modes To Use】中指定从模态分析中得到的模态数。模态分析需要获取足够的模态阶数以保证涵盖 PSD 的频率范围。保守的经验规则是指定的模态包含的频率值是 PSD 表格中定义的最大频率的 1.5 倍。如果将【Exclude Insignificant Modes】设置为 Yes，可以进一步指定 0～1 的某个数来排除不重要的模态。0 代表排除所有选择的模态；1 代表不排除。

（2）Output Controls。

默认情况下，随机振动分析会计算位移、速度、加速度响应计算。如果不需要进行速度、加速度响应计算，可以将对应的值设置为 No。

（3）Damping Controls 选项。

【Constant Damping Ratio】可以指定常量阻尼比（默认为 0.01）；【Stiffness Coefficient】可以指定 β 阻尼系数；【Mass Coefficient】可以指定α阻尼系数；要修改【Constant Damping Ratio】，需要将【Constant Damping】设置为 Manual。

8.2.2 施加载荷和约束

在随机振动分析中，约束只能施加在模态分析中，不能在随机振动分析中施加新的边界条件。随机振动分析中只能施加 PSD 基础激励（PSD Base Excitation）。PSD 基础激励包括 PSD Acceleration（加速度功率谱密度）、PSD Velocity（速度功率谱密度）、PSD G Acceleration（重力加速度功率谱密度）、PSD Displacement（位移功率谱密度），如图 8-3 所示。

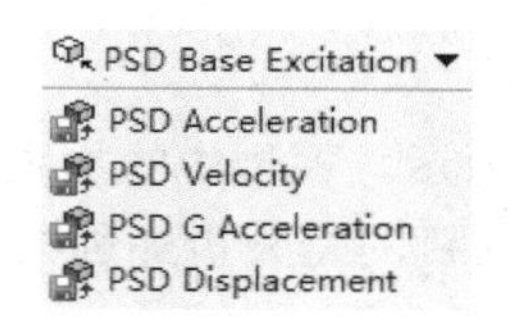

图 8-3　PSD 激励

PSD 基础激励需要定义边界和方向，具体是通过 Tabular Data 来定义激励数值的。图 8-4 是添加的 PSD Acceleration 的设置方式。随机振动分析中可以定义多个 PSD 激励，一个典型的应用是在 X、Y、Z 方向施加不同的 PSD。

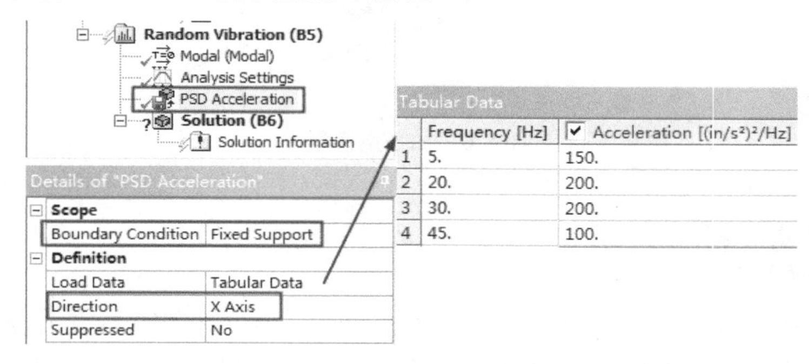

图 8-4　PSD Acceleration 设置

8.2.3　查看结果

如果需要得到随机振动分析的应力/应变结果，则需要在模态分析 Analysis Settings 的 Details 面板下【Output Controls】中打开应力应变输出控制项，默认情况下只进行位移输出计算。由于获取的结果值具有统计特性，因此不能将方向结果进行组合。例如不能将 X、Y、Z 方向的位移进行组合，形成总位移图。随机振动得到的结果具有统计特征，因此需要指定正态分布区间，默认是 1Sigma，即获取的结果出现的概率为 68.269%。可以将区间设置为 2Sigma 或 3Sigma 或任意指定区间。图 8-5 所示是等效应力的 Details 面板，其设置的【Scale Factor】为 1Sigma。

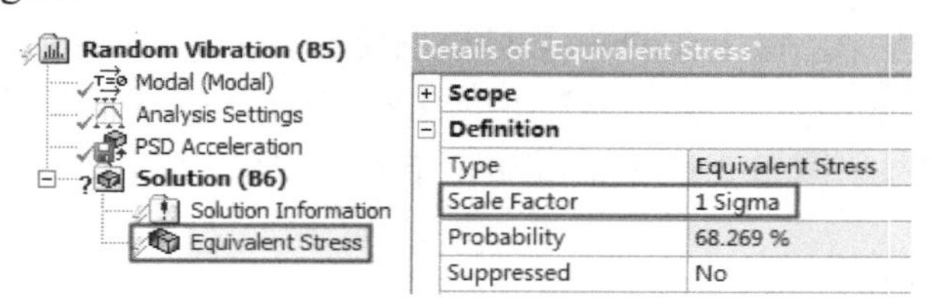

图 8-5　结果设置

8.3　实例：加强梁随机振动分析

在本例中，将通过对加强梁进行随机振动分析来学习在 Mechanical 平台进行随机振动分析的操作方法。

1．实例概述

本例中的加强梁模型如图 8-6 所示。模型中的加强梁在底部的边上施加固定约束，并对加强梁结构施加加速度谱。本例的目的是分析加强梁结构的随机振动，得到在加速度谱作用下的位移和应变。

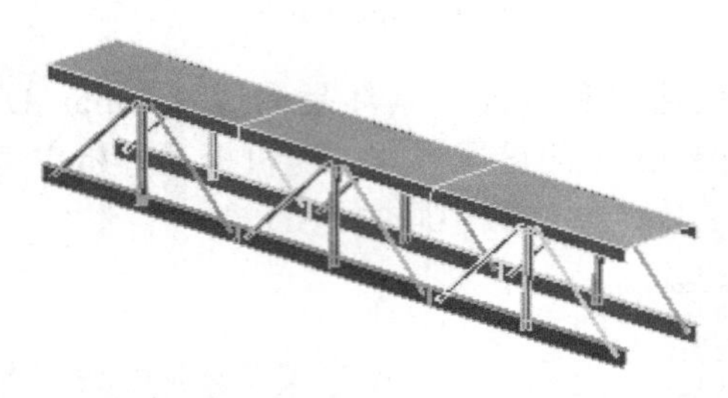

图 8-6　加强梁模型

随机振动分析之前需要进行模态分析。本例中首先对导入的加强梁模型（面体）赋予厚度，并对模型施加网格控制，之后对模型底部的边施加固定约束并求解结构固有频率。然后在随机振动分支上施加 PSD Acceleration 并输入功率谱密度的加速度-频率值，最后进行随机振动求解，便可观察随机振动结果。本例模型采用默认的结构钢。

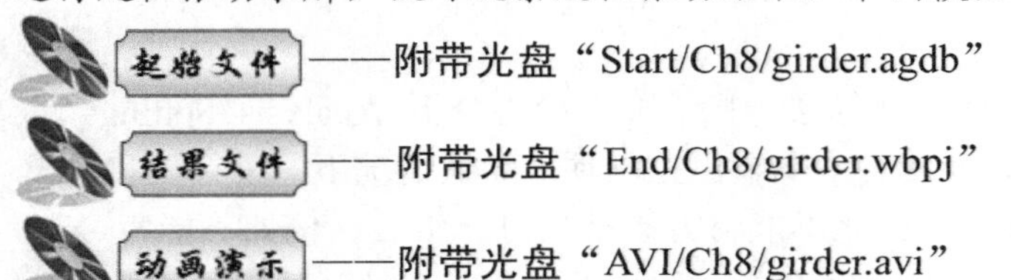

起始文件——附带光盘“Start/Ch8/girder.agdb”

结果文件——附带光盘“End/Ch8/girder.wbpj”

动画演示——附带光盘“AVI/Ch8/girder.avi”

2．操作步骤

（1）新建【Modal】和【Random Vibration】。

打开 Workbench 程序，将【Toolbox】目录下【Analysis Systems】中的【Modal】拖入项目流程图后，选中【Analysis Systems】中的【Random Vibration】并拖放到 Modal 中的 A6 单元格【Solution】，如图 8-7 所示。添加完毕后的项目，如图 8-8 所示，保存工程文件为 girder.wbpj。

（2）导入几何体文件。

右击 A3 单元格【Geometry】选择 Import Geometry/Browse，选择几何文件 girder.agdb，如图 8-9 所示。

（3）进入 Mechanical 平台并配置单位。

在【Project Schematic】中双击 A4 单元格【Model】，进入 Mechanical 平台并执行【Units】→【U.S.Customary（in,lbm,lbf,℉,s,V,A）】，如图 8-10 所示。

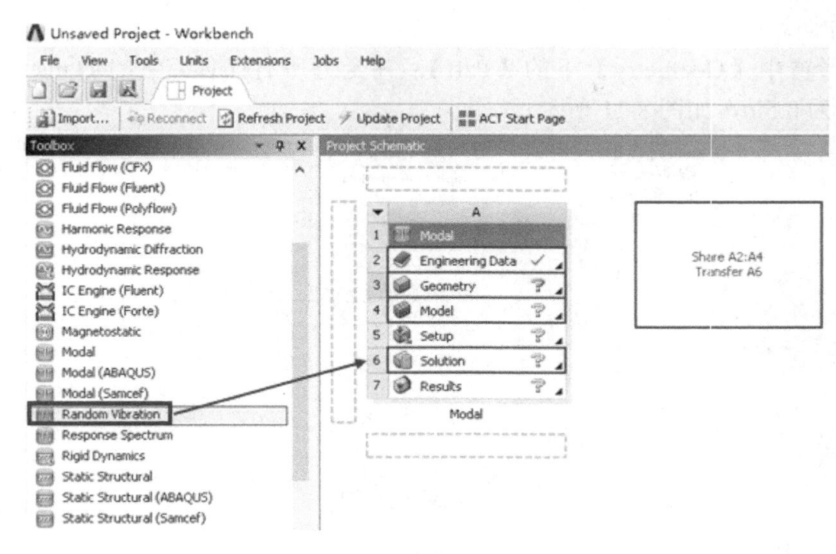

图 8-7　添加项目

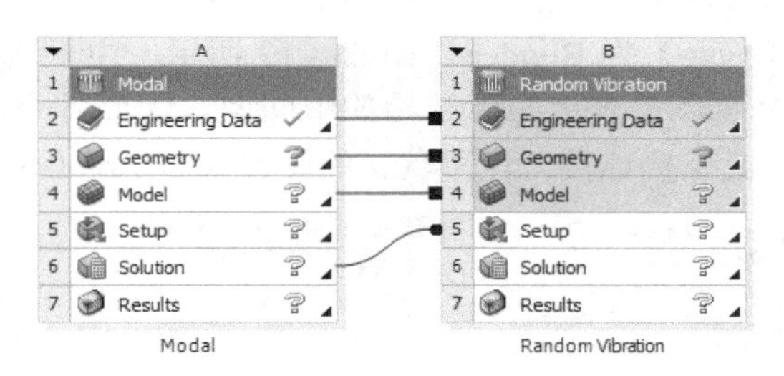

图 8-8　完整项目

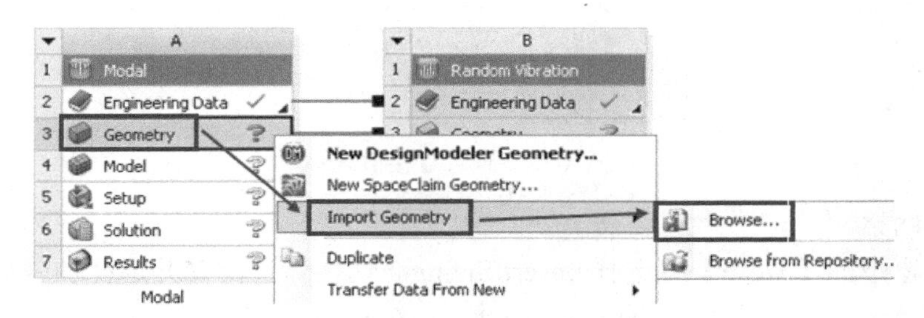

图 8-9　导入几何体文件

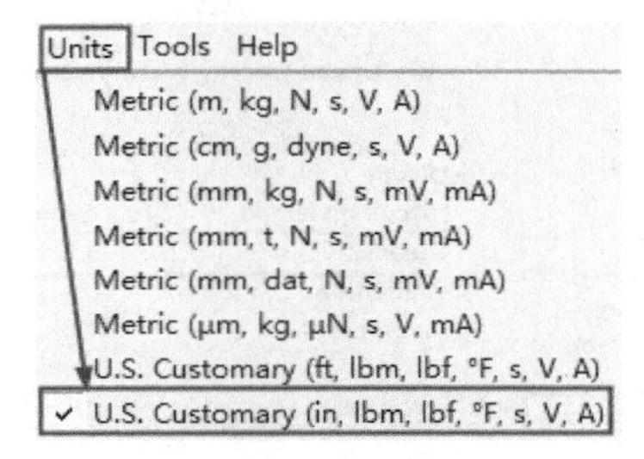

图 8-10　配置单位

（4）添加面厚度。

展开树形窗中【Geometry】下的【Part】，并全选所有面体，在 Details 面板中设置【Thickness】为 0.5in，如图 8-11 所示。

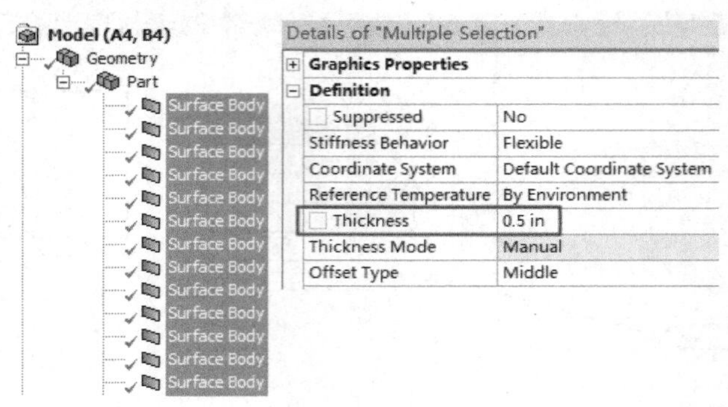

图 8-11　添加面厚度

（5）查看连接情况。

展开树形窗中【Connections】下的【Contacts】，并全选所有的接触区域，在 Details 面板中可以看到接触类型【Type】为 Bonded，如图 8-12 所示。由于这里使用到的装配体模型是用面体来构建，其各个面体是表示实际结构的中间面，因此各个面体有一定的偏移。使用绑定接触可以模拟焊接或螺栓连接。这里默认的设置就是 Bonded，不需要修改。

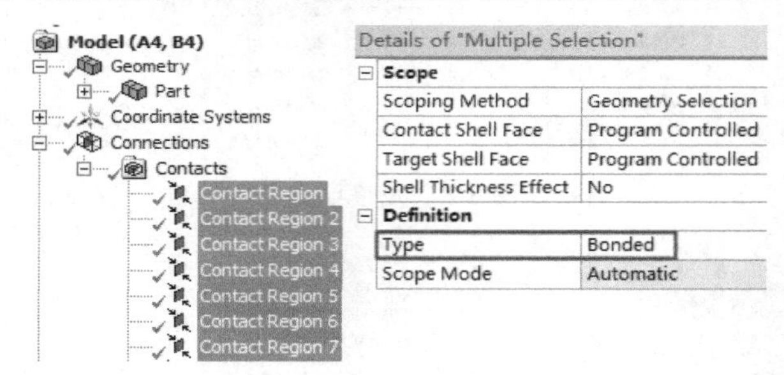

图 8-12　查看连接情况

（6）划分网格。

右击树形窗下的【Mesh】并选择 Insert/Sizing。切换体过滤器并选择加强梁顶板后单击 Details 面板的 Apply，并设置【Element Size】为 16in，如图 8-13 所示。

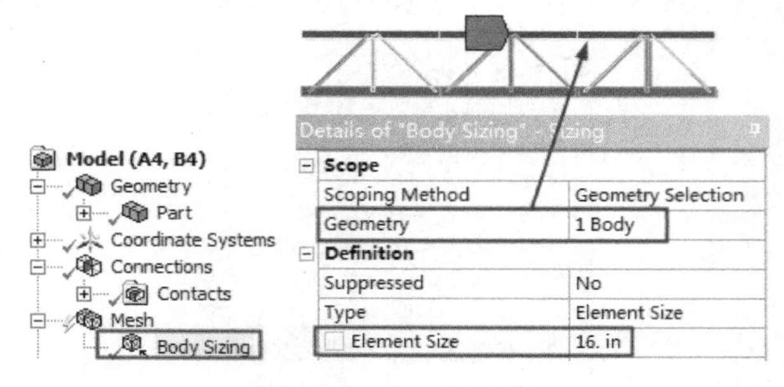

图 8-13　体网格控制

再次右击树形窗下的【Mesh】并选择 Insert/Sizing。选择除加强梁顶板外的所有体后单击 Details 面板的 Apply，并设置【Element Size】为 2in，如图 8-14 所示。

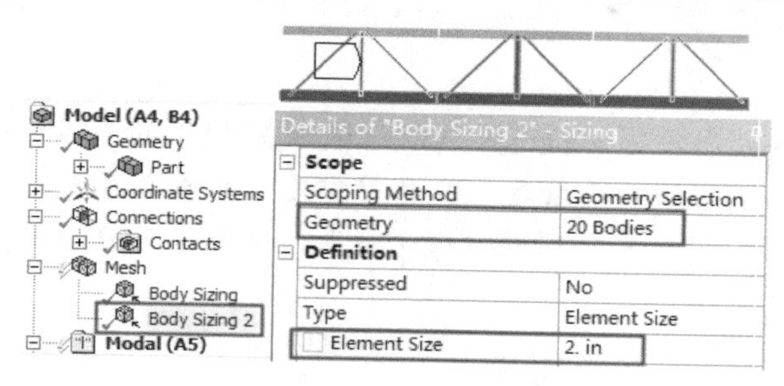

图 8-14　体网格控制

最后右击【Mesh】选择 Generate Mesh，生成的网格模型如图 8-15 所示。

图 8-15　网格模型

（7）施加固定约束。

首先选中树形窗中的【Modal（A5）】，然后执行工具栏【Supports】下的 Fixed Support，设置线过滤器，选择加强梁的两个底边后单击 Details 面板中的 Apply，如图 8-16 所示。

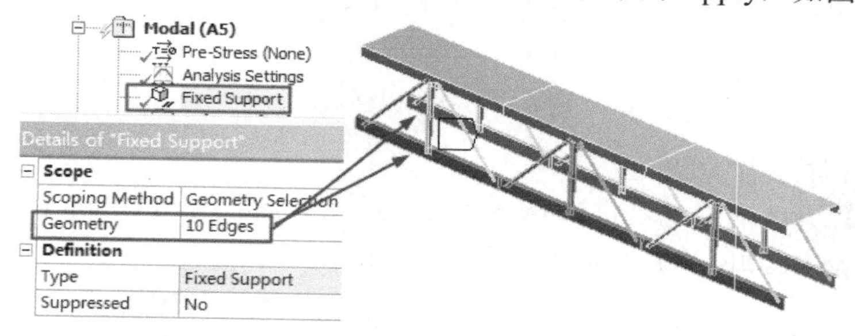

图 8-16　添加固定约束

（8）模态分析设置。

选择树形窗中【Modal（A5）】下的【Analysis Settings】，在 Details 面板中设置【Max Modes to Find】为 10、【Stress】为 Yes、【Strain】为 Yes，如图 8-17 所示。

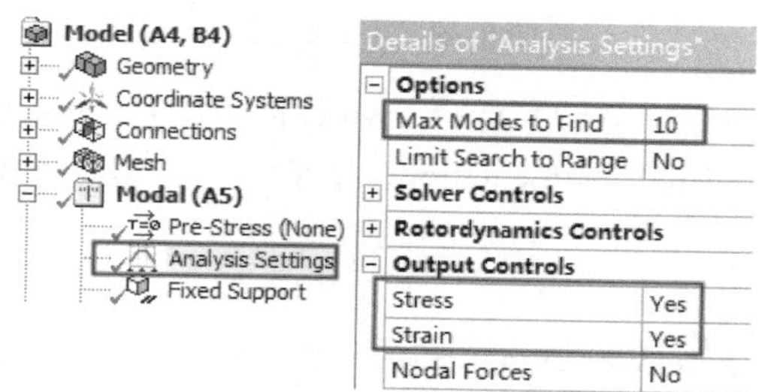

图 8-17　模态分析设置

应用·技巧

模态分析需要获取足够的模态阶数以保证涵盖 PSD 的频率范围。保守的经验规则是指定的模态包含的频率值是 PSD 表格中定义的最大频率的 1.5 倍。同时由于后续的随机振动分析需要得到应力应变结果，所以模态分析中要打开应力应变输出控制。

（9）模态求解。

选中树形窗下的【Solution（A6）】，右击选择 Solve 或者单击工具栏的【Solve】。

（10）查看固有频率。

在 Tabular Data 窗口可以查看各阶固有频率，如图 8-18 所示。

Tabular Data

	Mode	Frequency [Hz]
1	1.	7.1374
2	2.	30.803
3	3.	32.601
4	4.	33.871
5	5.	37.827
6	6.	38.043
7	7.	51.079
8	8.	55.427
9	9.	56.535
10	10.	62.654

图 8-18　各阶固有频率

（11）查看各阶频率下的振型。

在【Graph】窗口空白处右击选择 Select All 后，再次在【Graph】空白处右击选择 Create Mode Shape Results，如图 8-19 所示

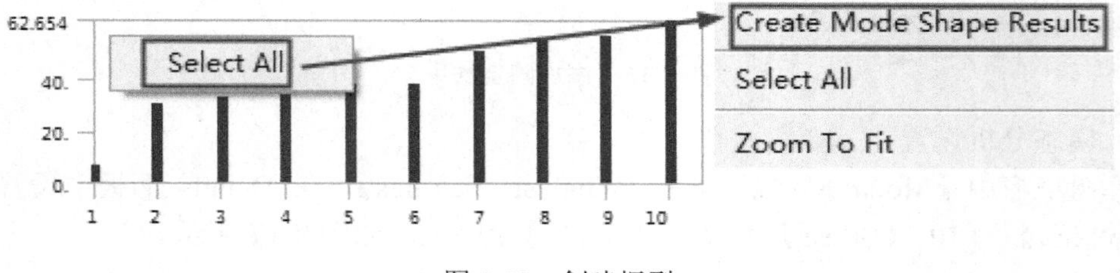

图 8-19　创建振型

右击树形窗中的【Solution（A6）】选择 Evaluate All Results 进行求解。求解完毕后，可以单击每一阶模态下的“Total Deformation”查看每一阶模态分析结果。图 8-20 显示了第 3 阶模态下的振型。

（12）添加 PSD 载荷。

选中树形窗下的【Random Vibration（B5）】，然后执行工具栏【PSD Base Excitation】→【PSD Acceleration】，在 Details 面板中设置【Boundary Condition】为 All Fixed Supports；

【Load Data】为 Tabular Data；【Direction】为 X Axis；Tabular Data 按图 8-21 所示输入。

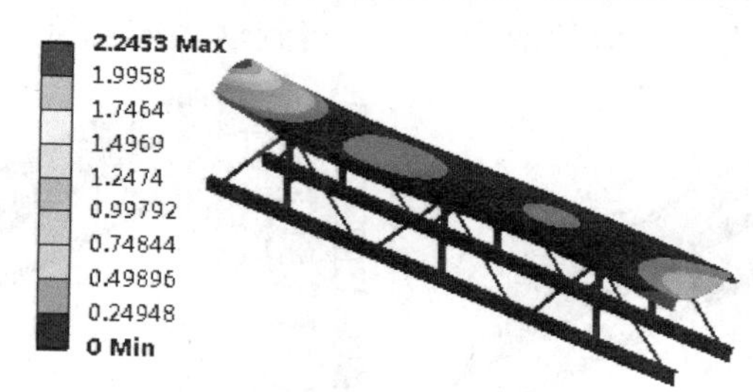

图 8-20　模态振型

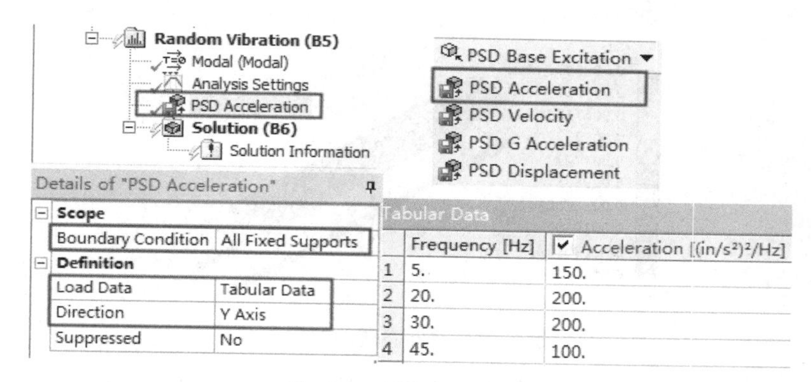

	Frequency [Hz]	Acceleration [(in/s²)²/Hz]
1	5.	150.
2	20.	200.
3	30.	200.
4	45.	100.

图 8-21　添加 PSD 载荷

（13）设置求解项。

选中树形窗下的【Solution（B6）】，执行工具栏的【Stress】→Equivalent（von-Mises）；【Strain】→Normal；【Deformation】→Directional，在 Details 面板中设置 Normal Elastic Strain 的【Orientation】为 Y Axis，Directional Deformation 的【Orientation】为 Z Axis，如图 8-22 所示。

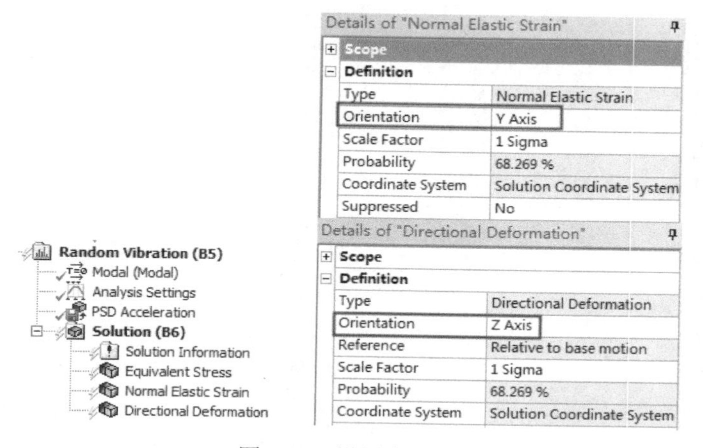

图 8-22　设置求解项

（14）求解并查看结果。

右击树形窗下的【Solution（B6）】，并选择 Solve 进行求解。求解完毕后可以查看结果云图。图 8-23 为等效应力云图，表示得到该结果的概率为 68.269%；图 8-24 为 Y 方向的法向弹性应变云图；图 8-25 为 Z 方向的变形云图，得到这些结果的概率都为 68.269%。

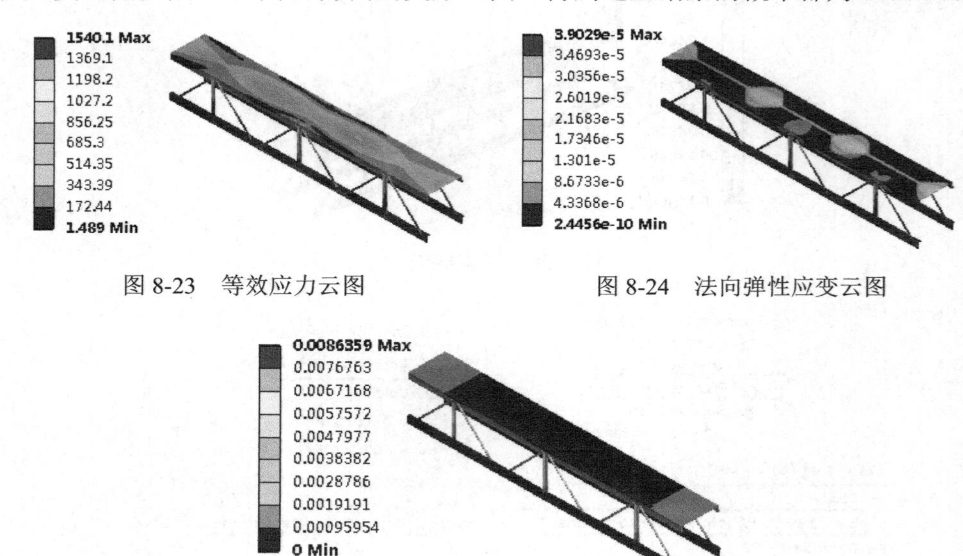

图 8-23　等效应力云图

图 8-24　法向弹性应变云图

图 8-25　Z 方向变形云图

（15）关闭 Mechanical 平台，保存项目并退出程序。

8.4　本章小结

本章主要介绍随机振动分析的基本理论以及基本流程。实例给出了随机振动分析的具体操作方法，通过该例子，读者能够掌握随机振动分析的相关操作。

第 9 章　特征值屈曲分析

特征值屈曲分析可以预测理想线弹性结构的理论屈曲强度。对于非线性屈曲分析可以直接在静力学结构分析中完成，在 ANSYS Workbench 17.0 中进行特征值屈曲分析的平台是 Eigenvalue Buckling。本章将介绍特征值屈曲分析的基本理论及分析流程，并给出操作实例。

本章内容

- 特征值屈曲分析基础
- 特征值屈曲分析流程
- 薄壁件特征值屈曲分析

9.1　特征值屈曲分析概述

许多结构都需要评估其稳定性。细长柱、压缩部件、真空容器是需要考虑稳定性的一些例子。在不稳定（屈曲）开始时，在结构没有本质上变化的载荷作用下（超过一个很小的动荡），在 x 方向上的位移Δ_x会有一个很大的变化，如图 9-1 所示。

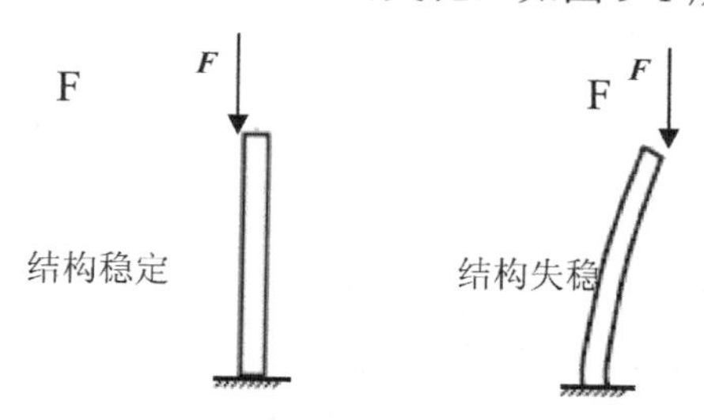

图 9-1　结构稳定性

特征值屈曲分析可以预测一个理想弹性结构的理论屈曲强度。非理想和非线性行为阻止了许多真实的结构达到理论上的弹性屈曲强度，因此特征值屈曲分析得到的结构通常是非保守的结果。尽管如此，特征值屈曲分析也有许多优点，如：它比非线性屈曲计算省时，因此可以作为第一步计算，来评估屈曲零界载荷。

屈曲问题是通过特征值方程来表征的：对于特征值屈曲分析，通过求解特征值方程来获得屈曲载荷因子λ_i和屈曲模态ψ_i：

$$([\boldsymbol{K}]+\lambda_i[\boldsymbol{S}])\{\psi_i\}=0$$

其中，$[\boldsymbol{K}]$为刚度矩阵，$[\boldsymbol{S}]$为应力刚度矩阵，λ_i为i阶特征值或屈曲因子，ψ_i为屈曲模态。

视频教学

特征值屈曲分析中假定$[K]$和$[S]$是常量，即假定材料是线弹性行为并且使用小变形理论，忽略非线性特性。

对于特征值屈曲分析，需要知道以下几点：

- 特征值屈曲分析之前必须进行静力学分析。
- 屈曲因子λ_i乘上施加的载荷可以得到屈曲的零界载荷，因此如果施加的是单位载荷则屈曲因子就是屈曲的零界载荷。
- 屈曲模态ψ_i代表了屈曲的形状，不代表实际变形值。
- 屈曲因子和屈曲模态有无穷多个，每一阶屈曲因子和屈曲模态都代表不同失稳状态，通常用户关注低阶屈曲因子和屈曲模态。

9.2 特征值屈曲分析流程

ANSYS Workbench 17.0 中进行特征值屈曲分析的分析环境项目流程卡，如图 9-2 所示。当然特征值屈曲分析之前需要进行静力学分析。

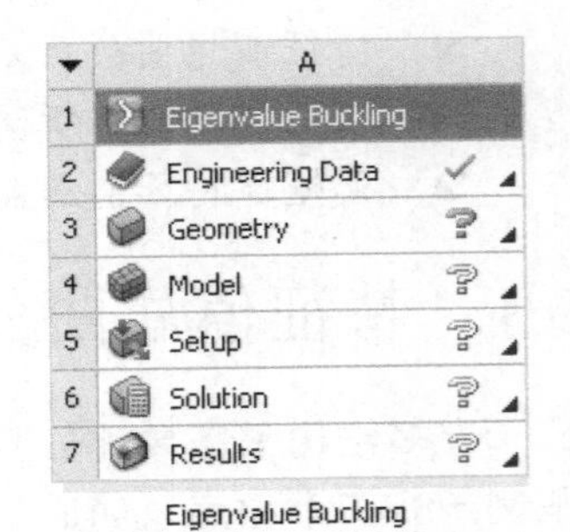

图 9-2 特征值屈曲分析流程卡

特征值屈曲分析流程包括：

- 创建分析流程卡；
- 定义工程数据；
- 添加几何；
- 定义零件行为；
- 定义连接；
- 施加网格控制；
- 特征值屈曲分析设置；
- 施加载荷和约束；
- 求解并查看结果。

执行特征值屈曲分析之前需要进行静力学分析，定义工程数据时模型的材料特性可以是线性、各项同性、各项正交、定值或随温度变换，其中杨氏模量必须定义。系统忽略定义的非线性特征。特征值屈曲分析得到的结果是屈曲因子，将屈曲因子（Load Multiplier）乘以静力学分析中施加的载荷就可以得到屈曲的零界载荷。例如特征值屈曲分析得到的屈曲因子为 2.5，在静力学分析中施加的载荷为 1000N，则屈曲的零界载荷为 1000×2.5=2500N。在 Mechanical 平台的特征值屈曲分析选项下不允许添加载荷，载荷只能在静力学分析选项中添加。特征值屈曲分析的分析设置 Details 面板，如图 9-3 所示。其中【Max Modes to Find】表示求解的屈曲模态数，默认为 1。如果需要求解应力、应变，需要将【Stress】和【Strain】设置为 Yes。读者需要注意的是，特征值屈曲分析得到的屈曲模态可以用于理解屈曲时的变形情况，但是并不代表实际位移。

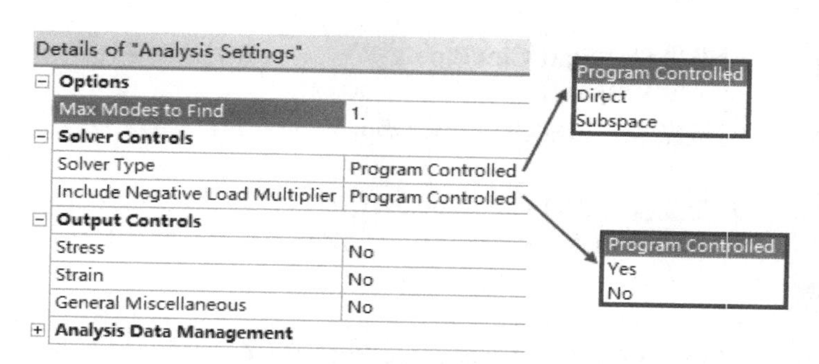

图 9-3　特征值屈曲分析设置

9.3　实例 1：钢管特征值屈曲分析

在本例中，我们将通过对钢管进行特征值屈曲分析来学习在 Mechanical 平台进行特征值屈曲分析的操作方法。

1．实例概述

本案例中使用到的钢管模型如图 9-4 所示。令钢管一端固定而另一端自由，且在自由端施加一个纯压力。钢管的尺寸和特性为：外径=4.5in，内径=3.5in，弹性模量 E=30e6psi，截面惯性矩 I=12.7in^4，长度 L=120in。本例目标是在 ANSYS Workbench17.0 中查看特征值屈曲分析结果，并同理论计算的屈曲零界载荷进行比较。

根据材料力学的失稳理论，该钢管的屈曲零界载荷 P 由下列公式给出：

$$P = K \cdot \left[\frac{(\pi^2 \cdot E \cdot I)}{L^2} \right]$$

对于一端固定，一端自由的梁来说，参数 K=0.25.

将参数带入公式可得屈曲零界载荷为：

$$P = 0.25 \cdot \left[\frac{(\pi^2 \cdot 30e6 \cdot 12.771)}{(120)^2} \right] = 65648.3\text{lbf}$$

图 9-4　钢管模型

本例中，首先在工程数据中修改材料参数。将钢管几何文件导入后，先进行静力学分析，对钢管一端施加固定约束，另一端施加纯压力。在特征值屈曲分析中可以求解得到钢管的固有频率和振型。如果施加的是单位力，则得到的载荷乘子就是屈曲零界载荷。

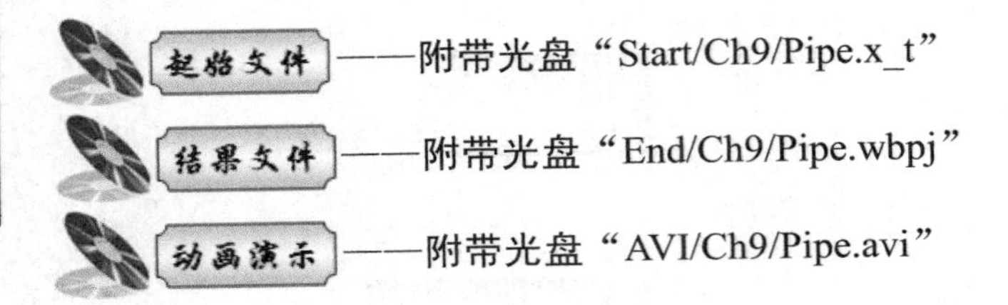

——附带光盘“Start/Ch9/Pipe.x_t”

——附带光盘“End/Ch9/Pipe.wbpj”

——附带光盘“AVI/Ch9/Pipe.avi”

2．操作步骤

（1）新建【Static Structural】和【Eigenvalue Buckling】。

打开 Workbench 程序，将【Toolbox】目录下【Analysis Systems】中的【Static Structural】拖入项目流程图后，选中【Analysis Systems】中的【Eigenvalue Buckling】并拖放到 Static Structural 中的 A6 单元格【Solution】，如图 9-5 所示。添加完毕后的项目如图 9-6 所示。最后保存工程文件为 Pipe.wbpj。

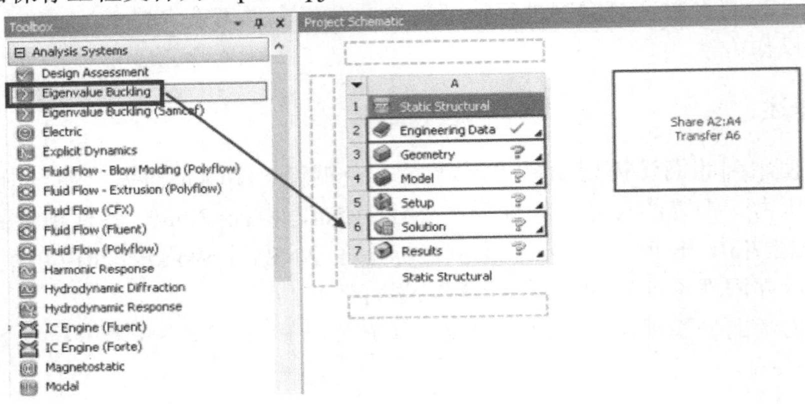

图 9-5 添加项目

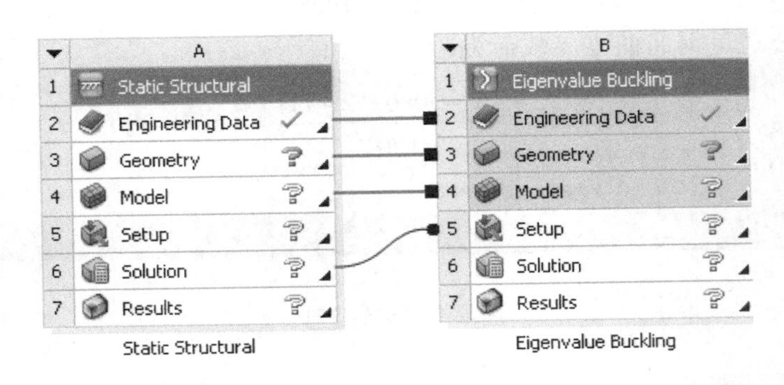

图 9-6 完整项目

（2）修改材料。

双击 A2 单元格【Engineering Data】进入工程数据窗口后，执行【Units】→【U.S.Cunstomary（lbm,in,s,℉,A,lbf,V）】和【Display Values in Project Units】，如图 9-7 所示。之后选中【Outline of Schematic A2，B2:Engineering Data】中的【Structural Steel】，并将 Young’s Modulus 修改为 3E+07psi，最后选择【Project】返回主界面，如图 9-8 所示。

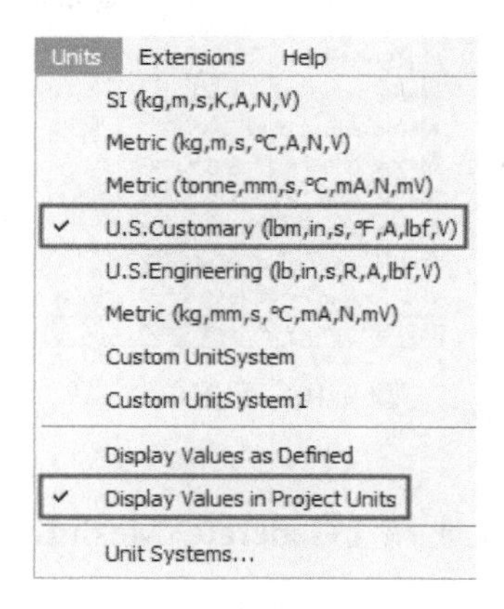

图 9-7　配置单位

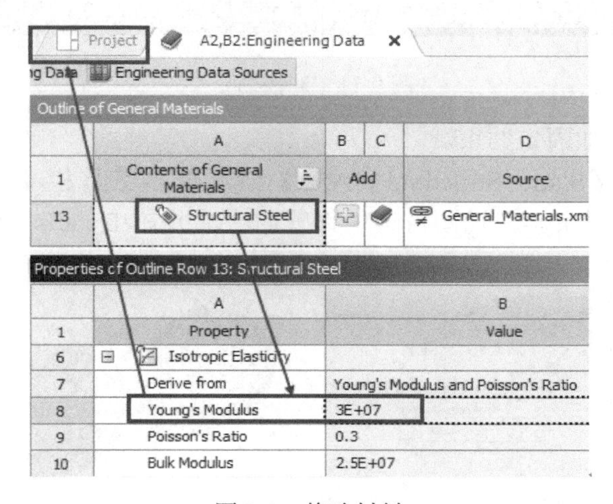

图 9-8　修改材料

（3）导入几何体文件。

右击 A3 单元格【Geometry】选择 Import Geometry/Browse，选择几何文件 Pipe.x_t，如图 9-9 所示。

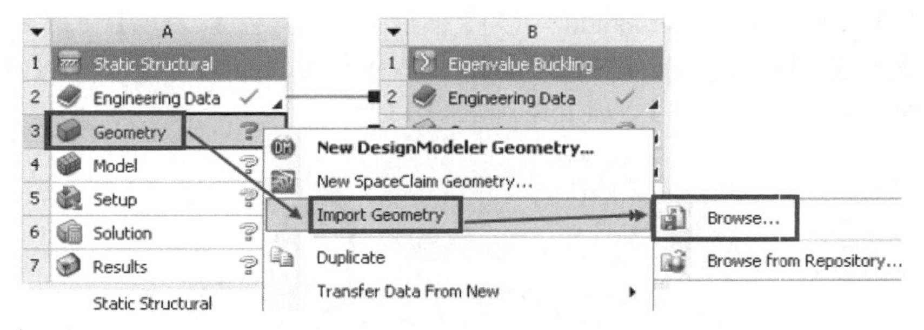

图 9-9　导入几何体文件

（4）启动 Mechanical 并配置单位。

在【Project Schematic】中双击 A4 单元格【Model】，进入 Mechanical 平台后执行【Units】→【U.S. Customary（in,lbm, lbf,℉, s, V,A）】，如图 9-10 所示。

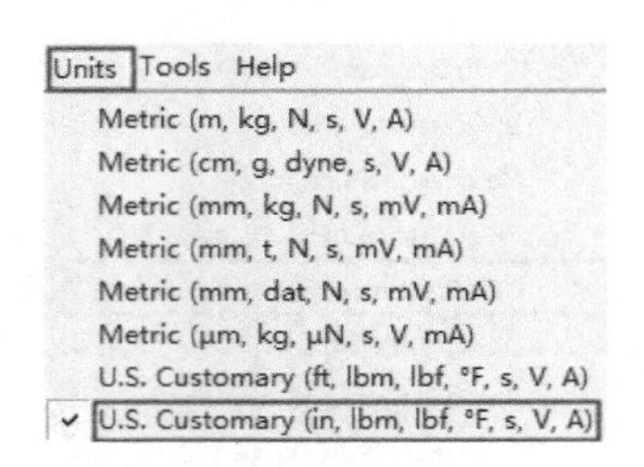

图 9-10　配置单位

（5）划分网格。

右击树形窗下的【Mesh】并选择【Generate Mesh】，使用默认全局设置划分网格，如图 9-11 所示。

图 9-11　网格划分

（6）对钢管一端施加固定约束。

选中树形窗下的【Static Structural（A5）】然后单击工具栏【Supports】下的 Fixed Support 插入一个固定约束。在视图窗选中钢管的一端并在 Details 面板中单击 Apply，如图 9-12 所示。

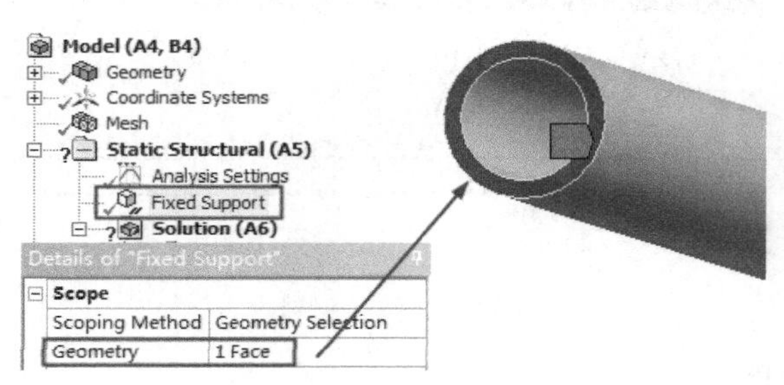

图 9-12　添加固定约束

（7）对钢管另一端施加屈曲载荷。

选中树形窗下的【Static Structural（A5）】然后单击工具栏【Loads】下的 Force 插入一个力。在视图窗选中钢管的另一端并在 Details 面板中单击 Apply，同时设置【Define By】为 Components，【Z Component】为 1.lbf，如图 9-13 所示。

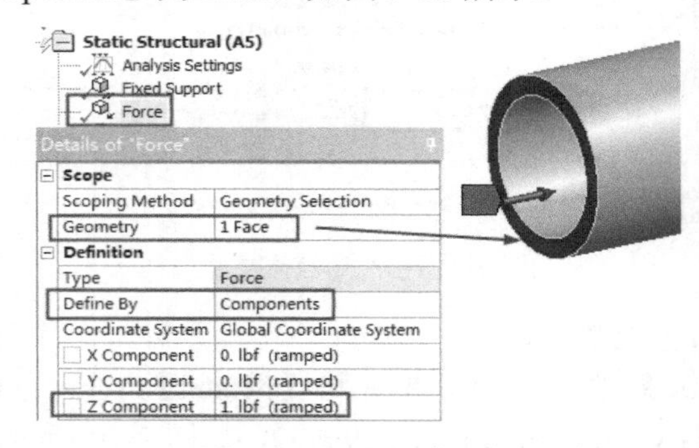

图 9-13　添加屈曲载荷

视频教学

（8）求解模型。

选中树形窗下的【Solution（B6）】右击选择 Solve 或者单击工具栏的【Solve】。

（9）查看屈曲结果。

选中【Solution（B6）】，可以在 Tabular Data 窗口查看一阶屈曲因子，如图 9-14 所示。

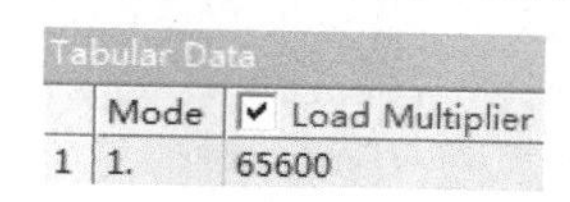

	Mode	Load Multiplier
1	1.	65600

图 9-14　屈曲因子

在【Graph】窗口空白处右击选择 Select All 后，再次在【Graph】空白处右击选择 Create Mode Shape Results，如图 9-15 所示。

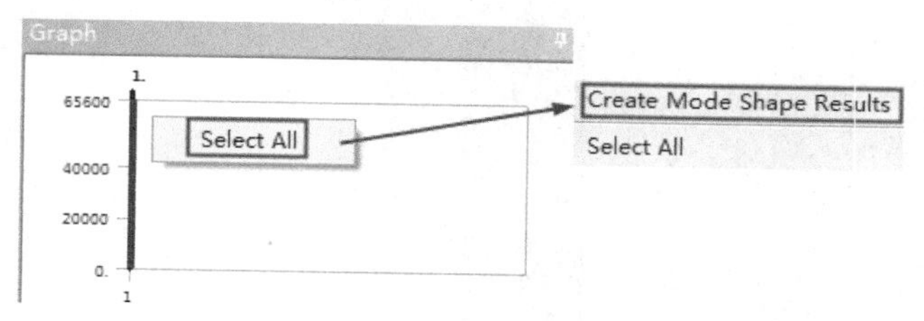

图 9-15　创建振型

右击树形窗中的【Solution（B6）】选择 Evaluate All Results 进行求解，如图 9-16 左图所示。求解完毕后可以单击一阶模态下的“Total Deformation”，查看一阶屈曲模态，如图 9-16 右图所示。

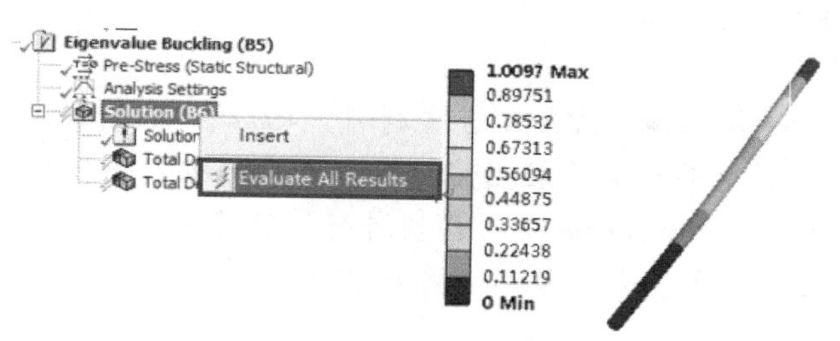

图 9-16　一阶屈曲模态

应用·技巧

由于此处施加的是单位力，因此得到的载荷因子 65600 与理论计算的屈曲零界载荷 65648.3 lbf 吻合很好。图 9-16 给出了一阶模态，可以通过设置【Eigenvalue Buckling】下的 Analysis Settings 来增加模态数。仿真得到的屈曲零界载荷只针对屈曲失效，因此无法判断屈曲载荷对结构的应力和应变有什么影

（10）关闭 Mechanical，保存项目退出程序。

9.4 实例 2：易拉罐特征值屈曲分析

本例中，我们将通过对常见的易拉罐进行特征值屈曲分析来学习对薄壁件进行特征值屈曲分析的操作方法。

1. 实例概述

图 9-17 为本案例用到的易拉罐模型，模型使用铝合金材料，要求计算其屈曲零界载荷，并给出屈曲时的振型。

图 9-17　易拉罐模型

在本例中，首先对导入的模型添加铝合金材料，之后在 Static Structural 下对易拉罐两端施加固定约束，并对易拉罐圆柱面施加压力用来模拟人手压住易拉罐的情况。静力学分析后，在 Eigenvalue Buckling 下对模型进行特征值屈曲分析。特征值屈曲分析对计算机资源消耗较大，因此本案例运算求解时间会比较长。

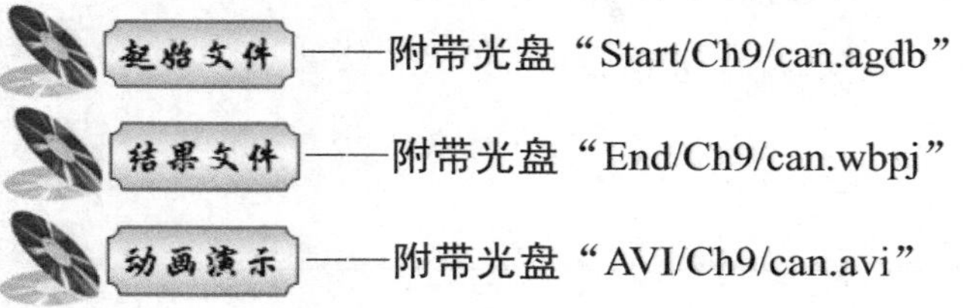

——附带光盘“Start/Ch9/can.agdb”

——附带光盘“End/Ch9/can.wbpj”

——附带光盘“AVI/Ch9/can.avi”

2. 操作步骤

（1）新建【Static Structural】和【Eigenvalue Buckling】。

打开 Workbench 程序，将【Toolbox】目录下【Analysis Systems】中的【Static Structural】拖入项目流程图后，选中【Analysis Systems】中的【Eigenvalue Buckling】并拖放到 Static Structural 中的 A6 单元格【Solution】，如图 9-18 所示。添加完毕后的项目，如图 9-19 所示。最后保存工程文件为 can.wbpj。

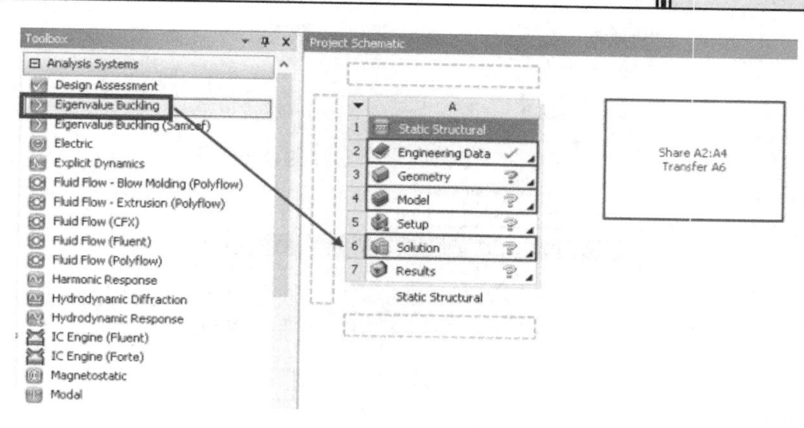

图 9-18　添加项目

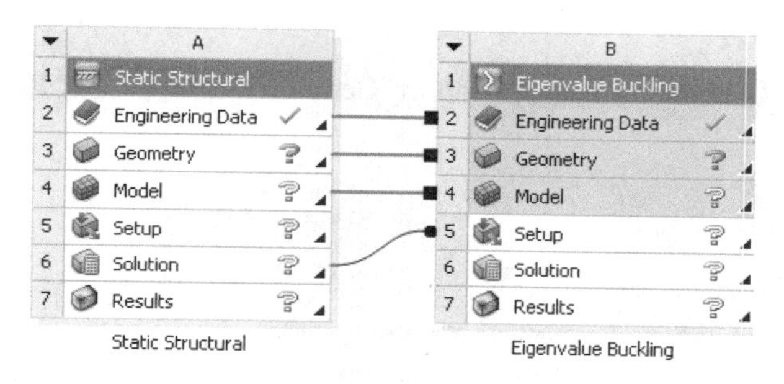

图 9-19　完整项目

（2）添加材料。

双击 A2 单元格【Engineering Data】进入工程数据窗口后，右击【Outline of Schematic A2:Engineering Data】下的空白栏并选择【Engineering Data Sources】，如图 9-20 所示。

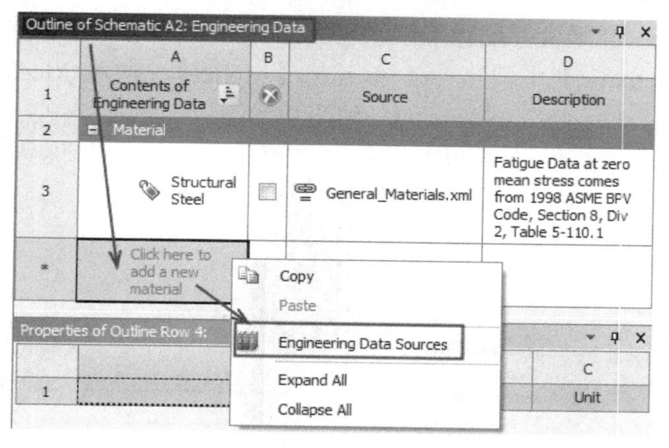

图 9-20　添加材料

进入工程数据源后，选中【Engineering Data Sources】下的【General Materials】，在【Outline of General Materials】中找到 Aluminum Alloy（铝合金）并单击 。出现的 表示添加材料成功。最后选择【Project】返回到主界面，如图 9-21 所示。

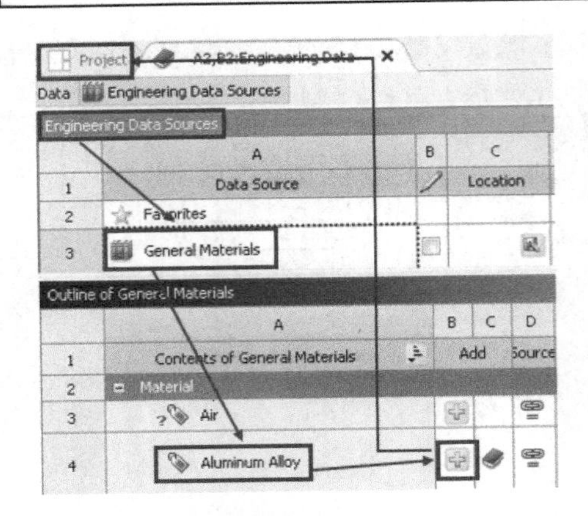

图 9-21　选择 Aluminum Alloy

（3）导入几何体文件。

右击 A3 单元格【Geometry】选择 Import Geometry/Browse，选择几何文件 can.agdb，如图 9-22 所示。

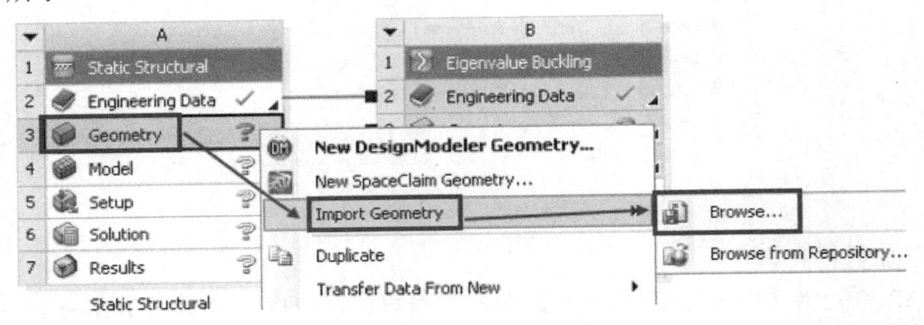

图 9-22　导入几何体文件

（4）进入 Mechanical 平台并配置单位。

在【Project Schematic】中双击 A4 单元格【Model】，进入 Mechanical 平台后执行【Units】→【Metric（mm,kg,N,s,mV,mA）】，如图 9-23 所示。

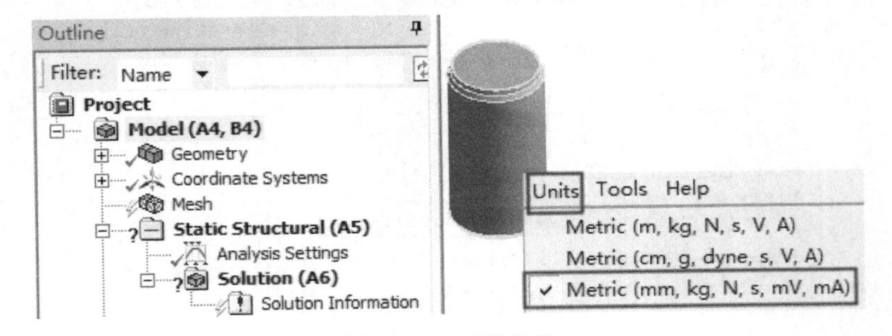

图 9-23　配置单位

（5）指定材料。

选中树形窗中【Geometry】下的 Solid，在 Details 面板中设置【Assignment】为 Aluminum Alloy，如图 9-24 所示。

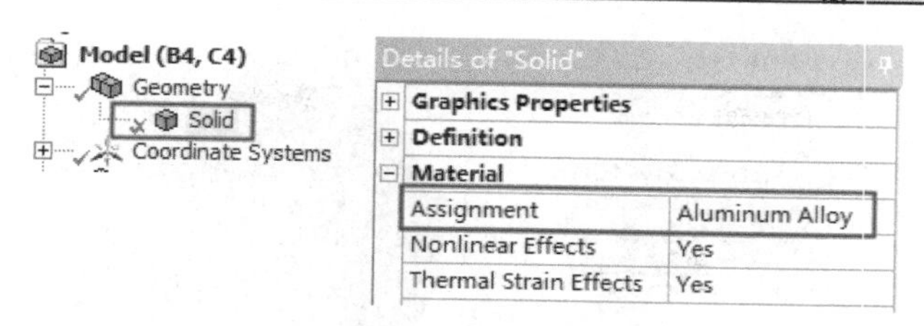

图 9-24　指定材料

（6）划分网格。

右击树形窗下的【Mesh】并选择【Generate Mesh】，使用默认全局设置划分网格，如图 9-25 所示

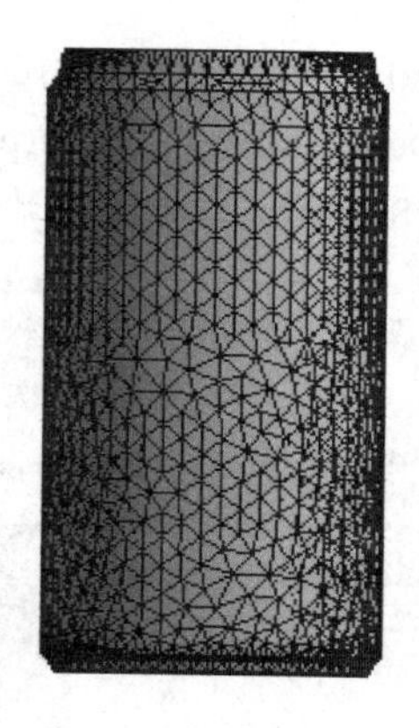

图 9-25　网格划分

（7）对易拉罐底边施加固定约束。

选中树形窗下的【Static Structural（A5）】然后单击工具栏【Supports】下的 Fixed Support 插入一个固定约束。在视图窗选中易拉罐底边并在 Details 面板中单击 Apply，如图 9-26 所示。

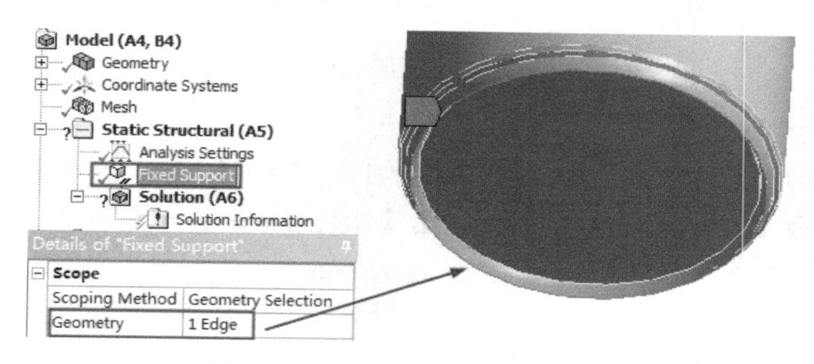

图 9-26　添加易拉罐底边固定约束

（8）对易拉罐顶边施加固定约束。

选中树形窗下的【Static Structural（A5）】然后单击工具栏【Supports】下的 Fixed Support2 插入一个固定约束。在视图窗选中易拉罐顶边并在 Details 面板中单击 Apply，如图 9-27 所示。

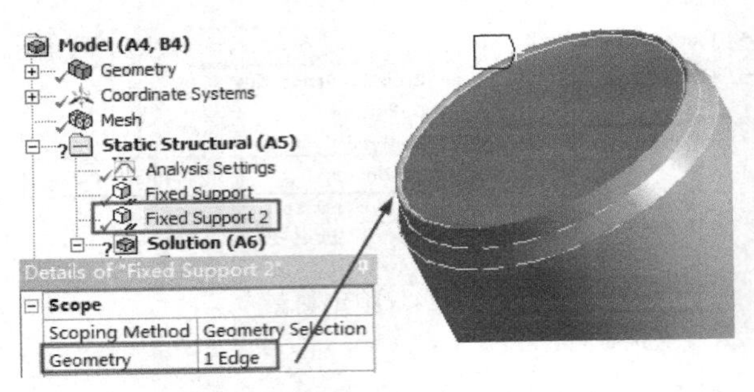

图 9-27　添加易拉罐顶边固定约束

（9）对易拉罐外表面施加压力。

选中树形窗下的【Static Structural（A5）】然后单击工具栏【Loads】下的 Pressure。在视图窗选中易拉罐的外表面后单击 Details 面板中的 Apply，设置【Define By】为 Normal To，【Magnitude】为 1MPa，如图 9-28 所示。

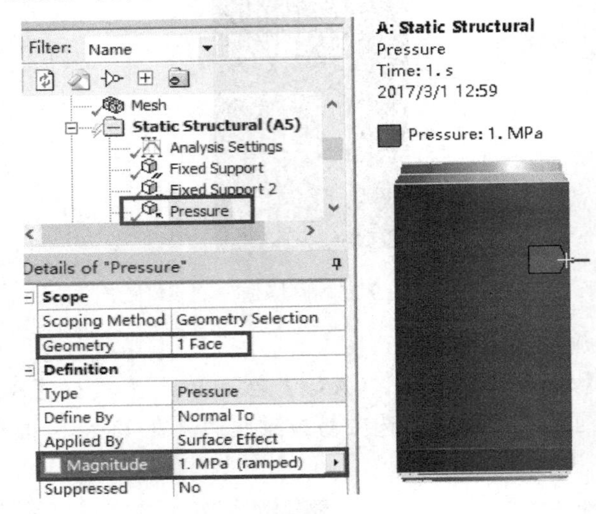

图 9-28　施加压力

（10）设置静力学求解项。

选中树形窗下的【Solution（A6）】，执行工具栏的【Stress】→【Equivalent（von-Mises）】，【Strain】→【Equivalent（von-Mises）】，【Deformation】→【Total】，如图 9-29 所示。

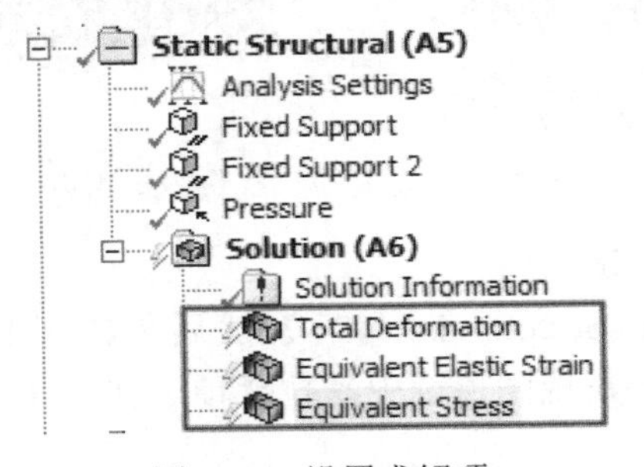

图 9-29　设置求解项

（11）求解并查看静力学分析结果。

右击树形窗下的【Solution（A6）】并选择 Solve 进行求解。求解完毕后可以查看结果云图。图 9-30 为总变形云图，图 9-31 为等效应变云图，图 9-32 为等效应力云图。

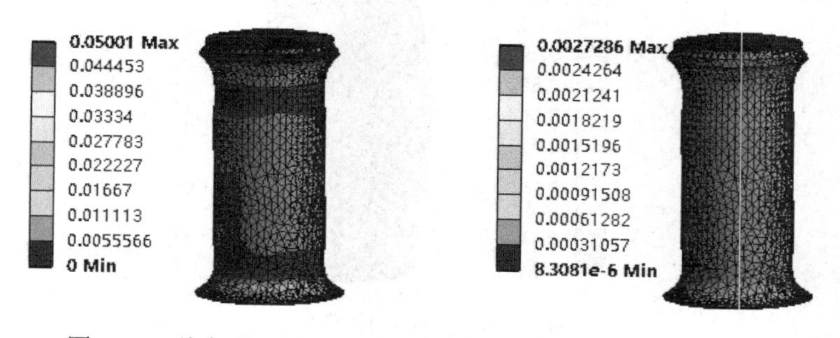

图 9-30　总变形云图　　　图 9-31　等效应变云图

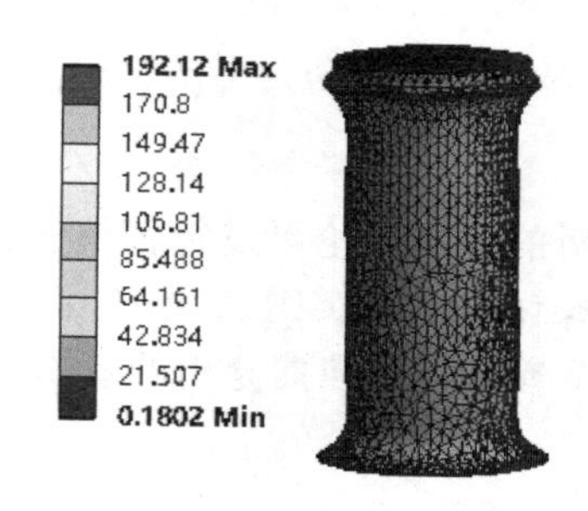

图 9-32　等效应力云图

（12）设置屈曲分析求解项。

选中树形窗下的【Solution（B6）】，执行工具栏的【Deformation】→【Total】，如图 9-33 所示。

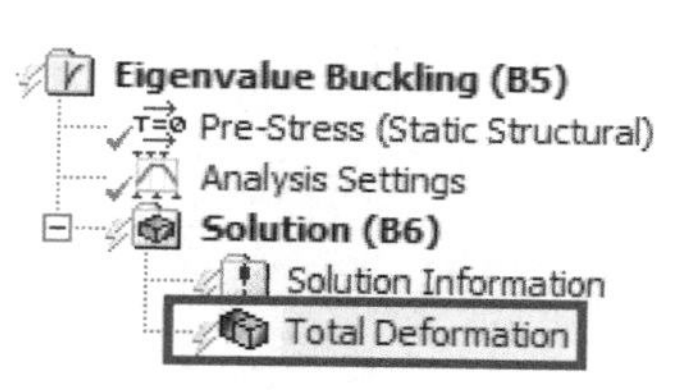

图 9-33　设置求解项

（13）求解模型。

选中树形窗下的【Solution（B6）】右击选择 Solve 或者单击工具栏的【Solve】。

（14）查看屈曲结果。

选中【Solution（B6）】，可以在 Tabular Data 窗口查看一阶屈曲因子，如图 9-34 所示。从图 9-34 可以得出易拉罐特征值屈曲零界载荷为 1.1509MPa（1MPa×1.1509）。

Tabular Data

	Mode	☑ Load Multiplier
1	1.	1.1509

图 9-34　屈曲因子

选中【Solution（B6）】下的 Total Deformation，可以从视图窗中查看易拉罐的一阶屈曲模态如图 9-35 所示。

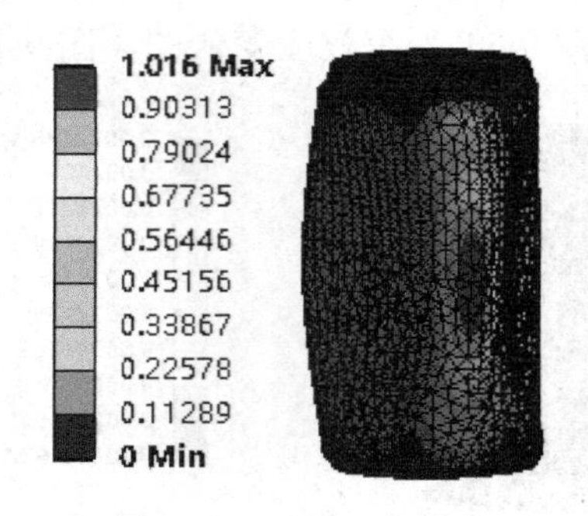

图 9-35　一阶屈曲模态

（15）关闭 Mechanical 平台，保存项目退出程序。

9.5　本章小结

本章主要介绍特征值屈曲分析的基本理论以及特征值屈曲分析的基本流程。实例 1 给出了钢管特征值屈曲分析的具体操作方法，实例 2 给出了薄壁件特征值屈曲分析的操作方法。通过本章的学习，读者需要掌握特征值屈曲分析的基本操作。

第 10 章　瞬态动力学分析

瞬态动力学分析可以给出系统在随时间变化载荷作用下的动态响应。瞬态动力学是一种通用的动力学分析方法，在某些情况下可以使用静力学分析、谐响应分析或刚体动力学分析来替代。ANSYS Workbench 17.0 中进行瞬态动力学分析的平台为 Transient Structural。本章介绍在 Transient Structural 平台进行瞬态动力学分析的基本理论及操作方法，并给出具体案例。

本章内容

- 瞬态动力学分析基础
- 瞬态动力学定义零件行为
- 瞬态动力学定义初始状态
- 机构转动的瞬态动力学分析
- 有初始速度的瞬态动力学分析

10.1　瞬态动力学分析概述

根据定义，瞬态分析中的载荷是随时间变化的函数。瞬态动力学分析给出的是结构关于时间载荷的响应。在 ANSYS17.0 中，既可对柔性结构，也可对刚性装配体进行瞬态分析。柔性结构瞬态分析需要使用 ANSYS Mechanical APDL 来求解。

瞬态动力学分析中，结构的运动方程为：

$$[\boldsymbol{M}]\{\ddot{x}\}+[\boldsymbol{C}]\{\dot{x}\}+[\boldsymbol{K}]\{x\}=\{\boldsymbol{F}(t)\}$$

其中，$[\boldsymbol{M}]$——质量矩阵；$[\boldsymbol{C}]$——阻尼矩阵；$[\boldsymbol{K}]$——刚度矩阵。

瞬态动力学分析中，施加的载荷和关节可以是随时间或空间变化的函数。从以上运动方程也可以看出，瞬态分析时，考虑了惯性效应和阻尼效应，因此模型需要定义密度和阻尼。一些非线性效应（几何非线性、材料非线性或接触非线性等），通过更新刚度矩阵来体现。

进行瞬态动力学分析时，以下几点需要注意：

- 如果可以忽略惯性效应和阻尼效应，则可以采用静力学分析来代替瞬态动力学分析；
- 如果载荷是正弦且响应为线性时，可以采用谐响应分析代替瞬态动力学分析；
- 当几何模型可以简化为刚体且关心系统动能时，可以采用刚体动力学分析；
- 在其他大部分情况下，瞬态动力学都是最通用的动力学分析方法。

视频教学

10.2　瞬态动力学分析流程

在 ANSYS Workbench 17.0 中进行瞬态动力学分析的分析环境项目流程卡，如图 10-1 所示。

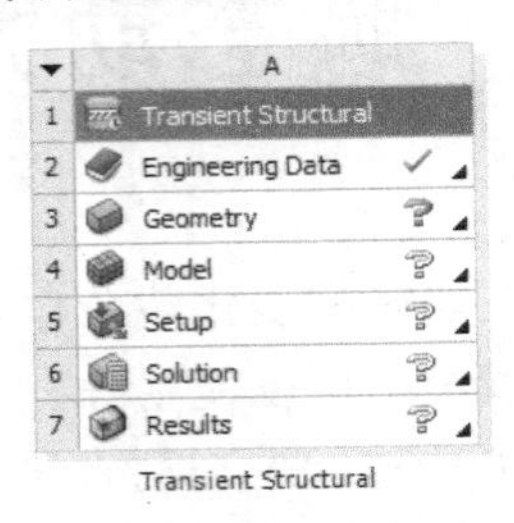

图 10-1　瞬态动力学分析流程卡

瞬态动力学分析流程如下过程：

- 创建分析流程卡；
- 定义工程数据；
- 添加几何；
- 定义零件行为；
- 定义连接；
- 施加网格控制；
- 分析设置；
- 定义初始状态；
- 施加载荷和约束；
- 求解并查看结果。

执行瞬态动力学分析时，定义的材料属性可以是线性或非线性，其中杨氏模量和密度必须定义。瞬态动力学分析流程中许多步骤与之前学习的设置并无差别，以下仅介绍与其他分析流程不同之处。

10.2.1　定义零件行为

瞬态动力学分析中零件可以是柔性体，也可以是刚性体。通过零件的 Details 面板可以指定刚度行为，如图 10-2 所示。一个模型内的体允许刚性体和柔性体同时存在。对于柔性体，需要指定合适的材料属性，如密度、杨氏模量、泊松比或塑性、超弹性等。对于刚体零件，只需定义密度。刚体零件是用位于质心的质量点来简化的。

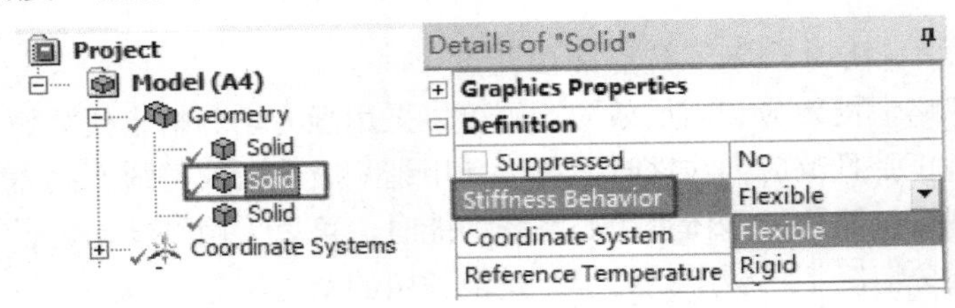

图 10-2　定义零件行为

10.2.2 定义初始状态

瞬态动力学分析中，模型中的各零件默认初始状态是静止的，即位移和速度均为 0。在【Transient Structural】平台的树形窗中右击【Initial Conditions】并选择 Insert/Velocity 可以新建一个初始速度，如图 10-3 所示。

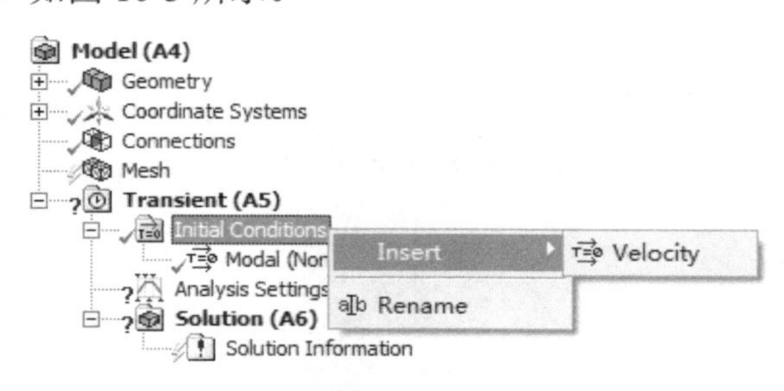

图 10-3 定义初始速度

很多时候，用户可能既需要定义初始速度，也需要定义初始位移，可以通过使用步长控制来设置初始条件。如设置初始位移为 Z 方向 0.1m、初始速度为 0.5m/s，设置方法如下。

（1）定义两个时间步。

其中第一个时间步用来建立初始位移和初始速度，第二个时间步为真正的总时间跨度。其中第一个时间步的跨度应该远小于总时间跨度，如图 10-4 所示。本例中假设第一个时间步的结束时间为 0.2s，并关闭时间积分效应，即【Time Integration】=Off。第二个时间步的结束时间为 5s，即总的时间跨度为 5s，不关闭时间积分效应。

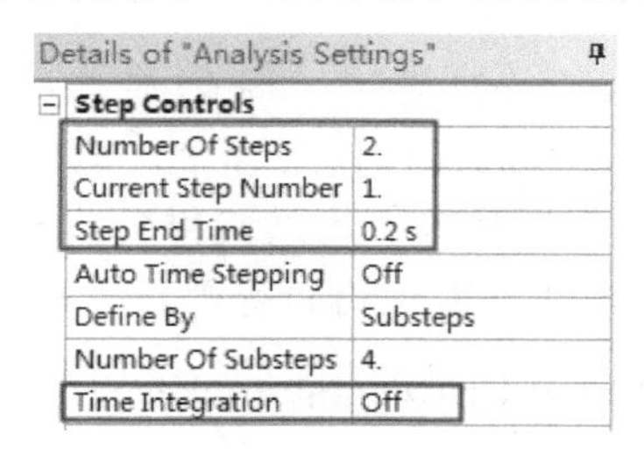

Details of "Analysis Settings"

Step Controls	
Number Of Steps	2.
Current Step Number	1.
Step End Time	0.2 s
Auto Time Stepping	Off
Define By	Substeps
Number Of Substeps	4.
Time Integration	Off

图 10-4 定义时间步

（2）插入并设置位移约束。

插入位移响应后，可以选择对某个具体的零件进行位移设置，如图 10-5 所示。可以看出，0.2s 后的零件速度为 0.1/0.2=0.5m/s。这样就实现了初始速度和初始位移的要求。

Tabular Data

	Steps	Time [s]	✔ Z [m]
1	1	0.	0.
2	1	0.2	0.1
3	2	5.	0.1

图 10-5 设置位移

10.3 实例 1：曲柄摇杆机构瞬态动力学分析

本例中，我们将通过对曲柄摇杆机构进行瞬态动力学分析来学习在 Mechanical 平台进行瞬态动力学分析的操作方法。

1. 实例概述

曲柄摇杆机构是机械设计中最常用的运动机构。本例中的曲柄摇杆机构模型，如图 10-6 所示，材料为结构钢。计算曲柄在以 60RPM 的速度转动时，机构的运动状况和应力、应变、变形响应情况等。

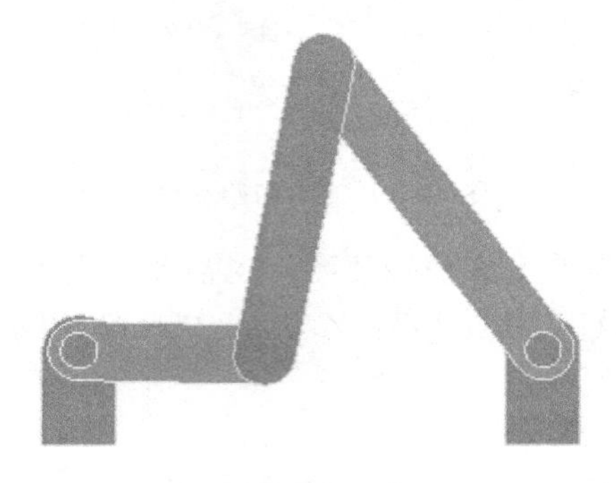

图 10-6 曲柄摇杆机构模型

本例中的模型是由 SolidWorks 创建的，因此首先从 SolidWorks 中链接到 ANSYS Workbench 17.0。在 Transient Structural 平台中，删除装配体中的接触，对其添加关节。在瞬态动力学分析设置中，设置载荷子步以获得较高的求解精度，同时对曲柄摇杆机构施加重力和关节载荷，最后求解并查看机构的总变形、等效应力、等效应变云图。

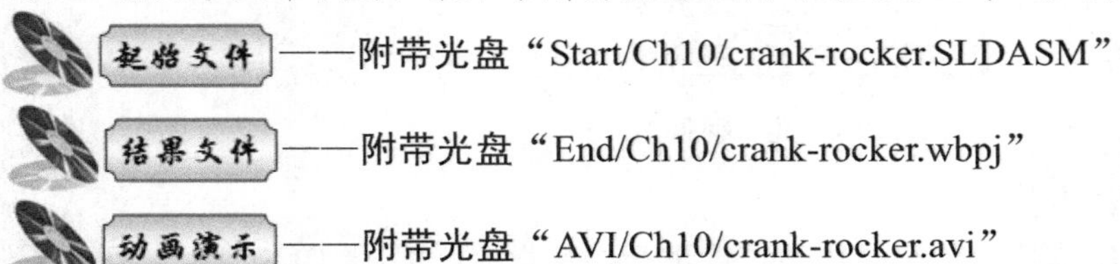

起始文件——附带光盘“Start/Ch10/crank-rocker.SLDASM”

结果文件——附带光盘“End/Ch10/crank-rocker.wbpj”

动画演示——附带光盘“AVI/Ch10/crank-rocker.avi”

2. 操作步骤

（1）在 SolidWorks 平台中打开模型。

在 SolidWorks 中打开曲柄摇杆机构 crank-rocker.SLDASM，然后执行菜单栏 ANSYS 17.0→ANSYS Workbench，如图 10-7 所示。

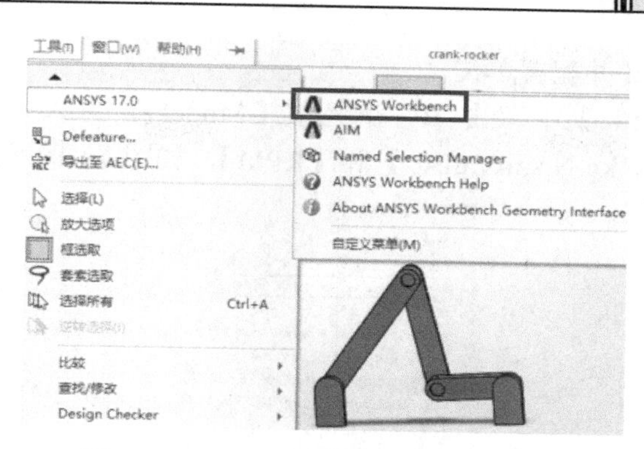

图 10-7　SolidWorks 链接到 Workbench

应用・技巧

在通过第三方 CAD 软件将模型导入到 ANSYS Workbench 之前，需要建立 CAD 与 Workbench 的连接。该部分请查看第 2 章相关内容。

（2）在 Workbench 平台创建【Transient Structural】。

在 Workbench 中，将【Toolbox】目录下【Analysis Systems】中的【Transient Structural】拖入 A2 单元格【Geometry】，如图 10-8 所示。创建完毕后的项目流程图，如图 10-9 所示。最后保存工程文件为 crank-rocker.wbpj。

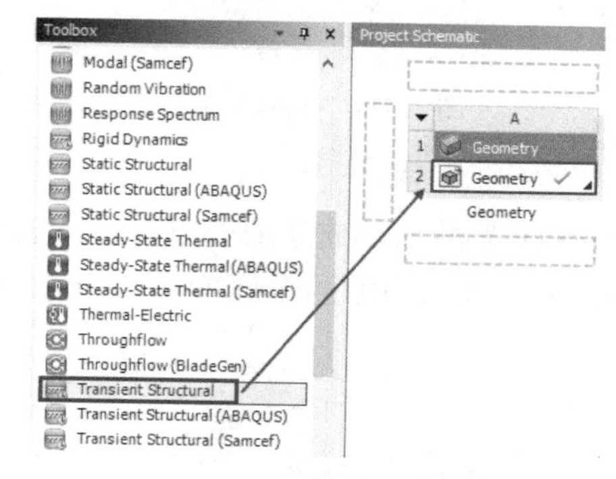

图 10-8　添加项目

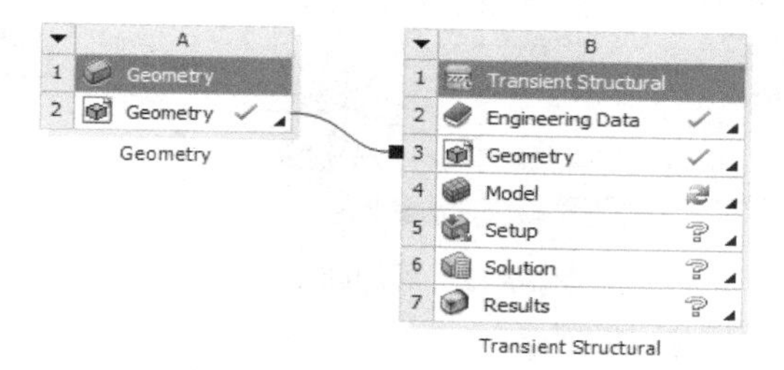

图 10-9　完整项目

（3）启动 Mechanical 并配置单位。

在【Project Schematic】中双击 B4 单元格【Model】，进入 Mechanical 平台后执行【Units】→【Metric（mm,kg,N,s,mV,mA）】和【RPM】，如图 10-10 所示。

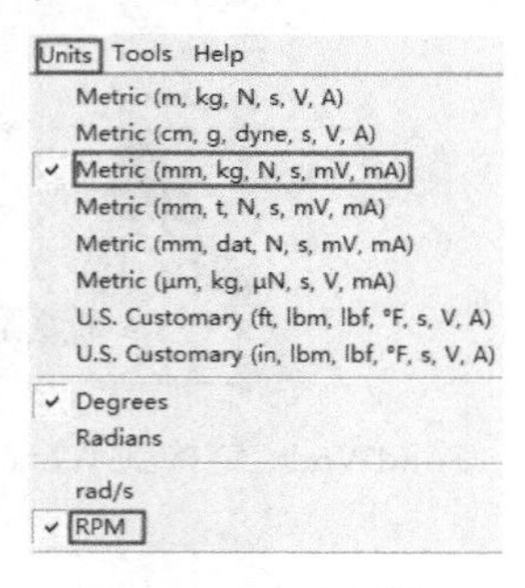

图 10-10　配置单位

（4）删除接触。

选择树形窗中【Connections】下的【Contacts】，右击并选择 Delete，如图 10-11 所示。

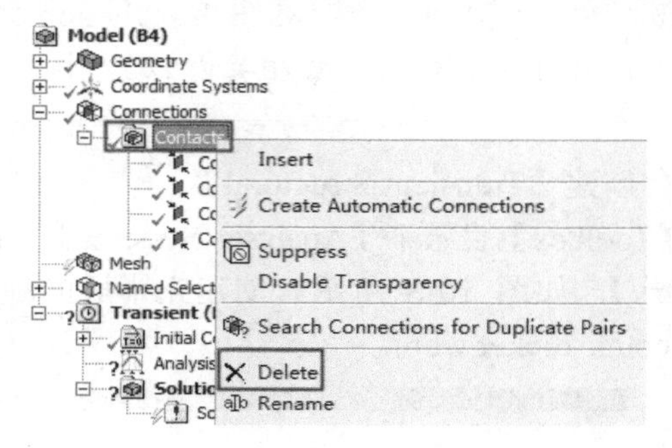

图 10-11　删除接触

（5）添加第一个关节。

选中树形窗下的【Connections】然后单击工具栏【Body-Ground】下的 Fixed，插入一个固定关节。在视图窗选中曲柄摇杆机构的两个底面后单击 Details 面板中的 Apply，如图 10-12 所示。

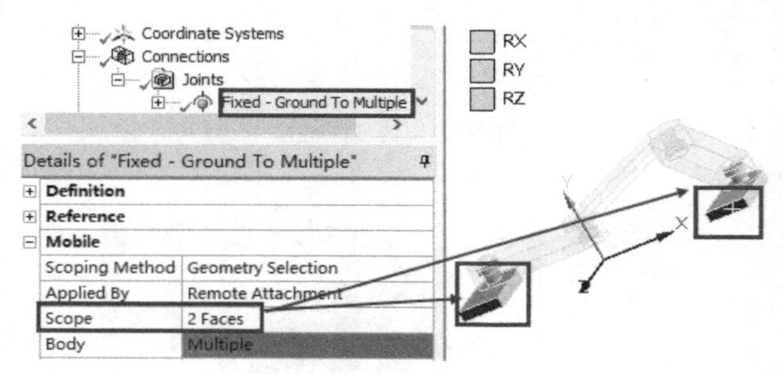

图 10-12　添加固定关节

（6）添加第二个关节。

选中树形窗【Connections】下的【Joints】，然后单击工具栏【Body-Body】下的

Revolute，插入一个转动关节。在视图窗中分别选中如图 10-13 所示的面作为参考体和运动体。

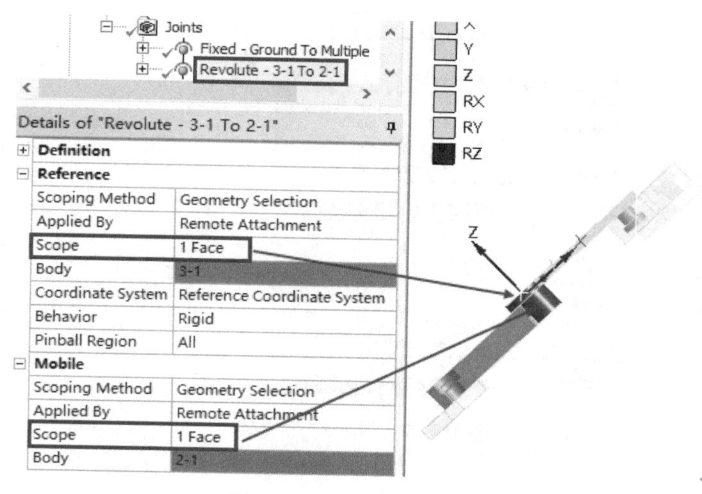

图 10-13 添加转动关节

（7）添加第三个关节。

选中树形窗【Connections】下的【Joints】，然后单击工具栏【Body-Body】下的 Revolute，插入一个转动关节。在视图窗中分别选中如图 10-14 所示的面作为参考体和运动体。

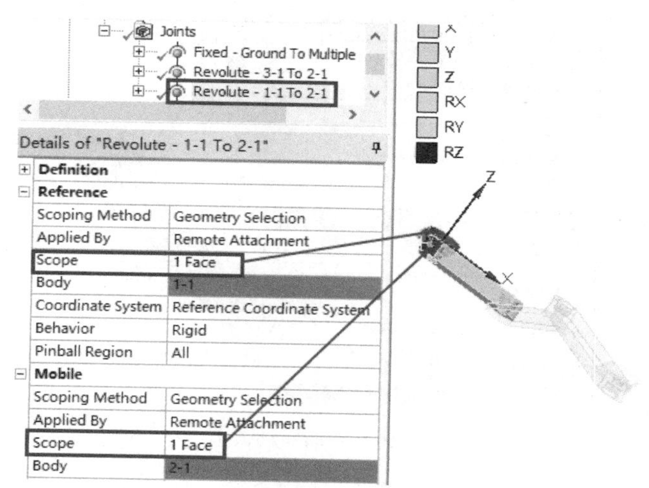

图 10-14 添加转动关节

（8）添加第四个关节。

选中树形窗【Connections】下的【Joints】，然后单击工具栏【Body-Body】下的 Revolute，插入一个转动关节。在视图窗中分别选中如图 10-15 所示的面作为参考体和运动体。

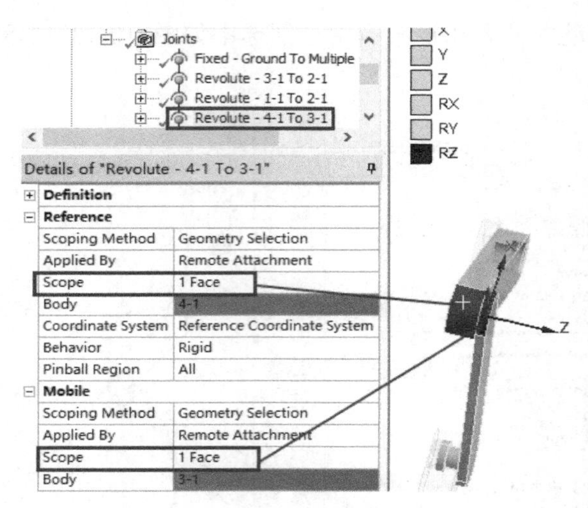

图 10-15　添加转动关节

（9）添加第五个关节。

选中树形窗【Connections】下的【Joints】，然后单击工具栏【Body-Body】下的 Revolute，插入一个转动关节。在视图窗中分别选中如图 10-16 所示的面作为参考体和运动体。

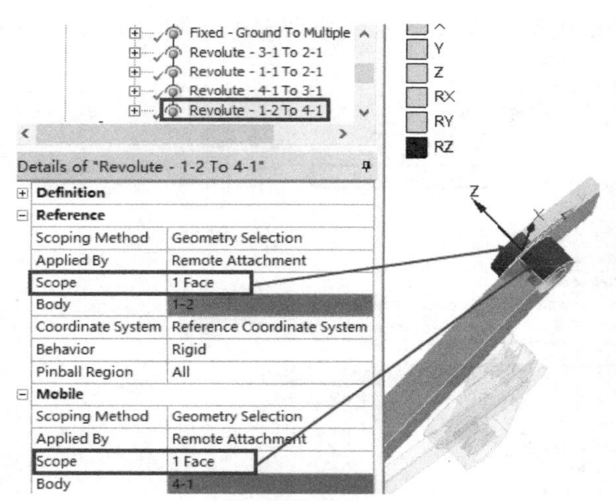

图 10-16　添加转动关节

（10）网格划分。

在 Mechanical 中选中 Outline 下的【Mesh】，在 Details 面板中设置【Element Size】为 10mm，然后右击【Mesh】选择【Generate Mesh】生成网格模型，如图 10-17 所示。

（11）瞬态动力学分析设置。

选中树形窗【Transient（B5）】下的【Analysis Settings】，在 Details 面板中设置【Initial Time Step】为 0.01s；【Minimum Time Step】为 0.005s；【Maximum Time Step】为 0.02s，如图 10-18 所示。该设置主要是细化求解子步，以获得更高的求解精度。

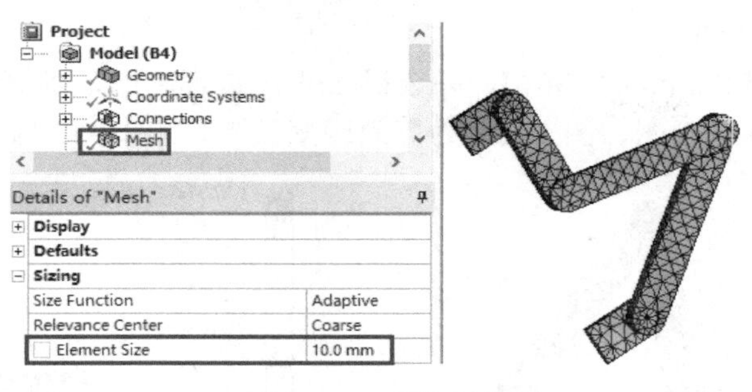

图 10-17　网格划分

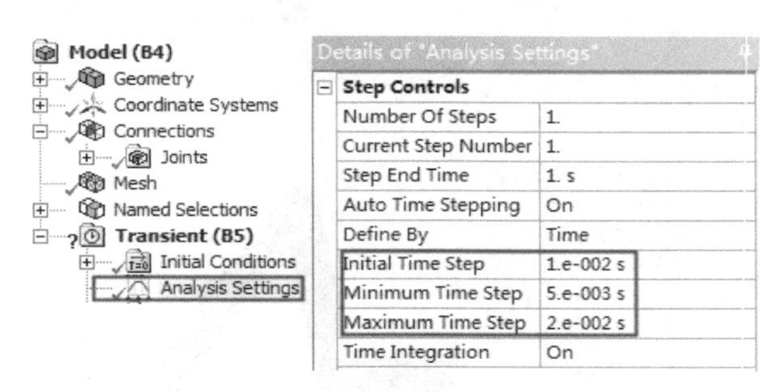

图 10-18　分析设置

（12）添加关节载荷。

选中树形窗下的【Transient（B5）】，然后单击工具栏【Loads】下的 Joint Load。在 Details 面板中设置【Joint】为 Revolute-1-1 To 2-1；【Type】为 Rotational Velocity；【Magnitude】为 60RPM，如图 10-19 所示。该设置表示对曲柄摇杆机构施加 60RPM 的旋转速度。

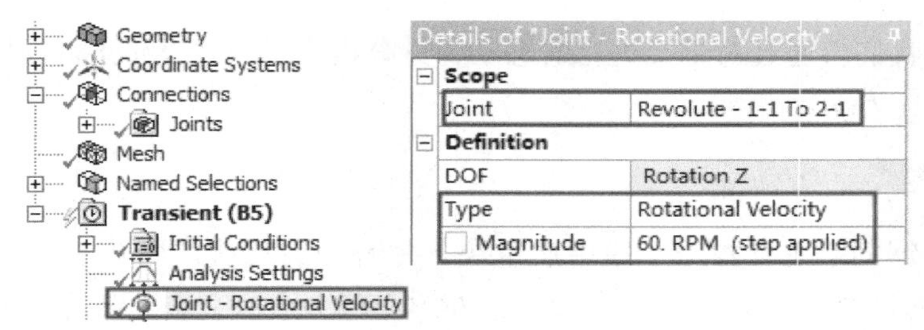

图 10-19　分析设置

（13）设置求解项。

选中树形窗下的【Solution（B6）】，执行工具栏的【Stress】→Equivalent（von-Mises），【Strain】→Equivalent（von-Mises），【Deformation】→Total，如图 10-20 所示。

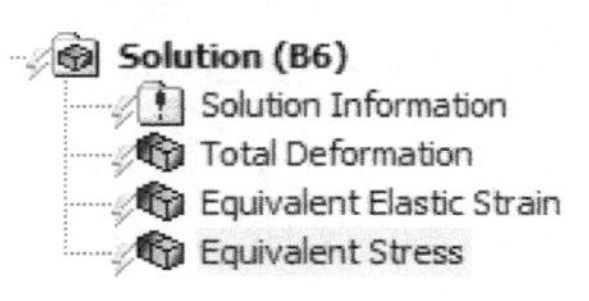

图 10-20　设置求解项

（14）求解并查看结果。

右击树形窗下的【Solution（B6）】，并选择 Solve 进行求解，求解完毕后可以查看结果云图。图 10-21 为总变形云图、图 10-22 为等效应变云图、图 10-23 为等效应力云图。

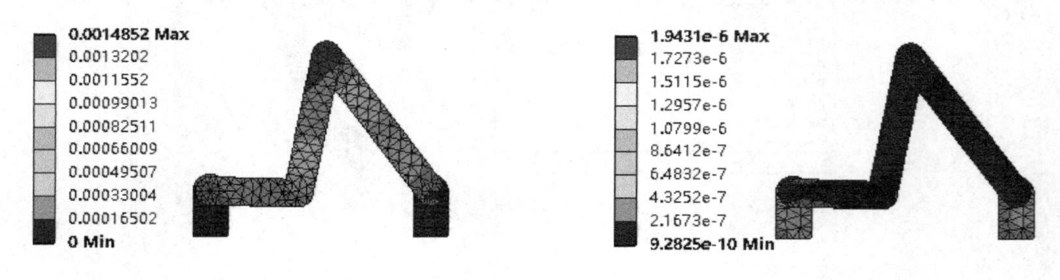

图 10-21　总变形云图　　　　图 10-22　等效应变云图

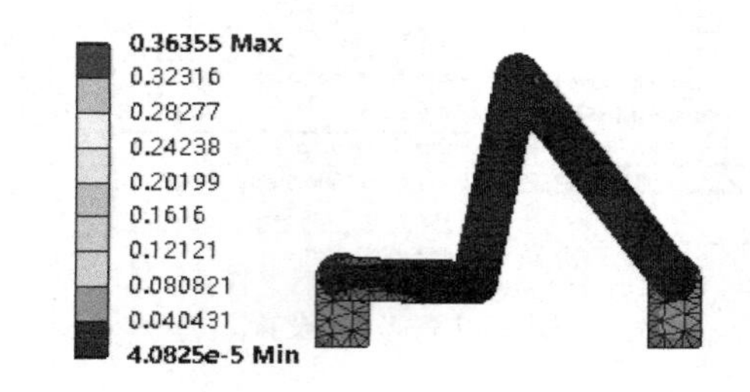

图 10-23　等效应力云图

（15）关闭 Mechanical，保存项目退出程序。

10.4　实例 2：钢梁瞬态动力学分析

在本例中，我们将通过对钢梁进行瞬态动力学分析来学习在 Mechanical 平台进行瞬态动力学分析的操作方法。

1．实例概述

一个材料为钢的梁上支撑一个集中质量块，并有动态载荷作用其上。梁上承受动态载荷 $F(t)$，并随时间增加，其最大值为 20N，如图 10-24 所示。如果梁的自重忽略不计，试确定钢梁位移、最大弯曲应力响应。

材料特性：结构钢，集中质量 M=21.5kg，泊松比=0.3，质量阻尼 ALPHAD=8。

几何尺寸：梁全长 450mm，梁截面为正方形且高 h=18mm。

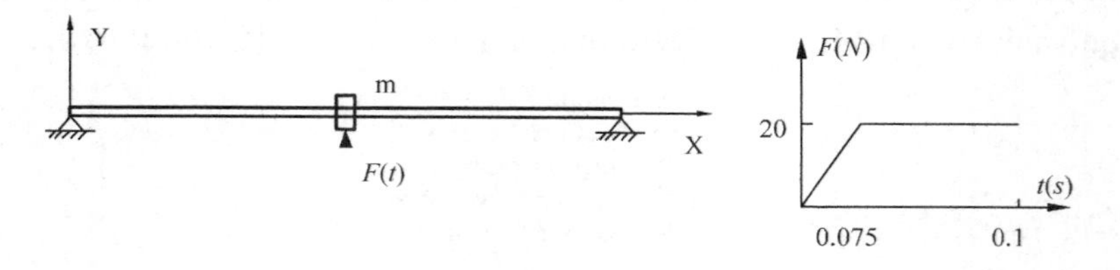

图 10-24　钢梁简图

本例中，首先在 DesignModeler 平台中创建梁模型，之后创建 Transient Structural 项目。由于 ANSYS Workbench 默认采用结构钢，并且其泊松比为 0.3，因此这里无需更改材料。在 Mechanical 平台，首先在梁的中部添加质量点，之后对其进行网格划分。在分析设置中设置载荷子步的相关参数，对梁两端添加约束，并施加力，求解后可以得到对应的响应结果。

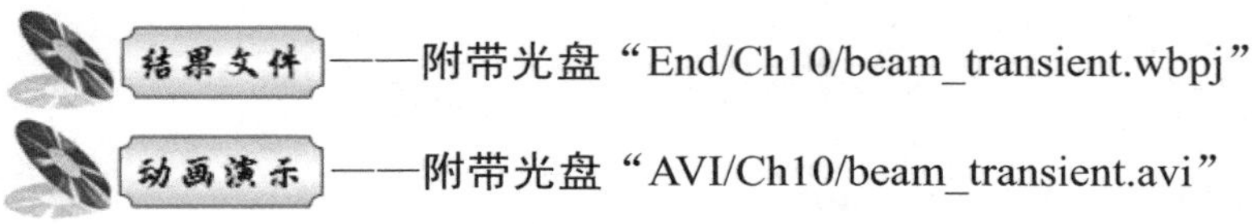

——附带光盘“End/Ch10/beam_transient.wbpj”

——附带光盘“AVI/Ch10/beam_transient.avi”

2. 操作步骤

（1）新建【Geometry】。

打开 Workbench 程序，将【Toolbox】目录下【Component Systems】中的【Geometry】拖入 Project Schematic 中，如图 10-25 所示。

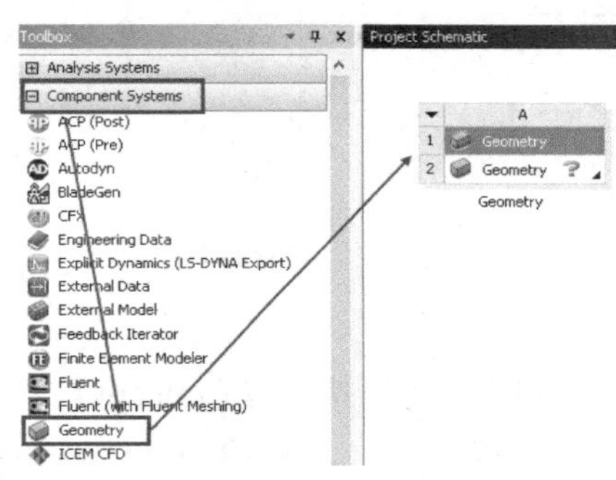

图 10-25　新建 Geometry

（2）进入 DesignModeler，新建草图。

双击 Project Schematic 中的 A2 单元格进入 DesignModeler 界面，单位选择 Millimeter。在 XYPlane 中新建 Sketch1，并在 Sketch1 上绘制草图，如图 10-26 所示。

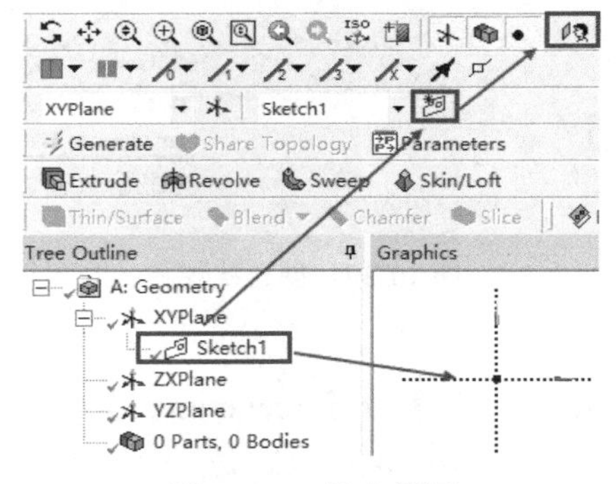

图 10-26　新建草图

（3）创建对称约束并标注。

选中【Constraints】下的 Symmetry，先选中对称轴，之后分别选择线段的两个端点如图 10-27 所示，这样便创建一个对称线段。最后对线段进行标注，令其长度 H1=450mm，如图 10-28 所示。

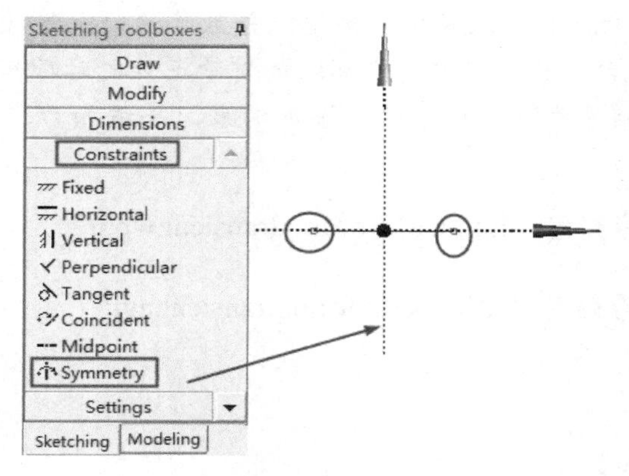

图 10-27　添加对称约束

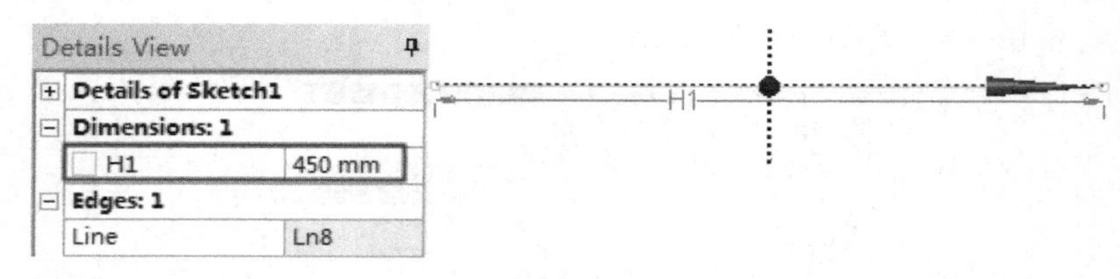

图 10-28　尺寸标注

（4）创建线体。

在 Tree Outline 下选择 Sketch1，然后执行【Concept】→【Line From Sketches】，在 Details 面板中单击 Apply，如图 10-29 所示，最后单击【Generate】这样就创建了 Line1。

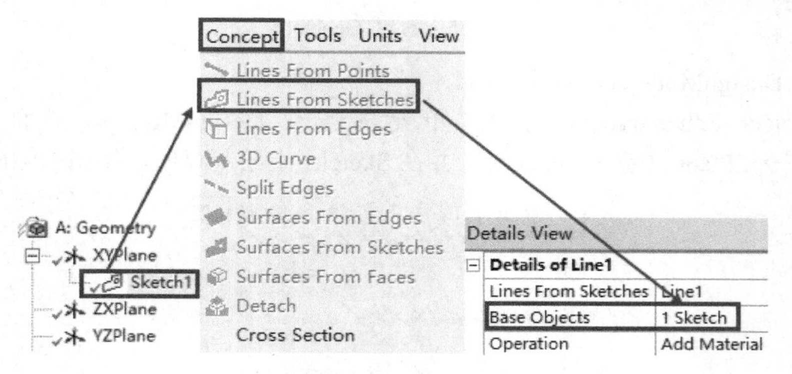

图 10-29　创建线体

（5）创建矩形截面。

执行【Concept】→【Cross Section】→【Rectangular】创建 Rectangular1，在 Details 面板上设置 B=18mm，H=18mm，如图 10-30 所示。

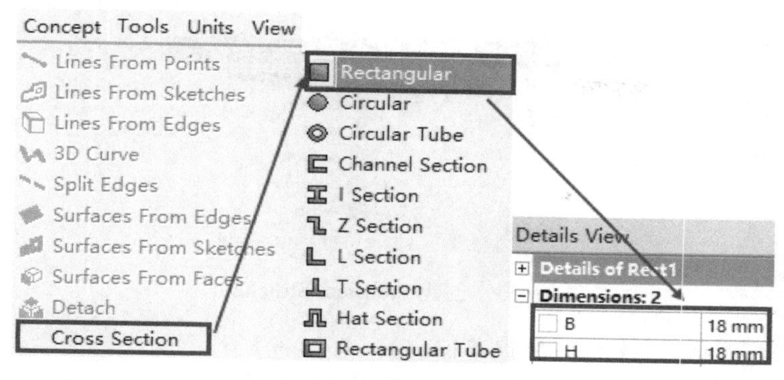

图 10-30 创建矩形截面

（6）对线体赋予截面。

选中 Tree Outline 下的【Line Body】并对其赋予刚刚创建的截面，如图 10-31 所示。

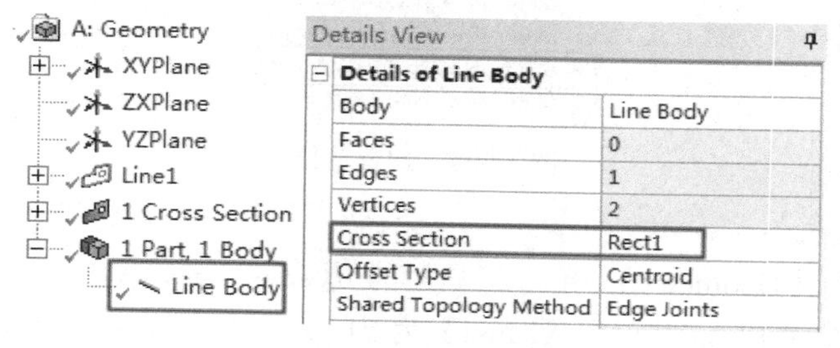

图 10-31 赋予截面

（7）分割线体。

执行【Concept】→【Split Edges】创建 EdgeSplit1，在 Details 面板上选择创建的 Line1 并设置【Definition】为 Split by N，【FD4,N】为 2，如图 10-32 所示，最后单击【Generate】。

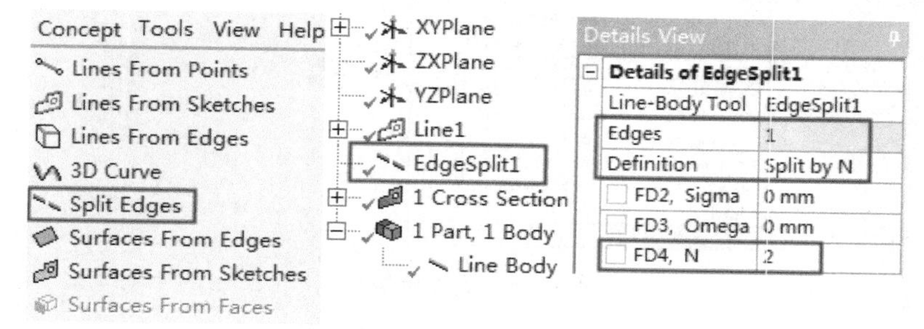

图 10-32 分割线体

（8）退出 DesignModeler，返回 Workbench 主界面。

（9）创建 Transient Structural。

将 Toolbox 下的 Transient Structural 拖到 A2 单元格后释放，创建瞬态动力学分析，如图 10-33 所示。

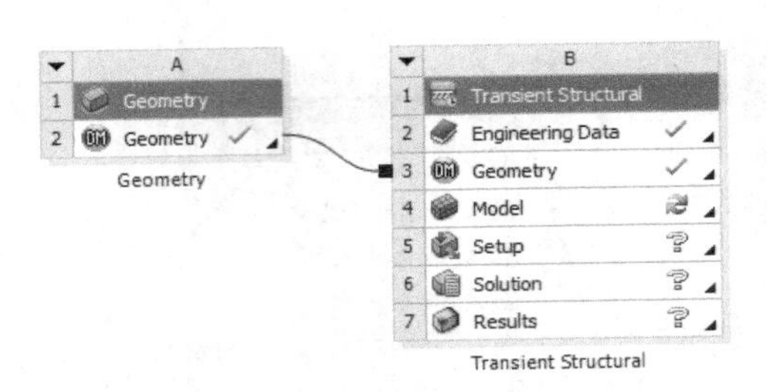

图 10-33　创建 Transient Structural

（10）进入 Mechanical 平台并配置单位。

双击 Project Schematic 中的 B4 单元格【Model】，进入 Mechanical 平台后执行【Units】→【Metric（mm,kg,N,s,mV,mA）】，如图 10-34 所示。

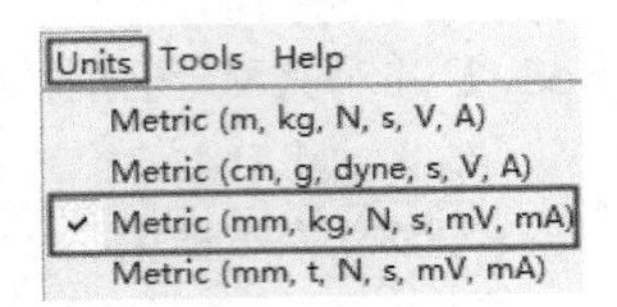

图 10-34　配置单位

（11）添加质量点。

选中树形窗下的【Geometry】，单击工具栏的 Point Mass 添加质量点。在 Details 面板中选择梁中点后单击 Apply，并设置【Mass】为 21.5kg，如图 10-35 所示。

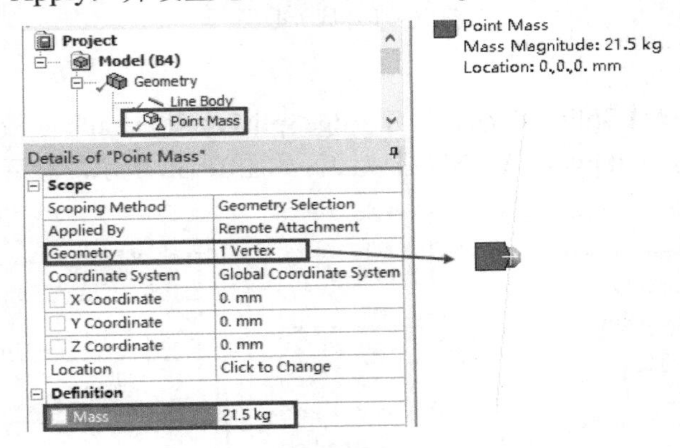

图 10-35　添加质量点

（12）划分网格。

选中树形窗下的【Mesh】，在 Details 面板中设置【Element Size】为 10mm，如图 10-36 所示。然后右击【Mesh】选择【Generate Mesh】生成网格模型。

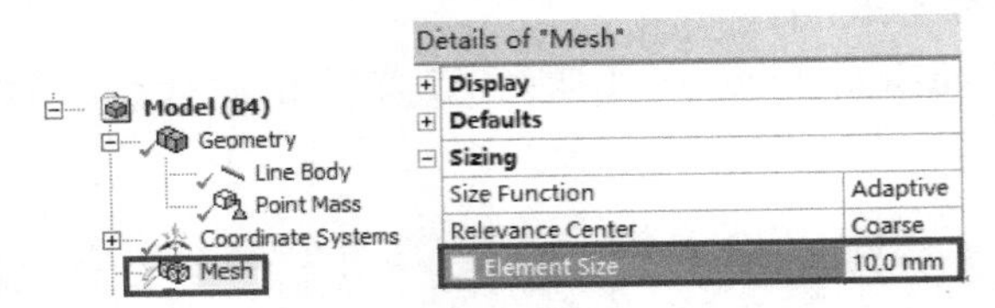

图 10-36　网格设置

（13）瞬态分析设置。

选中树形窗【Transient（B5）】下的【Analysis Settings】，在 Details 面板中设置【Number Of Steps】为 2，表示施加两个载荷步。令载荷步 1，即【Current Step Number】为 1 时的【Step End Time】为 0.075s、【Initial Time Step】为 0.01s、【Minimum Time Step】为 0.005s、【Maximum Time Step】为 0.02s。令载荷步 2 即【Current Step Number】为 2 时的【Step End Time】为 1s、【Initial Time Step】为 0.01s、【Minimum Time Step】为 0.005s、【Maximum Time Step】为 0.02s、【Mass Coefficient】为 8，如图 10-37 所示。

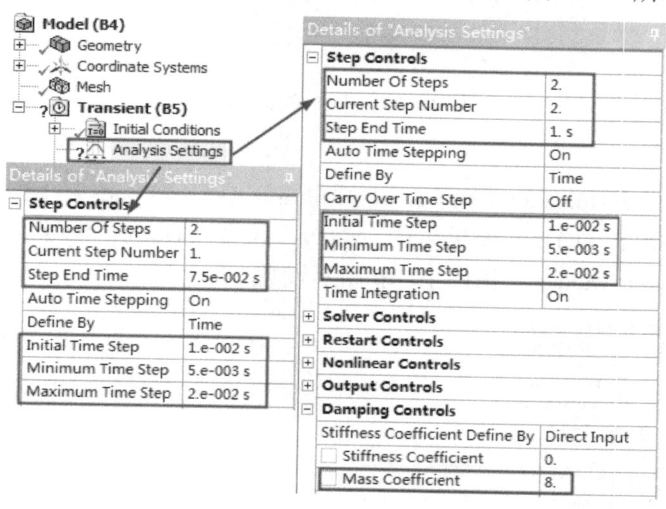

图 10-37　分析设置

（14）添加固定约束。

选中树形窗下的【Transient（B5）】，然后单击工具栏【Supports】下的 Fixed Support，插入一个固定约束。在视图窗选中梁的一端并在 Details 面板中单击 Apply，如图 10-38 所示。

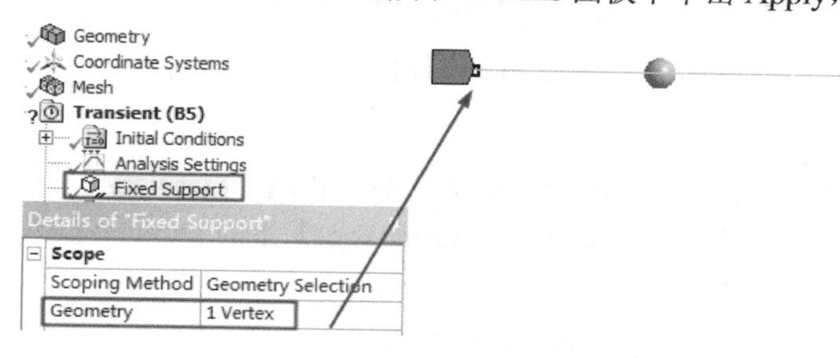

图 10-38　添加固定约束

（15）添加位移约束。

选中树形窗下的【Transient（B5）】，然后单击工具栏【Supports】下的 Displacement 插入一个位移约束。在视图窗选中梁的另一端并在 Details 面板中单击 Apply，设置【Y Component】为 0，如图 10-39 所示。

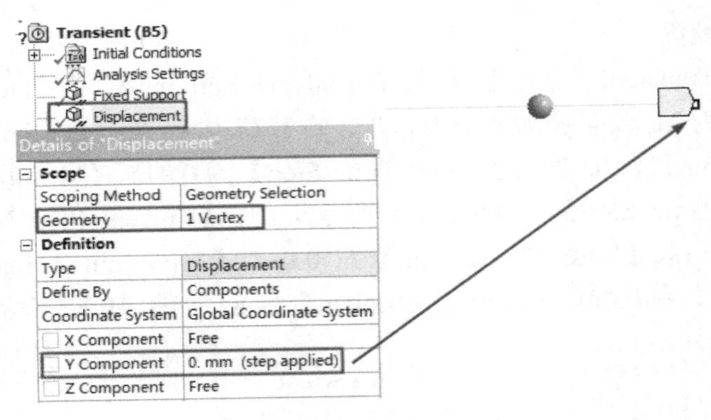

图 10-39　添加位移约束

（16）添加力。

选中树形窗下的【Transient（B5)】，然后单击工具栏【Loads】下的 Force。在视图窗选中钢梁的中点后单击 Details 面板中的 Apply，设置【Define By】为 Components、【Y Component】为 Tabular Data，并按图 10-40 所示设置。

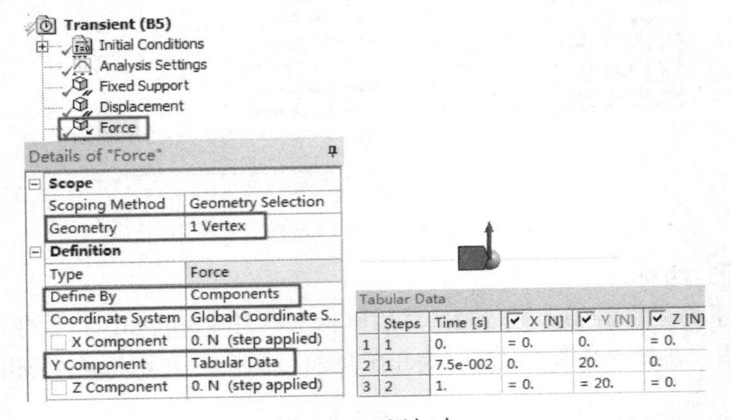

	Steps	Time [s]	X [N]	Y [N]	Z [N]
1	1	0.	= 0.	0.	= 0.
2	1	7.5e-002	0.	20.	0.
3	2	1.	= 0.	= 20.	= 0.

图 10-40　添加力

（17）设置求解项。

选中树形窗下的【Solution（B6)】，执行工具栏的【Deformation】→Total，【Tools】→Contact Tool，如图 10-41 所示。树形窗【Beam Tool】下的 Direct Stress 可以通过 Details 设置成 Maximum Bending Stress。

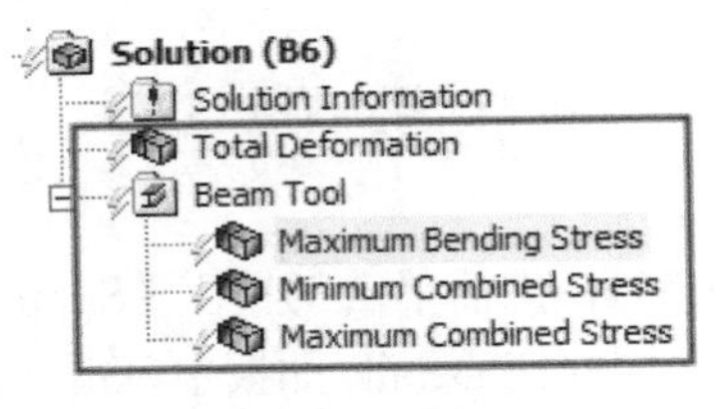

图 10-41　设置求解项

（18）求解并查看瞬态动力学分析结果。

右击树形窗下的【Solution（B6)】并选择 Solve 进行求解。求解完毕后可以查看结果云图。图 10-42 为总变形云图；图 10-43 为最大弯曲应力云图；图 10-44 为最小组合应力云图；图 10-45 为最大组合应力云图。

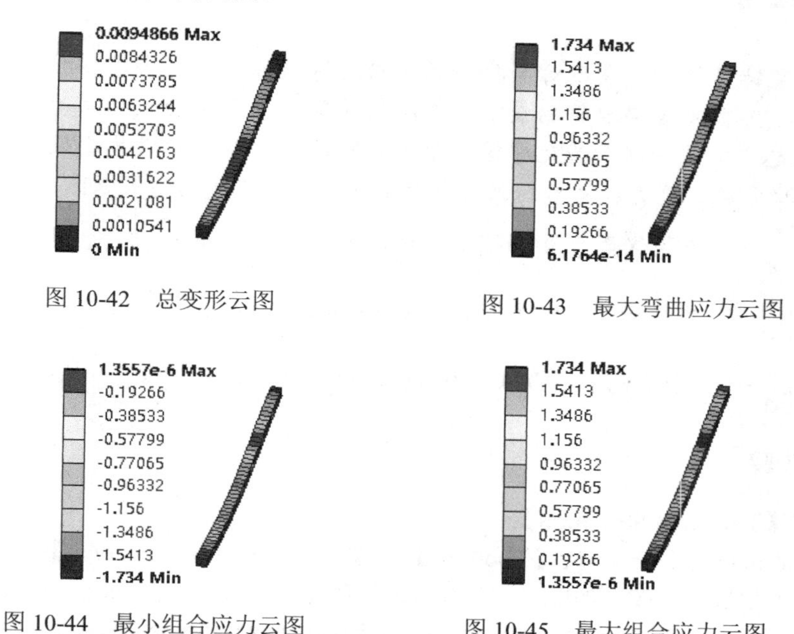

图 10-42　总变形云图

图 10-43　最大弯曲应力云图

图 10-44　最小组合应力云图

图 10-45　最大组合应力云图

（19）关闭 Mechanical 平台，保存项目退出程序。

10.5　实例 3：脚轮冲击的瞬态动力学分析

本例中，将通过对脚轮冲击进行瞬态动力学分析来学习在 Mechanical 平台进行瞬态动力学分析的操作方法。

1．实例概述

本案例分析一个脚轮在边缘受到冲击后的瞬态动力学响应，其模型如图 10-46 所示。该过程是通过在轮边释放一个重锤这样的物理样机试验来实现的，其中跌落高度表示对脚轮的冲击作用强度。其中轮底部的面是被约束的，并假设重锤被约束为只能沿竖直轴上下运动，假设阻尼比为 0.02，材料均为结构钢。

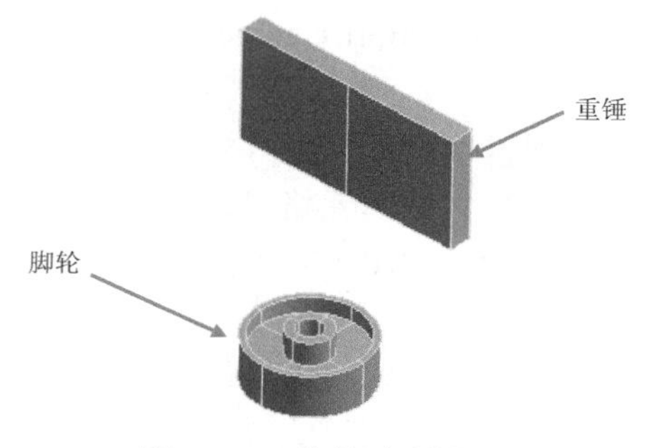

图 10-46　脚轮冲击模型

本例中的重锤下落一定高度后与脚轮的冲击是通过让重锤与脚轮接触并施加一个初始速度来实现的。定义重锤与脚轮的接触为无摩擦接触。由于重锤被约束为只能沿竖直轴上下运动，因此定义重锤四周面为无摩擦约束。在瞬态动力学分析设置中设置载荷子步和阻尼比，同时对模型施加重力和固定约束，最后求解并查看机构的结果云图。

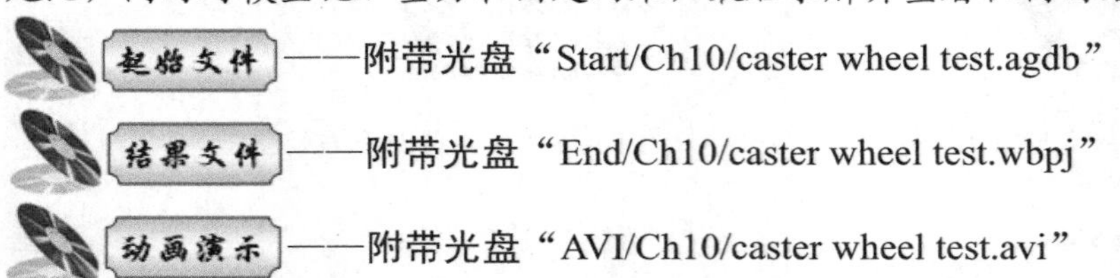

2．操作步骤

（1）新建【Transient Structural】。

打开 Workbench 程序，将【Toolbox】目录下【Analysis Systems】中的【Transient Structural】拖入项目流程图，如图 10-47 所示。然后保存工程文件为 caster wheel test.wbpj。

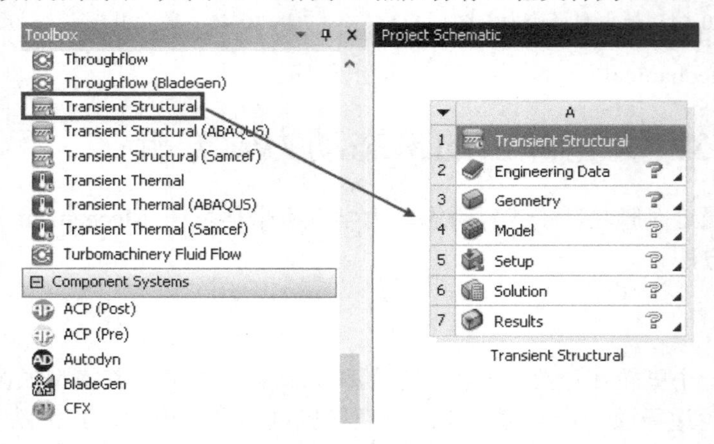

图 10-47　添加项目

（2）导入几何体文件。

右击 A3 单元格【Geometry】选择 Import Geometry/Browse，选择几何文件 caster wheel test.agdb，如图 10-48 所示。

（3）进入 Mechanical 平台并配置单位。

在【Project Schematic】中双击 A4 单元格【Model】，进入 Mechanical 平台后执行【Units】→【Metric（m,kg,N,s, V, A）】，如图 10-49 所示。

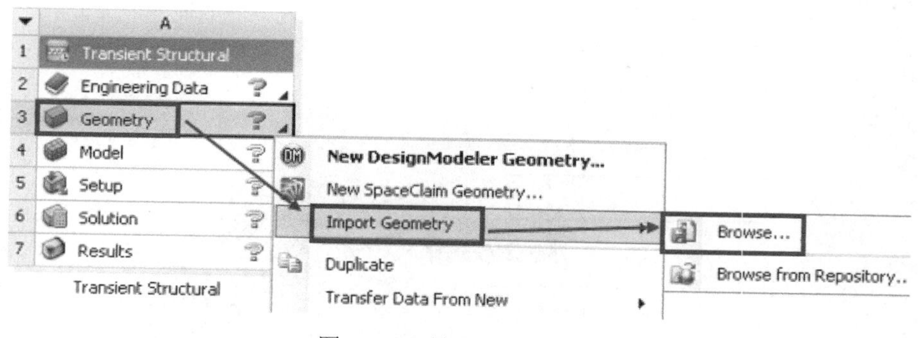

图 10-48　导入几何体文件

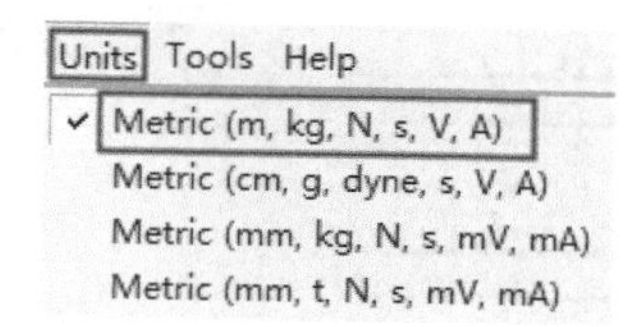

图 10-49　配置单位

（4）抑制重锤的上体。

展开树形窗下的【Geometry】，右击第三个 Solid 并选择 Suppress Body，抑制掉重锤的上体。抑制后视图窗模型，如图 10-50 所示。为了考虑冲击高度和力引起的动量，对重锤的下体施加一个初始速度。

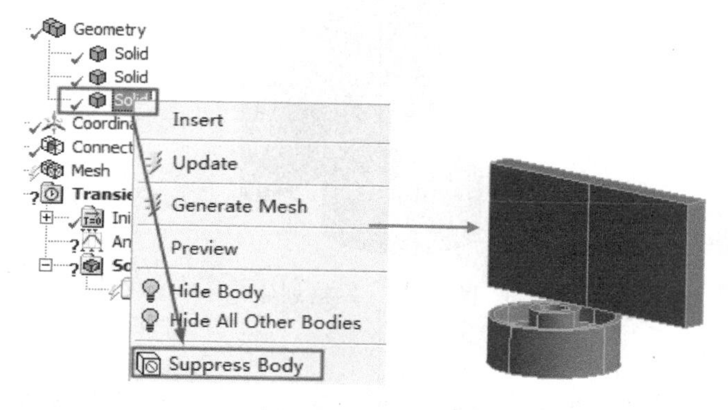

图 10-50　抑制体

（5）定义无摩擦接触。

右击树形窗下的【Connections】选择 Insert/Manual Contact Region。在 Details 面板中选择重锤下表面为【Contact】，与重锤接触的脚轮两个表面为【Target】，设置【Type】为 Frictionless、【Formulation】为 Pure Penalty、【Update Stiffness】为 Each Iteration，如图 10-51 所示。本步骤定义了冲击过程中重锤与脚轮的接触关系，其中 Pure Penalty（纯粹罚函数法），可以防止接触面间的相对滑动。由于冲击过程中，刚度不断变化，因此此处定义【Update Stiffness】为 Each Iteration，即每次迭代时都更新刚度。

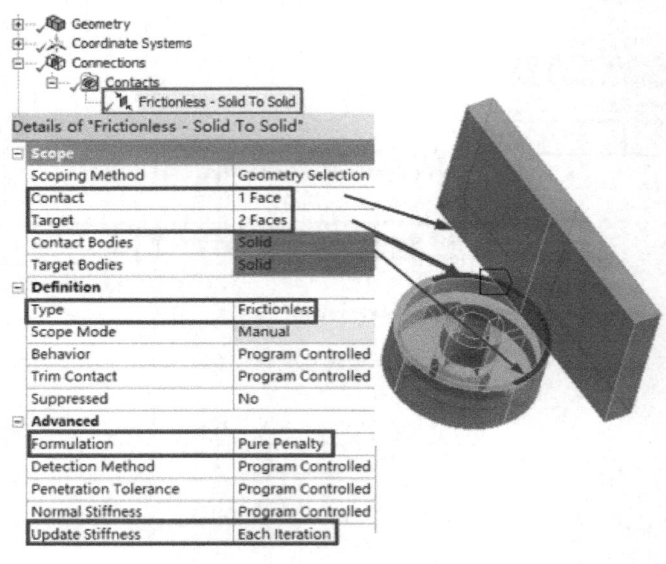

图 10-51　定义无摩擦接触

（6）划分网格。

右击树形窗下的【Mesh】并选择【Generate Mesh】，使用默认全局设置划分网格，如图 10-52 所示。

图 10-52　网格划分

（7）添加固定约束。

选中树形窗下的【Transient（A5）】，然后单击工具栏【Supports】下的 Fixed Support，插入一个固定约束。在视图窗选中脚轮底面并在 Details 面板中单击 Apply，如图 10-53 所示。

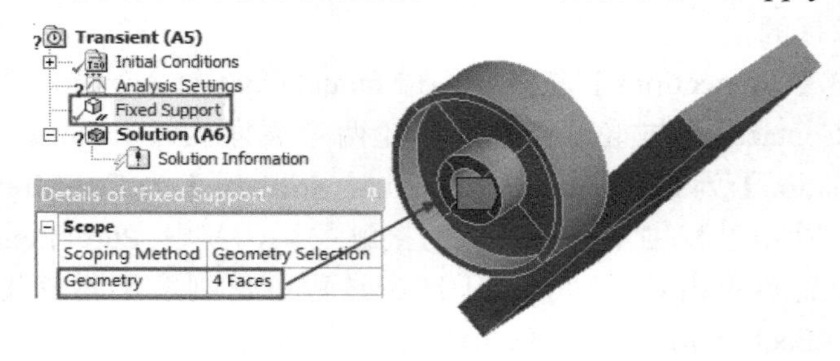

图 10-53　添加固定约束

（8）添加无摩擦约束。

选中树形窗下的【Transient（A5）】，然后单击工具栏【Supports】下的 Frictionless Support 插入一个无摩擦约束。在视图窗选中重锤的四周面（含 6 个面）并在 Details 面板中单击 Apply，如图 10-54 所示。本步骤可以保证重锤只能上下无摩擦运动。

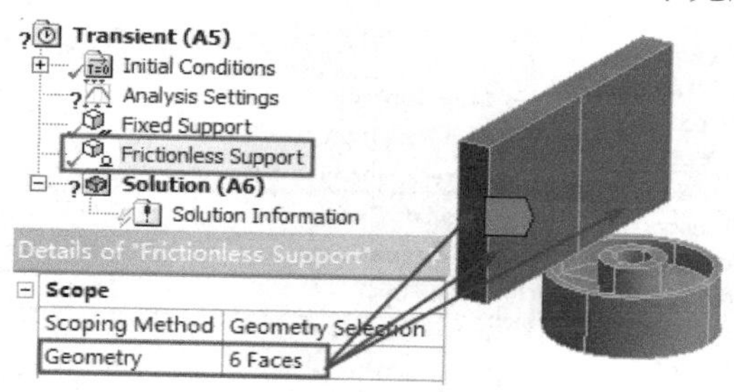

图 10-54　添加无摩擦约束

（9）施加重力载荷。

选中树形窗下的【Transient（A5）】，然后单击工具栏【Inertial】下的 Standard Earth Gravity。在 Details 面板中设置【Direction】为+X Direction，如图 10-55 所示。

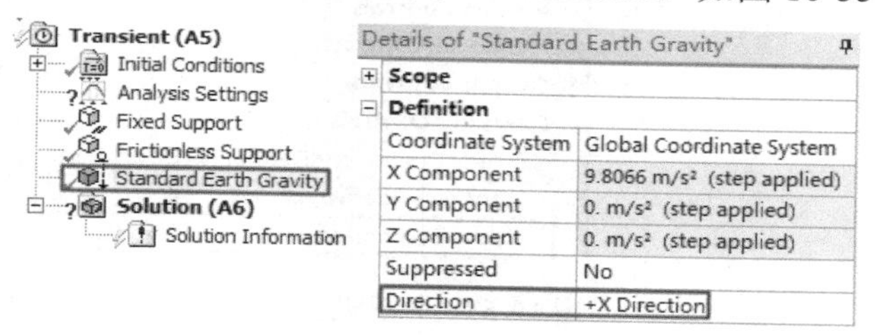

图 10-55　施加重力

（10）施加初始速度。

右击树形窗中【Transient（A5）】下的【Initial Conditions】，选择 Insert/Velocity 插入初始速度。在视图窗选中重锤并在 Details 面板中单击 Apply，设置【Define By】为 Components，【X Component】为 10m/s，如图 10-56 所示。

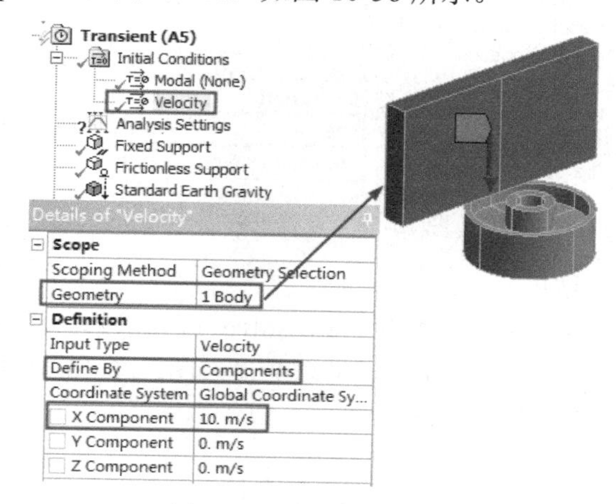

图 10-56　施加初始速度

（11）分析设置。

选中树形窗【Transient（A5）】下的【Analysis Settings】，在 Details 面板中设置【Step End Time】为 0.001s、【Initial Time Step】为 0.0001s、【Minimum Time Step】为 0.00003s、【Maximum Time Step】为 0.0002s、【Mass Coefficient】为 0.02，如图 10-57 所示。

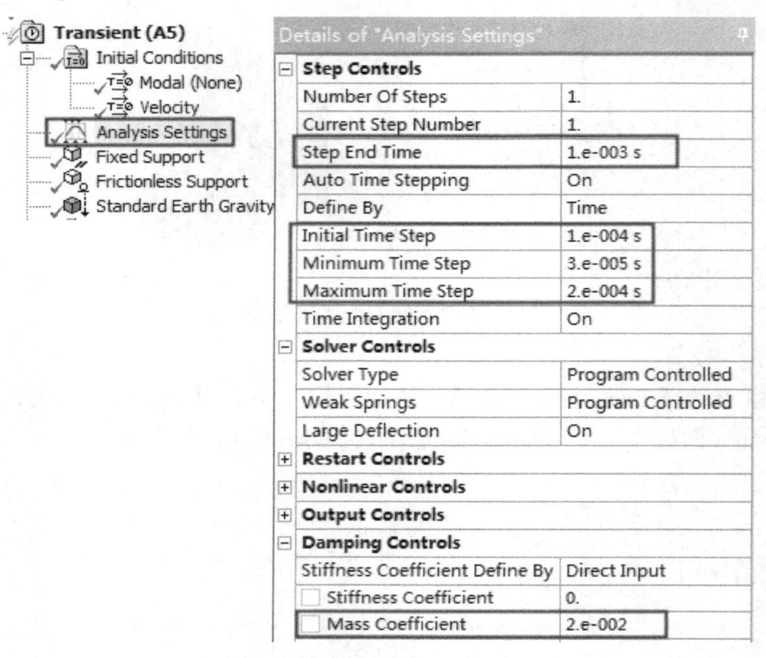

图 10-57　分析设置

（12）设置求解项。

选中树形窗下的【Solution（A6）】，执行工具栏的【Stress】→Equivalent（von-Mises），【Stress】→Maximum Shear，【Deformation】→Total，【Tools】→Stress Tool，如图 10-58 所示。其中 Stress Tool 采用的是 Max Equivalent Stress。

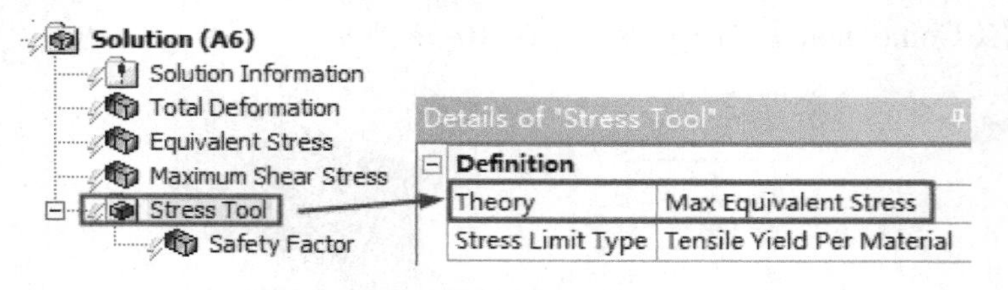

图 10-58　设置求解项

（13）求解并查看分析结果。

右击树形窗下的【Solution（A6）】并选择 Solve 进行求解。求解完毕后可以查看结果云图。图 10-59 为等效应力云图；图 10-60 是总变形云图；图 10-61 是等效应力曲线图。其余结果云图不一一列出，请读者自己查看。

视频教学

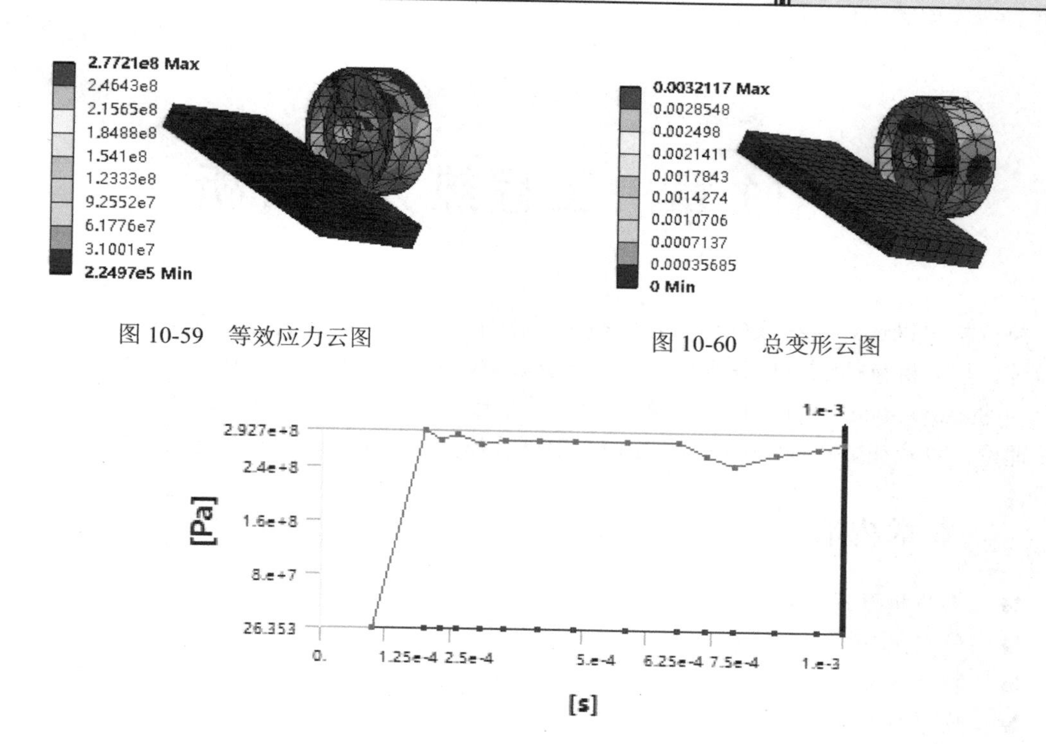

图 10-59　等效应力云图

图 10-60　总变形云图

图 10-61　等效应力曲线

（14）关闭 Mechanical 平台，保存项目退出程序。

10.6　本章小结

本章主要介绍瞬态动力学分析的基本理论，以及瞬态动力学分析的基本流程。实例 1 给出了曲柄摇杆机构在转动下的瞬态动力学分析具体操作方法；实例 2 给出了钢梁瞬态动力学分析操作方法；实例 3 给出了有初始速度下的瞬态动力学分析操作方法。通过本章的学习，读者需要掌握瞬态动力学分析的基本操作。

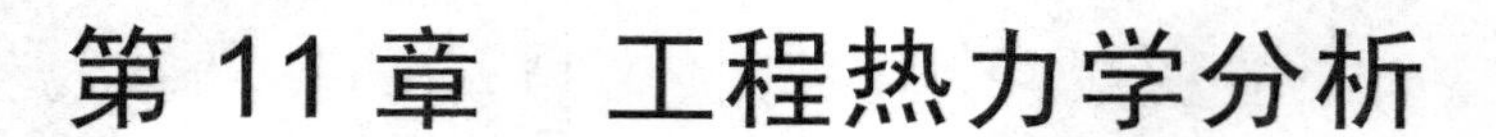

第 11 章　工程热力学分析

热分析可以计算系统或部件的相关热力学指标，这些指标包括温度场分布、热梯度、热通量等。热分析包括稳态热分析和瞬态热分析。ANSYS Workbench 17.0 中进行稳态热分析的平台为 Steady-State Thermal，进行瞬态热分析平台为 Transient Thermal。本章介绍工程热分析的理论，以及在 ANSYS Workbench 17.0 中进行热分析的流程，最后给出 3 个操作案例。

本章内容

- 热分析概述
- 稳态热分析
- 瞬态热分析
- 热分析基本流程
- 命令行应用（见实例）

11.1　热分析概述

热分析可以计算系统或部件的相关热力学指标，这些指标包括温度场分布、热梯度、热通量等。热力学仿真在很多工程装置的设计中都十分重要，这些装置包括内燃机、汽轮机、热交换器、管道系统、电子元件等。在很多情况下，热分析之后会进行应力分析以获取由于热膨胀或冷收缩引起的热应力。有三种基本的传热方式：热传导（Conduction）、热对流（Convection）、热辐射（Radiation）。ANSYS Workbench17.0 支持两种类型的热分析：稳态热分析（Steady-State Thermal Analysis）和瞬态热分析（Transient Thermal Analysis）。

11.1.1　热传导

热传导是指完全接触的两个体之间或者一个体的不同部位之间由于存在温度差（温度梯度）而引起的热量传递。傅里叶定理指出热通量（Heat Flux）与热梯度之间的关系：

$$\{\boldsymbol{q}\} = -[\boldsymbol{D}]\{\boldsymbol{L}\}T$$

其中：

$\{\boldsymbol{q}\}$ 为热通量向量，其在三个坐标的分量用 TFX、TFY、TFZ 表示，单位为 W/m^2；

$[\boldsymbol{D}] = \begin{bmatrix} K_{xx} & 0 & 0 \\ 0 & K_{yy} & 0 \\ 0 & 0 & K_{zz} \end{bmatrix}$ 为热传导系数（thermal conductivity）矩阵。K_{xx}、K_{yy}、K_{zz} 为三

个坐标方向的热传导系数，单位为 W/ m·℃；

$\{L\}=\begin{Bmatrix}\dfrac{\partial}{\partial x}\\ \dfrac{\partial}{\partial y}\\ \dfrac{\partial}{\partial z}\end{Bmatrix}$，$\{L\}T$ 为温度在 x、y、z 三个方向的热梯度；

T 为温度，可以写成 $T(x,y,z,t)$，单位为℃。

对于某一方向，热通量可以表示为：

$$q=-K_{nn}\frac{\partial T}{\partial n}$$

K_{nn} 表示沿 n 方向的热传导系数，系数前的负号表示热流方向与温度梯度方向相反，如图 11-1 所示。

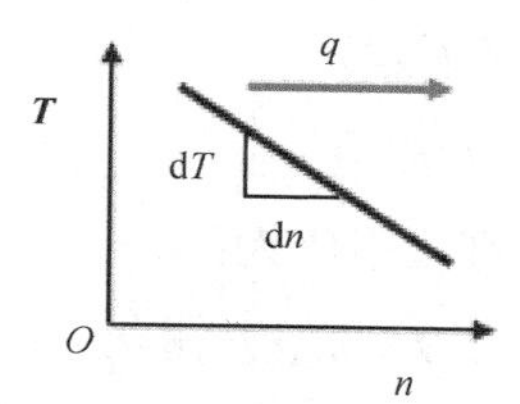

图 11-1　热传导函数图

11.1.2　热对流

热对流是指不同温度的各个部分之间发生相对运动所引起的热量传递方式。高温物体表面附近的空气因受热膨胀，密度降低而向上流动，密度较大的冷空气将下降替代原来受热空气而引发对流现象称为自然对流。由于水泵、风机或其他压差作用造成的流体对流称为强制对流。本章中实例 2 和实例 3 的铝制散热器就是由冷却叶片高速运转引起的强制对流。

由牛顿冷却定律（Newton's law of cooling）可得：

$$\{\boldsymbol{q}\}^T\{\boldsymbol{n}\}=h_f(\boldsymbol{T}_\mathrm{S}-\boldsymbol{T}_\mathrm{B})$$

其中：

$\{\boldsymbol{q}\}$——热通量向量；

$\{\boldsymbol{n}\}$——单位法向向量；

h_f——对流换热系数（Film Coefficient），单位为 $W/m^2℃$；

$\boldsymbol{T}_\mathrm{S}$——模型表面温度，单位为℃；

$\boldsymbol{T}_\mathrm{B}$——邻近流体的体温度（Bulk Temperature）。

对流的一个典型应用是将面作为边界热传递条件，其中的对流系数和流体温度是输入量。

11.1.3 热辐射

热辐射是指物体发射电磁波并被其他物体吸收转化为热的热量交换过程。与热传导和热对流不同，热辐射不需要任何传热介质。由斯蒂芬–玻尔兹曼定理（Stefan-Boltzmann Law）可得：

$$Q_i=\frac{1}{\left(\frac{1-\varepsilon_i}{A_i\varepsilon_i}+\frac{1}{A_iF_{ij}}+\frac{1-\varepsilon_j}{A_j\varepsilon_j}\right)}\sigma(T_i^4-T_j^4)$$

其中：

Q_i——辐射面 i 的热流率；

σ——斯蒂芬–玻尔兹曼常数；

$\varepsilon_i,\varepsilon_j$——辐射面 i 和辐射面 j 的辐射率（黑度）；

A_i,A_j——辐射面 i 和辐射面 j 的面积；

T_i,T_j 为辐射面 i 和辐射面 j 的绝对温度。

如果 A_j 远大于 A_i，则辐射方程可以简化为：

$$Q_i=A_i\varepsilon_iF'_{ij}\sigma(T_i^4-T_j^4)$$

其中：

$$F'_{ij}=\frac{F_{ij}}{F_{ij}(1-\varepsilon_i)+\varepsilon_i}$$

11.1.4 稳态热分析

当热流不再随时间变化，热传递可以看作稳定状态。由于热流不再随时间变化，因此系统的温度和热载荷也不再随时间变化。工程人员经常在瞬态热分析之前进行稳态热分析，以便确立初始条件。稳态热分析也可以是瞬态热分析的最后一步，在所有瞬态效应消失后执行。对于稳态平衡，由热力学第一定理可得：

$$\text{Energy}_{\text{流入}}+\text{Energy}_{\text{生成}}=\text{Energy}_{\text{流出}}$$

利用有限元方程来表达稳态平衡为：

$$[\boldsymbol{K}]\{\boldsymbol{T}\}=\{\boldsymbol{Q}\}$$

其中：

$[\boldsymbol{K}]$——热传导矩阵，包括传热系数、对流系数、辐射、形状系数；

$\{\boldsymbol{T}\}$——节点温度向量；

$\{\boldsymbol{Q}\}$——节点热流率向量，包括热生成。

对于稳态热分析，$\{\boldsymbol{T}\}$ 由 $[\boldsymbol{K}]\{\boldsymbol{T}\}=\{\boldsymbol{Q}\}$ 求出。如果材料特性是线性的，则稳态热分析是线性分析。如果材料特性是非线性，如特性与温度有关，则稳态分析是非线性分析。大部分材料的热力学特性都与温度有关，因此一般的分析都是非线性分析。辐射效应或随温度变化的对流系数都会导致非线性分析。

11.1.5 瞬态热分析

瞬态热分析可以确定随时间变化的温度变化情况和其他一些热力学指标。在很多情况下，我们关注温度随时间变化情况，比如电子封装的冷却、热处理中的淬火分析、热应力导致的失效等。

$$[C]\{\dot{T}\}+[K]\{T\}=\{Q\}$$

其中，$[C]$为比热矩阵。

对于瞬态热分析，$\{T\}$由$[C]\{\dot{T}\}+[K]\{T\}=\{Q\}$求出。瞬态热分析同样可以是线性分析或非线性分析。由于材料热属性大部分都与温度有关，即$[C]$和$[K]$是变化的，因此大部分瞬态热分析都是非线性分析。求解非线性分析会进行迭代运算以获取精确解。

11.2 热分析流程

ANSYS Workbench 17.0 中进行稳态热分析的分析环境项目流程图如图 11-2 左图所示，进行瞬态热分析的环境项目流程图如图 11-2 右图所示。

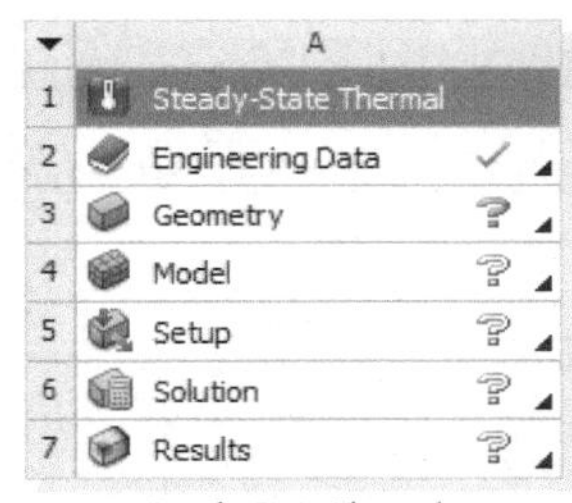

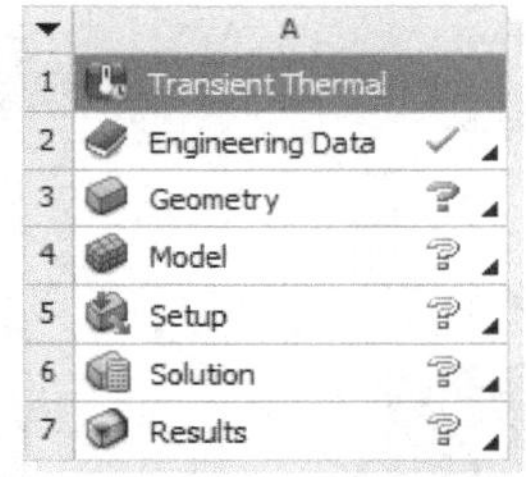

图 11-2 热分析流程图

热分析流程包括如下过程：

- 创建分析流程图；
- 定义工程数据；
- 添加几何；
- 定义零件行为；
- 定义连接；
- 施加网格控制；
- 分析设置；
- 定义初始状态；
- 施加载荷和约束；
- 求解并查看结果。

在热分析流程中许多步骤与之前学习的设置并无差别，以下仅介绍与其他分析流程不同之处。

11.2.1 定义工程数据

稳态热分析定义为热传导系数（Thermal Conductivity），热传导系数可以是各项同性（Isotropic）或各项正交（Orthotropic）。

瞬态热分析定义为热传导系数（Thermal Conductivity）、密度和比热容（Specific Heat）。同样热传导系数可以是各项同性（Isotropic）或各项正交（Orthotropic），并且所有的特性都可以是常数或随温度变化的值。

11.2.2 定义零件行为

瞬态热分析中可以添加热质量点（Thermal Point Mass）。热质量点可以将一个体的热容（Thermal Capacitance）用一个点来代替。在瞬态热分析平台中，选中零件树形窗下的【Geometry】后就可以在工具栏中找到热质量点选项【Thermal Point Mass】。图 11-3 所示为建立的一个热质量点示例。其含义为用坐标为 *X*、*Y*、*Z* 的质量点代替选中的面体，并且设置该质量点的热容为 10J/℃。默认情况下的 *X*、*Y*、*Z* 坐标为选中体的质心坐标，用户可以根据需要修改。

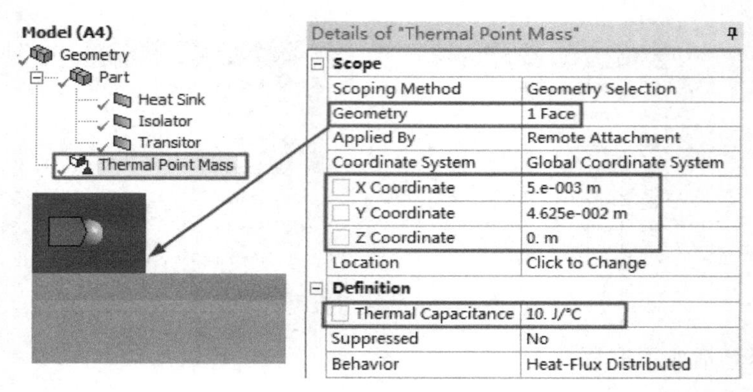

图 11-3 热质量点

11.2.3 定义连接

不管是稳态热分析还是瞬态热分析，连接中只有接触是有效的，任何关节或弹簧都是无效的。

如果零件是接触的，那么在接触的零件间会有热传递发生。反之，如果零件不接触或零件距离超过弹球区（Pinball），则零件间不会有热传递发生。弹球（Pinball）区域设置一个较小值，以协调模型中可能出现的小间隙。对于结合（Bonded）和无分离（No Separation）接触，只要面在弹球区域内，那么它们之间就会发生热传递，弹球之外的区域不会发生热传递。默认情况下，零件间的热传递是完全热传递的，即热在零件间传递时不会发生热量丢失。当然很多因素都会导致传递的热量会丢失，如表面氧化、表面不平整等。

接触面间的热流是通过下式来计算的：

$$q = T_{cc} \cdot (T_t - T_c)$$

其中，q 为热通量，T_t 为目标面温度，T_c 为接触面温度，T_{cc} 为系数。

默认接触面间的热传递是完全热传递，用户可以在接触的 Details 面板中设置【Thermal Conductance】为 Manual，这样就可以将完全热传递设置为非完全热传递，并可以设置 T_{cc} 的值，即 Thermal Conductance Value，如图 11-4 所示。

Details of "Bonded - No Selection To No Sele...	
⊞ Scope	
⊟ Definition	
Type	Bonded
Scope Mode	Manual
Behavior	Program Controlled
Trim Contact	Program Controlled
Suppressed	No
⊟ Advanced	
Formulation	Program Controlled
Detection Method	Program Controlled
Elastic Slip Tolerance	Program Controlled
Thermal Conductance	Manual
Thermal Conductance Value	0. W/m²·°C
Pinball Region	Program Controlled

图 11-4　接触设置

11.2.4　分析设置

热分析平台下的分析设置 Details 面板，如图 11-5 所示。

Details of "Analysis Settings"	
⊞ Step Controls	
⊟ Solver Controls	
Solver Type	Program Controlled
Solver Pivot Checking	Program Controlled
⊟ Radiosity Controls	
Radiosity Solver	Program Controlled
Flux Convergence	1.e-004
Maximum Iteration	1000.
Solver Tolerance	0.1 W/m²
Over Relaxation	0.1
Hemicube Resolution	10.
⊟ Nonlinear Controls	
Heat Convergence	Program Controlled
Temperature Conver...	Program Controlled
Line Search	Program Controlled
⊞ Output Controls	
⊞ Analysis Data Management	
⊞ Visibility	

图 11-5　热分析设置

（1）Radiosity Controls 选项。

热分析中定义表面到表面的热辐射载荷时，会用到热辐射控制。

（2）Nonlinear Controls 选项。

非线性控制允许修改收敛准则和其他一些指定的求解控制，一般情况下采用默认设置即可。如果需要修改，则将对应项设置为 On 即可。图 11-6 显示了一个收敛的实例，其中热收敛的参考值为 500W，容差为 0.001，则收敛判据为 0.5W，即 ANSYS 在每次平衡迭代时都将热功率与收敛准则进行比较，如果两次平衡迭代间的每个节点变化都小于 0.5W，则收敛。

Nonlinear Controls	
Heat Convergence	On
--Value	500. W
--Tolerance	0.1%
Temperature Convergence	Program Controlled
Line Search	Program Controlled

图 11-6　非线性控制

11.2.5　施加载荷和约束

ANSYS Workbench17.0 中载荷和约束工具栏，如图 11-7 所示。

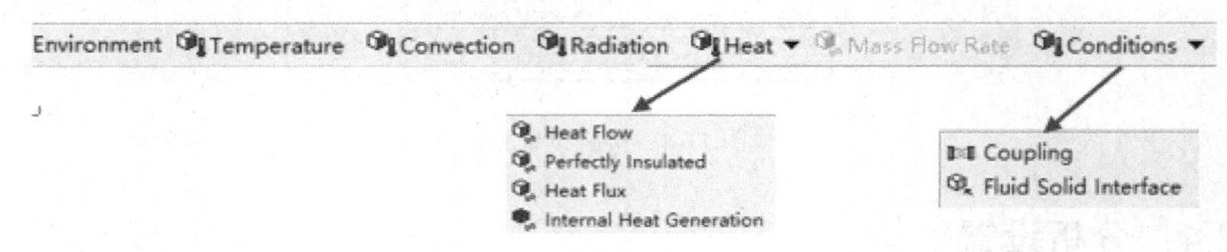

图 11-7　载荷和约束工具栏

（1）温度 Temperature。

该边界条件可以模拟一个施加在选定几何体上提供一致或随时间/空间变化的温度。对于每个载荷步，如果导入（Import）的温度载荷和已有的温度载荷都施加在同一个体上，则系统优先考虑导入的温度载荷。要表示温度随空间变化，可以用表达式实现，如：Temperature=100+z。

（2）对流 Convection。

对流 Details 面板中需要设置的输入是对流系数 h（Film Coefficient），环境温度 Ambient Temperature，如图 11-8 所示。对流方程为 $\boldsymbol{q}=h_f(\boldsymbol{T}_\mathrm{S}-\boldsymbol{T}_\mathrm{B})$，其中 $\boldsymbol{q}$ 为流出面的热通量，由 Workbench 计算得出。$\boldsymbol{T}_\mathrm{S}$ 为面温度，也是由 Workbench 内部计算出来的。

Details of "Convection "	
Scope	
Scoping Method	Geometry Selection
Geometry	1 Face
Definition	
Type	Convection
Film Coefficient	0. W/m²·°C (ramped)
Ambient Temperature	22. °C (ramped)
Convection Matrix	Program Controlled
Suppressed	No

图 11-8　对流设置

（3）辐射 Radiation。

可以定义体和环境之间的热辐射，也可以定义两个面之间的热辐射。辐射 Details 面板中需要设置辐射关系（Correlation）和一些相关参数，如图 11-9 所示。对于 To Ambient，需要设置辐射率 ε_i（Emissivity），环境温度 $\boldsymbol{T}_j$（Ambient Temperature），其中 F（Enclosure）默认为 1。对于 Surface to Surface，需要设置 $\boldsymbol{F}$（Enclosure）的值。辐射方程为：

$$\boldsymbol{Q}_i = \boldsymbol{A}_i\varepsilon_i\boldsymbol{F}'_{ij}\sigma(\boldsymbol{T}_i^4-\boldsymbol{T}_j^4)。$$

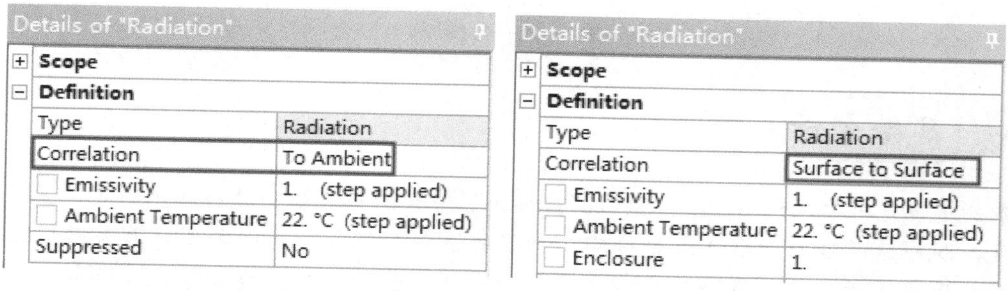

Details of "Radiation"

Details of "Radiation"	
⊞ Scope	
⊟ Definition	
Type	Radiation
Correlation	To Ambient
Emissivity	1. (step applied)
Ambient Temperature	22. °C (step applied)
Suppressed	No

Details of "Radiation"	
⊞ Scope	
⊟ Definition	
Type	Radiation
Correlation	Surface to Surface
Emissivity	1. (step applied)
Ambient Temperature	22. °C (step applied)
Enclosure	1.

图 11-9　辐射设置

（4）热流 Heat Flow。

热流可以模拟通过面、边、点的热传递以提供体能量。热流单位为 W。

（5）绝热 Perfectly Insulated。

绝热可以将指定的体规定为零热载荷，即零热流（0W）。

（6）热通量 Heat Flux。

该载荷可以对选定的体施加热通量。正的热通量表示进入面或边，意味着对体增加能量。热通量单位为 W/m^2。

（7）内部热生成 Internal Heat Generation。

正的内部热生成表示对体增加能量。内部热生成单位为 W/m^3。

11.3　实例 1：杆稳态热分析

本例中，将通过对杆施加不同的热载荷和边界条件来学习在 Steady-State Thermal 平台进行稳态热分析的操作方法。

1. 实例概述

假设一根杆，尺寸为 0.5m×1.0m×10m，如图 11-10 所示。杆材料为结构钢，其热传导系数 k=60.5W/m·℃。本例我们首先对该杆一端施加 $100W/m^2$ 的热通量，另一端施加 100℃的指定温度，查看稳态热分析结果。之后用等效的热流代替热通量，观察分析结果是否一致。最后我们对杆的另外两个面分别施加热对流和热辐射，观察稳态热分析结果。

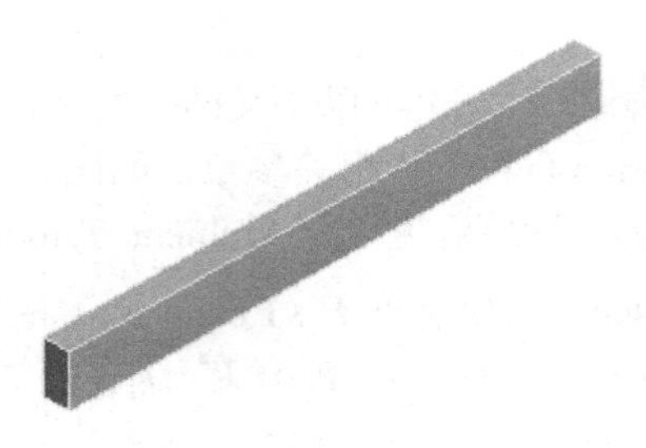

图 11-10　杆模型

本例中首先对导入到 Steady-State Thermal 平台的杆模型一端施加热通量，另一端指定温度，观察这时候杆的稳态温度分布。为了验证分析结果，可以手工计算最热区域的温度。之后用热流代替热通量查看分析结果是否一致。最后对模型施加对流和辐射，观察分析结果。为了控制结果精度，可以对分析施加非线性控制。

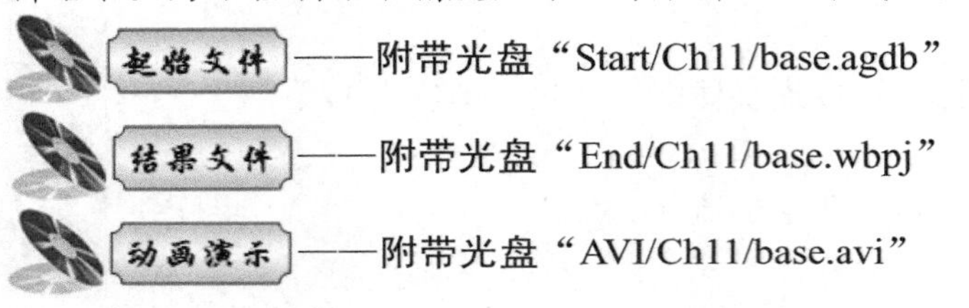

2．操作步骤

（1）新建【Steady-State Thermal】。

打开 Workbench 程序，将【Toolbox】目录下【Analysis Systems】中的【Steady-State Thermal】拖入项目流程图，如图 11-11 所示，然后保存工程文件为 base.wbpj。

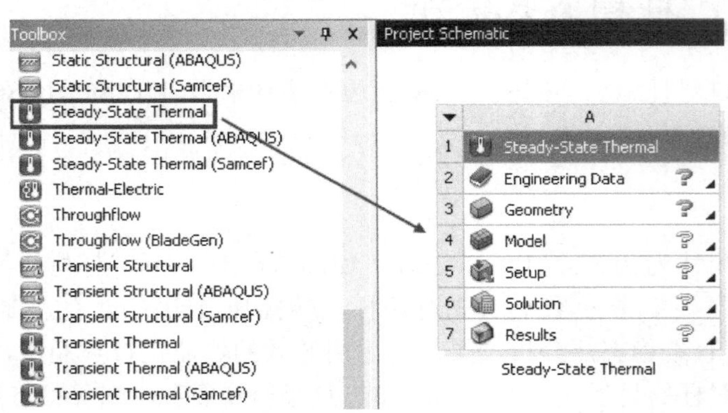

图 11-11　添加项目

（2）查看工程材料。

双击【Project Schematic】中的 A2 单元格【Engineering Data】后，选中 Structural Steel 可以查看结构钢的热传导系数为 60.5Wm^-1^℃，如图 11-12 所示。该值就是本例分析中所

规定的值，无需修改。最后单击工具栏中的【Project】返回主界面。

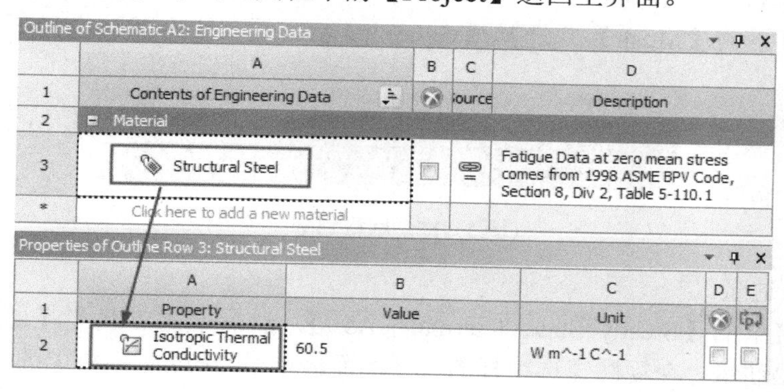

图 11-12　查看工程材料

（3）导入几何体文件。

右击 A3 单元格【Geometry】选择 Import Geometry/Browse，选择几何文件 base.agdb，如图 11-13 所示。

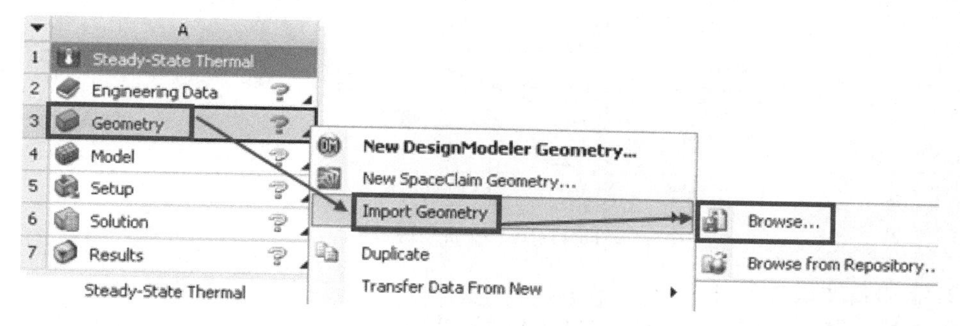

图 11-13　导入几何体文件

（4）启动【Steady-State Thermal】并配置单位。

在【Project Schematic】中双击 A4 单元格【Model】，进入 Steady-State Thermal 平台后执行【Units】→【Metric（m, Kg, N, s, V, A)】和【Celsius（For Metric Systems)】，如图 11-14 所示。

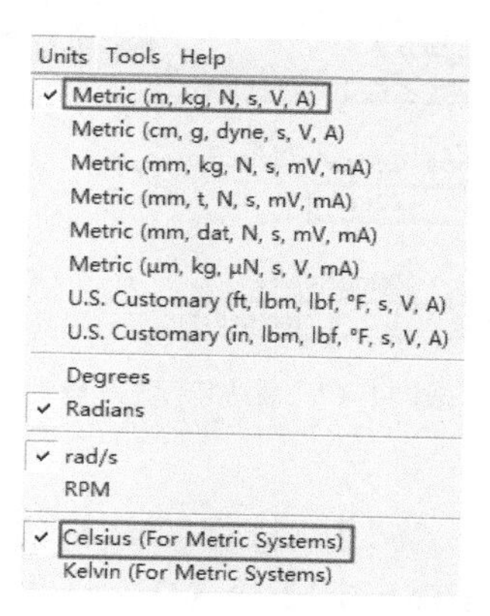

图 11-14　配置单位

（5）网格划分。

右击树形窗下的【Mesh】并选择【Generate Mesh】，使用默认全局设置划分网格，如图 11-15 所示。

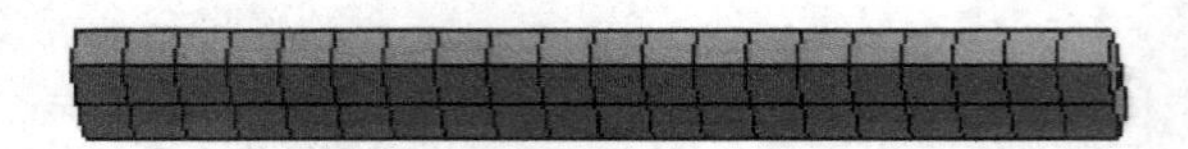

图 11-15　网格划分

（6）添加热通量。

选中树形窗下的【Steady-State Thermal（A5）】，然后单击工具栏【Heat】下的 Heat Flux 添加一个热通量。在视图窗选中杆的一个端面后单击 Details 面板中的 Apply，并设置【Magnitude】为 100W/m^2，如图 11-16 所示。

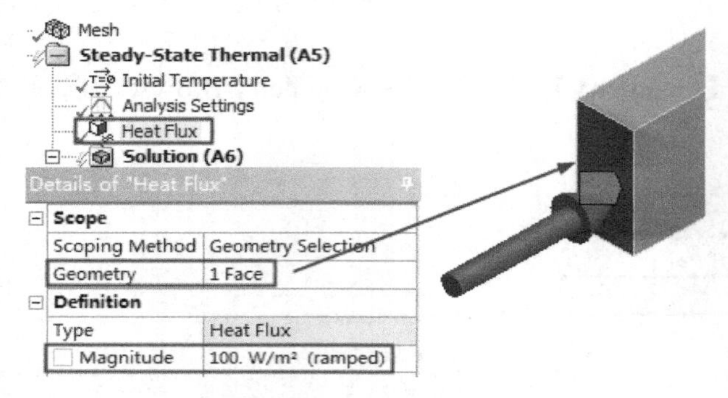

图 11-16　添加热通量

（7）添加温度边界条件。

选中树形窗【Steady-State Thermal（A5）】然后单击工具栏的 Temperature 添加一个温度边界条件。在视图窗中选中杆的另一个端面后单击 Details 面板中的 Apply，并设置【Magnitude】为 100℃，如图 11-17 所示。

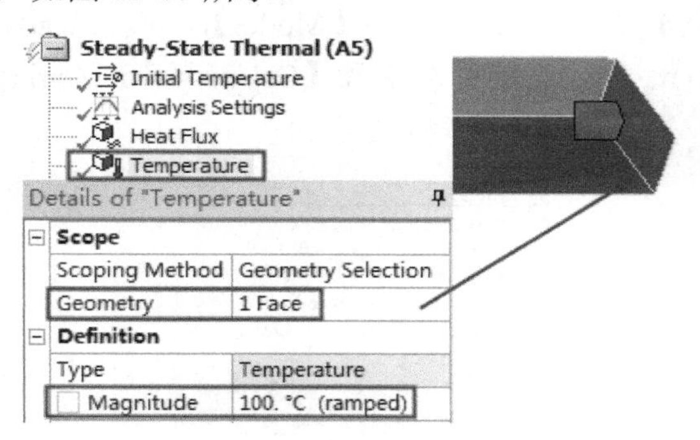

图 11-17　添加转动关节

（8）设置求解项。

选中树形窗下的【Solution（A6）】，执行工具栏的【Thermal】→【Temperature】，【Thermal】→【Total Heat Flux】，【Thermal】→【Directional Heat Flux】，如图 11-18 所示。

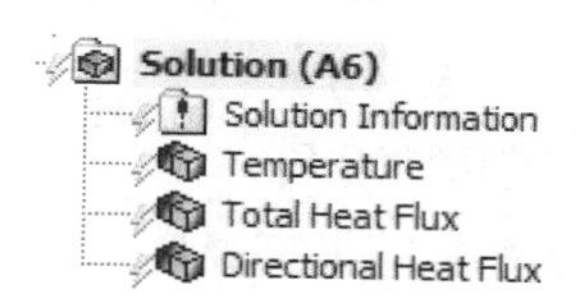

图 11-18　设置求解项

（9）求解并查看结果。

右击树形窗下的【Solution（A6）】并选择 Solve 进行求解。求解完毕后可以查看结果云图。图 11-19 为温度云图；图 11-20 为总热通量云图；图 11-21 为 X 方向热通量云图。从图 11-19 可以看出温度呈线性变化；从图 11-20 可以看出杆各处的总热流量为固定值，均为 100W/m^2，这与我们设置的热通量值一样；从图 11-21 可以看出 X 方向的热通量很小，接近于 0，这是因为热通量集中在 Z 方向，如果读者将 Directional Heat Flux 设置成 Z 方向，则可以观察结果为 100W/m^2。

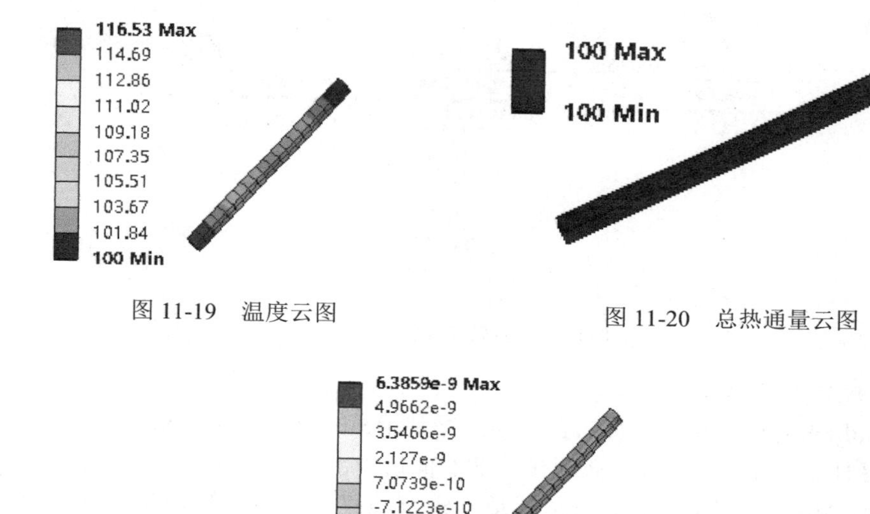

图 11-19　温度云图

图 11-20　总热通量云图

6.3859e-9 Max
4.9662e-9
3.5466e-9
2.127e-9
7.0739e-10
-7.1223e-10
-2.1318e-9
-3.5515e-9
-4.9711e-9
-6.3907e-9 Min

图 11-21　X 方向热通量云图

（10）手工验算最热区域温度。

由热流动方程可知下列公式：

$$\frac{\boldsymbol{Q}}{A}=-k\frac{\mathrm{d}\boldsymbol{T}}{\mathrm{d}z}$$

其中，$\boldsymbol{Q}$ 为热流率，单位为 W；A 为导热面积；k 为热传导系数。

其中梯度为常数，因此上面公式可化简为：

$$\frac{Q\Delta z}{Ak}+T_1=T_2$$

$\boldsymbol{T}_2$ 为求解的最高温度，将 $\boldsymbol{Q}$=100×0.5×1.0=50W，Δz =1m，A=0.5×1.0=0.5m^2,T$_1$=100℃，k= 60.560.5W/m・℃带入上式可得：

$$T_2=\frac{50(10)}{0.5(60.5)}+100=116.53℃$$

计算得到的最高温度与图 11-19 得到的最高温度一致。

（11）在结果中添加并查看热流率。

在第（6）步骤中我们添加了温度边界条件，这就意味着在这个温度表面有一个热流，这被称为 Reaction（反作用）。选中树形窗下的【Solution（A6）】，执行工具栏的【Probe】→【Reaction】，在 Details 面板中设置【Boundary Condition】为【Temperature】如图 11-22 所示。最后右击【Solution（A6）】并选择 Evaluate All Results 进行求解，得到的分析结果如图 11-23 所示。结果为-50W，这在流入的热通量为 $100W/m^2$，杆截面积为 0.5m×1m 时成立。

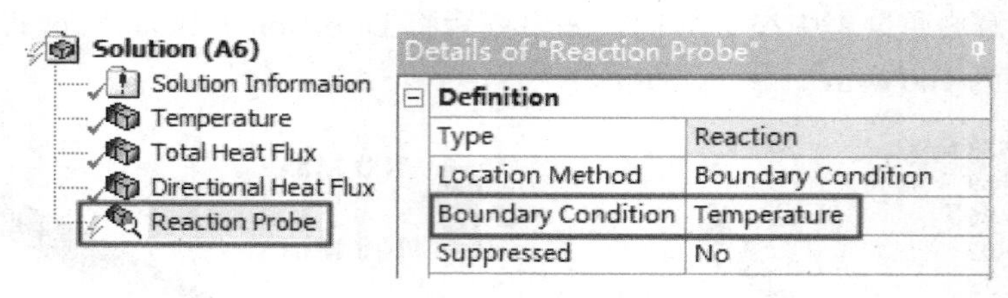

图 11-22　添加热流率

Tabular Data

	Time [s]	Reaction Probe [W]
1	1.	-50.

图 11-23　热流率分析结果

（12）用热流代替热通量，并查看结果。

右击【Steady-State Thermal（A5）】下的热通量 Heat Flux 选择 Delete，然后执行工具栏【Heat】→【Heat Flow】，选择与热通量一致的面后单击 Details 面板中的 Apply，并设置【Magnitude】为 50W，如图 11-24 所示。重新求解结果，可以发现结果不变，这是因为 $50W=100W/m^2×0.5m×1m$。

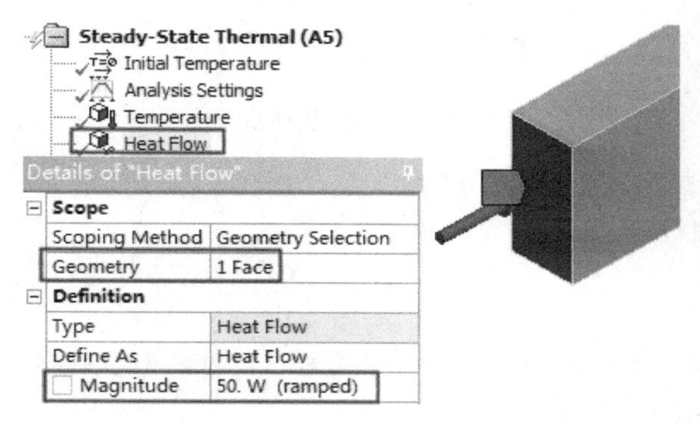

图 11-24　热流率分析结果

（13）添加对流。

选中树形窗下的【Solution（A6）】，执行工具栏的对流 Convection，选择如图 11-25 所示的面后，在 Details 面板中单击 Apply，并单击对流系数【Film Coefficient】的小三角形选择 Import。在弹出的界面中选择迟滞空气（Stagnant Air-Simplified Case）后单击 OK 按钮，如图 11-26 所示。最后在 Details 面板中设置系数类型【Coefficient Type】为体温度 Bulk Temperature，环境温度【Ambient Temperature】为 50℃，如图 11-27 所示。本步骤的目的是在选定面添加一个对流系数为 $5W/m^2 \cdot ℃$，温度为 50℃的迟滞空气。

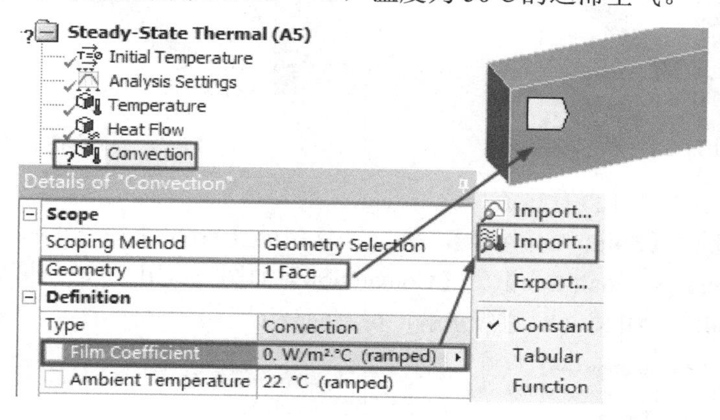

图 11-25　添加对流

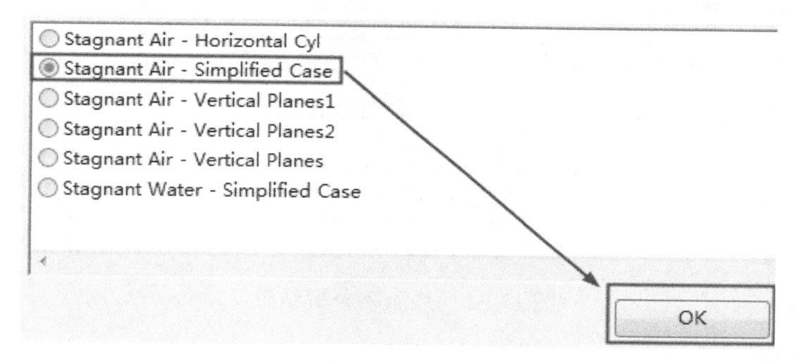

图 11-26　选择迟滞空气

Details of "Convection"

Details of "Convection"	
Scope	
Scoping Method	Geometry Selection
Geometry	1 Face
Definition	
Type	Convection
Film Coefficient	Tabular Data
Coefficient Type	Bulk Temperature
Ambient Temperature	50. °C (ramped)
Convection Matrix	Program Controlled
Suppressed	No

图 11-27　Details 面板设定

（14）重新求解。

右击树形窗下的【Solution（A6）】并选择 Solve 进行重新求解。图 11-28 是温度云图；图 11-29 是总热流量云图。由于加入了对流，杆的温度趋向于环境温度，沿杆的温度变化不再是线性。读者可以将结果与图 11-19 和图 11-20 进行比对。

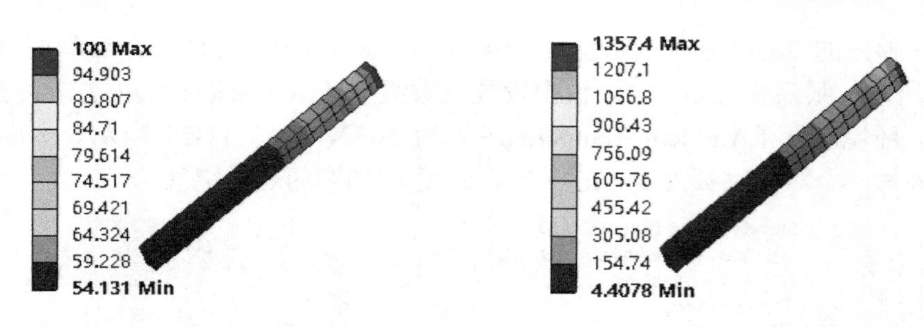

图 11-28　温度云图　　　　图 11-29　总热通量云图

（15）在结果中添加并查看热流率。

选中树形窗下的【Solution（A6)】，执行工具栏的【Probe】→【Reaction】，在 Details 面板中设置【Boundary Condition】为【Convection】如图 11-30 所示。最后右击【Solution（A6)】并选择 Evaluate All Results 进行求解，得到的分析结果为-659.07W，如图 11-31 所示。

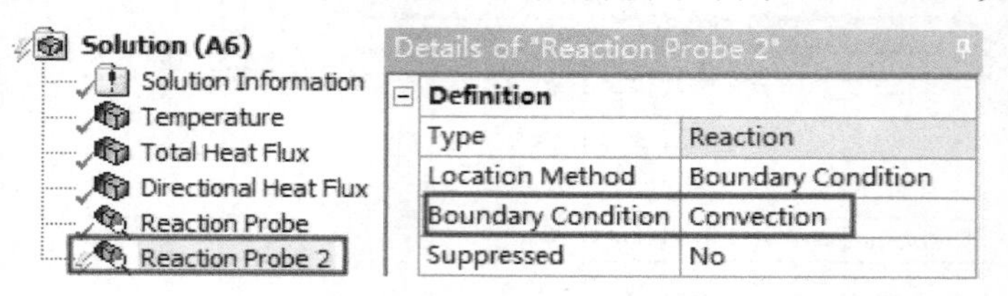

图 11-30　添加热流率

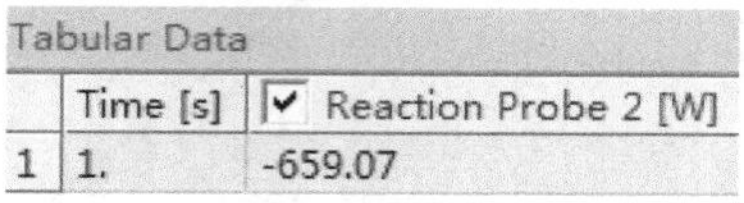

Tabular Data

	Time [s]	Reaction Probe 2 [W]
1	1.	-659.07

图 11-31　热流率分析结果

（16）添加辐射。

选中树形窗下的【Solution（A6)】，执行工具栏的辐射 Radiation，选择如图 11-32 所示的面后在 Details 面板中单击 Apply，并设置辐射环境温度【Ambient Temperature】为 50℃。

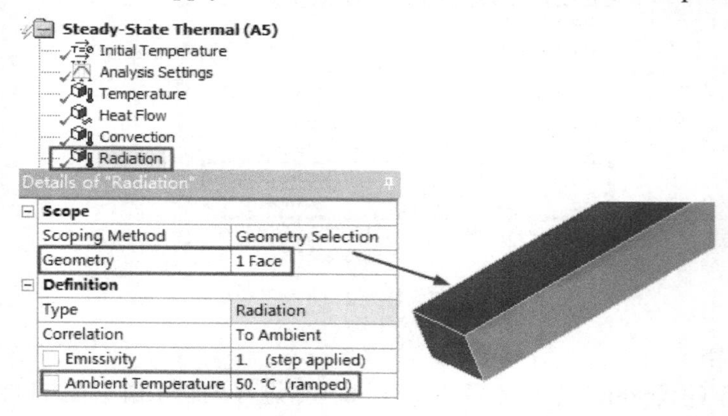

图 11-32　添加辐射

（17）在辐射面添加反作用探测器。

选中树形窗下的【Solution（A6）】，执行工具栏的【Probe】→【Reaction】，在 Details 面板中设置【Boundary Condition】为 Radiation，如图 11-33 所示。

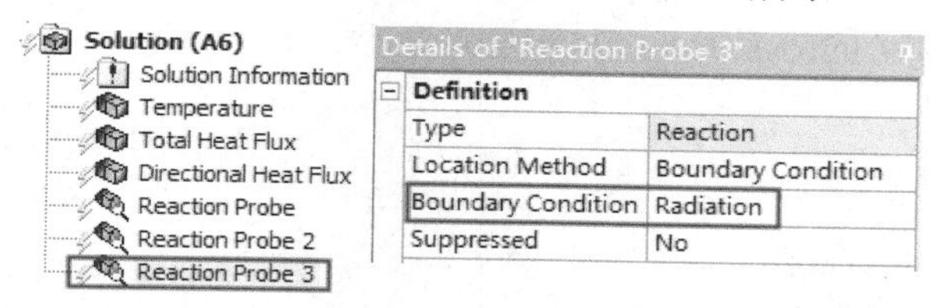

图 11-33　添加辐射探测器

（18）求解并查看结果。

右击【Solution（A6）】并选择 Solve 进行求解，得到的结果如图 11-34 所示。其中反作用温度为 1020.8W，反作用对流为-398.76W，反作用辐射为-672.53W。1020.8-398.76-672.53=-50.49W，这与我们施加的 50W 的热流 Heat Flow 略有差异。这个细微差别可以通过加紧收敛准则进行计算。

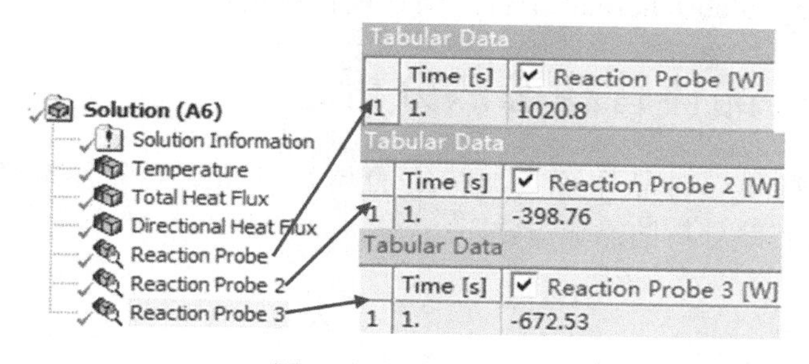

图 11-34　查看结果

（19）非线性控制。

由于辐射边界条件具有非线性，因此此处我们使用非线性控制。选择树形窗下的【Analysis Settings】，设置热收敛和温度收敛，如图 11-35 所示。

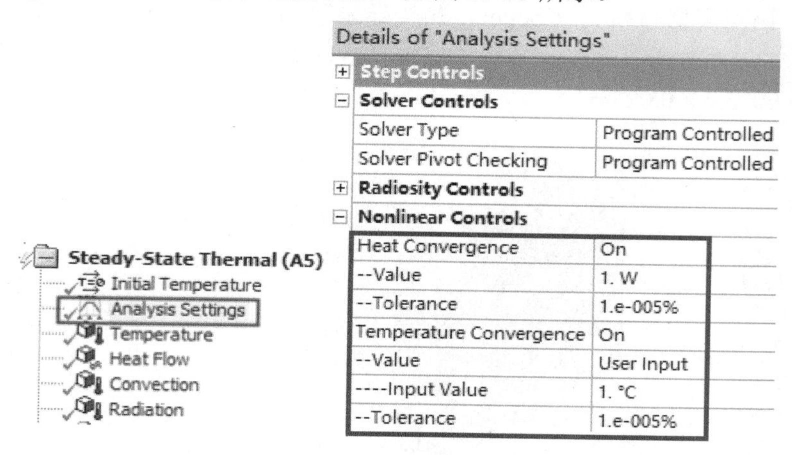

图 11-35　非线性控制

（20）重新求解并查看结果。

右击【Solution（A6）】并选择 Solve 进行求解，得到的结果如图 11-36 所示。其中反作用温度为 1021W，反作用对流为-398.64W，反作用辐射为-672.32W。1021-398.64-672.32=-49.96W，与施加的 50W 的热流 Heat Flow 差异变小。

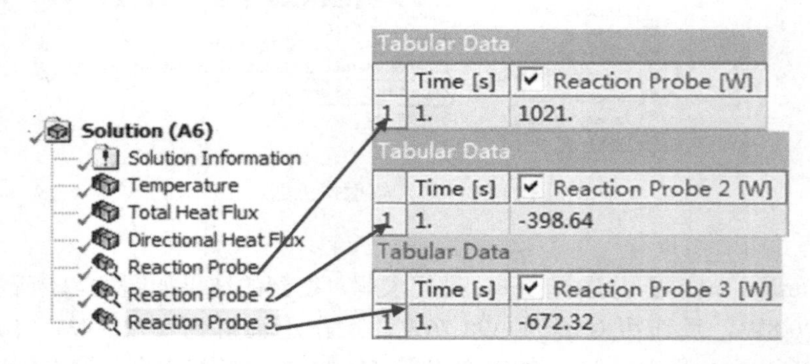

图 11-36　查看结果

（21）关闭 Steady-State Thermal 平台，保存项目退出程序。

11.4　实例 2：晶体管稳态热分析

本例中，我们将通过对晶体管施加特定的热载荷和边界条件来学习在 Steady-State Thermal 平台进行稳态热分析的操作方法。

1．实例概述

本例模型如图 11-37 所示。晶体管放置在铜隔热器上，该隔热器放置在铝制散热器上。晶体管产生热量，而且这个系统接收附件部件的热辐射，整个系统采用风冷。本例的热边界条件如图 11-38 所示。对于本例，晶体管稳态功率为 20W，要求分析系统在稳态下温度场的分布，并找出系统最高温度点的温度和数值。晶体管材料为 Metal，热传导系数为 50 W/m・℃；铜隔离器材料为 Copper，热传导系数为 393W/m・℃；铝制散热器材料为 Aluminum，热传导系数为 156W/m・℃，三个元器件的厚度均为 0.025m。其中晶体管的尺寸为 0.02m×0.0075m×0.025m。

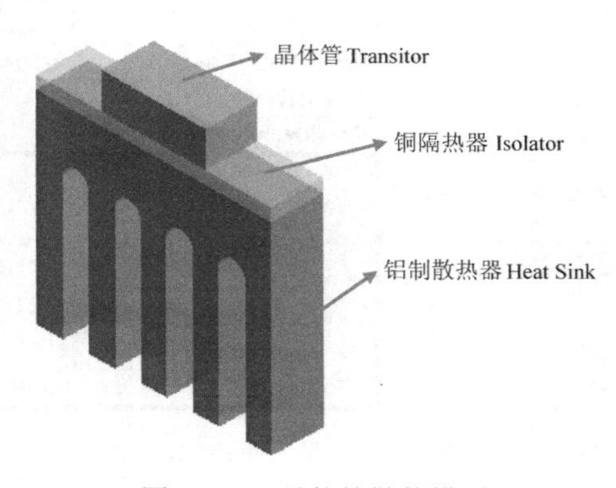

图 11-37　晶体管散热模型

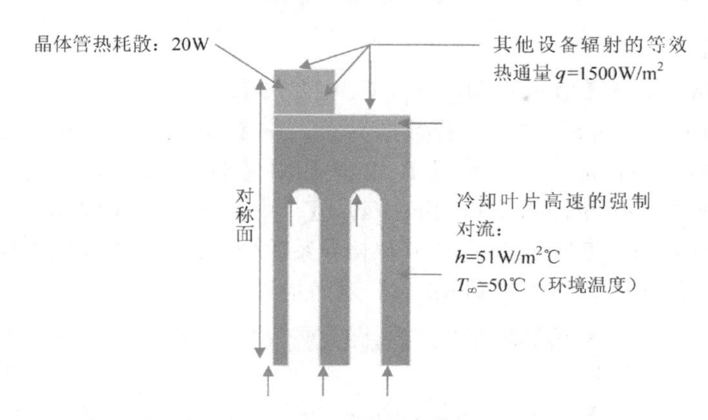

图 11-38　晶体管热边界条件

由于模型是对称的，因此本例中采用 2D 分析来代替 3D 分析，这样可以降低运算量。首先对导入的 2D 模型添加各自材料，之后对 2D 模型施加厚度。根据图 11-38 的热边界条件，分别施加热通量、热生成、热对流，最后添加温度场并求解。本例采用默认网格划分，并且不添加任何约束，因为模型为一个连续网格的体。

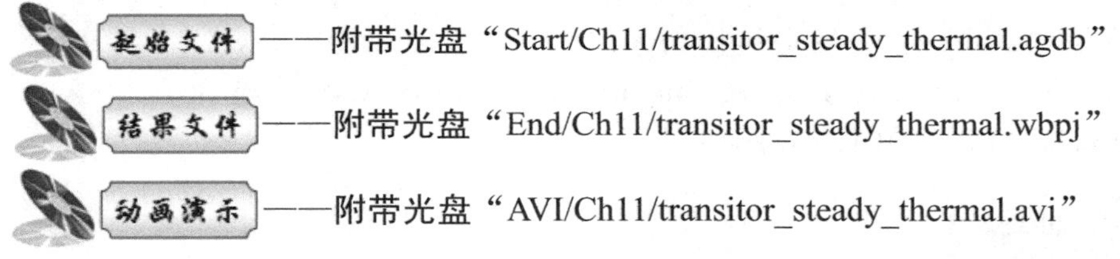

起始文件——附带光盘“Start/Ch11/transitor_steady_thermal.agdb”

结果文件——附带光盘“End/Ch11/transitor_steady_thermal.wbpj”

动画演示——附带光盘“AVI/Ch11/transitor_steady_thermal.avi”

2. 操作步骤

（1）新建【Steady-State Thermal】。

打开 Workbench 程序，将【Toolbox】目录下【Analysis Systems】中的【Steady-State Thermal】拖入项目流程图，如图 11-39 所示，然后保存工程文件为 transitor_steady_thermal.wbpj。

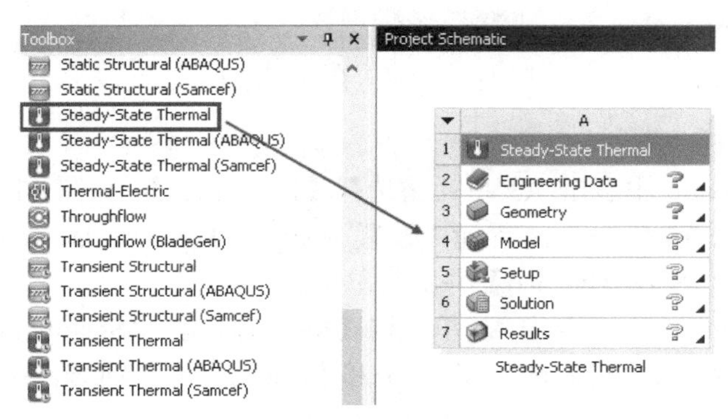

图 11-39　添加项目

（2）添加材料。

首先执行【Units】→【Metric（Kg,m,s,℃,A,N,V）】，然后双击 Project Schematic 中的 A2 单元格【Engineering Data】进入工程数据界面。在【Outline of Schematic A2:Engineering Data】的空白处输入 Metal，然后将【Toolbox】中【Thermal】下的【Isotropic Thermal Conductivity】拖放到【Properties of Outline Raw4】，并设置值为 50W/m·℃，如图 11-40 所示。同样方法添加 Copper 和 Aluminum，其热传导系数分别为 393W/m·℃和 156W/m·℃。材料添加完毕后，单击工具栏中的【Project】返回主界面。

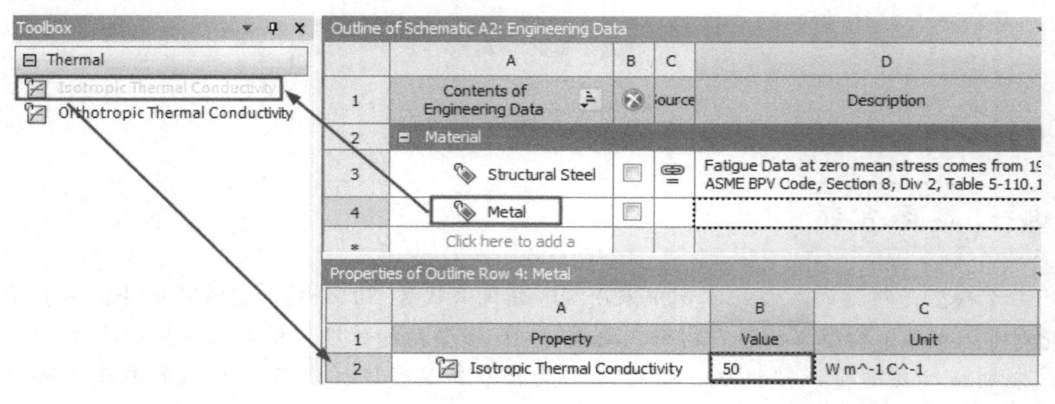

图 11-40　添加材料

（3）导入几何体文件。

右击 A3 单元格【Geometry】选择 Import Geometry/Browse，选择几何文件 transitor_steady_thermal.agdb，如图 11-41 所示。

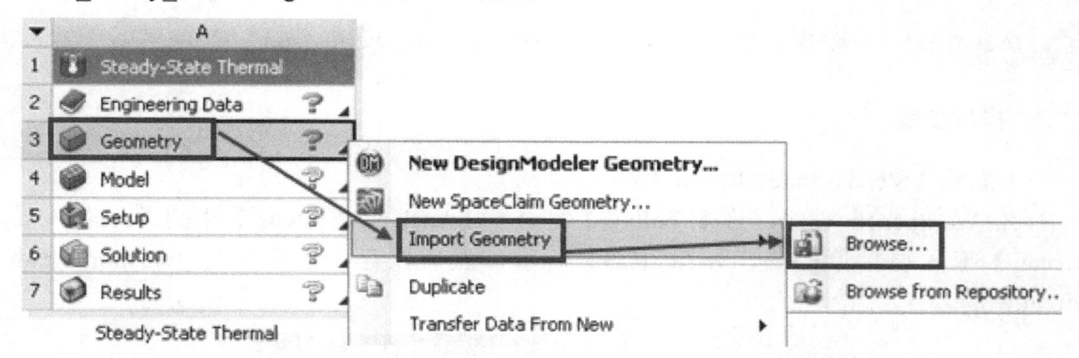

图 11-41　导入几何体文件

（4）选择几何分析类型。

在 Project Schematic 中右击 A3 单元格选择【Properties】，如图 11-42 所示。在弹出的 Properties of Schematic A3:Geometry 界面中设置 Analysis Type 为 2D，如图 11-43 所示。

（5）启动【Steady-State Thermal】并配置单位。

在【Project Schematic】中双击 A4 单元格【Model】，进入 Steady-State Thermal 平台后执行【Units】→【Metric（m, Kg, N, s, V, A）】和【Celsius（For Metric Systems）】，如图 11-44 所示。

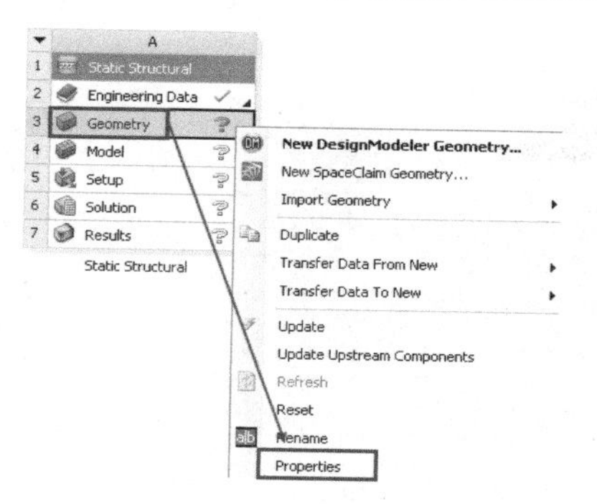

图 11-42 选择分析类型 1

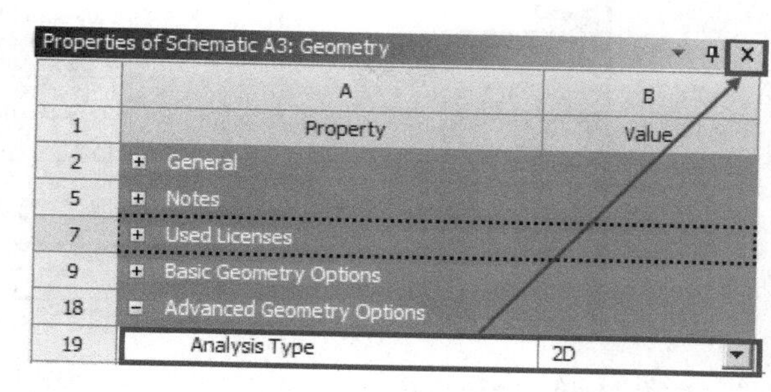

图 11-43 选择分析类型 2

（6）指定零件材料和厚度。

展开树形窗下的【Part】，先选中铝制散热器 Heat Sink，在 Details 面板中设置厚度【Thickness】为 0.025m，并指定材料【Assignment】为 Aluminum。同样方法选中铜隔热器 Isolator，在 Details 面板中设置厚度【Thickness】为 0.025m，并指定材料【Assignment】为 Copper；晶体管 Transitor 的厚度厚度【Thickness】为 0.025m，材料【Assignment】为 Metal，如图 11-45 所示。

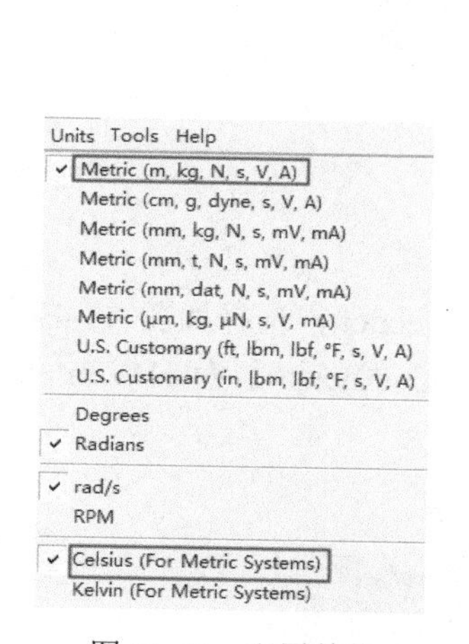

图 11-44 配置单位

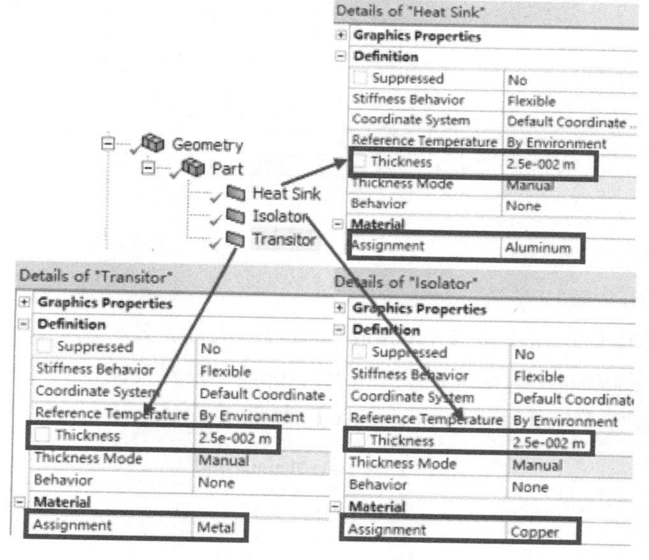

图 11-45 指定材料和厚度

（7）网格划分。

右击树形窗下的【Mesh】并选择【Generate Mesh】，使用默认全局设置划分网格，如图 11-46 所示。

（8）添加热通量。

选中树形窗下的【Steady-State Thermal（A5）】然后单击工具栏【Heat】下的 Heat Flux 添加一个热通量。在视图窗选中模型的三条边后单击 Details 面板中的 Apply，并设置【Magnitude】为 1500W/m^2，如图 11-47 所示。

图 11-46　网格划分

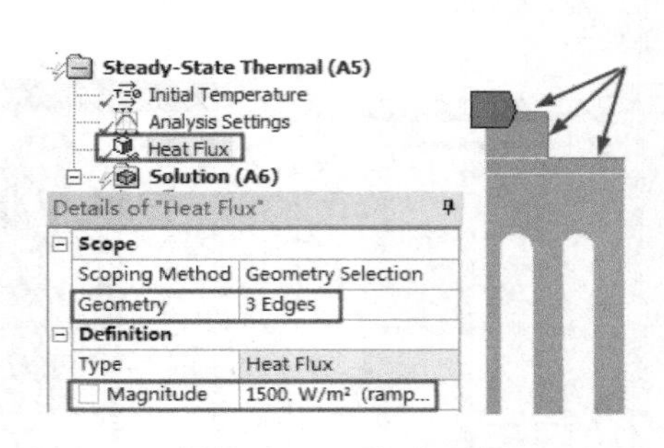

图 11-47　添加热通量

（9）添加热生成。

选中树形窗下的【Steady-State Thermal（A5）】然后单击工具栏【Heat】下的 Internal Heat Generation 添加一个内部热生成。在视图窗选中模型的一个面后单击 Details 面板中的 Apply，并设置【Magnitude】为 $5333333W/m^3$，如图 11-48 所示。由于晶体管散热功率为 20W，因此其功率密度为功率/体积，即 20/（0.02×0.0075×0.025）$=5333333W/m^3$。

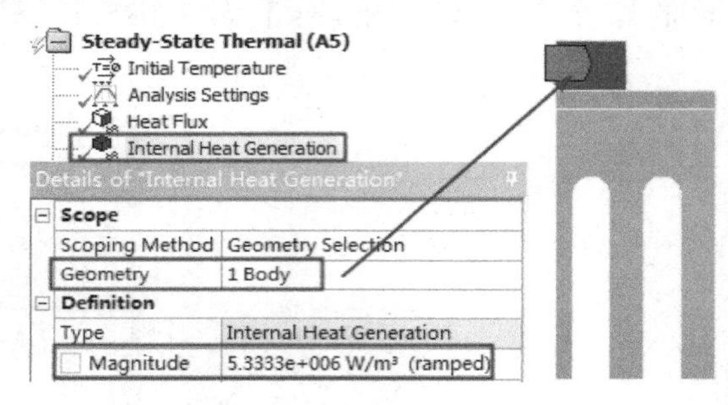

图 11-48　添加热生成

（10）添加对流。

选中树形窗下的【Solution（A6）】，执行工具栏的对流 Convection，选择如图 11-49 所示的 13 条边后在 Details 面板中单击 Apply，设置对流系数【Film Coefficient】为 $51W/m^2 \cdot ℃$，环境温度【Ambient Temperature】为 50℃。

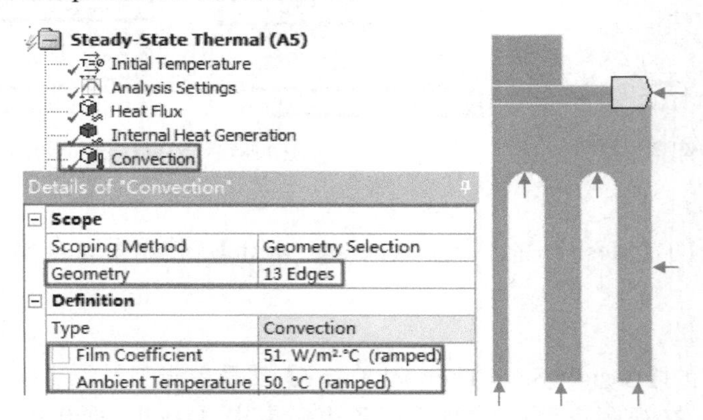

图 11-49　添加对流

（11）设置求解项，并求解。

选中树形窗下的【Solution（A6）】，执行工具栏的【Thermal】→【Temperature】，然后右击【Solution（A6）】并选择 Solve，得到的温度云图，如图 11-50 所示。从图 11-50 可以看出，模型最高温度为 105.53℃，发生在发热部件晶体管处。

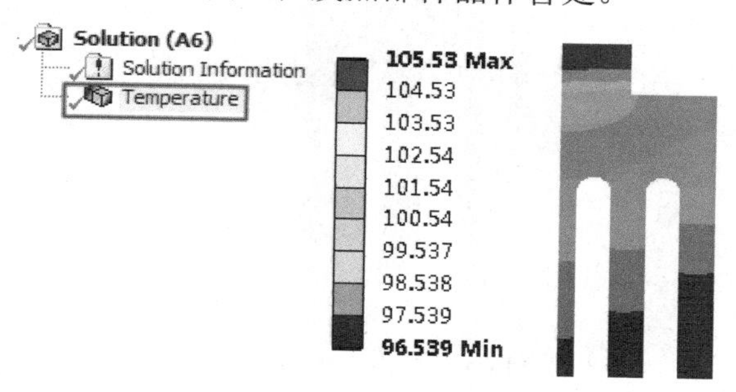

图 11-50　温度云图

（12）关闭 Steady-State Thermal 平台，保存项目退出程序。

11.5　实例 3：晶体管瞬态热分析

本例中，将通过对晶体管进行瞬态热分析来学习在 Transient Thermal 平台进行稳态热分析的操作方法并学习使用命令行。

1．实例概述

本例的模型与本章实例 2 模型一致，只不过此时使用的是时变热通量，渐变内部热生成和变化的对流换热系数来进行瞬态热分析并确定温度能否小于设计极限 145℃以及 15min 后能否达到稳态。热载荷和边界条件为如下三项。

（1）内部热生成。

- 2s 内热生成达到低功率 10W；
- 保持 10W 直到 2.5min；
- 3min 时间渐变到高功率 20W 并保持此值。

（2）热通量。

- 热通量在 2min 的时间内在 5000 到 10000W/m^2 之间正弦变化。

（3）对流条件。

- 假设 2min 内换热系数为 30 W/m^2 • ℃；
- 此后的 30s 渐变为 50 W/m^2 • ℃并保持；
- 对流环境温度初始为 22℃。因为换热系数的改变，环境温度变为 40℃并保持

初始温度为 22℃。

模型热边界条件如图 11-51 所示。各零件材料属性，见表 11.1。

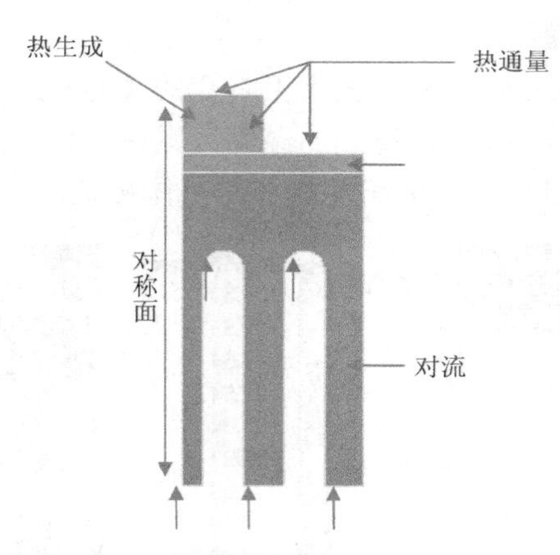

图 11-51　晶体管热边界条件

表 11.1　材料属性

材料特性	密度（Kg/m³）	热传导系数（W/m・℃）	比热容（J/Kg・℃）
晶体管（Metal）	3500	50	500
铜隔热器（Copper）	8900	393	385
铝制散热器（Aluminum）	2700	156	963

本例中，首先定义零件材料，之后将零件导入 Transient Thermal 平台后，对时间步进行控制用于施加热载荷。之后对模型施加热生成、热通量、对流。为了在精确和平衡性之间得到平衡，以命令行的形式设定瞬态积分参数，最后设置并求解温度场分布。

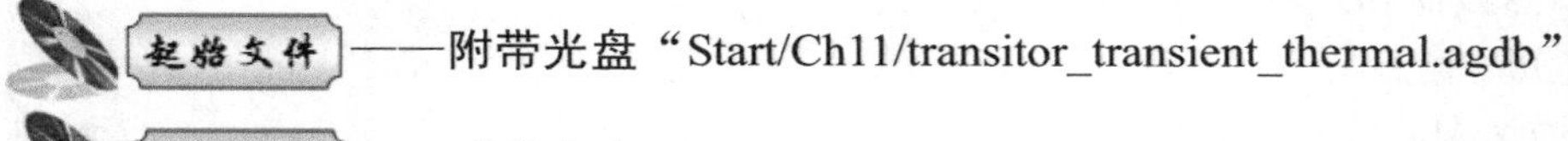

起始文件——附带光盘“Start/Ch11/transitor_transient_thermal.agdb”

结果文件——附带光盘“End/Ch11/transitor_transient_thermal.wbpj”

动画演示——附带光盘“AVI/Ch11/transitor_transient_thermal.avi”

2．操作步骤

（1）新建【Engineering Data】。

打开 Workbench 程序，将【Toolbox】目录下【Component Systems】中的【Engineering Data】拖入项目流程图，如图 11-52 所示，然后保存工程文件为 transitor_transient_thermal.wbpj。

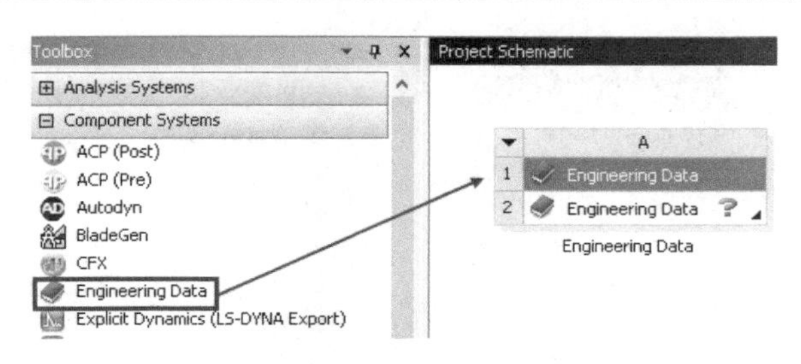

图 11-52　添加【Engineering Data】

（2）添加材料。

首先执行【Units】→【Metric（Kg,m,s,℃,A,N,V）】，然后双击 Project Schematic 中的 A2 单元格【Engineering Data】进入工程数据界面。在【Outline of Schematic A2:Engineering Data】的空白处输入 Metal，然后将【Toolbox】中【Physical Properties】下的【Density】，【Thermal】下的【Isotropic Thermal Conductivity】和【Specific Heat】拖放到【Properties of Outline Row4:metal】，并设置密度为 3500 kg/m^3，热传导系数为 50W/m・℃，比热容为 500J/kg・℃，如图 11-53 所示。同样方法按照图 11.39 添加材料 Copper 和 Aluminum。材料添加完毕后，单击工具栏中的【Project】返回主界面。

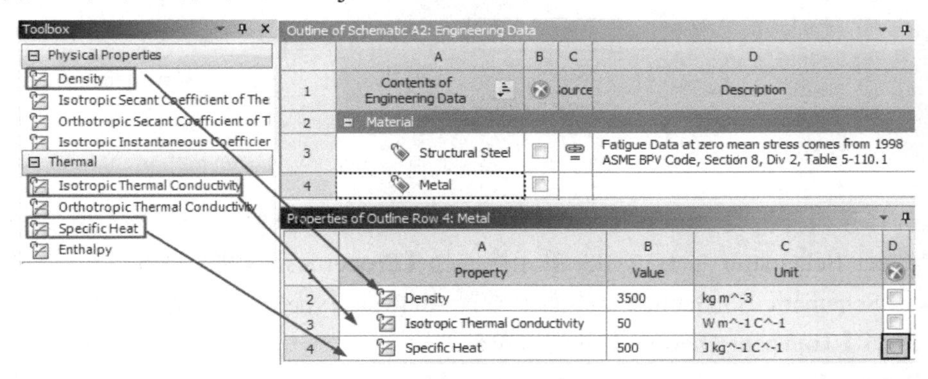

图 11-53　添加材料

（3）新建【Transient Thermal】。

将【Toolbox】目录下【Analysis Systems】中的【Transient Thermal】拖放到 A2 单元格【Engineering Data】，如图 11-54 所示。添加完毕后的项目如图 11-55 所示。

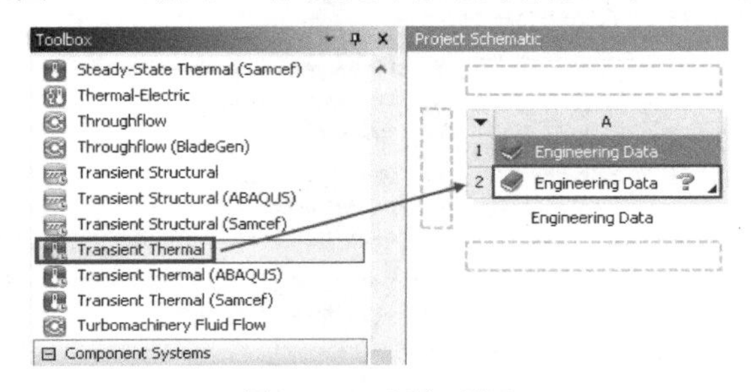

图 11-54　添加项目

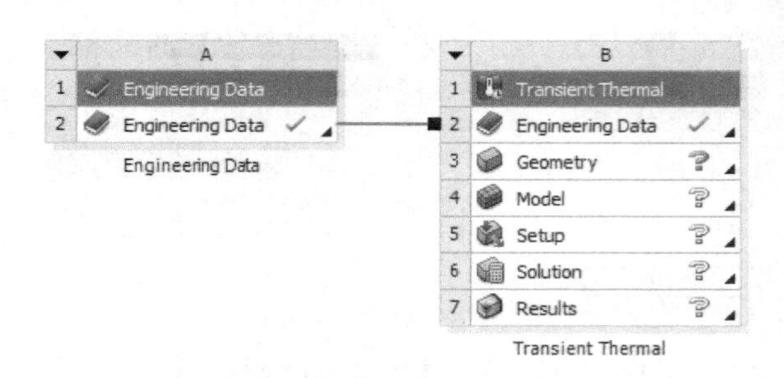

图 11-55　完整项目

（4）导入几何体文件。

右击 B3 单元格【Geometry】选择 Import Geometry/Browse，选择几何文件 transitor_transient_thermal.agdb，如图 11-56 所示。

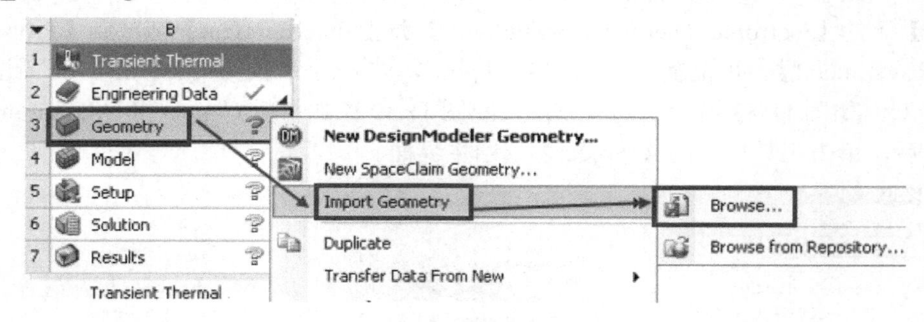

图 11-56　导入几何体文件

（5）选择几何分析类型。

在 Project Schematic 中右击 B3 单元格选择【Properties】如图 11-57 所示。在弹出的 Properties of Schematic B3:Geometry 界面中设置 Analysis Type 为 2D，如图 11-58 所示。

（6）启动【Transient Thermal】并配置单位。

在【Project Schematic】中双击 B4 单元格【Model】，进入 Transient Thermal 平台后执行【Units】→【Metric（m, kg, N, s, V, A）】、【Radians】、【rad/s】和【Celsius（For Metric Systems）】，如图 11-59 所示。

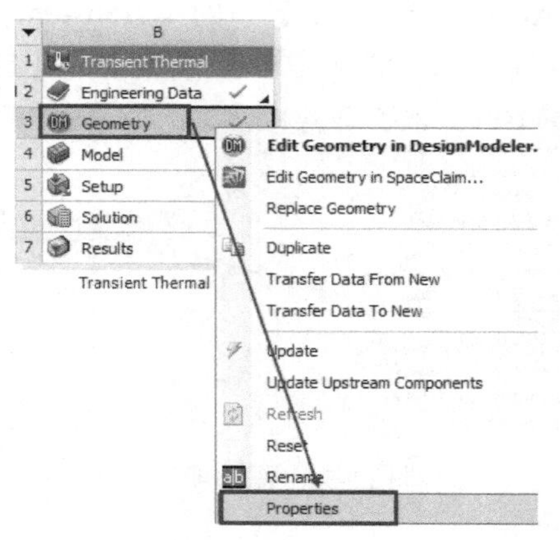

图 11-57　选择分析类型 1

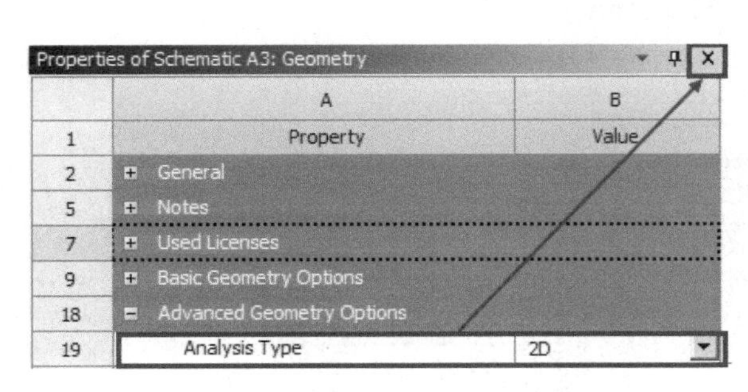

图 11-58　选择分析类型 2

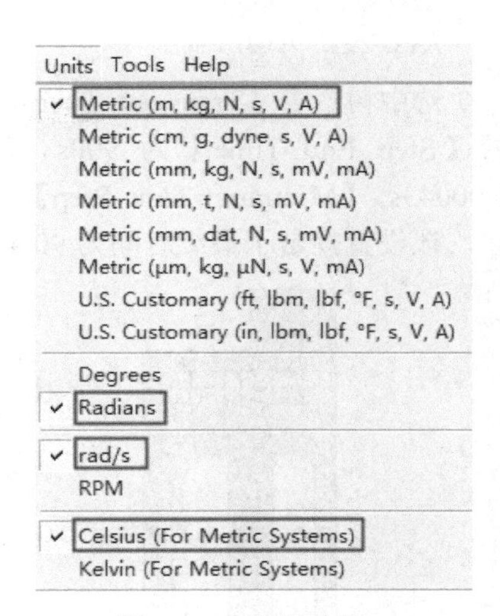

图 11-59　配置单位

（7）指定零件材料和厚度。

展开树形窗下的【Part】，先选中铝制散热器 Heat Sink，在 Details 面板中设置厚度【Thickness】为 0.025m，并指定材料【Assignment】为 Aluminum。同样方法选中铜隔热器 Isolator，在 Details 面板中设置厚度【Thickness】为 0.025m，并指定材料【Assignment】为 Copper；晶体管 Transitor 的厚度厚度【Thickness】为 0.025m，材料【Assignment】为 Metal，如图 11-60 所示。

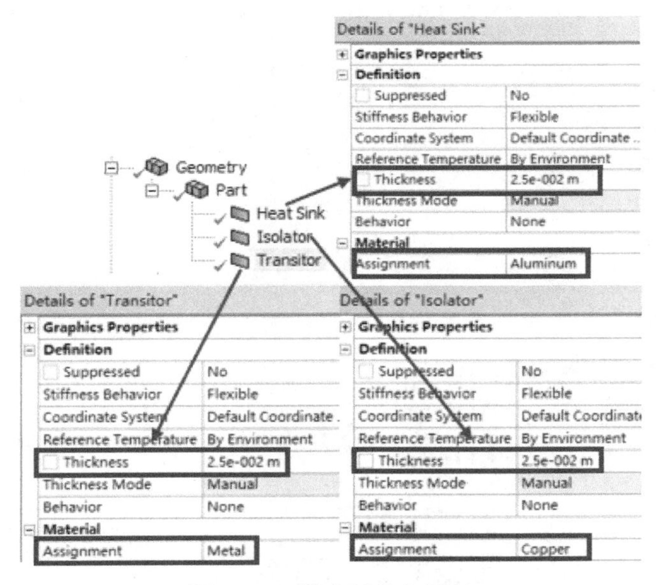

图 11-60　指定材料和厚度

（8）网格划分。

右击树形窗下的【Mesh】并选择【Generate Mesh】，使用默认全局设置划分网格，如图 11-61 所示。

（9）分析设置。

选中树形窗【Transient Thermal（B5)】下的【Analysis Settings】，在 Details 面板中设置【Step End Time】为 900s，【Auto Time Stepping】为 On，【Initial Time Step】为 0.00043s，【Minimum Time Step】为 0.00043s，【Maximum Time Step】为 5s，如图 11-62 所示。该设置规定了最终时间为 900s，以便查看 15min 的温度场云图。

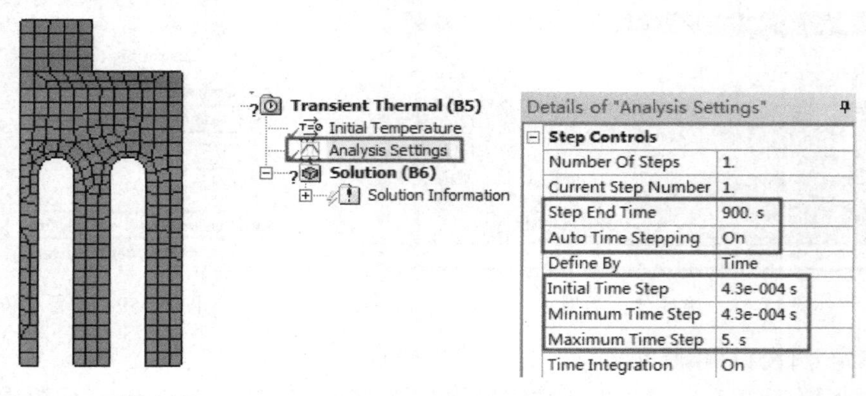

图 11-61　网格划分　　　　图 11-62　分析设置

（10）重设时间步控制。

注意到载荷在一些时间点上有突变，并不是所有的载荷都在 2、120、150、180s 时施加，因此此处建议重新设置时间步控制（但也可以不用）。该功能需要使用命令行。右击【Analysis Settings】选择【Insert/Commands】，如图 11-63 所示，然后按如图 11-64 所示在窗口中输入以下命令：

```
*dim,reset,array,4
reset（1）=2.0
reset（2）=120
reset（3）=150
reset（4）=180
tsres,%reset%
```

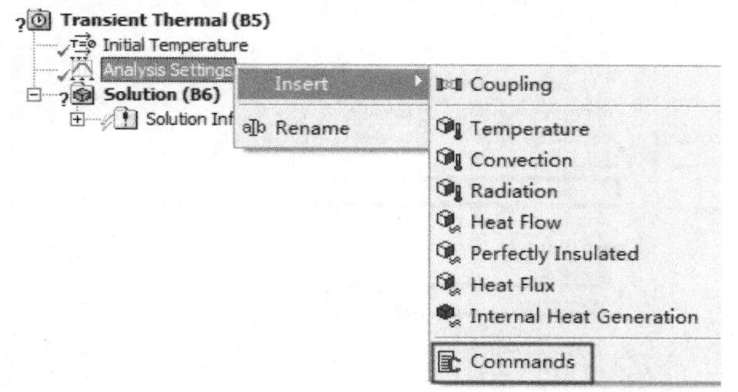

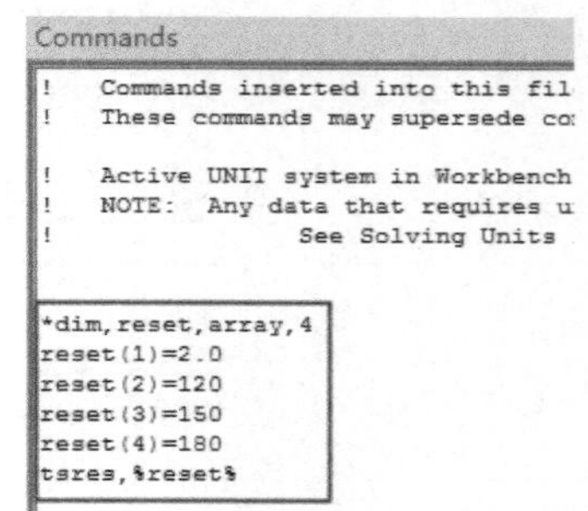

图 11-63　插入命令行　　　　图 11-64　命令行

应用·技巧

本例中用到的命令“*dim”表示定义数组和维数。“*dim, reset, array, 4”表示定义一个名为 reset 的 4 维数组。“tsres”表示定义关键时间点。“tsres, %reset%”表示定义以 reset 数组为关键时间点，同时规定关键时间点必须小于等于定义的最终时间，即此处的 180s 小于分析设置中的 900s。

（11）瞬态积分参数设定。

为了在精确和稳定性之间获得平衡，设定一阶瞬态积分参数为 theta=0.75，设置振荡极限 oslm=0.5 和振荡极限容差 TOL=0.1。以上设定需要使用命令 tintp。双击第 10 步中建立的 Commands，在界面中输入：tintp,,,,.75,.5,.1，如图 11-65 所示。

```
*dim,reset,array,4
reset(1)=2.0
reset(2)=120
reset(3)=150
reset(4)=180
tsres,%reset%

tintp,,,,.75,.5,.1
```

图 11-65　命令行

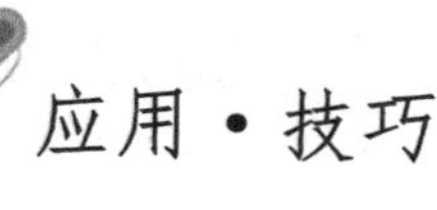

应用·技巧

tintp 命令用于定义瞬态积分参数，其格式为：tintp, gamma, alpha, elta, theta, oslm, tol。其中 gamma 为二阶瞬态积分的幅值衰减系数，默认为 0.005；alpha 为二阶瞬态积分参数，默认为 0.2525；delta 为二阶瞬态积分参数，默认为 0.5050。如果不修改这些值，则表达式中对应项不填即可。另外，ansys 中的命令不区分大小写。

（12）添加热通量。

选中树形窗下的【Steady-State Thermal（B5）】然后单击工具栏【Heat】下的 Heat Flux 添加一个热通量。在视图窗选中模型的三条边后单击 Details 面板中的 Apply，并设置【Magnitude】为“=5000+5000*sin（2*3.1415*time/120）”，如图 11-66 所示。

（13）添加热生成。

选中树形窗下的【Steady-State Thermal（B5）】然后单击工具栏【Heat】下的 Internal Heat Generation 添加一个内部热生成。在视图窗选中模型的一个面后单击 Details 面板中的 Apply，并设置【Magnitude】为 Tabular Data，如图 11-67 所示。10W 对应的功率密度为功率/体积，即 10/（0.02×0.0075×0.025）=2.666e6W/m^3，20W 对应的功率密度为 20/（0.02

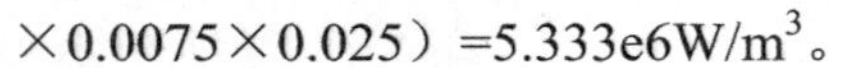
×0.0075×0.025）=5.333e6W/m^3。

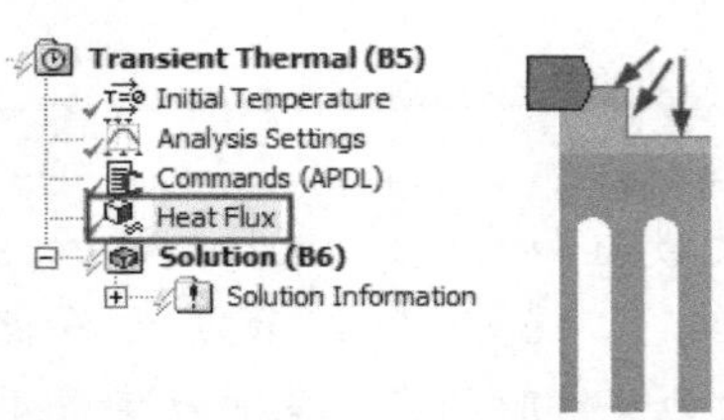

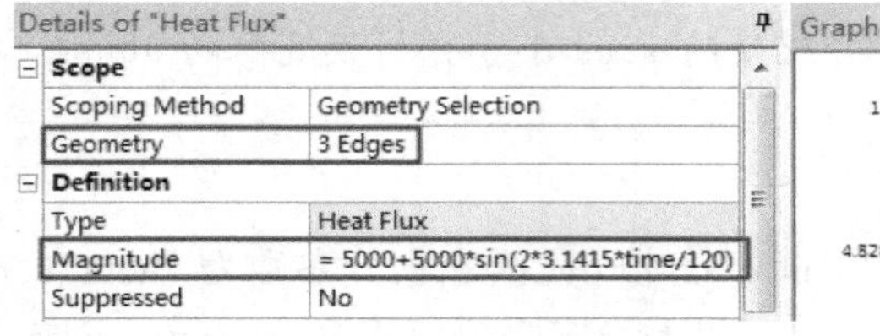

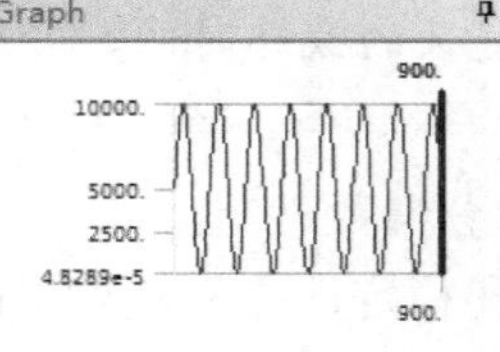

图 11-66　添加热通量

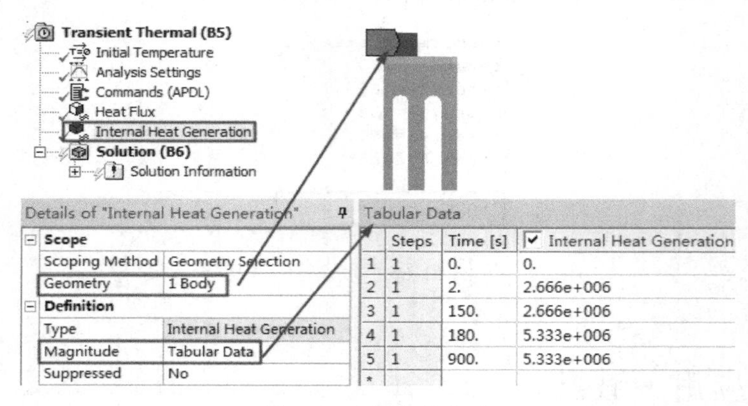

图 11-67　添加热生成

（14）添加对流。

选中树形窗下的【Solution（B5）】，执行工具栏的对流 Convection，选择 13 条对流边后在 Details 面板中单击 Apply，设置对流系数【Film Coefficient】为【Tabular】其值，如 11-68 所示。

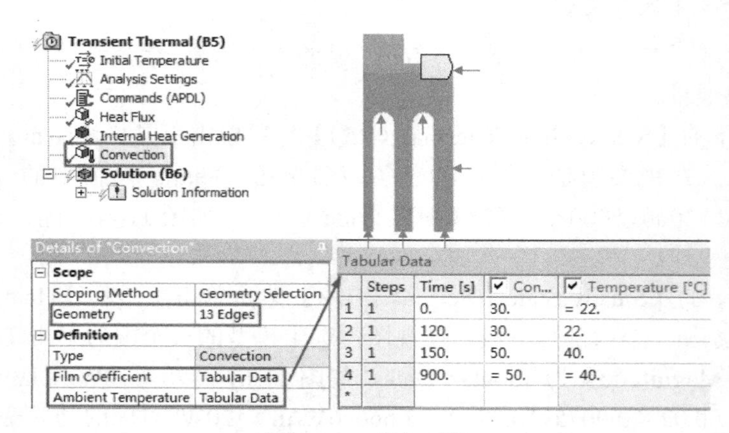

图 11-68　添加对流

（15）设置求解项。

选中树形窗下的【Solution（B6）】，执行工具栏的【Thermal】→【Temperature】，如图 11-69 所示。

（16）求解并查看结果。

右击树形窗下的【Solution（B6）】并选择 Solve 进行求解。求解完毕后可以查看结果云图。图 11-70 为温度云图；图 11-71 为最大最小温度图；图 11-72 为各个时间点处的最大最小温度值列表。从图 11-70 可以看出最大温度为 109.75℃，没有达到温度极限值 145℃。从图 11-71 和图 11-72 可以最大温度在 104.95℃和 110.4℃之间振荡。自此本例分析完毕，如果读者有兴趣，也可以延长仿真时间，将分析设置中的 900s 改为 1800s，查看 30min 后的稳态结果。

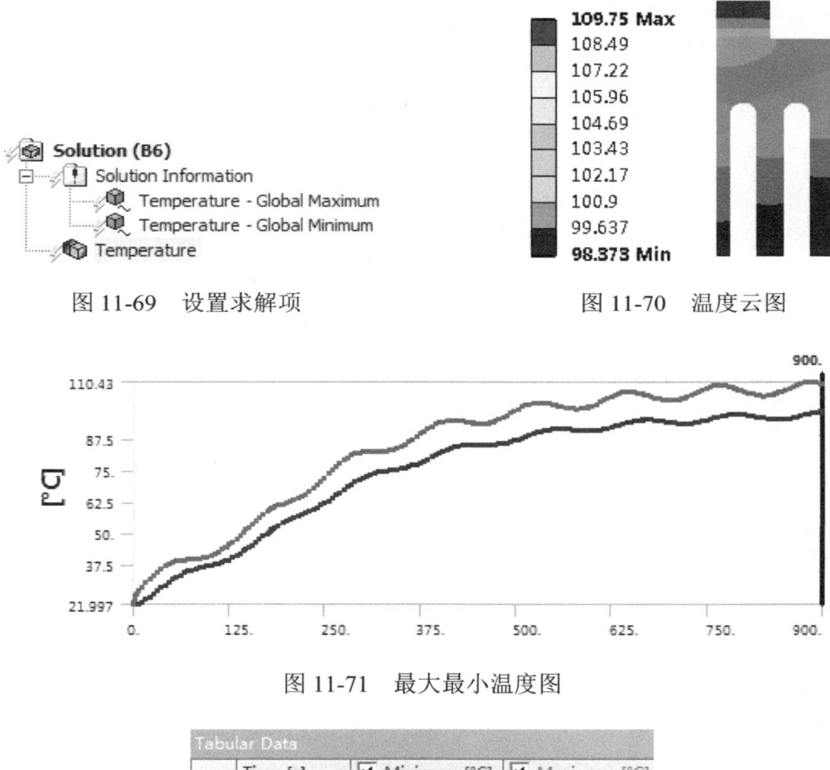

图 11-69　设置求解项

图 11-70　温度云图

图 11-71　最大最小温度图

Tabular Data

	Time [s]	Minimum [°C]	Maximum [°C]
253	856.83	95.609	108.04
254	861.83	95.912	108.72
255	866.83	96.269	109.33
256	871.83	96.657	109.83
257	876.83	97.054	110.19
258	881.83	97.436	110.4
259	886.83	97.78	110.43
260	891.83	98.064	110.29
261	896.83	98.274	110.
262	898.42	98.328	109.88
263	900.	98.373	109.75

图 11-72　最大最小温度值

（17）关闭 Transient Thermal 平台，保存项目退出程序。

11.6　本章小结

本章主要介绍工程热力学的基础知识，包括三种热传递方式及其基本方程，之后介绍 ANSYS Workbench17.0 中的稳态热分析和瞬态热分析并给出热分析的基本流程。实例 1 和实例 2 是稳态热分析的具体案例，实例 3 为瞬态热分析的具体案例。通过本章学习，读者需要掌握热分析的基本操作。

第 12 章　Design Exploration 优化设计

工业设计中可以通过优化设计来提高产品的性能。ANSYS 提供了多种技术可以进行优化设计。ANSYS Workbench 17.0 中进行优化设计的平台为 Design Exploration，该平台下细分有 5 个优化项目。本章介绍优化设计的 5 个基本项目，并给出 2 个操作案例。

本章内容

- Design Exploration 概述
- 优化设计参数定义
- 响应曲面分析
- 目标驱动优化
- 参数相关性
- 六西格玛分析

12.1　优化设计概述

一个好的设计点常常是各种优化指标的折中点，例如，我们很难同时获得零件体积最小且最大等效应力最小的点，但是却可以获得一些在这两者之间平衡的设计点。ANSYS Workbench17.0 下的 Design Exploration，描述了设计变量（输入量）和产品性能指标（质量、安全因子、最大等效应力等）之间的关系，并可以得到一些曲线、曲面、敏感图帮助用户选择合适的设计点。

12.1.1　Design Exploration 优化项目

Design Exploration 的优化项目位于 Workbench 主界面的 Toolbox 中，如图 12-1 所示。Design Exploration 的优化项目有直接优化（Direct Optimization）、参数相关性（Parameter Correlation）、响应曲面（Response Surface）、响应曲面优化（Response Surface Optimization）和六西格玛分析（Six Sigma Analysis）。其中，直接优化和响应曲面优化可以归为目标驱动优化（Goal Driven Optimization）。

视频教学

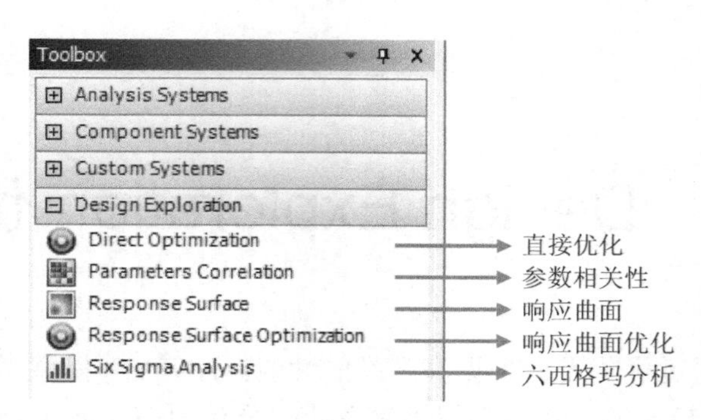

图 12-1　优化项目

12.1.2　定义参数

Design Exploration 中使用的参数包括输入参数和输出参数。

（1）输入参数。

输入参数是预先定义并且可以改变的。输入参数包括 CAD 参数、分析参数、DesignModeler 参数、网格参数等。CAD 和 DesignModeler 输入参数可以是长度、角度等。分析输入参数可以是压力、材料特性、材料、厚度等，网格参数可以是相关性（Relevance）、网格大小等。

开始 Design Exploration 分析时，系统默认将当前输入值的±10%作为输入值的初始变动范围。如果当前输入值是 0，则摩擦变化范围为 0～10。由于 Design Exploration 不会识别出每个输入参数的物理极限值，因此用户需要检查每个值的范围是否落在允许值内。理想情况下，每个输入参数的当前值是变化范围的中间值。定义的输入参数相对变化值需要大于或等于当前值的 10^{-10} 倍，否则请删除该输入值或调整变化范围。

（2）输出参数。

通过计算得到的参数可以作为输出参数，这些参数包括体积、质量、应力、热通量、网格数等。导出参数（Derived Parameter）是特殊的输出参数，其一般是输入/输出参数的组合值。

12.2　响应曲面

响应曲面描述输出参数与输入参数之间的关系，并以图表的形式显示。响应曲面可以不用完全运行整个求解过程，就可以得到输出参数的近似值。响应曲面的准确性依赖于几个因素：求解的复杂性、实验设计的点数、响应曲面类型。系统提供评估和提高响应曲面质量的工具。

一旦建立起响应曲面，用户就可以创建和管理这些响应点和表。一些后处理工具可以用于搜索设计点，并理解输入参数是如何影响输出参数的，进而指导用户修改设计以提高性能。关于响应曲面的使用，读者可以参考本章的实例 2。

12.3 目标驱动优化

目标驱动优化包括响应曲面优化和直接优化。响应曲面优化是通过响应曲面的成分来描述相关信息，因此优化依赖于响应曲面的质量。响应曲面优化中可以使用的优化算法有 Screening、MOGA、NLPQL、MISQP。响应曲面优化使用响应曲面的估计值，而不是真实解。直接优化可以使用的优化算法有 Screening、MOGA、NLPQL、Adaptive Single-Objective、Adaptive Multiple-Objective。直接优化使用的是真实解，而不是响应曲面的估计值。

12.4 参数相关性

不管是进行目标驱动优化分析还是进行六西格玛分析，都可能存在求解时间过长的问题，特别是有限元模型过大时，这个问题更加突出。当输入参数增加时，采样点数会急剧增加，优化分析会变得困难。在这种情况下可以进行参数相关性分析，以排除那些不重要的输入参数，这样就可以减少不必要的采样点。

相关矩阵可以帮助确定输出参数对结果是否重要。参数相关性分析中提供了两种相关性计算方法：Spearman、Pearson。图 12-2 所示的线性相关矩阵和图 12-3 所示的二次判断矩阵是参数相关性分析得到的相关矩阵，可以帮助用户判断输入参数 P1、P2、P3、P4 对输出 P5 的重要性。

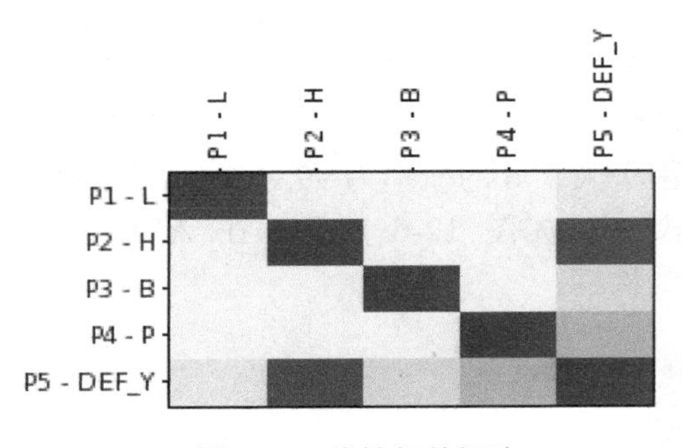

图 12-2 线性相关矩阵

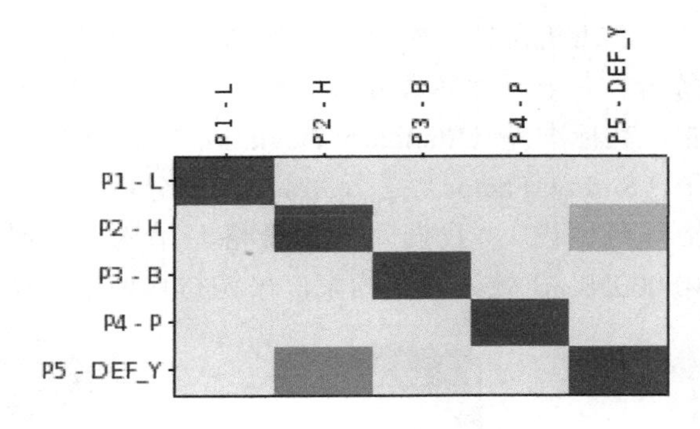

图 12-3 二次判断矩阵

12.5 六西格玛分析

六西格玛分析可以确定输入参数的不确定性影响分析结果的程度。输入参数的不确定性或随机性是指不能在给定时间或给定位置确定参数的值。例如对于一个指定城市，我们不能准确知道接下来一个星期的温度。六西格玛分析使用统计学分布函数，如高斯（正态）分布、均匀分布来描述参数的不确定性或随机性。

六西格玛分析可以帮助确定用户产品是否符合六西格玛质量标准。如果一个产品每百万数量中仅有 3.4 个是失效的，那么我们就说该产品符合六西格玛质量标准。通常用产品性能指标作为输出参数来确定产品性能是否符合要求。一个产品性能指标高于上规格限制

（upper specification limit）或低于下规格限制（lower specification limit），则可以认为产品失效，如图 12-4 所示。六西格玛是指留在 USL 和 LSL 之间的概率为 99.9996%。

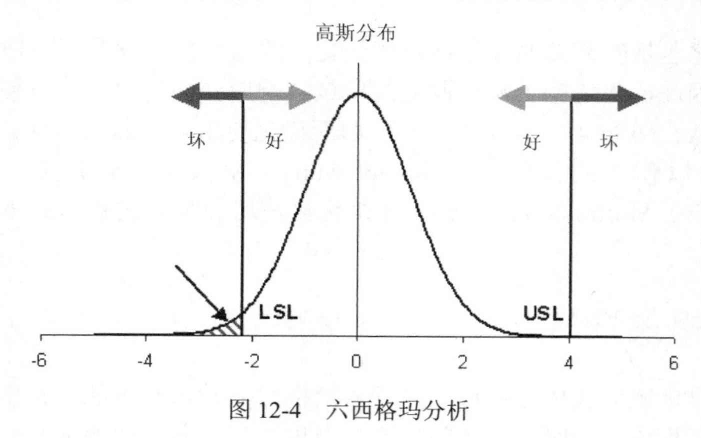

图 12-4　六西格玛分析

12.6　实例 1：起重机吊钩六西格玛分析

在本例中，我们将通过对起重机吊钩进行六西格玛分析来学习在 Six Sigma Analysis 平台进行优化设计的操作方法。

1．实例概述

起重机吊钩三维模型，如图 12-5 所示。由于人为误差会影响吊钩的结构性能，现假设吊钩的三个尺寸参数 back、bottom、depth 在制造过程中会出现波动，尺寸波动符合高斯分布，其标准差（Standard Deviation）均为 0.8，试分析在尺寸波动下，吊钩工作时的安全因子（Safety Factor）是否大于 6，即分析出的安全因子大于 6 的概率为 99.9996%（落在六西格玛范围内），我们就认为合格。吊钩工作时的受力，如图 12-6 所示，在 A 点受力为 10 000N，B 处为固定约束，吊钩材料使用默认的结构钢。

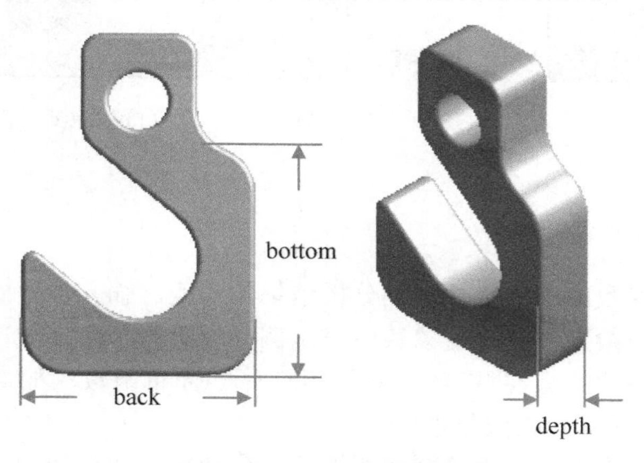

图 12-5　起重机挂钩模型

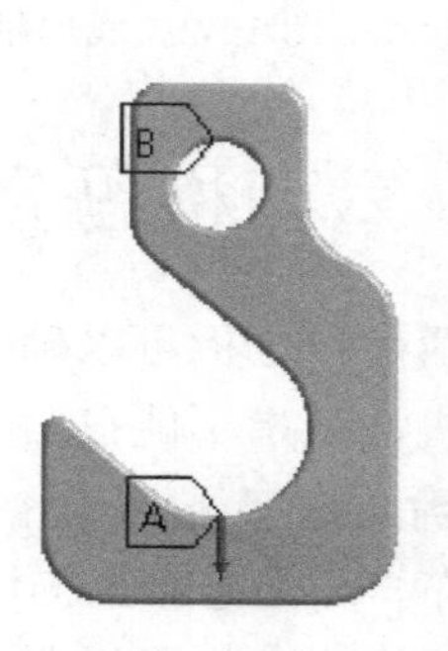

图 12-6　受力图

本例中我们先定义三个输入（back、bottom、depth）和三个输出（安全因子、总变形、等效应力）。虽然我们关注的是安全因子，但是同步观察总变形和等效应力，随输入参数的变动而变动情况，并不会增加我们的分析难度。之后在 Static Structural 平台中对吊钩进行受力分析。静力学分析完毕后，我们在 Six Sigma Analysis 平台中先定义三个输入量为高斯分布和标准差的值，并得到对应的输出情况，然后根据这些输入/输出情况可以得到响应面，最后可以查看安全因子对于 6 的概率，从而得到分析结果。

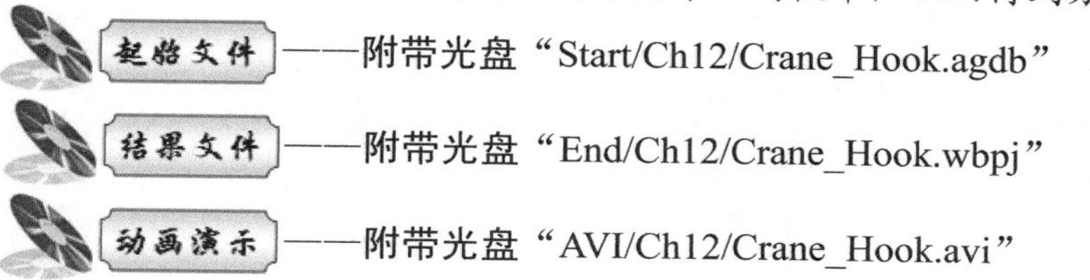

——附带光盘“Start/Ch12/Crane_Hook.agdb”

——附带光盘“End/Ch12/Crane_Hook.wbpj”

——附带光盘“AVI/Ch12/Crane_Hook.avi”

2．操作步骤

（1）新建【Static Structural】。

打开 Workbench 程序，将【Toolbox】目录下【Analysis Systems】中的【Static Structural】拖入项目流程图，如图 12-7 所示，然后保存工程文件为 Crane_Hook.wbpj。

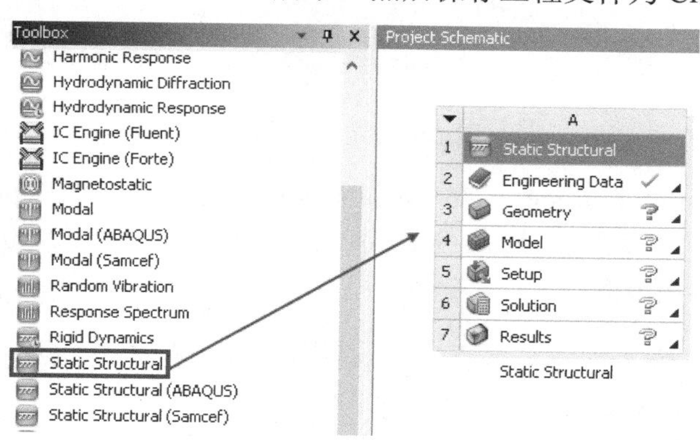

图 12-7　添加项目

（2）导入几何体文件。

右击 A3 单元格【Geometry】选择 Import Geometry/Browse，选择几何文件 Crane_Hook.agdb，如图 12-8 所示。

（3）进入【DesignModeler】平台。

在【Project Schematic】中双击 A3 单元格【Geometry】，进入【DesignModeler】平台。

（4）定义三个输入变量。

展开树形窗下的 XYPlane，选择 Sketch1，在 Details 面板中分别选中【H11】和【V10】前面的方框，使其显示有字母 D，并设置参数名字分别为 back 和 bottom，如图 12-9 所示。字母 D 的含义为设计参数（Design Parameter）。

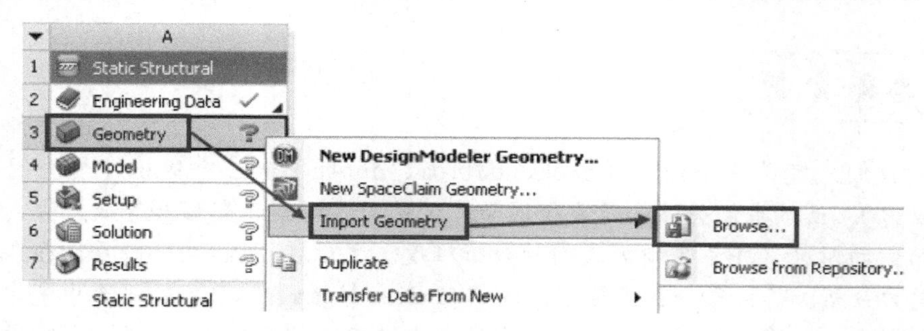

图 12-8　导入几何体文件

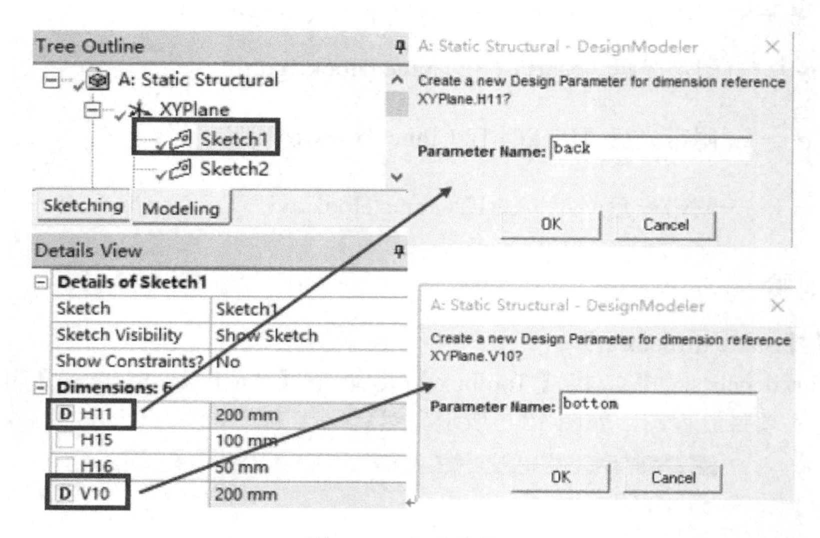

图 12-9　定义变量 1

然后选中树形窗下的 Extrude1，在 Details 面板中选中【FD1,Depth】前面的方框，使其显示有字母 D，并设置参数名字分别为 depth，如图 12-10 所示。最后关闭【DesignModeler】返回主界面。

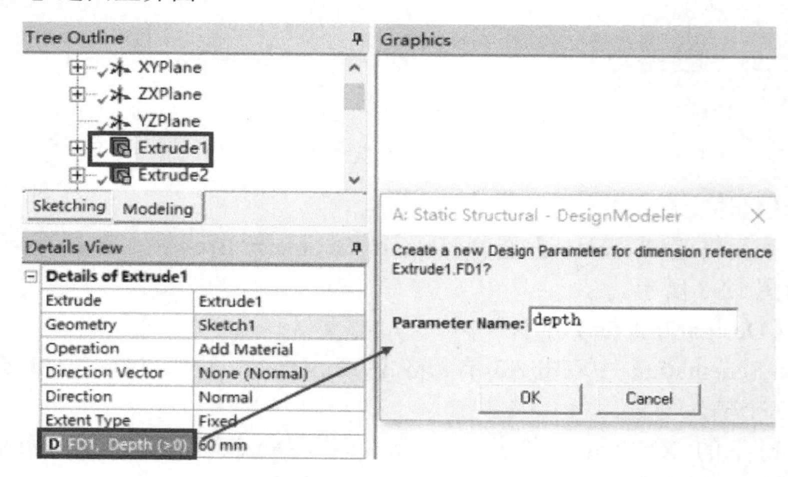

图 12-10　定义变量 2

（5）进入【Static Structural】平台。

在【Project Schematic】中双击 A4 单元格【Modal】，进入【Static Structural】平台。

（6）网格划分。

选中树形窗下的【Mesh】，在 Details 面板中设置【Element Size】为 10mm，然后右击【Mesh】选择【Generate Mesh】生成网格模型，如图 12-11 所示。

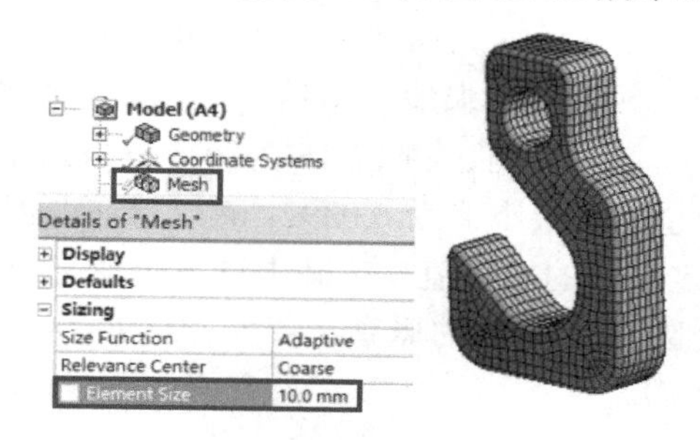

图 12-11　网格划分

（7）施加力。

选中树形窗下的【Static Structural（A5）】然后单击工具栏【Loads】下的 Force。在视图窗中选中吊钩受力面后单击 Details 面板中的 Apply，设置【Define By】为 Components，【Y Component】为-10000N，如图 12-12 所示。

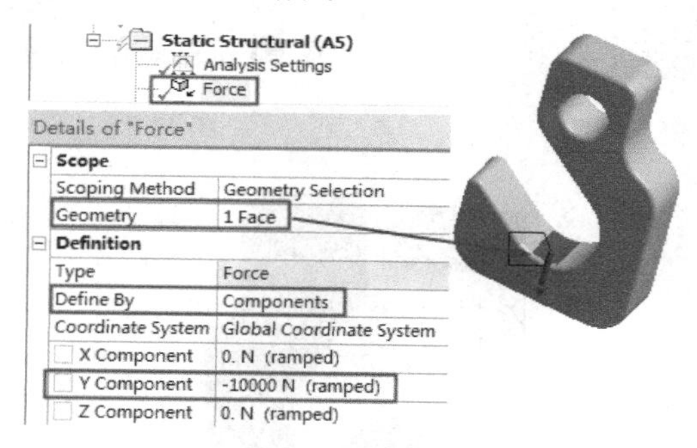

图 12-12　施加力

（8）添加固定约束。

选中树形窗下的【Static Structural（A5）】，然后单击工具栏【Supports】下的 Fixed Support。在视图窗中选中吊钩圆孔内侧上表面后单击 Details 面板中的 Apply，如图 12-13 所示。

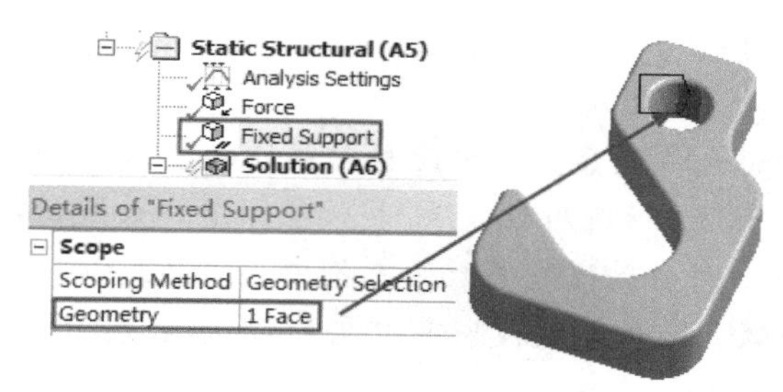

图 12-13　添加固定约束

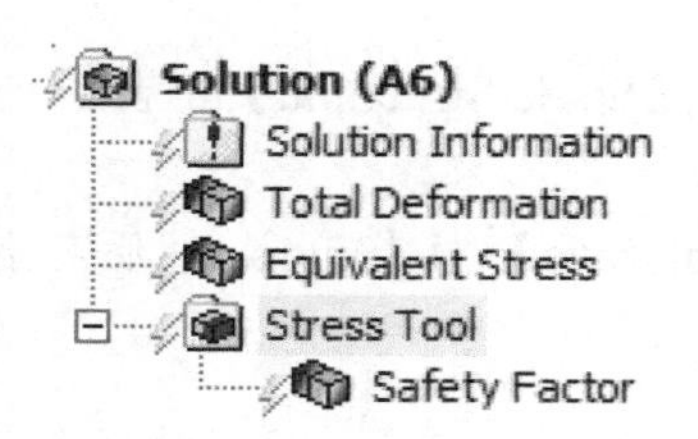

图 12-14　设置求解项

（9）设置求解项。

选中树形窗下的【Solution（A6）】，执行工具栏的【Deformation】→Total，【Stress】→Equivalent（von-Mises），【Tools】→Stress Tool，如图 12-14 所示。

（10）求解并查看结果。

右击树形窗下的【Solution（A6）】，并选择 Solve 进行求解。求解完毕后，可以查看结果云图。图 12-15 为总变形云图、图 12-16 为等效应力云图、图 12-17 为安全因子云图。从图 12-17 可以看出安全因子最小值为 6.0392，略大于 6。但是该值只是在三个输入值（back、bottom、depth）为定值时的求解值。实际中这三个值会出现波动，我们下面就分析在一定的波动规则下，安全因子大于 6 的概率是否为 99.9996%，如果大于这个概率，就认为是可靠的（即使不是 100%）。

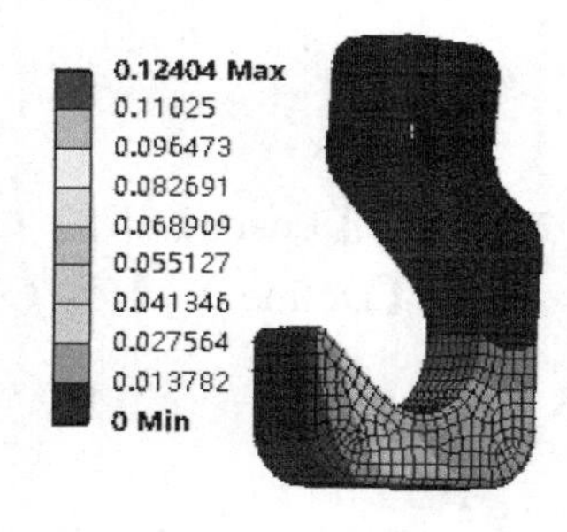

图 12-15　总变形云图

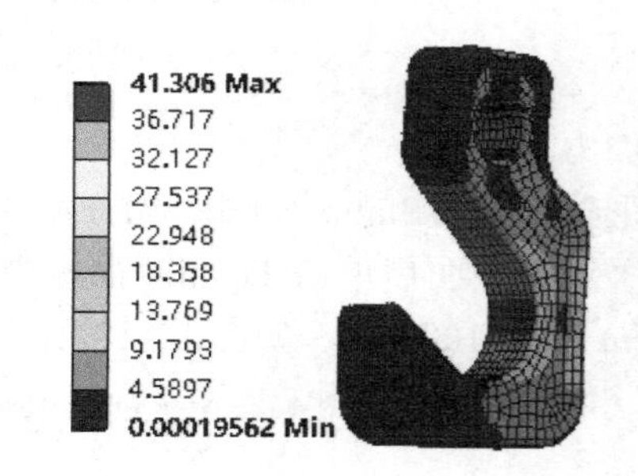

图 12-16　等效应力云图

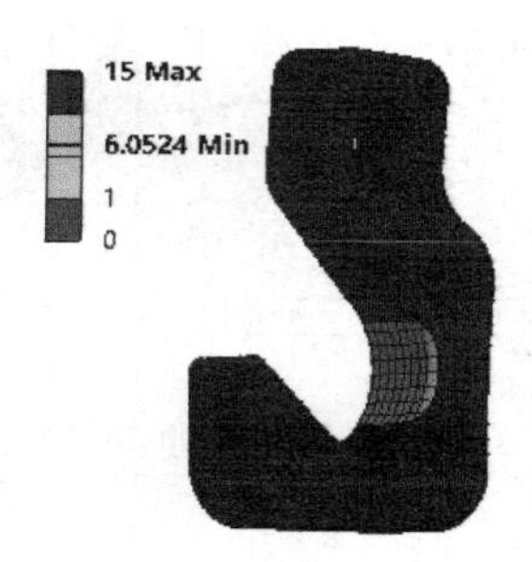

图 12-17　安全因子云图

应用 • 技巧

安全因子是指材料允许的最大应力比材料该处的应力值。如果使用最大等效应力准则，则安全因子 F_s=材料屈服极限/等效应力值；如果材料某处的等效应力值大于材料屈服极限，则材料该处失效。本例中 6.0392×41.396=250Mpa，正好是材料的拉伸屈服极限。拉伸屈服极限可以在 Engineering Data 中查看。

（11）定义输出参数。

选中树形窗下的【Total Deformation】，在 Details 面板中选中 Maximum 前的方框，使其显示字母 P。同理选中【Equivalent Stress】中的 Maximum、【Safety Factor】的 Minimum，如图 12-18 所示。最后关闭【Static Structural】，返回主界面。

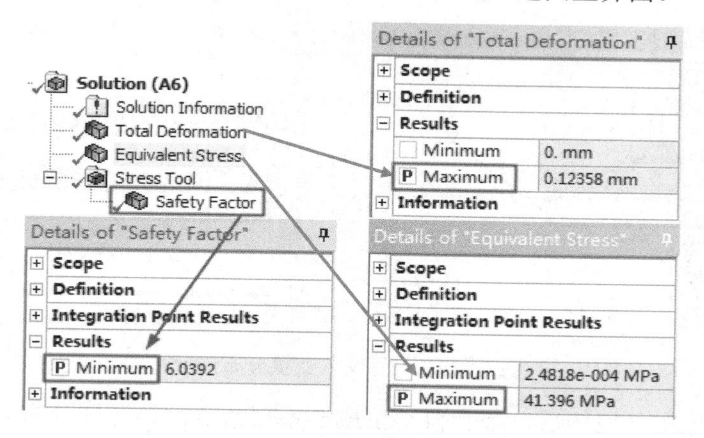

图 12-18　定义输出变量

（12）添加【Six Sigma Analysis】。

将【Toolbox】目录下【Design Exploration】中的【Six Sigma Analysis】拖入项目流程图，如图 12-19 所示。

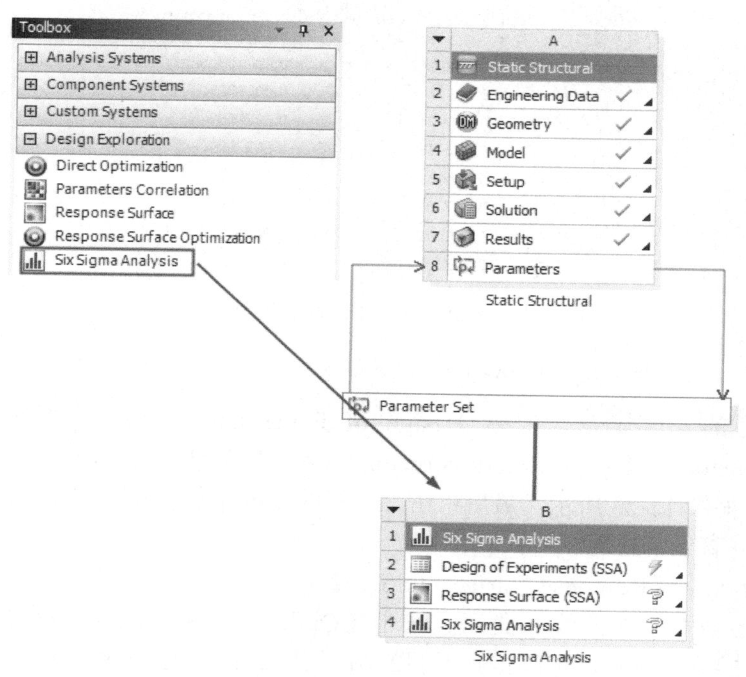

图 12-19　添加 Six Sigma Analysis

（13）指定输入参数分布规律。

双击 B2 单元格【Design of Experiment（SSA）】，在【Outline of Schematic B2】中选中

P1-back，在【Properties of Schematic B2：Design of Experiments(SSA)】中设置分布类型【Distribution Type】为 Normal，即正太分布（高斯分布），设置标准差【Standard Deviation】为 0.8，如图 12-20 所示。P2-bottom 和 P3-depth 同样都设置成高斯分布，标准差为 0.8。

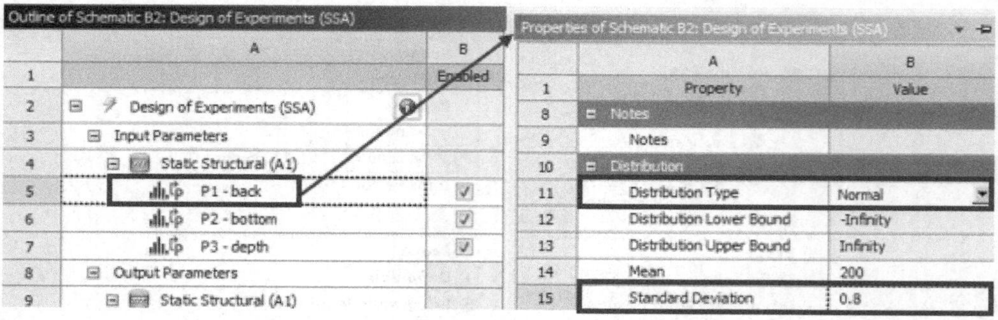

Outline of Schematic B2: Design of Experiments (SSA)

	A	B
1		Enabled
2	Design of Experiments (SSA)	
3	Input Parameters	
4	Static Structural (A1)	
5	P1 - back	☑
6	P2 - bottom	☑
7	P3 - depth	☑
8	Output Parameters	
9	Static Structural (A1)	

Properties of Schematic B2: Design of Experiments (SSA)

	A	B
1	Property	Value
8	Notes	
9	Notes	
10	Distribution	
11	Distribution Type	Normal
12	Distribution Lower Bound	-Infinity
13	Distribution Upper Bound	Infinity
14	Mean	200
15	Standard Deviation	0.8

图 12-20　设置输入变量分布情况

每个输入变量定义完毕后，都会自动生成一系列的点，其范围分布为±3σ，即其最小值 197.7≈200-3×0.8，最大值 202.3≈200+3×0.8。图 12-21 为设定完成后 P1-back 生成的一系列点，其中 B 列表示功率密度，C 列表示累积概率。这些点将用于后续计算。

Table of Outline A5: P1 - back

	A	B	C
1	Quantile	Probability Density Function	Cumulative Distribution Function
2	197.7	0.0079252	0.002
3	197.74	0.0093228	0.0023925
4	197.79	0.010931	0.0028533
5	197.83	0.012776	0.0033929
6	197.88	0.014883	0.0040223
7	197.93	0.017281	0.0047544
8	197.97	0.020001	0.0056031
9	198.02	0.023074	0.0065837

图 12-21　生成 P1-back 的点

（14）更新和查看 Design of Experiment（SSA）。

单击工具栏的 Update，更新 Design of Experiment（SSA）。更新完毕后，选中【Outline of Schematic B2】中的【Static Structural（A1）】即可查看各个输入变量与输出变量对应的求解值，如图 12-22 所示。最后单击工具栏的【Project】返回主界面。

（15）更新并查看响应面。

双击 B3 单元格【Response Surface（SSA）】后单击工具栏的 Update，可以根据上面步骤得到的点，绘制相应的曲线和曲面。选中【Outline of Schematic B3:Response Surface（SSA）】下对应的响应方式，可以得到不同的图。图 12-23 右图为响应图；图 12-24 为局部灵敏度图。从图 12-23 可以看出 back 和 total deformation Maximum 近似呈直线关系、从图 12-24 可以看出影响 total deformation Maximum 最大的输入变量是 back 尺寸，其次是 depth 尺寸，最后是 bottom 尺寸。提示各位读者，看图的关键是搞清楚横坐标和纵坐标。

这里的图都可以设置不同的横纵坐标，请读者尝试。最后单击工具栏的【Project】，返回主界面。

Outline of Schematic B2: Design of Experiments (SSA)

	A	B
1		able
2	Design of Experiments (SSA)	
3	Input Parameters	
4	Static Structural (A1)	
5	P1 - back	☑
6	P2 - bottom	☑
7	P3 - depth	☑
8	Output Parameters	
9	Static Structural (A1)	

Table of Schematic B2: Design of Experiments (SSA) (Central Composite Design : Auto Defined)

	A	B	C	D	E	F	G
1	Name	P1 - back	P2 - bottom	P3 - depth	P4 - Total Deformation Maximum (mm)	P5 - Equivalent Stress Maximum (MPa)	P6 - Safety Factor Minimum
2	1	200	200	60	0.12358	41.396	6.0392
3	2	197.53	200	60	0.13401	43.862	5.6996
4	3	202.47	200	60	0.11501	38.594	6.4777
5	4	200	197.53	60	0.12316	40.876	6.1161

图 12-22　求解值

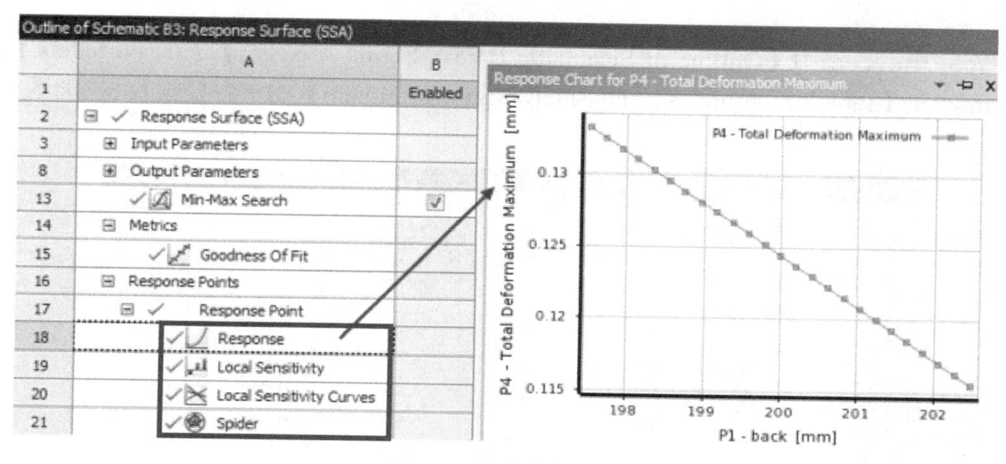

图 12-23　查看响应面

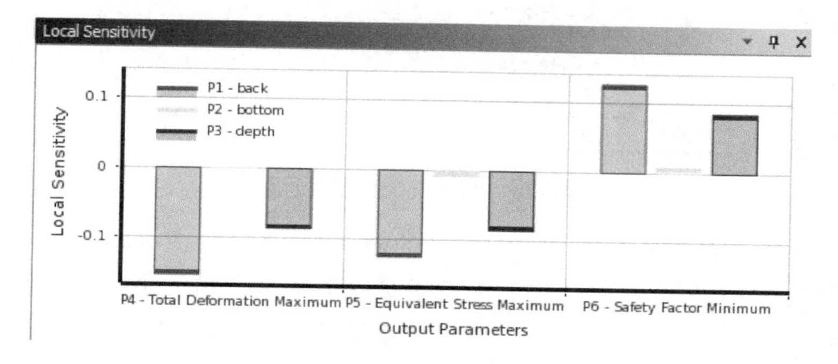

图 12-24　查看局部灵敏度图

（16）六西格玛分析。

双击 B4 单元格【Six Sigma Analysis】后，选中【Outline of Schematic B4:Six Sigma Anaylsis】下的 Six Sigma Analysis，然后设置【Number of Samples】为 10000，即设置样本数为 10000 后，单击工具栏的 Update，如图 12-25 所示。

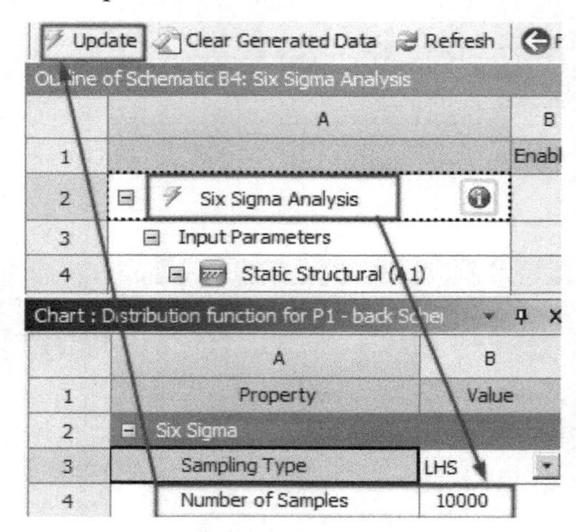

图 12-25　设置采样点数

更新完毕后，选中【Outline of Schematic B4:Six Sigma Anaylsis】下的 P6-Safety Factor Minimum，在【Table of Outline A12:P6-Safety Factor Minimum】的空白处输入 6，如图 12-26 所示。

Outline of Schematic B4: Six Sigma Analysis

	A
1	
2	Six Sigma Analysis
3	Input Parameters
4	Static Structural (A1)
5	P1 - back
6	P2 - bottom
7	P3 - depth
8	Output Parameters
9	Static Structural (A1)
10	P4 - Total Deformation Maximum
11	P5 - Equivalent Stress Maximum
12	P6 - Safety Factor Minimum

Table of Outline A12: P6 - Safety Factor Minimum

	A	B	C
1	P6 - Safety Factor Minimum	Proba...	Sigma Level
20	6.3106	0.94328	1.5829
21	6.3551	0.96844	1.8583
22	6.3995	0.9845	2.1572
23	6.444	0.99235	2.4253
24	6.4884	0.99707	2.7559
25	6.5329	0.99924	3.1724
26	6.5773	0.99977	3.5084
27	6.6218	0.99988	3.6809
28	6.6662	0.99993	3.8106
*			

图 12-26　输入安全因子目标值

输入 6 完毕后可以查看获得安全因子为 6 的概率为 33.514%，如图 12-27 所示，小于六西格玛的设计需要 99.9996%，因此最后的结论是：如果三个输入量尺寸按照题给的规律变动，则不能保证挂钩的安全因子大于或等于 6。最后单击工具栏的【Project】返回主界面。

Table of Outline A12: P6 - Safety Factor Minimum			
	A	B	C
1	P6 - Safety Factor Minimum	Probability	Sigma Level
9	5.8286	0.062988	-1.5302
10	5.8738	0.10502	-1.2534
11	5.9191	0.16608	-0.96977
12	5.9643	0.24926	-0.67682
13	6	0.33514	-0.42577
14	6.0096	0.35584	-0.36959
15	6.0548	0.46669	-0.083595

图 12-27　输入安全因子目标值

（17）保存项目退出程序。

12.7　实例 2：起重机吊钩响应曲面优化分析

在本例中，我们将通过对起重机吊钩进行响应曲面优化分析来学习在 Response Surface 和 Response Surface Optimization 平台进行优化设计的操作方法。

1．实例概述

起重机吊钩三维模型，如图 12-28 所示；吊钩工作时受力，如图 12-29 所示，A 点出的圆孔内表面受圆柱面约束，B 点受力为 6000N。要求吊钩在工作时最大应力不能超过屈服应力（即要求安全因子大于 1），并且吊钩具有足够的鲁棒性（robust），能够适应尺寸不可避免的变动性，而且吊钩质量能够尽量轻。根据以上要求，找出吊钩的一个合适尺寸值。吊钩的初始尺寸值为零件模型初始值，这里不再列出。吊钩材料使用默认的结构钢。

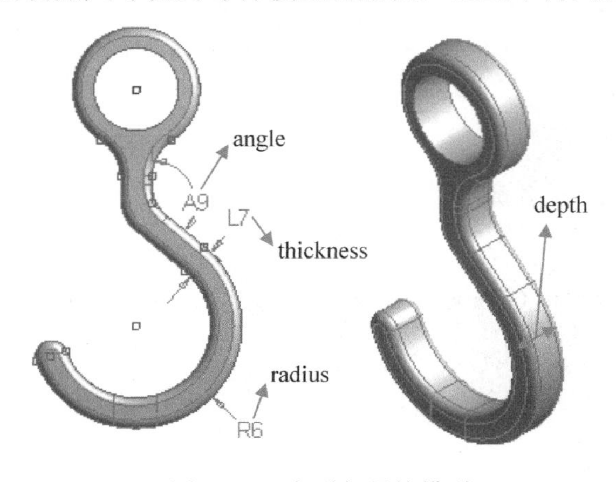

图 12-28　起重机吊钩模型

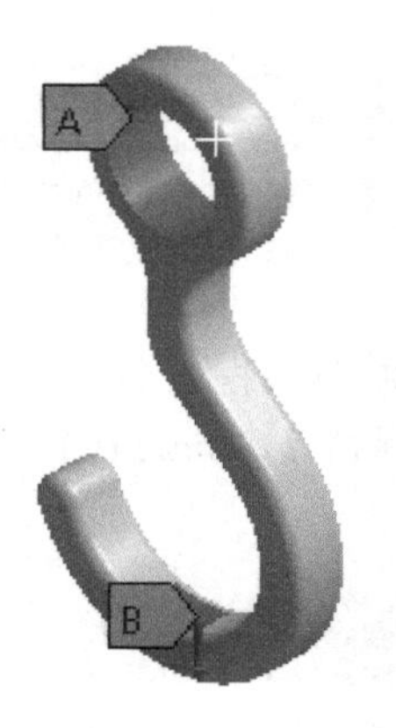

图 12-29　受力图

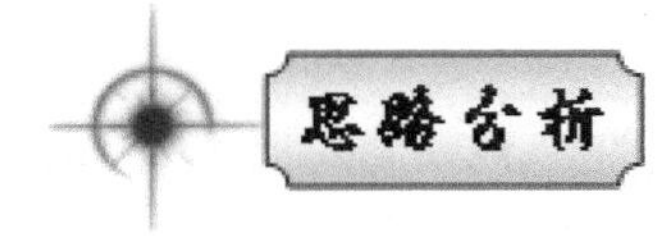

为分析本案例，假设吊钩的四个参数 angle、thick、radius、depth 相当重要，因此将这些参数设置为输入参数。同时定义质量、安全因子为输出参数。首先我们对现有的模型根据受力情况进行静力学分析，之后在 Response Surface 平台定义四个输入参数的变动范围并更新得到响应曲面。为了得到一个合适的尺寸值，在 Response Surface 分析之后进行 Response Surface Optimization 分析，即响应曲面优化分析。通过设置目标条件可以得到推荐的尺寸值。

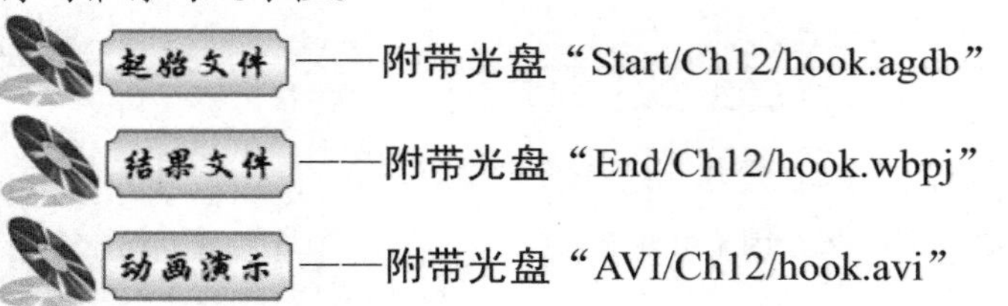

起始文件——附带光盘“Start/Ch12/hook.agdb”

结果文件——附带光盘“End/Ch12/hook.wbpj”

动画演示——附带光盘“AVI/Ch12/hook.avi”

2．操作步骤

（1）新建【Static Structural】。

打开 Workbench 程序，将【Toolbox】目录下【Analysis Systems】中的【Static Structural】拖入项目流程图，如图 12-30 所示，然后保存工程文件为 hook.wbpj。

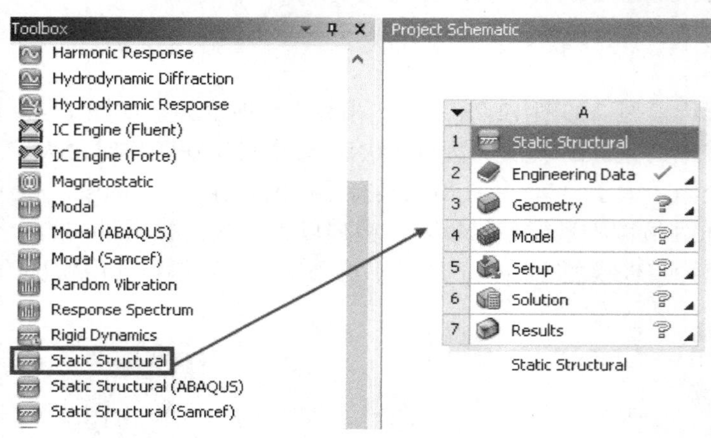

图 12-30　添加项目

（2）导入几何体文件。

右击 A3 单元格【Geometry】，选择 Import Geometry/Browse，选择几何文件 hook.agdb，如图 12-31 所示。

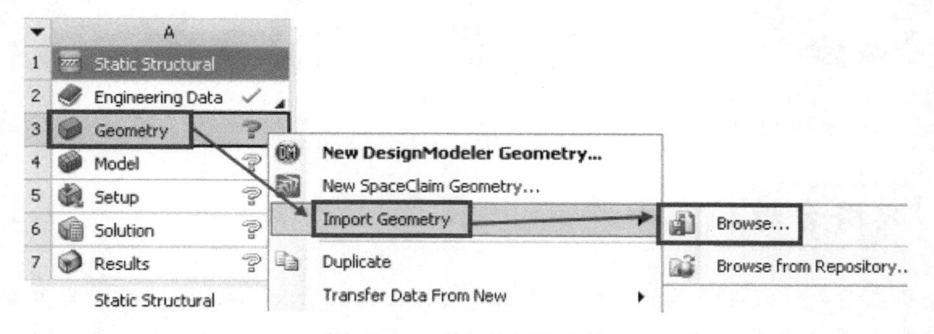

图 12-31　导入几何体文件

（3）进入【DesignModeler】平台。

在【Project Schematic】中双击 A3 单元格【Geometry】，进入【DesignModeler】平台。

（4）定义四个输入变量。

展开树形窗下的 XYPlane，选择 Sketch1，在 Details 面板中分别选中【A9】、【L7】和【R6】前面的方框，使其显示有字母 D，并设置参数名字分别为 angle、thickness 和 radius，如图 12-32 左部分所示。再次选中树形窗下的 Extrude1，在 Details 面板中选中【FD1,Depth】前面的方框，使其显示有字母 D，并设置参数名字分别为 depth，如图 12-32 右部分所示，最后关闭【DesignModeler】返回主界面。

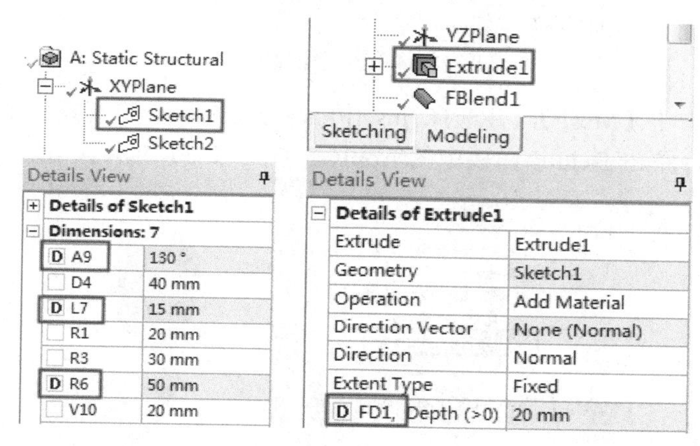

图 12-32　定义变量

（5）进入【Static Structural】平台。

在【Project Schematic】中双击 A4 单元格【Modal】，进入【Static Structural】平台。

（6）划分网格。

右击树形窗下的【Mesh】并选择 Insert/Method，选中整个体然后单击 Details 面板的 Apply 并将【Method】设置为 Automatic，如图 12-33 所示。

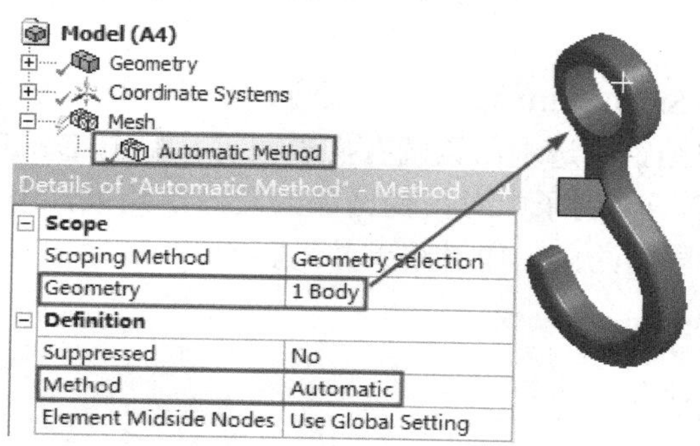

图 12-33　自动划分网格

同样方法第二次右击【Mesh】并选择 Insert/Sizing，选中整个体然后单击 Details 面板的 Apply，设置【Element Size】为 5mm，如图 12-34 所示。

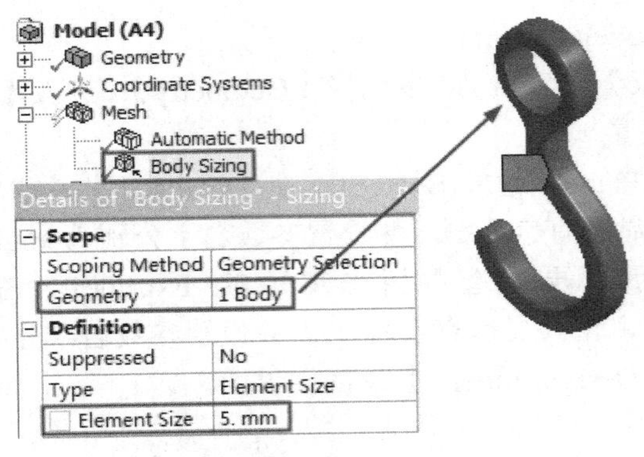

图 12-34　体尺寸控制

同样方法再次右击【Mesh】，并选择 Insert/Face Meshing，选择吊钩的圆孔内表面及吊钩的平整外表面后，单击 Details 面板中的 Apply，如图 12-35 所示。

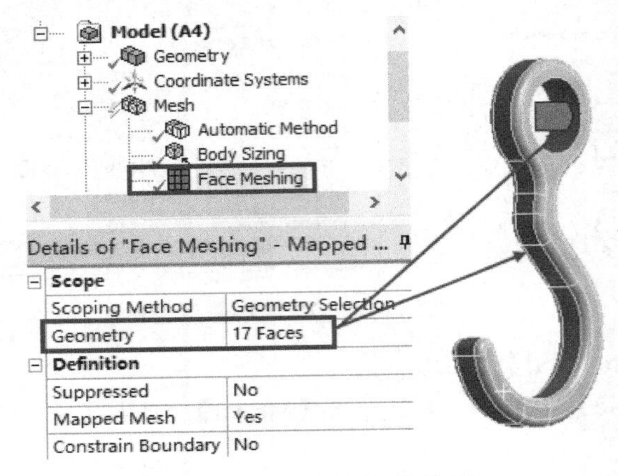

图 12-35　映射面网格控制

设置完三种网格划分方式后，右击【Mesh】选择 Generate Mesh 可以生成合适的网格。

（7）添加圆柱面约束。

选中树形窗下的【Static Structural（A5）】，然后单击工具栏【Supports】下的 Cylindrical Support。在视图窗中选中吊钩圆孔内表面后，单击 Details 面板中的 Apply，如图 12-36 所示。本章的第一个例子中对吊钩施加的是固定约束，因为我们此处只进行静力学分析，因此虽然施加不同的约束，但对结果并无影响。

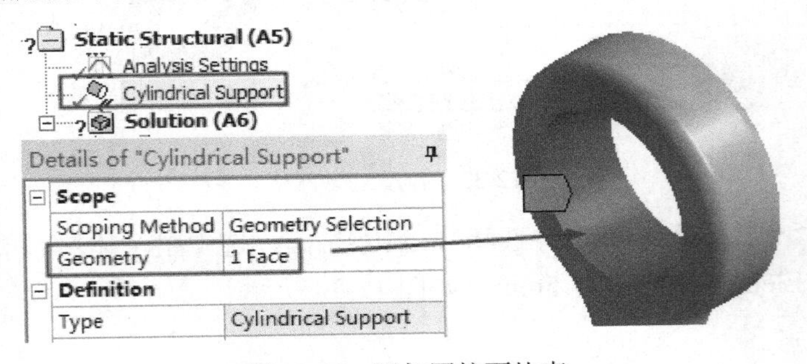

图 12-36　添加圆柱面约束

（8）施加力。

选中树形窗下的【Static Structural（A5）】，然后单击工具栏【Loads】下的 Force。在视图窗中选中吊钩受力面后单击 Details 面板中的 Apply，设置【Define By】为 Components、【Y Component】为-6000N，如图 12-37 所示。

（9）设置求解项。

选中树形窗下的【Solution（A6）】，执行工具栏的【Deformation】→Total、【Stress】→Equivalent（von-Mises）、【Tools】→Stress Tool，如图 12-38 所示。

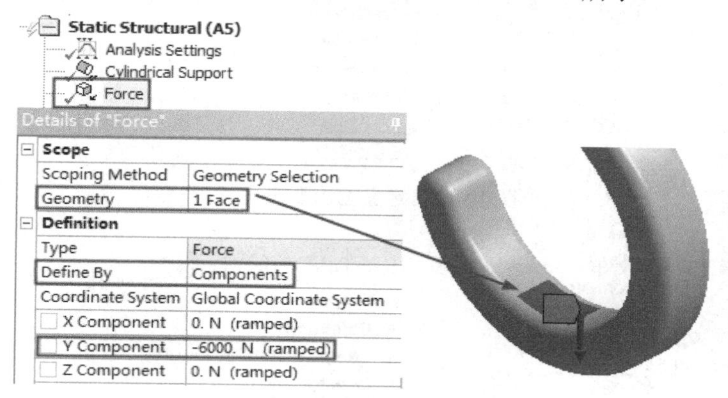

图 12-37　施加力

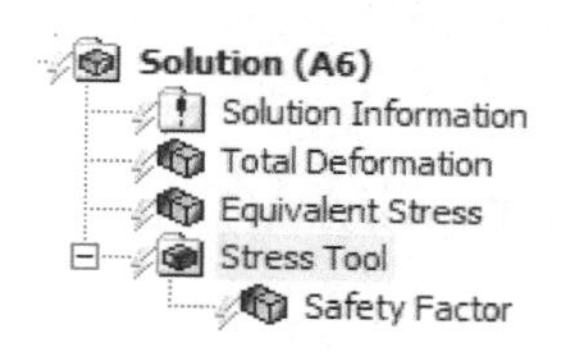

图 12-38　设置求解项

（10）求解并查看结果。

右击树形窗下的【Solution（A6）】并选择 Solve 进行求解。求解完毕后可以查看结果云图。图 12-39 为总变形云图；图 12-40 为等效应力云图；图 12-41 为安全因子云图。从图 12-41 可以看出安全因子最小值为 0.54661（小于 1），这意味着零件会由于应力超过屈服极限而失效。

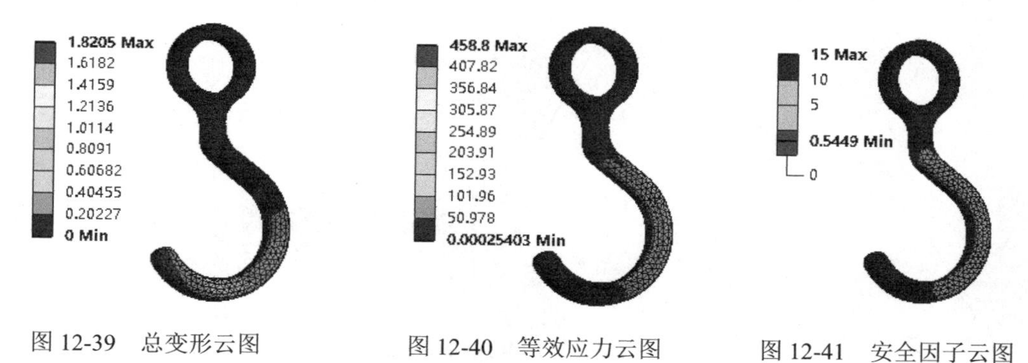

图 12-39　总变形云图　　图 12-40　等效应力云图　　图 12-41　安全因子云图

（11）定义输出参数。

选中树形窗中【Geometry】下的 Solid，在 Details 面板中选中 Mass 前的方框，使其显示字母 P，如图 12-42 所示。同理选中【Safety Factor】的 Minimum，如图 12-43 所示。最后关闭【Static Structural】，返回主界面。我们下面优化的目标是寻找一组合适的尺寸（四个输入尺寸）使得安全因子大于 1，且质量尽可能小。

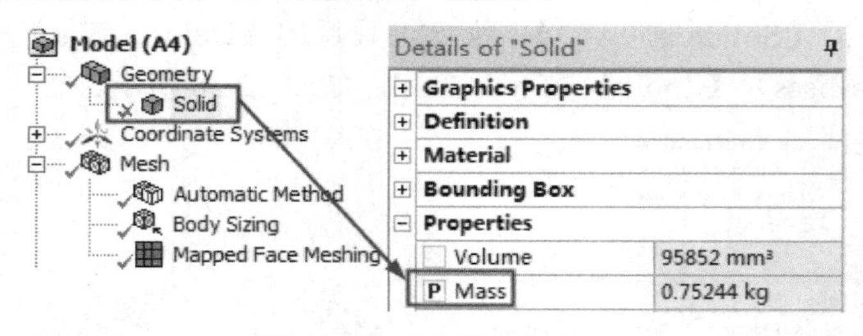

图 12-42　定义输出变量 1

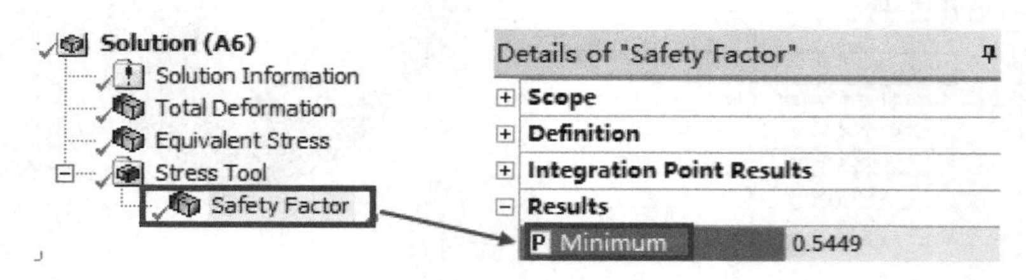

图 12-43　定义输出变量 2

（12）添加【Response Surface】。

将【Toolbox】目录下【Design Exploration】中的【Response Surface】拖入项目流程图，如图 12-44 所示。

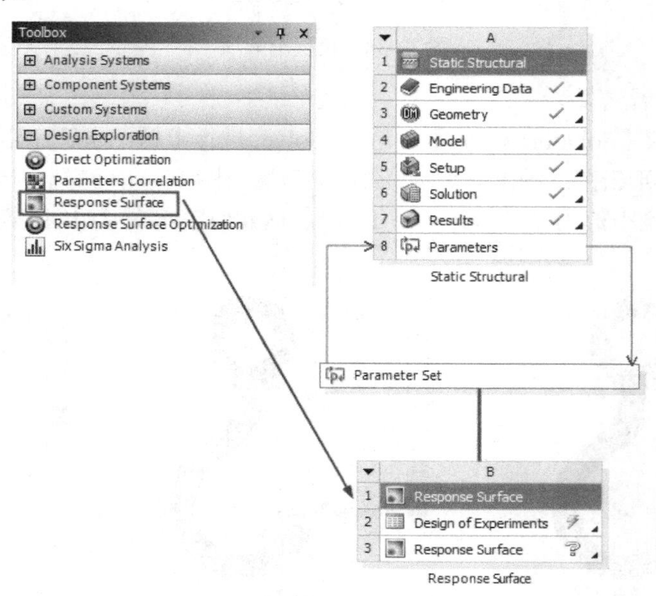

图 12-44　添加 Response Surface

（13）指定输入参数规律。

双击 B2 单元格【Design of Experiment】，在【Outline of Schematic B2】中选中 P1-angle，在【Properties of Outline ：P1-angle】中设置第一个输入参数 angle 的最小值为 120°，最大值为 150°，如图 12-45 所示。同样方法设置第二个参数 thickness 的变化范围为 15～25mm、radius 的变化范围为 45～55mm、depth 的变化范围为 15～25mm。这些尺寸区间是自己定义的，我们的目的是在这些尺寸区间内寻找符合我们需要的解，即质量尽可能小且安全因子大于 1 的解。

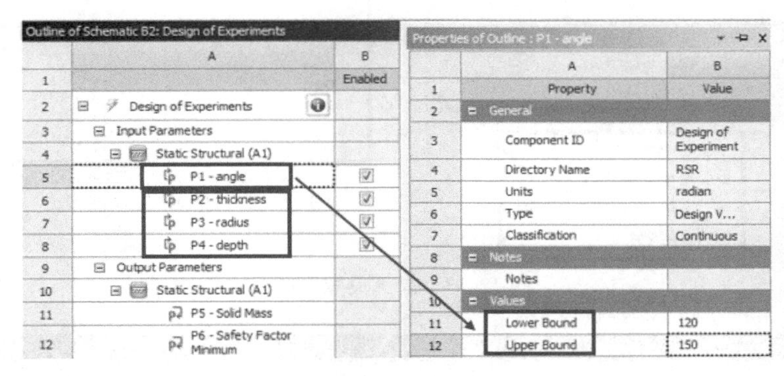

图 12-45　定义输入参数

（14）更新和查看 Design of Experiment。

单击工具栏的 Update ，更新 Design of Experiment。更新完毕后，选中【Outline of Schematic B2】中的【Static Structural（A1）】，可以查看系统自动生成的 25 个计算样本，如图 12-46 所示。最后单击工具栏的【Project】返回主界面。

Table of Schematic B2: Design of Experiments (Central Composite Design : Auto Defined)

	A	B	C	D	E	F	G
1	N...	P1 - angle	P2 - thickness	P3 - radius	P4 - depth	P5 - Solid Mass (kg)	P6 - Safety Factor Minimum
2	1	135	20	50	20	0.90247	0.97698
3	2	120	20	50	20	0.87775	0.98346
4	3	150	20	50	20	0.96387	0.96942
5	4	135	15	50	20	0.76031	0.54466

图 12-46　求解值

（15）更新并查看响应面。

双击 B3 单元格【Response Surface】后单击工具栏的 Update ，可以根据上面步骤得到的点绘制相应的曲线和曲面。选中【Outline of Schematic B3:Response Surface】下对应的响应方式，可以得到不同的图。图 12-47 右图为局部灵敏度图；图 12-48 为查看最大最小值图；图 12-49 为响应曲面图。从图 12-47 可以看出参数 depth 对质量影响最大，其次是 thickness；参数 thickness 对安全因子影响最大，其次是 depth。从图 12-48 F 列可以看出质量变化范围为 0.50972～1.476kg，从 G 列可以看出安全因子变化范围为 0.35377～2.0593。从图 12-49 可以看出质量随 thickness 和 depth 的变化规律。提示读者看曲线图的关键是：搞清楚坐标轴对应的含义。最后单击工具栏的【Project】返回主界面。

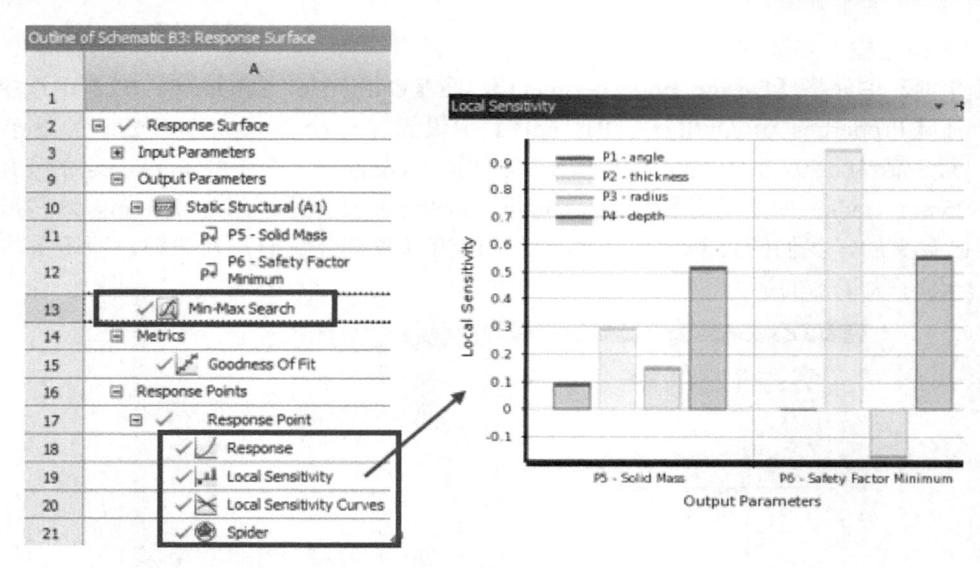

图 12-47　局部灵敏度图

Table of Outline A13: Min-Max Search

	A	B	C	D	E	F	G
1	Name	P1 - angle (degree)	P2 - thickness (mm)	P3 - radius (mm)	P4 - depth (mm)	P5 - Solid Mass (kg)	P6 - Safety Factor Minimum
2	Output Parameter Minimums						
3	P5 - Solid Mass	124.6	15	45	15	**0.50972**	0.42057
4	P6 - Safety Factor Minimum	144.15	15	55	15	0.61677	**0.35377**
5	Output Parameter Maximums						
6	P5 - Solid Mass	150	25	55	25	**1.476**	1.7493
7	P6 - Safety Factor Minimum	131.85	25	45	25	1.1715	**2.0593**

图 12-48　查找最大最小值

Properties of Outline : Response

	A	B
1	Property	Value
2	Chart	
3	Display Parameter Full Name	☑
4	Mode	3D
5	Chart Resolution Along X	25
6	Chart Resolution Along Y	25
7	Show Design Points	☐
8	Axes	
9	X Axis	P2 - thickness
10	Y Axis	P4 - depth
11	Z Axis	P5 - Solid Mass

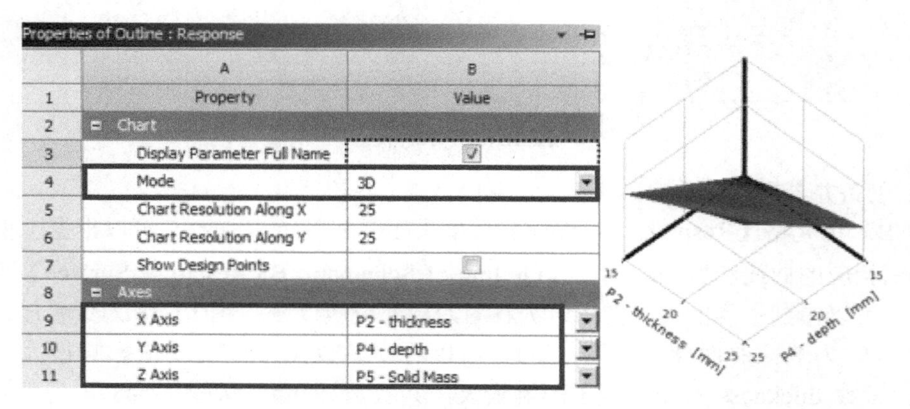

图 12-49　响应曲面图

（16）几点结论。

从图 12-47 的局部灵敏度图可以看出，安全因子主要受 thickness 和 depth 的正影响，其次受 radius 的负影响，而几乎不受参数 angle 的影响：即随着 thickness 和 depth 的增大，安全因子也同步增大；随着 radius 的减小，安全因子在增大。质量受 4 个参数的正影响，影响程度分别是 depth、thickness、radius、angle。从这些分析中可以得出以下几点结论：

- 为了降低质量，需要减少 angle（angle 又正好对安全因子影响不大）；
- 减少 radius 可以同时降低质量和安全因子，因此 radius 应该保持较低的值；
- thickness 和 depth 可以增加质量和安全因子，因此需要寻找折中点。

（17）添加【Response Surface Optimization】。

将【Toolbox】目录下【Design Exploration】中的【Response Surface Optimization】拖入项目流程图的 B3 单元格【Response Surface】后创建项目，如图 12-50 所示。

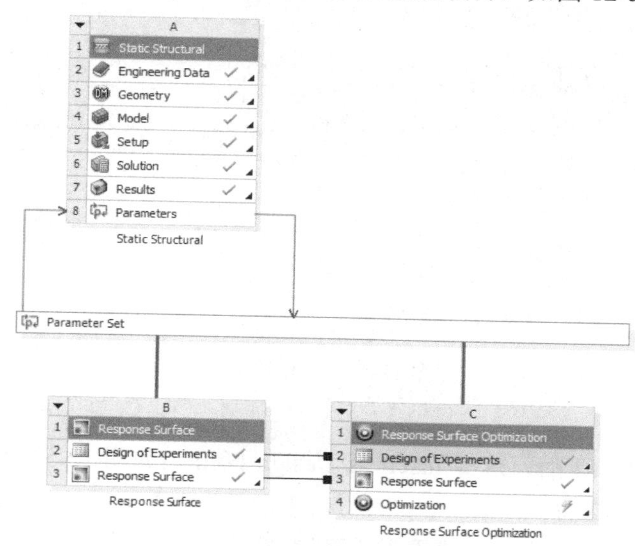

图 12-50　添加 Response Surface Optimization

（18）响应曲面优化。

双击 C4 单元格【Optimization】，在【Outline of Schematic C4:Optimization】中选中 Objective and Constraints 后，在【Table of Schematic C4:Optimization】中设置 P5-Solid Mass 的【Type】为 Minimize、P6-Safety Factor Minimum 的【Type】为 Seek Target、值为 1.2 并设置 Values>=Lower Bound，最小值为 1，如图 12-51 所示。该步骤定义了一个安全因子大于 1 且尽量在 1.2 左右同时质量最轻的优化目标。

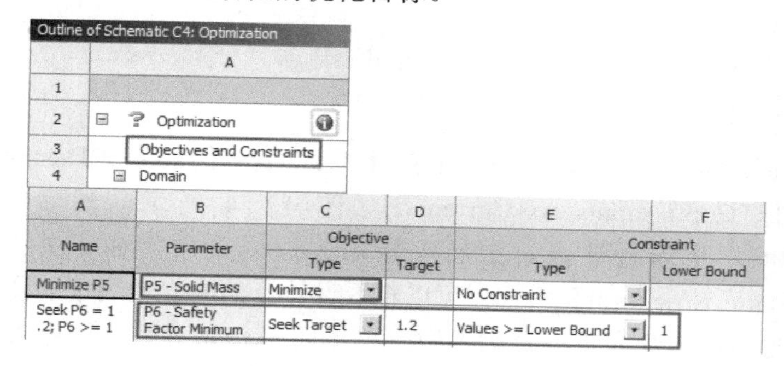

图 12-51　定义优化目标

（19）更新并查看优化结果。

单击工具栏的 Update，更新完毕后选中【Outline of Schematic C4:Optimization】中的 Optimization 后，可以得到系统寻找的符合优化目标的三个推荐点，如图 12-52 所示。其中的星号为评价指标，星号越多表示越符合我们设定的优化目标。比较三个推荐点，可以得到 Candidate Point1 是最好的。

Outline of Schematic C4: Optimization

	A	B	C
1		Enabled	Monitoring
2	⊟ ✓ Optimization		
3	⊟ Objectives and Constraints		

Table of Schematic C4: Optimization

	A	B	C	D
1	⊞ Optimization Study			
4	⊞ Optimization Method			
8	⊟ Candidate Points			
9		Candidate Point 1	Candidate Point 2	Candidate Point 3
10	P1 - angle (degree)	127.67	124.07	120.47
11	P2 - thickness (mm)	24.966	23.794	24.38
12	P3 - radius (mm)	46.5	45.293	47.598
13	P4 - depth (mm)	15.437	15.821	16.205
14	P5 - Solid Mass (kg)	★★ 0.72363	★★ 0.70558	★ 0.75998
15	P6 - Safety Factor Minimum	★★★ 1.1902	★★ 1.1372	★★★ 1.1735

图 12-52　优化结果

（20）创建设计点。

右击 Candidate Point1 后，选择 Insert as Design Point，如图 12-53 所示。最后单击工具栏的【Project】返回主界面。

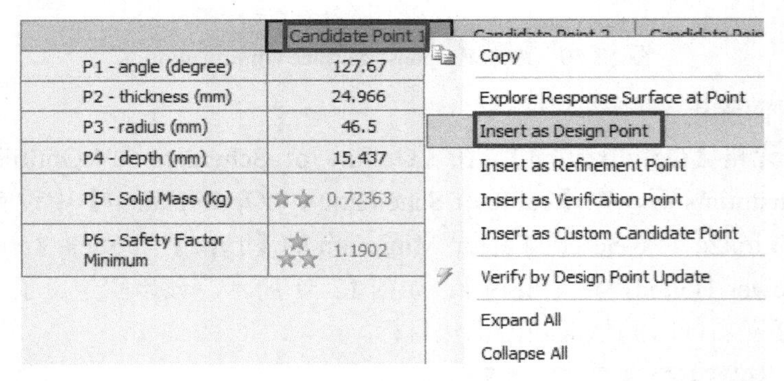

图 12-53　创建设计点

（21）更新设计点并查看静力学分析结果。

在 Project Schematic 中双击【Parameter Set】后，右击【Table of Design Points】中的设计点 DP1 并选择 Copy inputs to Current，如图 12-54 所示。然后单击工具栏中的 Update All Design Points，更新设计点。更新完毕后，返回到主界面，并双击 A4 单元格【Modal】进入【Static Structural】平台，可以查看设计点处的安全因子云图，如图 12-55 所示。这时候模型的参数更新为设计点的参数，而不再是初始参数。读者可以对比图 12-41 和图 12-55，观察安全因子的变化。

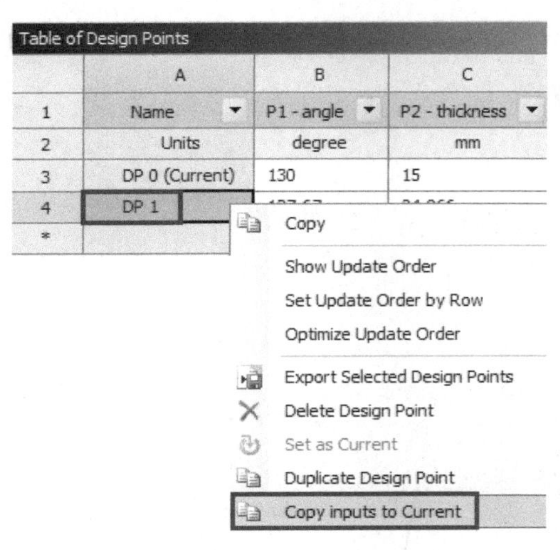

图 12-54 设置当前点

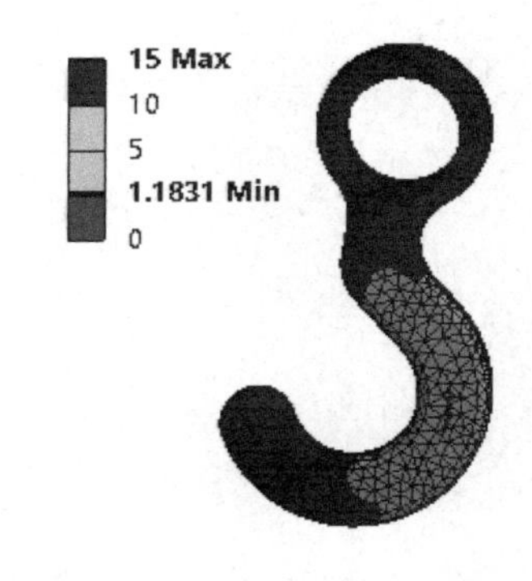

图 12-55 设计点处的安全因子云图

（22）保存项目退出程序。

12.8 本章小结

本章主要介绍 Workbench 中优化设计的基础知识，包括响应曲面、目标驱动优化、参数相关性、六西格玛分析。实例 1 给出了六西格玛分析的具体案例，实例 2 给出了响应曲面优化分析的具体案例。通过本章学习，读者能掌握在 Design Exploration 中进行优化设计的基本操作。